普通高等教育“十一五”国家级规划教材

微机原理与接口技术

（第三版）

主　编　洪永强
副主编　薛文东

科学出版社
北　京

内 容 简 介

本书从微型计算机应用需求出发，以 Intel 微处理器和 IBM-PC 系列微机为主要对象，系统阐述微机的基本组成、工作原理、接口技术及硬件连接。全书共分 12 章，主要内容包括微型计算机概述、微处理器、寻址方式与指令系统、汇编语言程序设计、输入输出接口、存储器、中断系统、计数器/定时器与 DMA 控制器、并行接口与串行接口、总线、模拟通道接口、人机交互设备及其接口。

本书基础性强，适应面广，原理、技术与应用并重；内容全面，实例丰富，注重软硬件分析与设计；结构清晰，重点突出，便于课堂讲授和自学。在内容组织与安排、理论性、实用性和先进性等方面颇具特色。

本书可作为高等院校理工科非计算机专业的本专科教材，也可作为研究生教材或微机应用培训教材，同时可供从事微机应用与开发的科技人员参考。

图书在版编目（CIP）数据

微机原理与接口技术/洪永强主编. —3 版. —北京：科学出版社，2017.1
普通高等教育“十一五”国家级规划教材
ISBN 978-7-03-051009-9

Ⅰ. ①微… Ⅱ. ①洪… Ⅲ. ①微型计算机-理论-高等学校-教材 ②微型计算机-接口技术-高等学校-教材 Ⅳ. ①TP36

中国版本图书馆 CIP 数据核字（2016）第 301607 号

责任编辑：余 江 张丽花 / 责任校对：郭瑞芝
责任印制：张 伟 / 封面设计：迷底书装

科学出版社 出版
北京东黄城根北街 16 号
邮政编码：100717
http://www.sciencep.com

北京虎彩文化传播有限公司 印刷
科学出版社发行 各地新华书店经销

*

2004 年 8 月第 一 版 开本：787 × 1092 1/16
2009 年 8 月第 二 版 印张：22 1/2
2017 年 1 月第 三 版 字数：534 000
2019 年 6 月第 20 次印刷

定价：59.80 元

（如有印装质量问题，我社负责调换）

前　　言

“微机原理与接口技术”是高等学校理工科非计算机专业学生必修的一门计算机基础教育课程，是提高学生微型计算机（简称微机）应用与开发能力的重要课程。为了适应微型计算机技术的飞跃发展和教学改革的需要，作者总结多年从事微型计算机教学科研工作的体会，并对有关微型计算机技术的大量资料进行综合和提炼而编写了本书。为本书更贴近微机系统的现实，满足教学改革发展的需求，再次进行修订完善。

本书包括微机原理、汇编语言和接口技术三部分，从微机应用需求出发，以 IBM-PC 微型计算机为主要对象，从理论和实践上系统、全面、深入地阐述微机的基本组成、工作原理、接口技术及硬件连接。把微机系统软件技术和硬件技术有机地结合起来。微机原理部分以 Intel 8086 微处理器为基础，系统地介绍 16 位微型计算机的基本结构、工作原理，同时对微处理器的发展及其新技术作了详细介绍；汇编部分以介绍 8086 指令系统为基础，并扼要介绍 80x86、Pentium 扩充和增加的指令，汇编语言程序设计着重介绍基本方法和技巧，并在后续章节中应用和深化；接口技术部分详细阐述存储器接口、中断系统、计数器/定时器、DMA 控制器、并行接口、串行接口、总线技术、模拟通道接口、人机交互设备的原理和接口等。

本书具有如下特点：

(1) 内容精炼。本书以 Intel 微处理器和 IBM-PC 系列微机为主要对象，重点突出，内容全面。如微机原理和汇编语言以 8086 CPU 为重点，在此基础上逐步扩大到 80386 和 Pentium。内容上引入了闪存、高速缓存、PCI 总线、扫描仪等新技术。

(2) 联系实际。从应用的需求出发，在讲清基本原理的基础上，加强分析和设计能力的训练和培养力度。书中引入大量的应用实例，体现软硬件分析与设计的基本方法和技巧，具有较大的实用价值和参考价值。

(3) 可读性强。每章有引言、习题；内容安排上注意由浅入深、难点分散、易于理解，如接口部分主要围绕通用接口芯片进行阐述，形成结构、命令、编程、应用紧密联系的体系，便于学习、理解和应用。

本书第一版由洪永强独立编著。在编写过程中，蒋红霞、王剑、刘林斌等同志承担了大部分书稿的录入和插图绘制工作，杨炜、林华星、肖丹玉、兰图等对本书的出版作了大量的工作，科学出版社巴建芬编辑提供了大力的支持和帮助。第二版由洪永强任主编，王一菊、颜黄苹任副主编，薛文东、杨嘉、黄文森、李恒庭参与编写，栾婷、郑浩哲、孟超、郑丹等同志均为本书第二版的插图绘制、校对付出了辛勤的劳动。第三版由洪永强任主编，薛文东任副主编，朱立秒、王一菊、颜黄苹参与编写。在此对前后参加编写的所有人员一并致以衷心的感谢。

本书在修订的过程中，听取了许多授课老师与广大读者的大量意见，在此谨致谢意！
本书参考了国内外大量文献资料，特向有关作者表示感谢。
由于编者水平有限，书中不当之处在所难免，敬请读者批评指正。

编　者
2016年10月

目　录

第 1 章　微型计算机概述

计算机技术是 20 世纪以来发展最为迅速、普及程度最高、应用最为广泛的科学技术之一。自 1946 年世界上第一台计算机在美国诞生至今，经过 70 多年的发展，计算机已经渗透到国民经济和社会生活的各个领域，极大地改变着人们的工作方式和生活方式，并转化为推动社会前进的巨大生产力。微机原理与接口技术是学习和使用微型计算机的基础。

本章介绍微型计算机的基本结构、微型计算机系统的组成和主要性能指标、典型微型计算机的组成结构以及计算机中的数据表示与编码等。

1.1　微型计算机的基本结构

1.1.1　微型计算机的结构特点

目前的各种微型计算机，无论是简单的单片机、单板机，还是较复杂的个人计算机(PC)，以至超级微机，从硬件体系结构来看，主要有冯·诺依曼结构和哈佛结构。

冯·诺依曼结构是计算机的经典结构，基于 Intel 平台的 PC 基本采用这种结构。该结构主要有以下特点：

(1) 由运算器、控制器、存储器、输入设备和输出设备五大部分组成。

(2) 数据和程序以二进制代码形式不加区别地存放在存储器中，存放位置由地址指定，地址码也为二进制。

(3) 控制器是根据存放在存储器中的指令序列(即程序)工作的，并由一个程序计数器(即指令地址计数器)控制指令的执行。控制器具有判断能力，能以计算结果为基础，选择不同的动作流程。

在冯·诺依曼结构中，取指令和取存数据都使用同一个存储区，并且经由同一总线传输，因此它们无法重叠执行，这使得数据流的传输成了限制计算机性能的瓶颈。为了解决该问题，人们开发出了数据吞吐率更高的哈佛结构，以适应高速数据处理的要求。

哈佛结构是一种将程序和数据分开存储在不同存储模块的结构，每一个存储器模块都不允许程序和数据并存，拥有分离的程序总线和数据总线，允许在一个机器周期内同时获得指令字和操作数。控制器首先到程序存储器中读取程序指令内容，然后译码得到数据存储地址，再到相应的数据存储器中读取数据，并进行下一步的操作。目前，主流的手机为 ARM 核的 CPU，基本都是哈佛结构。

冯·诺依曼结构和哈佛结构主要区别在于是否区分指令和数据。但随着技术的发展，采用冯·诺依曼结构的微处理器通过内部高速缓存也实现了程序和数据的分开存储功能，所以从内部来看也可以算是哈佛结构。

无论是冯·诺依曼结构，还是哈佛结构的微型机系统都是由硬件和软件两大部分组成的。以冯·诺依曼结构为例，硬件又由运算器、控制器、存储器、输入设备和输出设备五部分组成。图 1-1 给出了具有这种结构特点的微型计算机典型硬件组成框图。

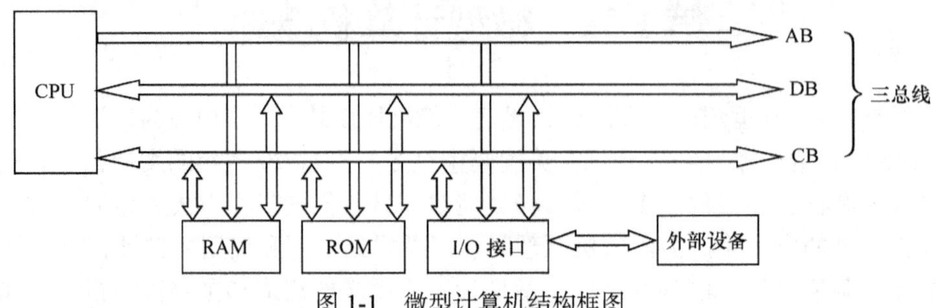

图 1-1　微型计算机结构框图

图 1-1 中微处理器(CPU)包含了上述的运算器和控制器；RAM 和 ROM 为存储器；I/O 接口及外设是输入、输出设备的总称。各组成部分之间通过地址总线 AB、数据总线 DB、控制总线 CB 联系在一起。

有时也将微型计算机的这种系统结构称为三总线结构，简称总线结构。采用总线结构，可使微型计算机的系统构造比较方便，并且具有更大的灵活性、更好的可扩展性和可维修性。

1.1.2　微处理器

微处理器(Micro Processor，MP)也称作中央处理单元(Central Processing Unit，CPU)，是微型计算机的核心，是指由一片或几片大规模集成电路组成的具有运算和控制功能的中央处理单元。尽管各种 CPU 的性能指标不相同，但是有共同的特点：

首先，CPU 一般都具备下列功能：可以进行算术和逻辑运算；能对指令进行译码并执行规定的动作；可暂存少量数据；提供整个系统所需要的定时和控制；能和存储器、外设交换数据；可以响应其他部件发来的中断请求。

其次，CPU 在内部结构上都包含下面这些部分：算术逻辑部件(ALU)；累加器和通用寄存器组；程序计数器(指令指针)、指令寄存器和译码器；时序和控制部件。

算术逻辑部件是专门用来处理各种数据信息的，可以进行加、减、乘、除算术运算和与、或、非、异或等逻辑运算。比较低档的 CPU 不能进行乘、除运算，在这种情况下，可以用程序来实现。

累加器和通用寄存器组用来保存参加运算的数据以及运算的中间结果，也用来存放地址。累加器也是寄存器，不过，它有特殊性，即许多指令的执行过程以累加器为中心。往往在运算指令执行前，累加器中存放一个操作数，指令执行后，由累加器保存运算结果。此外，输入/输出指令一般也通用累加器来完成。

程序计数器指向下一条要取出的指令。由于程序一般存放在内存的一个连续区域，所以，顺序执行程序时，每执行完一条指令，程序计数器便自动指向下一条指令。指令寄存器存放从存储器中取出的指令码。指令译码器则对指令码进行译码和分析，从而确定指令的操作，并确定操作数的地址，再得到操作数，以完成指定的操作。指令译码器对指令进行译码时，相应产生的控制信号送到时序和控制逻辑电路，组合成外部电路所需要的时序和控制信号。这些信号送到微型计算机的相应部件，以控制这些部件协调工作。

实际上，微处理器一方面通过对指令的译码，由 CPU 内部产生相应的控制信号，送到存储器、输入/输出接口电路和其他部件；另一方面微型计算机系统的其他部件也会在它们需要的时候向 CPU 发出各种请求信号，如中断请求、总线请求等。如此，协调完成各项任务。

1.1.3　内存储器

内存储器又称为内存或主存，是微型计算机的存储和记忆部件，用以存放数据(包括原始数据、中间结果和最终结果)和程序。微机的内存采用半导体存储器。

1. 内存单元的地址和内容

内存中存放的数据和程序，从形式上看都是二进制数。内存是由一个个内存单元组成的，每一个内存单元中一般存放一字节(8 位)的二进制信息。内存单元的总数目称为内存容量。

在存储器中，每个存储单元都有一个地址，每个单元中可存放一字节。任何相邻的字节单元可以存放一个字，一个字占用的 2 个地址中较小的那个地址作为该字的地址。一个字的地址可以从偶地址开始，也可从奇地址开始，并且较高存储器地址的字节是该字节的高 8 位，较低存储器地址的字节是该字节的低 8 位。

如用 X 表示某存储单元的地址，则 X 单元的内容用(X)表示。假如 X 单元中存放着 Y，则(X)=Y。Y 又是一个地址，则可用(Y)=((X))来表示 Y 单元的内容。图 1-2 给出了这两个概念的示意图。

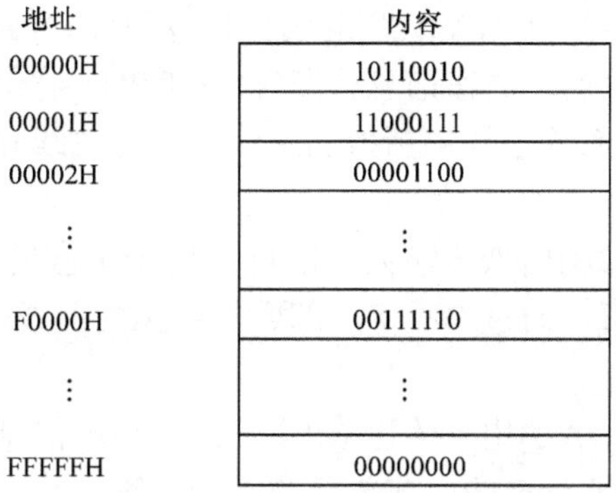

地址	内容
00000H	10110010
00001H	11000111
00002H	00001100
⋮	⋮
F0000H	00111110
⋮	⋮
FFFFFH	00000000

图 1-2　内存单元的地址和内容

2. 内存操作

CPU 对内存的操作有读、写两种。读操作是 CPU 将内存单元的内容读入 CPU 内部，而写操作是 CPU 将其内部信息传送到内存单元，并保存起来。显然，写操作的结果改变了被写单元的内容，而读操作则不改变被读单元中原有的内容。

3. 内存分类

按工作方式不同，内存可分为两大类：随机存取存储器(Random Access Memory，RAM)和只读存储器(Read Only Memory，ROM)。

RAM 可以被 CPU 随机地读和写，所以又称为读写存储器。这种存储器用于存放用户装入的程序、数据及部分系统信息。机器断电后，所存信息消失。

ROM 中的信息只能被 CPU 随机读取，而不能由 CPU 任意写入。机器断电，信息并不丢失。所以，这种存储器主要用来存放各种程序，如汇编程序、各种高级语言解释或编译程序、监控程序、基本 I/O 程序等标准子程序，以及存放各种常用数据和表格等。ROM 中的内容是由生产厂家或用户使用专用设备写入固化的。

1.1.4 输入/输出设备和输入/输出接口

输入/输出设备是指微型计算机上配备的 I/O 设备，也称为外部设备或外围设备(简称“外设”)，其功能是为微型计算机提供具体的输入/输出手段。

微型计算机上配置的标准输入设备和标准输出设备一般是指键盘和显示器，二者又合称为控制台。此外，系统还可选择鼠标、打印机、绘图仪、扫描仪等 I/O 设备。作为外部存储器驱动装置的磁盘驱动器，既可看作是一个输出设备，又可看作是一个输入设备。

由于各种外设的工作速度、驱动方法差别很大，无法与 CPU 直接匹配，所以不可能将它们简单地连接到系统总线，需要通过 I/O 接口电路来充当它们与 CPU 之间的桥梁，通过该电路完成信号变换、数据缓冲、与 CPU 联络等工作。在微机系统中，较复杂的 I/O 接口电路一般都设计在电路插板上，这种电路插板又被称为“卡”(Card)。由卡的一侧引出连接外设的插座，另一侧则是成插入端，只要将它们插入总线插槽(I/O 通道)就等于将它们连接到了系统总线。

1.1.5 总线

总线实际上是由一组导线和相关电路组成，是各种公共信号线的集合，用作微机各部分之间传递信息所共同使用的“高速信息公路”。在 CPU、存储器、I/O 接口之间传输信息的总线称为“系统总线”。系统总线包括数据总线、地址总线和控制总线。

1. 数据总线

数据总线(Data Bus，DB)用来传输数据信息，是双向总线，CPU 既可通过 DB 从内存或输入设备输入数据，又可以通过 DB 将内部数据送至内存或输出设备。

2. 地址总线

地址总线(Address Bus，AB)用于传送 CPU 发出的地址信息，是单向总线。传送地址信息的目的是指明与 CPU 交换信息的内存单元或 I/O 设备。

3. 控制总线

控制总线(Control Bus，CB)用来传送控制信号、时序信号和状态信息等。其中有的是 CPU 向内存和外设发出的信息，有的则是内存或外设向 CPU 发出的信息。可见，CB 中每一根线的方向是一定的、单向的，但 CB 作为一个整体是双向的。所以在各种结构图中凡涉及控制总线 CB，均以双向线表示。

总线结构是微机系统的一大特色，正是由于采用了这一结构，才使得微机系统具有了组装灵活且扩展方便的特点。

1.2 微型计算机系统

1.2.1 微型计算机系统的组成

一台完整的计算机必须由硬件和软件两部分组成，其中硬件是基础，软件是灵魂，二者缺一不可。

通常，把这种包含硬件和软件的“完整计算机”称为计算机系统(Computer System)，为了比较清楚地描述计算机系统，图 1-3 以微型计算机为背景列出了它的基本组成情况。

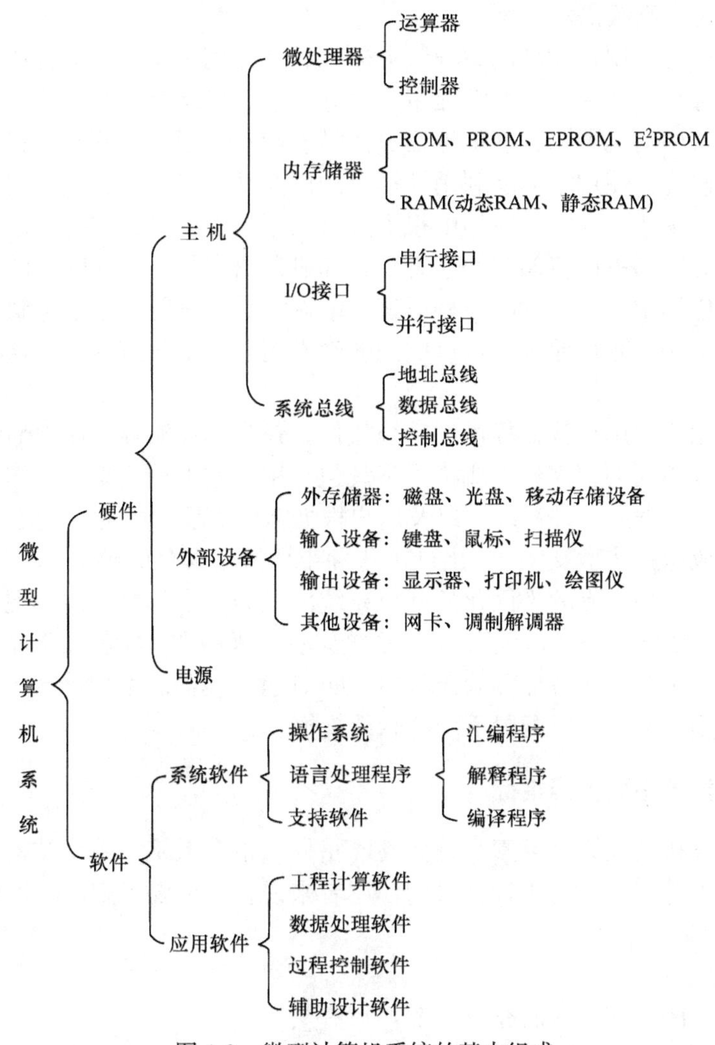

图 1-3 微型计算机系统的基本组成

微型计算机硬件系统，即微型计算机(Micro Computer)，是机器的实体部分，主要包括主机和外围设备。主机由微处理器和内存储器组成，其芯片安装在一块印制电路板上，称为主机板；主机板放置在机箱内，合称为主机箱。外围设备主要有显示器、键盘、鼠标、外存储器。外存储器一般使用磁盘存储器(机械硬盘或固态硬盘)、光盘存储器、U盘。硬盘和光盘驱动器也放置在主机箱内，构成多板结构。输入设备有键盘、鼠标等，输出设备有显示器、打印机和绘图仪等。在计算机进行联网时，还应配置网卡、调制解调器等通信设备。

微型计算机软件系统主要包括系统软件和应用软件。

系统软件是由设计者提供给用户的、充分发挥计算机效能的一系列程序。人们通过这些程序使用和管理微机。系统软件主要包括操作系统、语言处理程序和各种支持软件等。

操作系统是系统软件的核心，主要功能是对系统的软硬件资源进行合理的管理。

程序设计语言是用来编写程序的语言，是人和计算机交换信息所用的工具，通常分机器语言、汇编语言、高级语言三类。

语言处理程序是为用户设计的编程服务软件，其作用是将高级语言源程序翻译成计算机能够识别的目标程序，一般由汇编程序、解释程序、编译程序组成。

程序设计语言中的机器语言和汇编语言都是直接对应于微处理器的指令系统，是面向机器的程序设计语言。使用它们能利用计算机的所有硬件特性，直接控制硬件。机器语言直观性差、烦琐、易错，在实际应用中很少直接采用。汇编语言的符号指令与机器代码一一对应，从执行时间和占用存储空间来看，它和机器语言同样是高效率的。因此汇编语言在要求高效率的应用中是最常用的一种语言。掌握汇编语言能有助于了解微型计算机的工作原理，所以本书讲述微机原理和接口应用的软件是以汇编语言为主，这样能直接阐明其编程原理和方法。

应用软件是用户利用计算机提供的系统软件，是为解决实际问题而研制的程序。应用程序可按功能组成不同的程序包，或称为工具包，用来减少重复编程工作。应用程序包括各种应用软件包、数据库管理系统，以及用户根据需要而设计的各种程序。

在大规模集成电路技术支持下，出现了各种半导体只读存储器ROM，可以将软件固化于这样的硬件中，发展带有软件固化的微机系统已成为一个重要方向。现在，微机都具有固化的监控程序、BASIC解释程序及操作系统的引导程序和I/O驱动程序等。此外，微机系统的各种软件还可存储在各种存储介质中，如U盘、光盘。微型计算机根据不同的使用场合和不同的利用形态，可以配置不同的软件规模。

1.2.2 微型计算机的主要性能指标

评价一台计算机涉及许多因素，诸如性能指标、指令系统、系统结构、硬件组织、外设配置、软件配置等。但是对于计算机的使用者来说，至少要了解以下评估计算机性能的主要指标。

1. 基本字长

为了理解字长的含义，下面介绍两个基本概念。

位(Bit)，是计算机内部数据存储的基本单位，音译为“比特”，习惯上用“bit”来表示。

字节(Byte)，是计算机中数据处理的基本单位，习惯上用B来表示。1字节由8个二进制位构成，即1B=8bit。此外，字(Word)可以表示2字节，即16个二进制位；双字(Double Word)，可以表示4字节，即32个二进制位。

基本字长是指参与运算数的基本位数，是由加法器、寄存器、数据总线的位数决定的。字长标志着计算精度，字长越长，计算的精度越高。为了调节精度和造价的关系，许多计算机允许变字长(如半字长、双字长等)计算。

目前，微型计算机从 8 位、16 位、32 位到 64 位各档次都有，都在发挥各自不同的作用。

2. 主存容量

一个主存储器所能存储的最大信息容量称为主存容量。主存容量一般以字节数来表示，每 1024 字节称为 1K 字节(2^{10}=1K)，每 1024K 字节称为 1M(2^{20}=1M)。微机主存容量一般在 64～512M 字节范围。在以字为单位的计算机中，常用字数乘以字长来表示存储器容量。如 4096×16 则表示有 4096 个单元，每个单元的字长为 16 位。计算机的存储器容量越大，存放的信息就越多，解决复杂问题的能力就越强。

3. 运算速度

由于计算机执行不同的操作所需的时间可能不同，因此对运算速度的计算有不同的方法。过去采用综合折算的方法，即规定加、减、乘、除各占多少比例，折算出一个运算速度指标。现在采用两种计算方法：一种是具体指明定点加、减、乘、除及浮点加、减、乘、除各需多少时间；另一种是给出每秒能执行的机器指令条数，一般是指加、减运算这类短指令。一般计算机的运算速度(平均运算速度)用每秒处理的百万级的机器语言指令数(Million Instruction Per Second，MIPS)表示。大型机的运算速度可达上千万亿次。

现在，人们用计算机的主频——时钟频率来表示运算速度，以 MHz 或 GHz 为单位。主频越高，表明运算速度越快。目前，微型机的主频已达到 4GHz 以上。

4. 系统配置

一台计算机要能正常工作，必须提供必要的人机交互手段，这包括配置相应数量的外部设备(如键盘、鼠标、显示器、磁盘驱动器、打印机、扫描仪等)和配置实现计算机操作的软件。当然，外设配置越高档，软件配置越丰富，计算机使用得越便利，工作效率也就越高。特别是软件配置，在很大程度上决定了计算机的性能。

5. 性能价格比

计算机的性能价格比是人们选购计算机时考虑的重点。用户应该根据实际使用的需求，从性能和价格两个方面综合考虑，仔细比较，取性能价格比高的计算机。

1.2.3 典型微型计算机的组成结构

现代微型计算机与前期的微型计算机相比，不仅性能大幅提高，功能进一步扩充，而且，在结构与接口上实现了规范化。特别是将过去只在大型计算机中使用的技术引用到现代微型计算机领域之后，现代微型计算机在性能和功能上有了长足的发展。下面以 Pentium 系列微型计算机为例，简单说明现代微型计算机的组成结构，以便读者有一个直观的认识。

图 1-4 给出了以 Pentium 为 CPU、符合 ATX 标准的典型微型计算机组成结构图。

从图 1-4 可以看出，典型微型计算机的主板由中央处理器 CPU(或微处理器的插槽)、高速缓存 Cache、存储器 Memory、逻辑芯片组 Chipset(一般分为系统控制器和总线转换控制器)、I/O 控制器或可能具有的图形 Graphics(或视频 Video)控制器、音频 Audio 系统控制器组成，还有一些连接主板外设备的总线扩展插槽、电源插槽、显示插槽等，依机型不同，其复杂的程度可能不同。但只要掌握了典型微型计算机的系统结构，对其他一些微型计算机结构的分析就容易得多。

现代微型计算机体系结构基本上都是从图 1-4 中演变而来，在功能上或增或减，性能上有高有低。随着 CPU 的集成度越来越高，功能越来越强大，北桥芯片已经直接集成到了 CPU 内部。某型号机器中，完成某些功能的模块设计在主板上；另外型号的机器中，其主板可能不具备这种功能，必要时必须购买具有这种功能的接插件，并将其插入扩展槽中。

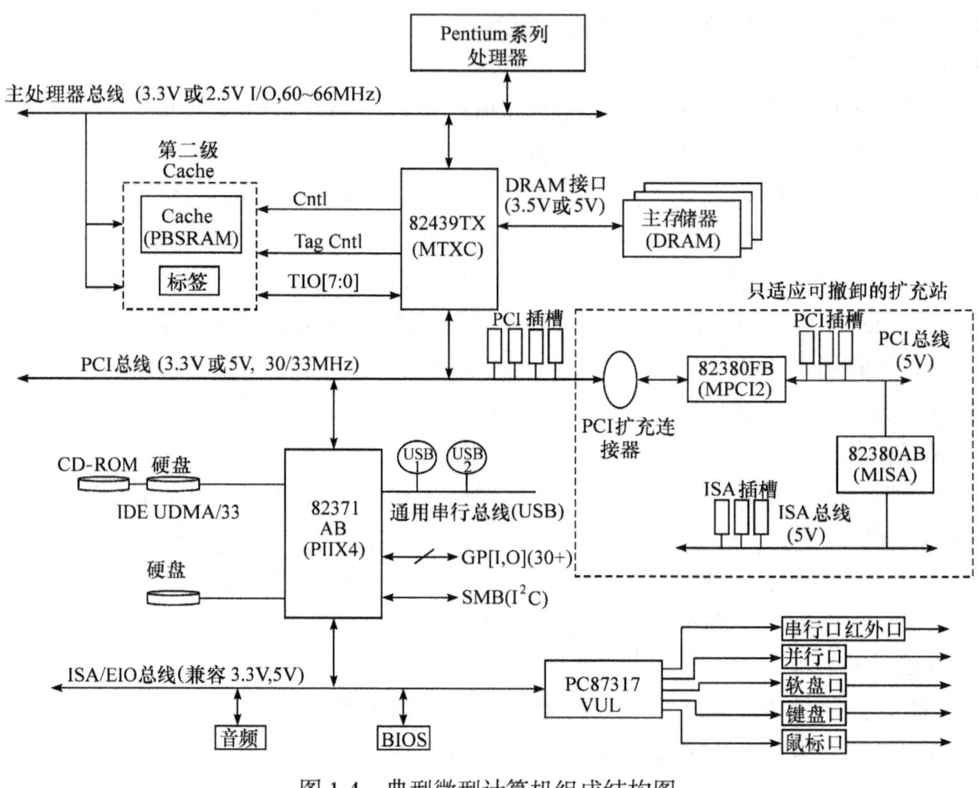

图 1-4　典型微型计算机组成结构图

1.3　微型计算机的运算基础

1.3.1　数和数制

1. 数制与进位计数法

数制是以表示数值所用的数字符号个数来命名的。进位计数法是一种计数的方法。如二进制、八进制、十进制、十六进制等。各种进制的对比见表 1-1。

表 1-1　几种进制数的对比

进制	后缀	特点	基数	数码
二进制数	B	逢 2 进 1，借 1 当 2	2	0，1
八进制数	Q	逢 8 进 1，借 1 当 8	8	0，1，2，3，4，5，6，7
十进制数	D	逢 10 进 1，借 1 当 10	10	0，1，2，3，4，5，6，7，8，9
十六进制数	H	逢 16 进 1，借 1 当 16	16	0，1，2，3，4，5，6，7，8，9，A，B，C，D，E，F

对于各种进制数，书写时用加后缀的方式注明即可，如 11011101B，471Q，95D，8AB3H 等。对于十进制数可以省掉后缀，对于十六进制数，当以 A～F 开头时，前面加数字 0，以避免和程序中的各种名字混淆。

任何一个 r 位进制数可以用位权来表示。位权就是某个固定位置上的计数单位。对于 n 位整数、m 位小数的任意 r 进制数 N，可以表示为

$$N = \pm\sum_{i=-m}^{n-1} x_i r^i = \pm\left(\sum_{i=0}^{n-1} x_i r^i + \sum_{i=-1}^{-m} x_i r^i\right)$$

其中，$\sum_{i=0}^{n-1} x_i r^i$ 为整数部分；$\sum_{i=-1}^{-m} x_i r^i$ 为小数部分；r^i 为各位数相应的位权。

例 1-1　把 2AB.EH 和 12345.678D 用位权表示。

解　$2AB.EH = 2\times16^2 + 10\times16^1 + 11\times16^0 + 14\times16^{-1}$

$12345.678D = 1\times10^4 + 2\times10^3 + 3\times10^2 + 4\times10^1 + 5\times10^0 + 6\times10^{-1} + 7\times10^{-2} + 8\times10^{-3}$

计算机为了便于存储及计算的物理实现，采用了二进制数。n 位二进制数可以表示 2^n 个数，如 3 位二进制数可以表示 8 个数，它们是 000B，001B，010B，011B，100B，101B，110B，111B，分别代表相应的十进制数 0，1，2，3，4，5，6，7。同理，4 位二进制数可以表示十进制的 0～15 共 16 个数，它们是 0000B～1111B。

2. 数制转换

进制转换的一般方法如图 1-5 所示。

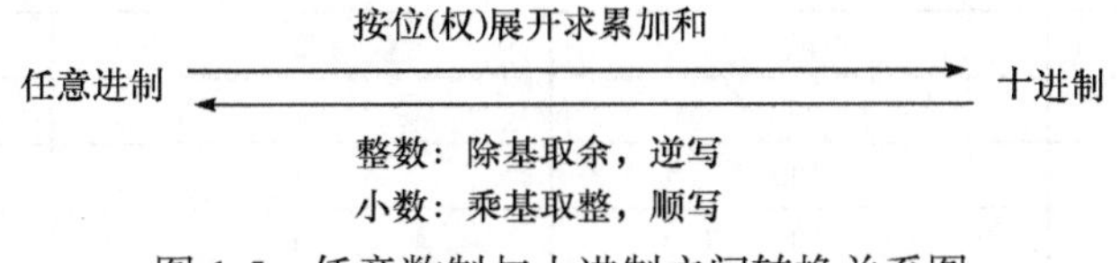

图 1-5　任意数制与十进制之间转换关系图

1) r 进制数转换为十进制数

例 1-2　把 110110B，123.4Q 和 2AB.8H 转换为十进制数。

解　$110110B = 1\times2^5 + 1\times2^4 + 0\times2^3 + 1\times2^2 + 1\times2^1 + 0\times2^0 = 54$

$123.4Q = 1\times8^2 + 2\times8^1 + 3\times2^0 + 4\times8^{-1} = 83.5$

$2AB.8H = 2\times16^2 + 10\times16^1 + 11\times16^0 + 8\times16^{-1} = 683.5$

2) 十进制数转换位 r 进制数

例 1-3　把十进制数 123.25D 转换位二进制、八进制和十六进制数。

解　123.25D=1111011.01B=173.2Q=7B.4H，计算过程如图 1-6 所示。

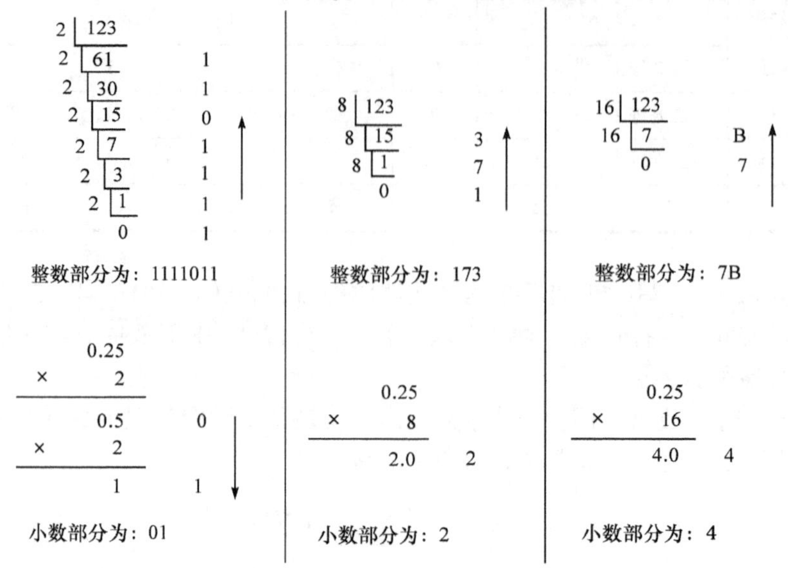

图 1-6　十进制数转换为其他进制数计算过程

3) 二进制数与八进制、十六进制数之间的转换

通常两个非十进制数之间的转换方法是先将被转换数转换为相应的十进制数，然后再将十进制数转换为其他进制数。由于二进制、八进制和十六进制数之间存在特殊关系，即 $2^3=8$，$2^4=16$，因此转换方法就比较容易。表 1-2 列出了上述几种数制之间最基本数字的对应关系，即每 3 位二进制数对应 1 位八进制数，每 4 位二进制数对应 1 位十六进制数。在 IBM-PC 中，主要使用十六进制数表示二进制数和编码。

表 1-2　几种数制之间最基本数字的对应关系

3 位二进制数	4 位二进制数	十进制数	十六进制数
0	0	0	0
1	1	1	1
10	10	2	2
11	11	3	3
100	100	4	4
101	101	5	5
110	110	6	6
111	111	7	7
	1000	8	8
	1001	9	9
	1010	10	A
	1011	11	B
	1100	12	C
	1101	13	D
	1110	14	E
	1111	15	F

例 1-4　把 10110011100.11B 转换为八进制数和十六进制数。

解　010　110　011　100　110

　　2　6　3　4　6

　　0101　1001　1100　1100

　　5　9　C　C

所以

10110011100.11B=2634.6Q=59C.CH

例 1-5　把 1FD7.108H 转换为二进制数和八进制数。

解　1　F　D　7　1　0　8

　　0001　1111　1101　0111　0001　0000　1000

　　001　111　111　010　111　000　100　001　000

　　1　7　7　2　7　0　4　1　0

所以

1FD7.108H=1111111010111.000100001000B=17727.041Q

3. 数制运算

数制运算主要有加减乘除等算术运算和与、或、非等逻辑运算。其他进制加减乘除等算术运算方法与十进制的运算方法类似，规则是逢 *r* 进 1，借 1 当 *r*。与、或、非等逻辑运算一般指二进制的逻辑运算，将 1 当成真，将 0 当成假。计算机二进制数算术运算与逻辑运算规则见表 1-3。

表 1-3　二进制数运算规则一览表

加	减	乘	除
0+0=0	0−0=0	0×0=0	与十进制除法类似
0+1=1	1−0=1	0×1=0	
1+1=10	1−1=0	1×0=0	
		1×1=1	
与	**或**	**非**	**异或**
0×0=0	0+0=0	$\bar{0}=1$	0⊕0=0
0×1=0	0+1=1	$\bar{1}=0$	0⊕1=1
1×0=0	1+0=1		1⊕0=1
1×1=1	1+1=1		1⊕1=0

1.3.2　数的表示

1. 机器数

计算机中的数是用二进制来表示的，数的符号也是用二进制表示的。在机器中，把一个数连同其符号在内数值化表示的数称为机器数。计算机常用 8 位、16 位、32 位等一个或多个字节的字长来表示一个机器数。

计算机要处理的数有无符号数和有符号数。所谓无符号数，通常表示一个数的绝对值或存储单元的地址。对无符号数而言，数的各个位都用来表示数的大小，所有的位均为数值位。所谓有符号数，即有正负意义的机器数。对有符号数而言，数的最高有效位为符号位，表示数的符号，正数用 0 表示，负数用 1 表示，其余位为数值位。

2. 原码、反码和补码

机器数可以用不同的码制来表示，常用的有原码、反码和补码表示法，而研究原码和反码是为了研究补码。对于带符号的二进制数，正数的原码就是它本身，负数的原码符号位为 1，数值位为其绝对值；正数的反码就是它本身，负数的反码符号位为 1，数值位为其绝对值按位求反。

例 1-6 机器字长 n=8 时，求+1D 和−1D 的原码和反码。

解 $[+1D]_{原}$=00000001B=01H，$[-1D]_{原}$=10000001B=81H

$[+1D]_{反}$=00000001B=01H，$[-1D]_{反}$=11111110B=0FEH

原码表示简单直观，而且与真值转换很方便，但采用有符号数的原码在计算机中进行加减运算时很麻烦。例如，进行两数相加时，必须先判断两个数的符号是否相同。如果相同则进行绝对值的加法运算，否则进行绝对值的减法运算。减法运算时还必须先比较两个数绝对值的大小，从而确定符号位差值的符号位正负关系。要设计这种运算电路是可以实现的，但复杂而缓慢的算术电路使计算机的逻辑电路结构复杂化了。事实上，在计算机中常用补码来表示数的原码，因为采用补码表示法后，同一个加法电路既可以用于有符号数的相加，也可以用于无符号数的相加，而且减法可以用加法来代替，从而使运算逻辑大为简化，运算速度提高，成本降低。

补码表示法的规则：对于二进制数，正数的补码就是它本身，负数的补码，对该负数相对应的正数的补码先按位求反后末位加 1。

可以证明，正数的补码为“符号−绝对值”表示，即数的最高有效位为 0 表示符号为正，数的数值位表示数的绝对值。

例 1-7 机器字长 n=8 时，求+8 和−8 的补码。

解 $[+8]_{补}$=+8= 0 0 0 0　1 0 0 0 B

按位求反 1 1 1 1　0 1 1 1

末位加 1 1 1 1 1　1 0 0 0

$[-8]_{补}$=1111 1000B=0F8H

所以，+8=0000 1000B=08H，则$[+8]_{补}$=0000 1000B=08H，$[-8]_{补}$=1111 1000B=0F8H。

例 1-8 机器字长 n=16 时，求+8D 和−8D 的补码。

解 $[+8]_{补}$=+8D= 0 0 0 0　0 0 0 0　0 0 0 0　1 0 0 0 B

按位求反　1 1 1 1　1 1 1 1　1 1 1 1　0 1 1 1

末位加 1　1 1 1 1　1 1 1 1　1 1 1 1　1 0 0 0

$[-8]_{补}$=1111 1111 1111 1000B=0FFF8H

所以，$[+8]_{补}$=0000 0000 0000 1000B=0008H，$[-8]_{补}$=1111 1111 1111 1000B=0FFF8H。

由此可以看出，补码涉及符号扩展和表数范围问题。所谓符号扩展，是指一个数从位数较少扩展到位数较多。对于用补码表示的数，符号扩展原则是：正数前补 0，负数前补 1。

例 1-9 用 8 位和 16 位字长的数分别表示+47D 和–47D 的补码。

解 用 8 位字长表示，+47D=0010 1111B

$[+47]_{补}$=+47D = 0 0 1 0 1 1 1 1B=2FH

按位求反 1 1 0 1 0 0 0 0

末位加 1 1 1 0 1 0 0 0 1

$[-47]_{补}$=1101 0001B=0D1H

用 16 位字长表示，直接对 8 位表示的补码进行符号扩展即可，即

$[+47]_{补}$= 0000 0000 0010 1111B = 002FH

$[-47]_{补}$= 1111 1111 1101 0001B = 0FFD1H

在机器里，为了扩大表数范围，可以用两个机器字来表示一个机器数，这种数称为双字或双精度数。其中，高位字的最高有效位为符号位，其余 31 位为数值位。同时，低位字为无符号数。所谓表数范围，是指 n 位补码所能表示的数的范围。如 8 位二进制数可以表示 $2^8=256$ 个数，当它们是补码表示的无符号数时，它的表数范围是 0～255，而当它们是补码表示的有符号数时，它的表数范围是–128～+127。一般说来，n 位补码表示的数的表数范围是 $-2^{n-1} \sim 2^{n-1}-1$。8 位二进制数的原码、反码、补码对照表如表 1-4 所示。需要注意的是：

(1) “0”的反码有两种表示法，即 0000 0000B 表示+0、1111 1111B 表示–0，但补码只有一个 0000 0000B。

(2) 补码–128 的原码二进制表示为 1000 0000，这个数比较特殊，最高位既是符号位也是数值位。

表 1-4 8 位二进制数的原码、反码、补码对照表

二进制数码表示	无符号十进制数	原码	反码	补码
0000 0000	0	+0	+0	+0
0000 0001	1	+1	+1	+1
0000 0010	2	+2	+2	+2
⋮	⋮	⋮	⋮	⋮
0111 1101	125	+125	+125	+125
0111 1110	126	+126	+126	+126
0111 1111	127	+127	+127	+127
1000 0000	**128**	**–0**	**–127**	**–128**
1000 0001	129	–1	–126	–127
1000 0010	130	–2	–125	–126
⋮	⋮	⋮	⋮	⋮
1111 1101	253	–125	–2	–3
1111 1110	254	–126	–1	–2
1111 1111	255	–127	–0	–1

3. 补码运算

补码的加法和减法运算会用到求补运算这一特性。所谓求补运算，是指对一个二进制数的补码先按位求反再末位加 1 的运算，简称“求补”或“变补”。补码运算有以下性质：

$$[X]_{补} \xrightarrow{求补} [-X]_{补} \xrightarrow{求补} [X]_{补}$$

可以说，求补运算的实质就是求一个用补码表示的二进制数的相反数。学习中要注意“求补”和“求补码”是两个不同的概念，前者是进行“变反加 1”的运算过程，即求一个数的相反数的补码；后者就是求一个数的补码，可以是“求补运算”，也可以是“符号-绝对值”表示。

补码的加法和减法运算规则是

$$[X+Y]_{补}=[X]_{补}+[Y]_{补}$$

$$[X-Y]_{补}=[X]_{补}+[-Y]_{补}$$

其中，$[-Y]_{补}$可以用对$[Y]_{补}$进行求补运算得到。

例 1-10 用补码进行下列运算：23+15；(−23)+(−15)；23−15；(−23)−(−15)。

解 $[23]_{补}$=00010111B=17H，$[-23]_{补}$=11101001B=0E9H

$[15]_{补}$=00001111B=0FH，$[-15]_{补}$=11110001B=0F1H

运算过程如下：

23+15=38

```
    0 0 0 1 0 1 1 1      [23]补
+   0 0 0 0 1 1 1 1      [15]补
-------------------------------
    0 0 1 0 0 1 1 0      [38]补
```

可见，23+15=38，即 17H+0FH=26H。

(−23)+(−15)= −38

```
    1 1 1 0 1 0 0 1      [−23]补
+   1 1 1 1 0 0 0 1      [−15]补
--------------------------------
1   1 1 0 1 1 0 1 0      [−38]补
```

可见，(−23)+(−15)= −38，即 0E9H+0F1H=0DAH，有进位，丢掉。

23−15=8

```
    0 0 0 1 0 1 1 1      [23]补
+   1 1 1 1 0 0 0 1      [−15]补
--------------------------------
1   0 0 0 0 1 0 0 0      [8]补
```

可见，23−15=8，即 17H+0F1H=08H，有进位，丢掉。这个例子可以看出补码的减法运算可以先求出$[X]_{补}$，再求$[-Y]_{补}$，然后再进行补码的加法运算求出$[X-Y]_{补}$。

(−23)−(−15)= −8

```
    1 1 1 0 1 0 0 1      [−23]补
+   0 0 0 0 1 1 1 1      [15]补
-------------------------------
    1 1 1 1 1 0 0 0      [−8]补
```

可见，(−23) − (−15) = −8，即 0E9H + 0FH = 0F8H。

从上述例子可知，在计算过程中，可能出现最高有效位向高位的进位由于机器字长的限制而自动丢失的情况，但并不影响计算结果的正确性。机器将把这一“丢失”的进位保留在微处理器标志寄存器的进位位中(见第 2 章)。

1.3.3 数的编码

编码就是用少量简单的基本符号，选用一定的组合规则，以表示出大量复杂多样的信息。

1. BCD 码

计算机只能识别二进制数，但是人们熟悉十进制数。所以在计算机输入和输出数据时，往往采用十进制数表示。不过，这样的十进制数是用二进制码表示的，称为二进制编码的十进制数——BCD 码。

计算机中常用的是 8421BCD 码(在以后的章节中简称 BCD 码)，即将 1 位十进制数 0～9 分别用 4 位二进制编码来表示，而这四位的权从高位到低位一次是 8，4，2，1。具体对应关系见表 1-5。

表 1-5 8421BCD 编码表

十进制数	8421BCD 码	十进制数	8421BCD 码
0	0000	8	1000
1	0001	9	1001
2	0010	10	0001 0000
3	0011	11	0001 0001
4	0100	12	0001 0010
5	0101	13	0001 0011
6	0110	14	0001 0100
7	0111	15	0001 0101

在计算机中，BCD 码有两种格式，即组合 BCD 码和非组合 BCD 码，也称压缩 BCD 码和非压缩 BCD 码。

组合 BCD 码的每一位十进制数用 4 位二进制数表示，一字节可以表示两位十进制数。

非组合 BCD 码用一字节表示一位十进制数，其中低 4 位表示相应的十进制数，高四位没有意义。

例 1-11 用组合和非组合 BCD 码分别表示十进制数 43 和 512。

解 $43=(0100\ 0011)_{BCD}$，$43=(00000100\ 00000011)_{BCD}$

$512=(0101\ 0001\ 0010)_{BCD}$，$512=(00000101\ 00000001\ 00000010)_{BCD}$

2. ASCII

在计算机中，各种字符都必须用二进制数来表示。目前，在各种微机和设备中，广泛采用的是美国标准信息交换码(American Standard Code for Information Interchange, ASCII)码。它用 7 位二进制码表示一个字符，共能表示 128 个不同的字符。在计算机内部，通常是以字节为单位的，因此实际上每个 ASCII 字符都是用 8 位二进制数表示的，将最高位设置为“0”。常用的 7 位 ASCII 码表见表 1-6。

表 1-6　美国标准信息交换码(7 位)

编码	控制字符	编码	字符	编码	字符	编码	字符
00	NUL	20	SPACE	40	@	60	`
01	SOH	21	!	41	A	61	a
02	STX	22	"	42	B	62	b
03	ETX	23	#	43	C	63	c
04	EOT	24	$	44	D	64	d
05	ENQ	25	%	45	E	65	e
06	ACK	26	&	46	F	66	f
07	BEL	27	'	47	G	67	g
08	BS	28	(	48	H	68	h
09	TAB	29	)	49	I	69	i
0A	LF	2A	*	4A	J	6A	j
0B	VT	2B	+	4B	K	6B	k
0C	FF	2C	,	4C	L	6C	l
0D	CR	2D	-	4D	M	6D	m
0E	SO	2E	.	4E	N	6E	n
0F	SI	2F	/	4F	O	6F	o
10	DLE	30	0	50	P	70	p
11	DC1	31	1	51	Q	71	q
12	DC2	32	2	52	R	72	r
13	DC3	33	3	53	S	73	s
14	DC4	34	4	54	T	74	t
15	NAK	35	5	55	U	75	u
16	SYN	36	6	56	V	76	v
17	ETB	37	7	57	W	77	w
18	CAN	38	8	58	X	78	x
19	EM	39	9	59	Y	79	y
1A	SUB	3A	:	5A	Z	7A	z
1B	ESC	3B	;	5B	[	7B	{
1C	FS	3C	<	5C	\	7C	|
1D	GS	3D	=	5D	]	7D	}
1E	RS	3E	>	5E	^	7E	～
1F	US	3F	?	5F	_	7F	DEL

习　题　1

1. 计算机的硬件结构体系主要有哪两种？它们的主要区别是什么？

2. 微处理器内部一般由哪些部分组成？各部分的主要功能是什么？

3. 典型微机有哪三大总线？它们传送的是什么信息？

4. 试用示意图说明内存单元的地址和内存单元的内容，二者有何联系和区别？

5. 什么是微处理器？什么是微型计算机？什么是微型计算机系统？这三者有什么区别和联系？

6. 高级语言、汇编语言、机器语言有何区别？各有何特点？

7. 评价微型计算机性能的主要指标有哪些？试举例说明现在市场主流机型微型计算机的性能参数。

8. 现代微型计算机的主板通常由哪些部分组成？主板上的总线扩展插槽有何用途？

9. 把下列十进制数转换为二进制数、八进制数和十六进制数：

(1) 4.85　　(2) 255　　(3) 256

10. 把下列数转换为十进制数：

(1) 10001100B　　(2) 27Q　　(3) 1FH

11. 设两个二进制数 A=11010010B 和 B=11001110B，求 A 和 B 的各种逻辑运算。

12. 分别用 8 位和 16 位二进制数表示下列数的补码：

(1) 127D　　(2) −127D　　(3) 80D　　(4) −80D

13. 下列数是某十进制数的补码，求这个十进制数。

(1) 无符号十进制数的补码 7AH；

(2) 有符号十进制数的补码 7AH；

(3) 无符号十进制数的补码 E8H；

(4) 有符号十进制数的补码 E8H。

14. 用补码进行下列运算。

(1) 56+23　　(2) 56−23　　(3) −56+23　　(4) −56−(−23)

15. 给出十进制数−30 的原码、反码、补码(8 位二进制)的形式，并指出 8 位二进制原码、反码、补码所能表示的数值范围(用十进制表示)。

16. 用组合和非组合 BCD 码分别表示十进制数 388 和 12。

17. 分别写出下列字符串的 ASCII 码。

(1) 10ab　　(2) AF96　　(3) How are you?　　(4) B&D

第 2 章　微 处 理 器

微处理器(Micro Processor)是采用大规模(LSI)或超大规模集成电路(VLSI)技术制成的半导体芯片。它将控制单元、寄存器组、算术逻辑单元(ALU)及内部总线集成在芯片上，组成具有运算器和控制器功能的部件。计算机系统中的各个部件都在微处理器的统一调度之下协调工作，所以它又称为中央处理单元(Central Processing Unit, CPU)。

CPU 是微型计算机的核心部件，其性能和特点基本上决定了微型计算机的性能。因此，了解 CPU 的内部结构、引脚功能、操作时序等是学习微机原理与接口技术，进行微型机应用系统开发设计的基础。

本章以 Intel 系列微处理器为例，着重讨论 8086 微处理器的功能结构、工作模式和引脚特性、典型的总线操作时序、存储器组织和 I/O 组织，然后介绍微处理器的发展历程及微处理器新技术。

2.1　8086 微处理器的结构

8086 是 Intel 系列的第三代微处理器。它是功能很强的 16 位微处理器，采用了 HMOS 高密度工艺，集成度达每片 4 万多只晶体管，单一+5V 电源，主频为 5MHz/10MHz。它的内部和外部的数据总线宽度都是 16 位，地址总线宽度 20 位，可寻址空间达 2^{20}，即 1MB。

Intel 公司在推出 8086 微处理器的同时，还推出了一种准 16 位微处理器 8088。它是许多流行的微机，如 IBM-PC/XT 及许多兼容机 AT&T、AST、COMPAQ 等的 CPU，其设计目标是为了能与 Intel 的 8 位外围接口芯片直接兼容。8088 和 8086 的内部结构基本相同，两者的软件也完全兼容。它们最主要的区别是外部数据总线：8086 是 16 位数据总线，8088 是 8 位数据总线。8088 执行相同的程序要比 8086 有较多的外部存取操作，执行得较慢。

2.1.1　8086 的功能结构

8086 微处理器的内部功能结构如图 2-1 所示，由两个独立的工作部件——执行部件(Execution Unit，EU)和总线接口部件(Bus Interface Unit，BIU)构成。EU 由运算器、寄存器组、控制器等组成，负责指令的执行；BIU 由指令队列、地址加法器、总线控制逻辑等组成，负责与系统总线打交道。

1. 执行部件 EU

(1) EU 的功能。EU 负责执行指令，具体功能为以下三个方面：

① 从 BIU 的指令队列缓冲器中取出指令，由 EU 控制器的指令译码器译码产生相应的操作控制信号给各部件。

② 对操作数进行算术运算和逻辑运算，并将运算结果的状态特征保存到状态寄存器 FR 中。

③ EU 不直接与 CPU 外部系统相连，当需要与主存储器或 I/O 设备交换数据时，EU 向 BIU 发出命令，并提供给 BIU 16 位有效地址及所需传送的数据。

(2) EU 的组成。EU 由算术逻辑单元(ALU)、通用数据寄存器组(AX、BX、CX、DX)，地址指针和变址寄存器(SP、BP、SI、DI)、标志寄存器(FR)、数据暂存寄存器和 EU 控制器组成。

(3) EU 的特点。

① 通用数据寄存器 AX、BX、CX、DX，既可以作 16 位寄存器使用，也可以分成高、低 8 位分别作两个 8 位寄存器使用。地址指针 BP、SP 和变址寄存器 SI、DI 都是 16 位寄存器，一般用来存放地址信息。

② ALU 的核心是 16 位二进制加法器。其功能：一是进行算术/逻辑运算，二是按指令的寻址方式提供给 BIU 所需要操作对象的 16 位(偏移)地址，让 BIU 对内存储器或 I/O 空间寻址，传输操作对象。

③ 16 位状态标志寄存器(7 位未用)存放操作后的状态特征和设置的控制标志。

④ EU 控制器是执行指令的控制电路，实现从队列中取指令、译码、产生控制信号等。

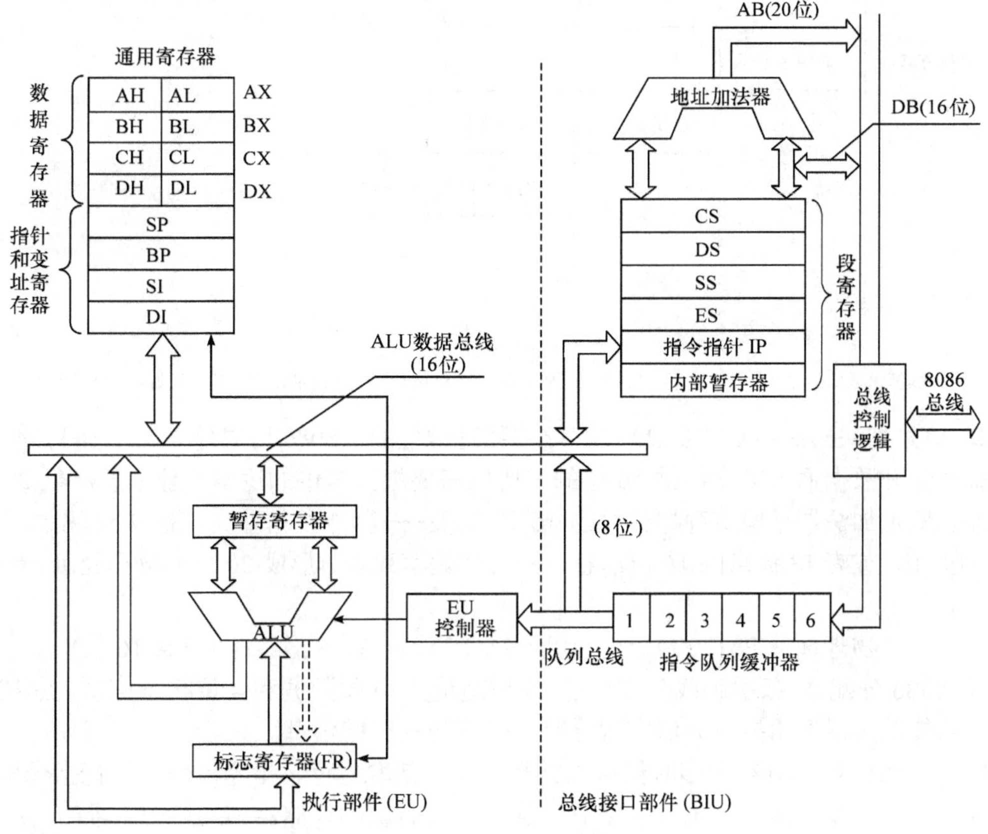

图 2-1　8086CPU 的内部功能结构框图

2. 总线接口部件 BIU

(1) BIU 的功能。

BIU 负责完成 CPU 与存储器或 I/O 设备之间的数据传送。它的具体功能为以下三个方面：

① BIU 从主存取指令送到指令队列缓冲器。

② CPU 执行指令时，总线接口单元要配合 EU 从指定的主存单元或外设端口中取数据，将数据传送给 EU 或把 EU 的操作结果传送到指定的主存单元或外设端口中。

③ 计算并形成访问存储器的 20 位物理地址。

(2) BIU 的组成。BIU 由 4 个 16 位段寄存器、16 位指令指针寄存器、20 位物理地址加法器、6 字节指令队列及总线控制逻辑组成。

(3) BIU 的特点。

① 指令队列由 6 字节的寄存器组成(8088 指令队列由 4 字节组成)。采用“先进先出”原则，暂时存放 BIU 从存储器中预取的指令。一般情况下，EU 执行完一条指令，就可以立即从指令队列中取指令执行，而不是像以往要轮番地进行取指令和执行指令的操作。这种流水线技术提高了 CPU 的效率。图 2-2 给出这两种方式的简单对比。

串行方式	取指令1	执行 1	取指令2	执行2	取指令3	···
流水线方式	取指令1	执行1			
		取指令2	执行2		
			取指令3	执行3	
	1	2	3	4	

图 2-2　指令执行方式对比

注：由上面简图近似得出，串行方式下，执行 n 条指令需 $2n$ 个单位时间。而流水线方式下，只需要 $n+1$ 个单位时间。

② 地址加法器是用来产生 20 位存储器物理地址的。8086 可寻址 1MB 空间，但 8086 内部寄存器和数据通道宽度都是 16 位的，所以需要根据提供的逻辑地址信息产生 20 位物理地址。地址加法器把段寄存器提供的 16 位信息——称作段基址，左移 4 位(相当于乘以 16)，加上 EU 或者 IP 提供的 16 位信息——称作偏移地址，形成 20 位的物理地址，计算公式为

$$\text{物理地址 PA(20 位)} = \text{段基址 SA(16 位)} \times 16 + \text{偏移地址 EA(16 位)}$$

③ 8086 分配 20 条引脚线分时传送 20 位地址、16 位数据和 4 位状态信息。总线控制逻辑的功能就是以逻辑控制方法实现分时与外部传送这些信息。

EU 和 BIU 两部分在很多时候可以并行工作，使取指令、指令译码、执行指令构成作业流水线。每当指令队列中出现空字节，且 EU 没有访问存储器和接口的要求时，BIU 自动从存储器读出指令代码，存于指令队列，供 EU 执行。如此，在一条指令执行的过程中，就可以预取下一条(或多条)指令，从而减少了 8086CPU 为取指令而等待的时间，提高了 CPU 的运行速度。当然，当遇到跳转指令的情况下，导致预取的指令并非是要执行的指令，只好舍弃，这将会降低流水线的效率。在以后的几代微处理器中，对内部结构的改进主要从

流水线入手，将指令的执行过程进一步分解，尽可能使每一步骤都能同时执行，由此提高微处理器的执行速度。

2.1.2　8086 的寄存器结构

8086 CPU 内部设有三组信息寄存器和一个标志寄存器。三组寄存器是：通用数据寄存器组、地址指针和变址寄存器、段寄存器组。另有一个 16 位的指令指针寄存器(Instruction Pointer，IP)。它们用于暂存 CPU 操作过程中需要的指令地址、数值计算的数据和数据处理的中间结果。而且，由于从存储器中取数据速度比较慢，所以充分合理的利用寄存器能提高系统效率。

1. 通用数据寄存器

EU 中设置了四个 16 位通用寄存器，它们是 AX、BX、CX 和 DX，而且都可以拆成两个独立的 8 位寄存器使用。例如，AX 寄存器可以拆成高 8 位 AH 和低 8 位 AL 使用。在 8086 指令系统中，通用寄存器可参与算术和逻辑运算，此外它们还有各自特殊的用途。这些通用寄存器的一般用法与隐含用法如表 2-1 所示。

表 2-1　8086 中通用寄存器的一般用法和隐含用法

寄存器	一般用法	隐含用法
AX	16 位累加器	字乘时提供一个操作数并存放积的低字节；字除时提供被除数的低字节并存放商
AL	AX 的低 8 位	字节乘时提供一个操作数并存放积的低字节；字节除时提供被除数的低字节并存放商；BCD 码运算指令和 XLAT 指令中作累加器；字节 I/O 操作中存放 8 位输入/输出数据
AH	AX 的高 8 位	字节乘时提供一个操作数并存放积的高字节；字节除时提供被除数的高字节并存放余数；LAHF 指令中充当目的操作数
BX	基址(Base)寄存器,支持多种寻址,常用作地址寄存器	XLAT 指令中提供被查表格中源操作数的间接地址
CX	16 位计数器	串操作时用作串长计数器；循环操作中用作循环次数计数器
CL	8 位计数器	移位或循环移位时用作移位次数计数器
DX	16 位数据寄存器	在间接寻址的 I/O 指令中提供端口地址；字乘时存放积的高字节，字除时提供被除数的高字并存放余数

2. 地址指针和变址寄存器

EU 中设有两个地址指针寄存器 SP、BP 和两个变址寄存器 SI、DI。它们在 8086 指令系统中的应用如表 2-2 所示。

表 2-2　8086 中地址寄存器的一般用法和隐含用法

寄存器	一般用法	隐含用法
SP	堆栈指针(Stack Pointer)，与 SS 配合指示堆栈栈顶的位置	压栈、出栈操作中指示栈顶
BP	基址指针(Base Pointer)，支持间接寻址、基址寻址、基址加变址等多种寻址手段。在子程序调用时，常用它来取压栈的参数	

续表

寄存器	一般用法	隐含用法
SI	源变址(Source Index)寄存器。它支持间接寻址、变址寻址、基址加变址寻址等多种寻址	串操作时用作源变址寄存器，指示数据段(段默认)或其他段(段跨越)中源操作数的偏移地址
DI	目的变址(Destination Index)寄存器。它支持间接寻址、变址寻址、基址加变址寻址等多种寻址	串操作时用作目的变址寄存器，指示附加段(段默认)中目的操作数的偏移地址

需要特别指出：

(1) 8086 的堆栈及堆栈操作有以下特点。

① 双字节操作，即每次进、出栈的数据均为两字节，且高位字节对应高地址，低位字节对应低地址。无论是源操作数，还是目的操作数，也无论是存储器操作数，还是寄存器操作数，都必须按这个原则执行。

② 堆栈向低地址方向生成。数据每次进栈时堆栈指针(SP)向低地址方向移动(减 2)；数据出栈时，SP 向高地址方向移动(加 2)。

(2) BP、BX 都被称为基址指针，但两者用法不同。BP 只能寻址堆栈段(段默认)，不允许段跨越；BX 可以寻址数据段(段默认)，也可以寻址附加段(段跨越)。

(3) 由于大多数算术和逻辑运算中又可以使用 BP、SP、DI、EI，因而也将这 4 个寄存器归入通用寄存器组。使用中应该注意这 4 个寄存器只能用于 16 位的存取操作。

3. 段寄存器

8086 CPU 中有 4 个段寄存器，用于存放当前程序所用的各段的起始地址，也称为段的基地址。它们分别为：

(1) 代码段寄存器(Code Segment, CS)。存放当前执行程序所在段的基地址。其内容左移 4 位再加上指令指针(IP)的内容，就形成下一条要执行的指令存放的实际物理地址。

(2) 数据段寄存器(Data Segment, DS)。存放当前数据段的起始地址，DS 中的内容左移 4 位再加上按指令中存储器寻址方式计算出来的偏移地址，即为数据段指定的单元进行读写的地址。

(3) 堆栈段寄存器(Stack Segment, SS)。存放当前堆栈段的起始地址，堆栈是按“后进先出”原则组织的一个特别存储区。堆栈操作所处理的操作数常存放在当前堆栈段中。操作数的存放地址是由 SS 的内容左移 4 位再加上 SP 的内容而形成的。

(4) 附加段寄存器(Extended Segment, ES)。存放当前附加段的基地址。附加段是在进行字符串操作时作为目的区地址使用的一个附加数据段。在字符串操作指令中 SI 作为源变址寄存器，DI 作为目的变址寄存器，其内容都是偏移地址。同样，基地址内容左移 4 位再加上偏移地址即为存放操作数的有效地址。

8086 CPU 的 4 个段寄存器存放的是当前可寻址的段基址。只要设定相应的值，CPU 就可以在 4 个段所规定的 64KB 存储范围内进行存取操作，但最多只能寻址 256KB 空间。如果在程序执行中要访问更大的空间，只需改变寄存器中的段地址即可。这样的分段机制既解决了用 16 位寄存器访问 20 位的地址空间的问题，又把代码、数据、堆栈独立开来保证程序结构清晰。

4. 指令指针寄存器和标志寄存器

1) 指令指针寄存器 IP

指令指针寄存器 IP 是一个 16 位的表示地址指针的寄存器。IP 指向当前需要取出的指令地址的偏移量，当 BIU 从内存中取出指令字节后，IP 自动指向下一条指令。IP 的内容是指令字节地址在当前代码段内的偏移量，又称为偏移地址。应注意，程序员不能直接访问 IP 的内容。

2) 标志寄存器(Flag Register，FR)

标志寄存器也称为程序状态字(Program Status Word，PSW)寄存器，是一个 16 位的标志寄存器，但仅使用其中的 9 位。其中，CF、OF、AF、ZF、SF 和 PF 为 6 个状态标志位；DF、IF 和 TF 为 3 个控制标志位，如图 2-3 所示。

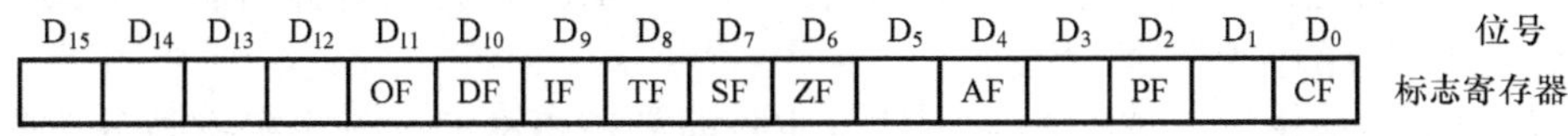

图 2-3 8086 CPU 标志寄存器

状态标志位反映了 EU 执行算术或逻辑运算以后的结果特征。依靠这些标志位来控制后续指令的走向。各状态标志的意义说明如下。

(1) CF(Carry Flag)进位标志：当执行加法(或减法)运算使最高位产生进位(或借位)时，CF 为 1，否则为 0。此外，循环移位指令影响 CF。它主要用来表示无符号数算术运算时是否产生了溢出。

(2) PF(Parity Flag)奇偶标志：当操作数结果低 8 位中含有偶数个 1 时，PF 为 1，否则为 0。用来为机器中传送信息时可能产生的出错情况提供检验条件。

(3) AF(Auxiliary carry Flag)辅助进位标志：在字节操作时，若低半字节(一字节的低 4 位)向高半字节有进位(加法运算)或借位(减法运算)，则 AF 置 1，否则置 0。此标志在十进制算术运算指令中作为是否进行十进制调整的判断依据。

(4) ZF(Zero Flag)零标志：若当前的运算结果为零，ZF 为 1，否则为 0。

(5) SF(Sign Flag)符号标志：记录运算结果的符号，结果为负时置 1，否则置 0。

(6) OF(Overflow Flag)溢出标志：表示带符号的数做算术运算时是否产生了算术溢出。8 位带符号数能表达的范围是+127～−128；16 位带符号数能表达的范围是+32767～−32768。运算结果若超出此范围，则溢出标志 OF 置 1，否则 OF 置 0。实际上，如果两个带符号数符号相同，但结果的符号不同，则把 OF 置 1，代表两带符号数运算已经溢出。这种设置方法的正确性可自行验证。

3 个控制标志位的功能分别为：

(1) DF(Direction Flag)方向标志：串操作的控制方向标志。串操作中如果 DF=0，则地址递增，若 DF=1，则地址递减。可用 CLD 和 STD 汇编指令清 DF 和置 DF 值。

(2) IF(Interrupt Enable Flag)中断允许标志：如果 IF=1，则允许微处理器响应可屏蔽中断；IF=0，则禁止可屏蔽中断。可用 STI 和 CLI 汇编指令分别使 IF =1 和 IF=0。

(3) TF(Trap Flag)陷阱标志：如果 TF=1，则微处理器按单步方式执行指令，执行一条指令就产生一次类型为 1 的内部中断(单步中断)，因此有时称为跟踪标志。如果 TF=0，微处理器正常工作。该标志没有对应的指令操作，只能通过堆栈操作改变 TF 状态。

汇编程序调试软件 DEBUG 提供测试标志位的方法，标志位是 0 还是 1 是用两个字母来表示的。表 2-3 说明这些标志位的符号表示。

表 2-3　标志位的符号表示

标志位	OF	DF	IF	SF	ZF	AF	PF	CF
1/0	OV/NV	DN/UP	EI/DI	NG/PL	ZR/NZ	AC/NA	PE/PO	CY/NC

2.1.3　8086 的工作模式和引脚特性

1. 芯片引脚特性的描述

(1) 引脚的功能：引脚信号的定义。人们约定，引脚名为该引脚功能的英文缩写，其名字基本反映信号的作用，即含义。

(2) 信号的有效电平：指控制引脚使用有效时的逻辑电平。低电平有效的引脚名字上面加有一条横线，引脚名字上无横线者为高电平有效。

另有一些引脚信号编码使用，即高低电平均有效，分别表示不同的状态或数值。还有些引脚信号为边沿有效，即信号仅在上升(或下降)沿有效。

(3) 信号的流向：芯片与其他部件的联系全靠在引脚上传送信息，这些信息可能自芯片向外输出，也可能从外部输入到芯片，还可能是双向的。如 CPU 的地址总线(AB)是输出的，用以寻址存储器单元或 I/O 端口；数据总线(DB)是双向的，CPU 可通过它从存储器或外设读取数据，也能将数据输出给它们。CPU 的某些控制线是输出的，用来对外界提供控制，也有些控制线是输入的，通过这些流入的信息可以接受外界的联络信号。

(4) 引脚的复用：在芯片的设计中，有时为以少量引脚提供更多的功能，会采用引脚复用的做法。如 8086 就采用地址、数据线分时复用的方法，即当引脚上出现有效信号时，前一时刻总线上出现地址，后一时刻，其上传输的是数据。为区分总线上两种性质完全不同的信号，常用的办法是利用外接信号锁存器。

(5) 三态能力：是指有些引脚除了能正常输出或输入高低电平外，还能输出高阻状态。当它输出高阻状态时，表示芯片实际上已放弃了对该引脚的控制权，使之“浮空”。这样，与总线相连接的其他设备就可以获得对总线的控制权，系统转为在接受总线的设备控制下工作。

2. 8086 的工作模式

为了尽可能适应各种使用场合，8086 设计了两种工作模式——最小模式和最大模式，如图 2-4 所示。

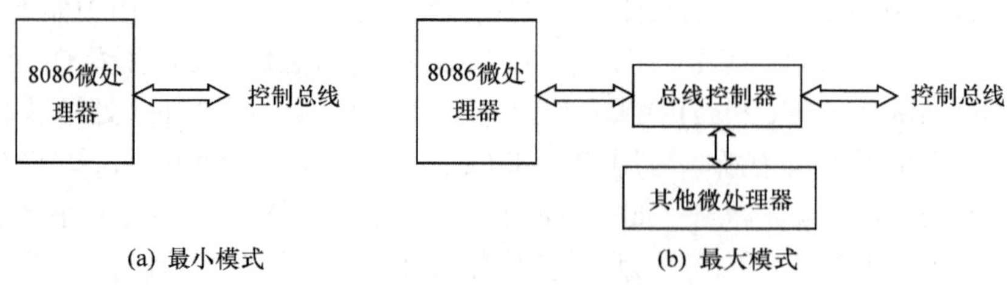

图 2-4　8086 两种模式简化示意图

8086系统处于最小模式，就是系统中的CPU只有8086单独一个处理器。在这种系统中，所有总线控制信息都直接由8086产生，系统中总线控制逻辑电路被减到最少，这些特征就是最小模式名称的由来。最小模式适合于较小规模的系统。

8086系统的最大模式是相对最小模式而言的，适用于中大型规模的8086系统。在最大模式系统中有多个微处理器，其中必有一个主处理器8086，其他处理器称为协处理器或辅助处理器，承担某一方面的专门工作。和8086匹配的协处理器有两个，一个是专用于数值运算的处理器8087，能实现多种类型的数值操作，如高精度的整数和浮点运算，以及三角函数、对数函数的计算。由于8087是用硬件方法来完成这些运算，比之通常用的软件实现方法会大幅度地提高系统的数值运算速度。另一个是专用于输入/输出操作的协处理器8089，有一套专用于I/O操作的指令系统，独立于8086直接为I/O设备使用。系统中加入8089之后，会大大减少输入/输出操作占用主处理器的时间，提高主处理器的效率。

3. 8086的引脚特性

8086微处理器采用40引脚的DIP封装，如图2-5所示。24～31引脚功能取决于8086工作在最小模式还是最大模式。括号中的引脚名为最大模式的功能。

下面分两部分讨论8086的引脚特性。首先介绍最小模式下的40个引脚，然后介绍最大模式下仅仅与最小模式功能不同的引脚(24～31脚)。

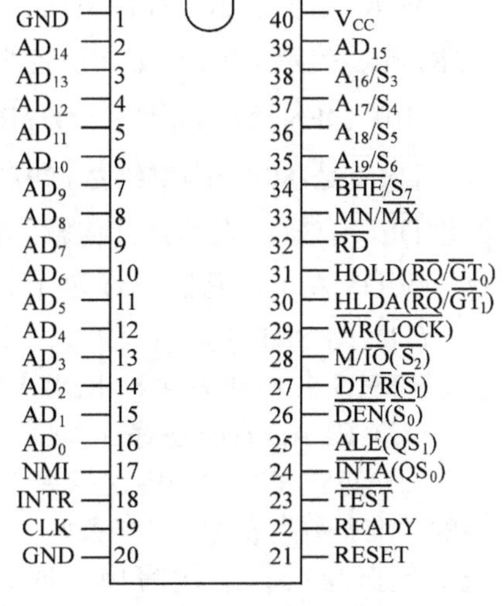

图2-5　8086的引脚

1) 最小模式1～40引脚的功能定义

(1) MN/$\overline{\text{MX}}$(最小/最大模式)：输入，高低电平均有效。

MN/$\overline{\text{MX}}$=1，8086系统设置为最小模式；MN/$\overline{\text{MX}}$=0，8086设置为最大模式。在最小模式系统中，全部控制信号由8086提供。

(2) V_{CC}、GND(电源、地)：输入。

8086 V_{CC}接入的电压为+5V±10%，GND有两条(1，20脚)。

(3) CLK(系统时钟)：输入。

8086 CLK与时钟发生器8284A的时钟输出端CLK相连接。该时钟信号的占空比为33%(即低高之比为2∶1)。8086要求的时钟频率为5MHz8086-1要求的时钟频率为10MHz，8086-2要求的时钟频率为7MHz。系统时钟为CPU和总线控制逻辑电路提供时序基准。

(4) AD_{15}～AD_0(地址/数据)：复用线，双向，三态。

在总线周期的T_1状态，输出要访问的存储器或I/O端口的地址；T_2～T_4状态，作为数据传输线。在CPU进行响应中断、DMA方式时，这些线处于浮空状态(高阻态)。

(5) A_{19}～A_{16}/S_6～S_3(地址/状态)：复用线，输出，三态。

A_{19}～A_{16}是地址的高4位，在T_1时输出地址；S_6～S_3是CPU的状态信号，在T_2～T_4时输出CPU状态。访问存储器时，T_1输出的A_{19}～A_{16}与AD_{15}～AD_0组成20位地址信号，而访问I/O端口时，A_{19}～A_{16}=0000，AD_{15}～AD_0为16位地址信号。在T2～T4时，状态信

号的 S_6=0，表示当前 8086 与总线相连，S_5 标志中断允许 IF 的状态，S_4 和 S_3 组合指示当前使用的段寄存器(00、01、10、11 分别指 ES、SS、CS、DS)。在进行 DMA 方式时，这些线浮空。

(6) $\overline{BHE}$ /S_7(数据线高 8 位开放/状态)：复用线，输出，三态。

在 T_1 状态，输出 $\overline{BHE}$ 信号，表示高 8 位数据线 D_{15}～D_8 上的数据有效；在 T_2～T_4 状态，输出 S_7 状态信号(在 8086 中，S_7 作为备用状态信号，未用)。

(7) ALE(地址锁存)：输出，高电平有效。

ALE 是 8086 在每个总线周期的 T_1 状态时发出的，其下降沿将 8086 CPU 输出的 AD_{15}～AD_0、A_{19}～A_{16} 地址信息和 $\overline{BHE}$ 锁存在 CPU 外部的地址锁存器中。注意，ALE 端不能被浮空。

(8) $\overline{RD}$ (读)，$\overline{WR}$ (写)：输出，低电平有效，三态。

$\overline{RD}$ =0，表示 8086 操作为存储器或 I/O 端口读操作；$\overline{WR}$ =0，表示 8086 操作为存储器或 I/O 端口写操作。它们在“同个时刻”是互斥信号，在 DMA 时浮空。

(9) M/$\overline{IO}$ (存储器/I/O 选通)：输出，高低电平均有效，三态。

M/$\overline{IO}$ 用于指示是存储器还是 I/O 访问。M/$\overline{IO}$ =1，表示 CPU 与存储器之间数据传输；M/$\overline{IO}$ =0，表示 CPU 和 I/O 设备之间数据传输。当 DMA 时，此线浮空。

(10) $\overline{DEN}$ (数据允许)，DT/$\overline{R}$ (数据收/发)：输出，三态。

$\overline{DEN}$ 是 8086 提供给数据收发器的选通信号，DT/$\overline{R}$ 是控制其数据传输方向的信号。如果 $\overline{DEN}$ 有效，表示允许传输。此时，DT/$\overline{R}$ =1，进行数据发送；DT/$\overline{R}$ =0，进行数据接收。在 DMA 下，它们被置为浮空。

(11) RESET(复位)：输入，高电平有效。

RESET 接时钟发生器 8284A 的 RESET 端，得到一个经同步的复位脉冲信号。

(12) READY(准备好)：输入，高电平有效。

READY 表示数据传送结束与否，接时钟发生器 8284A 的 READY 端，得到一个经同步的“准备好”信号。“准备好”的意思就是：总线读周期时，存储器或 I/O 设备已把数据送上数据总线；总线写周期时，数据总线上的数据已经写入存储器或 I/O 设备。当 READY=0，CPU 在 T_3 之后，自动插入一个或几个等待状态 T_w。一旦 READY=1，便通知 CPU 数据传输完毕，而进入 T_4。

(13) $\overline{TEST}$ (等待测试)：输入，低电平有效。

$\overline{TEST}$ 信号和指令 WAIT 结合起来使用。当 CPU 执行 WAIT 指令时，每隔 5 个 T 对该信号进行 1 次测试。当 $\overline{TEST}$ =1 时，CPU 进行等待，重复执行 WAIT 指令，直到 $\overline{TEST}$ =0，才继续执行 WAIT 指令的下一条指令。WAIT 指令是用来使 CPU 与外部硬件同步的，$\overline{TEST}$ 相当于外部硬件同步信号。

(14) NMI(非屏蔽中断请求)：输入，上升沿触发。

NMI 中断请求不受中断允许标志位的影响，也不能用软件进行屏蔽。只要此信号一有效，CPU 就在现行指令结束后立即响应中断，进入非屏蔽中断处理程序。

(15) INTR(可屏蔽中断请求)：输入，高电平有效。

当 INTR=1 时，表示外设提出了中断请求。CPU 在执行每条指令的最后一个时钟周期采样此信号，若 INTR=1 且 IF=1(中断允许)，则响应中断。

(16) $\overline{INTA}$ (中断响应)：输出，低电平有效。

$\overline{INTA}$ 有效表示对 INTR 的外部中断请求作出响应，进入中断响应周期。

(17) HOLD(总线请求，输入)，HLDA(总线允许，输出)：高电平有效。

在最小模式下，所有总线控制信息都直接由 8086 产生，系统中的其他总线主控部件要占用总线时，就需要这一对信号。HOLD 和 HLDA 是一对配合使用的总线联络信号。当系统中的其他总线主控部件要占用总线时，向 CPU 发 HOLD=1 总线请求。如果此时 CPU 允许让出总线，就在当前总线周期完成时，发 HLDA=1 应答信号，且同时使具有三态功能的地址/数据总线和控制总线浮空，表示让出总线。总线请求部件收到 HLDA=1 后，获得总线控制权，在这期间，HOLD 和 HLDA 都保持高电平。当请求部件完成对总线的占用后，HOLD=0 总线请求撤销，CPU 收到后，也将 HLDA=0。这时，CPU 又恢复对地址/数据总线和控制总线的占有权。

2) 最大模式 24～31 引脚的功能定义

在最大模式下，许多总线控制信号不是由 8086 直接产生的，而是通过总线控制器 8288 产生。因此，8086 在最小模式下提供的总线控制信号的引脚(24～31 脚)须重新定义，改为支持最大模式之用。

8086 既然是最大模式，33 脚 MN/$\overline{MX}$ =0 是前提条件。

(1) $\overline{S_2}$，$\overline{S_1}$，$\overline{S_0}$，(总线周期状态)：输出，三态。

$\overline{S_2}$，$\overline{S_1}$，$\overline{S_0}$的组合表示 CPU 总线周期的操作类型。8288 总线控制器依据这三个状态信号产生相关访问存储器和 I/O 端口的控制命令。表 2-4 给出$\overline{S_2}$，$\overline{S_1}$，$\overline{S_0}$对应的总线周期类型及 8288 产生的控制命令。

(2) QS_1，QS_0(指令队列状态)：输出。

表 2-4　$\overline{S_2}$,$\overline{S_1}$,$\overline{S_0}$对应总线周期及 8288 控制命令

$\overline{S_2}$	$\overline{S_1}$	$\overline{S_0}$	总线周期	8288 控制命令	$\overline{S_2}$	$\overline{S_1}$	$\overline{S_0}$	总线周期	8288 控制命令
0	0	0	INTA 周期	$\overline{INTA}$	1	0	0	取指令周期	$\overline{MRDC}$
0	0	1	I/O 读周期	$\overline{IORC}$	1	0	1	读存储器周期	$\overline{MRDC}$
0	1	0	I/O 写周期	$\overline{IOWC}$, $\overline{AIOWC}$	1	1	0	写存储器周期	$\overline{MWTC}$, $\overline{AMWC}$
0	1	1	暂停	无	1	1	1	无源状态	无

注：无源状态为一个总线周期结束，而另一个新的总线周期还未开始的状态。

QS_1，QS_0 组合起来提供前一个时钟周期指令队列的状态，以便让外部对 8086 BIU 中指令队列的动作跟踪。QS_0，QS_1 组合与队列状态的对应关系见表 2-5。

表 2-5　QS_1，QS_0 与队列状态

QS_1	QS_0	队列状态	QS_1	QS_0	队列状态
0	0	无操作	1	0	队列空
0	1	从队列缓冲器中取出指令的第一字节	1	1	从队列缓冲器中取出指令的第二字节以后部分

(3) $\overline{RQ}/\overline{GT_1}$ ，$\overline{RQ}/\overline{GT_0}$ (总线请求/总线允许)：双向，低电平有效，三态。

$\overline{RQ}/\overline{GT_1}$，$\overline{RQ}/\overline{GT_0}$ 分别是最大模式时裁决总线使用权的信号，都是双向的，即在同一个引脚上先接收总线请求信号 $\overline{RQ}$ (输入信号)，再发送总线允许信号 $\overline{GT}$ (输出信号)。当两个引脚同时有请求时，$\overline{RQ}/\overline{GT_0}$ 的优先权更高。

当 8086 使用总线，其 $\overline{RQ}/\overline{GT}$ 为高阻态，这时若 8087 或 8089 要使用总线，它们就使 $\overline{RQ}/\overline{GT}$ 输出一个时钟周期的低电平(请求)，然后回到高阻态。经 8086 检测，若总线处于开放状态，则 8086 在 T_1 或者 T_4 期间输出使 $\overline{RQ}/\overline{GT}$ 变为低电平(允许)，再经 8087 或 8089 检测出此允许信号，对总线进行使用。待使用完结，将 $\overline{RQ}/\overline{GT}$ 变成一个时钟周期的低电平信号(释放)，8086 再检测出该信号，又恢复对总线的使用。

(4) $\overline{LOCK}$ (总线封锁)：输出，低电平有效，三态。

$\overline{LOCK}$ 信号是为避免多个处理器使用共有资源时产生冲突而设置的，$\overline{LOCK}$ 为低电平表示 CPU 独占总线使用权。$\overline{LOCK}$ 信号由指令前缀 LOCK 产生，在 LOCK 前缀后面的一条指令执行完后便撤销。此外，在 8086 的中断响应周期，$\overline{LOCK}$ 信号也自动有效，以防止其他的总线主部件在中断响应过程中占有总线，而使一个完整的中断响应过程被间断。在 DMA 时，$\overline{LOCK}$ 端浮空。

2.2　8086 的系统组成和总线时序

2.2.1　8086 的系统组成

1. 系统组成的特点

8086 系统的硬件组成除了最主要的 8086 微处理器外，还需要配置许多部件(芯片)。系统的硬件组成因最小、最大模式的不同而有所差异，其中具有共性的特点是：

(1) MN/$\overline{MX}$ 端接 V_{CC} 或 GND，决定工作在最小模式或最大模式。

(2) 8084A 为时钟发生器，外接 15MHz 振荡源，经 8284A 三分频后，得 5MHz 主频送到 8086 系统时钟端 CLK。除此之外，8284A 还将外部的复位信号 RESET 和就绪信号 READY 实现同步后发给 8086 相应的引脚。

(3) 用 3 片 8282(每片只能锁存 8 个信号)作地址锁存器，在 T_1 时锁存地址/数据复用线上的地址 A_{19}～A_0 和 $\overline{BHE}$ 信号。这是因为 8086 地址/数据复用线上分时传送的地址和数据信息，需要“分流”到地址总线和数据总线上所需要的。8282 的 $\overline{OE}$ 端接地，保持内部的三态门常通，8282 仅做锁存器用。8282 的 STB 接 8086 的 ALE，作锁存选通控制。

(4) 当系统所连的存储器和外设较多时，需要增加数据总线的驱动能力。这时可选用 2 片 8286 作 16 位数据收发器。8286 的 $\overline{OE}$ 端接 $\overline{DEN}$，作数据允许。8286 的 T 端接 DT/$\overline{R}$，作数据发送/接收选择。

(5) 系统组成还必须有其他的一些，如半导体存储器 RAM 和 ROM、外部设备的 I/O 接口、中断控制管理部件等组件。这些视实际系统的需要进行选配，分别直接与系统总线(AB、DB、CB 三总线)连接。

2. 最小模式系统组成

8086 最小模式，也就是单处理器系统模式，系统总线的所有信号都由 8086 直接或通过地址锁存器 8282 或数据收发器 8286 给出。图 2-6 给出了一个最小模式典型的总线部件配置。最小模式系统的组成除了总线部件配置之外，还要根据实际系统的需要选配存储器、I/O 接口、中断控制器等其他组件。

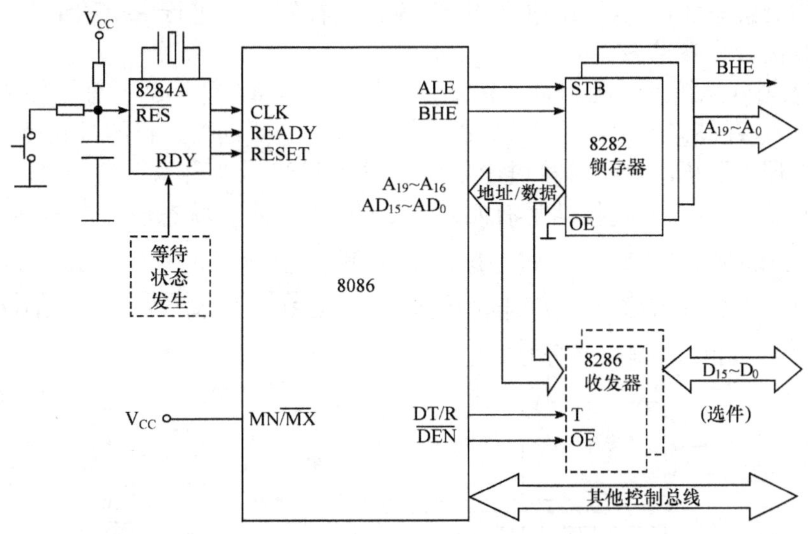

图 2-6 8086 最小模式典型的总线部件配置

3. 最大模式系统组成

8086 最大模式，也就是多处理器系统模式，图 2-7 给出了 8086 最大模式典型的总线部件配置。

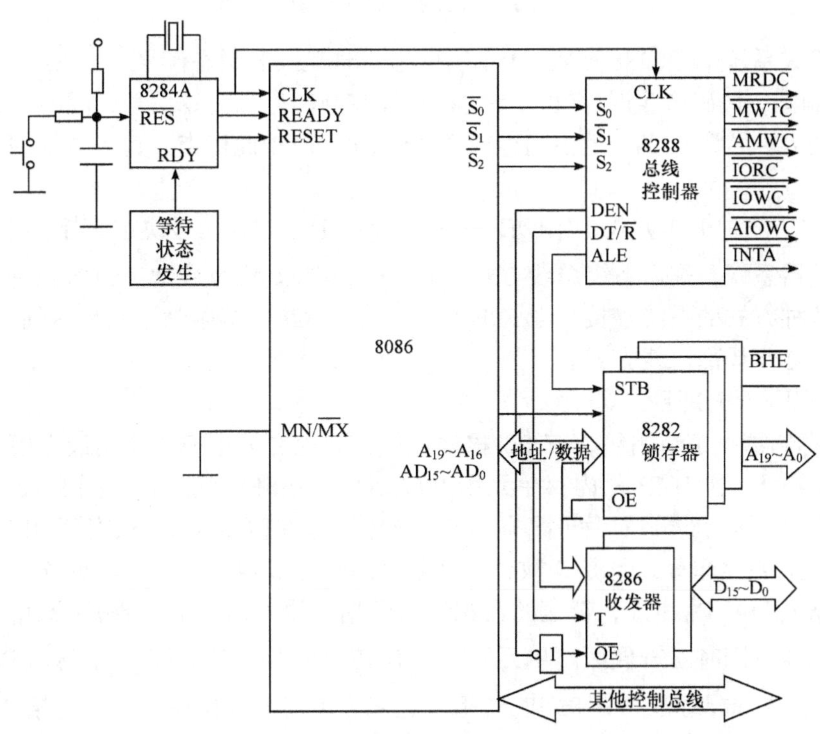

图 2-7 8086 最大模式典型的总线部件配置

最大模式与最小模式在总线部件配置上最主要的差别就是总线控制器 8288。系统因包含多个处理器，需要解决主处理器和协处理器之间的协调工作以及 3 对总线的共享控制等问题。为此，最大模式系统中要采用 8288 总线控制器。系统的许多控制信号不再由 8086 直接发出，而是由总线控制器 8288 对 8086 发出的控制信号进行变换和组合，以得到系统各种总线控制信号，参见表 2-4。

8086 最大模式系统的其他组件，例如，协处理器 8087 或 8089、总线仲裁器 8289、中断控制器 8259、存储器、I/O 接口等根据实际系统的需要选配，目的是支持多总线结构，形成一个多处理器系统。这里着重讨论总线控制器 8288 及其与系统的连接。

总线控制器 8288 对外连接信号有四组，如图 2-8 所示，状态输入信号($\overline{S_2}$、$\overline{S_1}$、$\overline{S_0}$)、控制输入信号(CLK、$\overline{\text{AEN}}$、CEN、IOB)、总线控制输出信号(DT/$\overline{\text{R}}$、DEN、ALE、MCE/$\overline{\text{PDEN}}$)、命令输出信号(读/写控制信号——$\overline{\text{MRDC}}$、$\overline{\text{MWTC}}$、$\overline{\text{AMWC}}$、$\overline{\text{IORC}}$、$\overline{\text{IOWC}}$、$\overline{\text{AIOWC}}$和中断响应信号$\overline{\text{INTA}}$)。

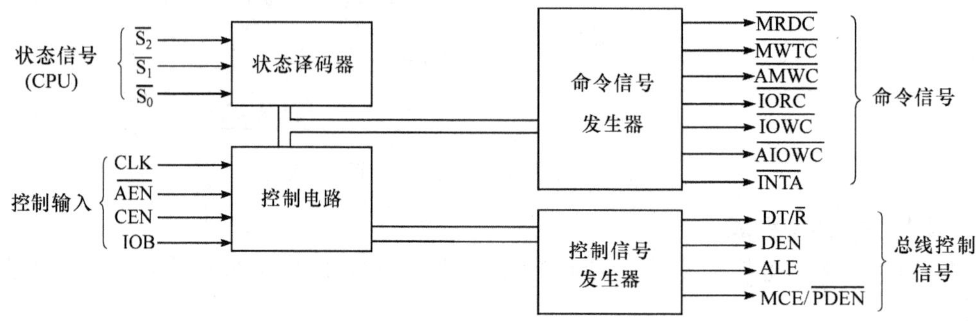

图 2-8 8288 的结构框图

在最大模式系统中，8288 接收 8086 执行指令时提供的状态信号$\overline{S_2}$、$\overline{S_1}$、$\overline{S_0}$，在时钟 CLK 信号控制下，译码产生时序性的上述各总线控制信号和命令信号，同时也提高了控制总线的驱动能力。尽管 8288 一般用于多处理器系统，由于此优点，其在单处理器系统中也常被使用。

8288 提供了两种工作方式，由 IOB——I/O 总线工作方式信号决定。当 IOB 接地，8288 适用于单处理器系统，称作系统总线方式，此时，还要求$\overline{\text{AEN}}$接地，CEN 接+5V。图 2-9 给出的就是这种方式的系统连接。当 IOB 接+5V，且 CEN 接+5V，8288 则适合工作于多处理器系统，称作局部总线方式。

4. 存储器组织与分段

8086 的存储器按字节组织，有 20 根地址线，无论在最小模式还是最大模式下都可寻址 1MB 存储空间。这 1MB 的内存单元用 00000H～FFFFFH 编址，如图 2-10 所示。8086 的 1MB 存储器实际上被分成了两个 512KB 存储区，分别为奇地址区(奇区)和偶地址区(偶区)。顾名思义，奇区单元地址是奇数，偶区单元地址是偶数。偶区的数据线与数据总线上低位字节数据线 D_7～D_0 相连，奇区的数据线与数据总线上高位字节数据线 D_{15}～D_8 相连。地址线 A_{19}～A_1 可同时对奇偶区内单元寻址，$\overline{\text{BHE}}$、A_0 则用于对奇、偶区选择，A_0=0 选择偶区，$\overline{\text{BHE}}$=0 选择奇区。$\overline{\text{BHE}}$ 和 A_0 组合起来表示当前数据在总线上的格式，如表 2-6 所示。

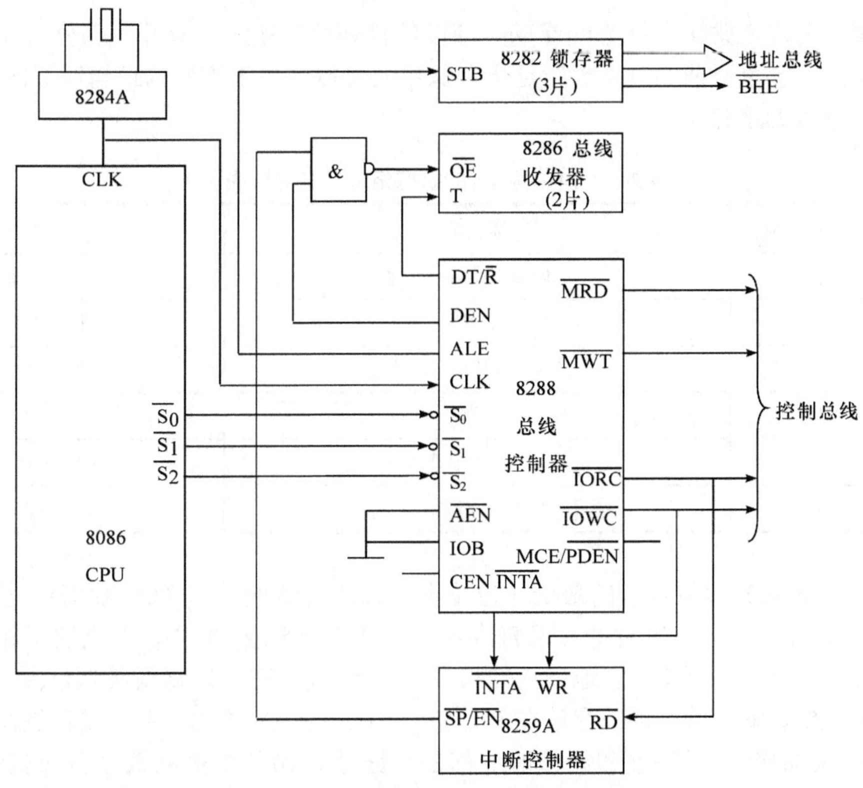

图 2-9　8288 与系统的连接

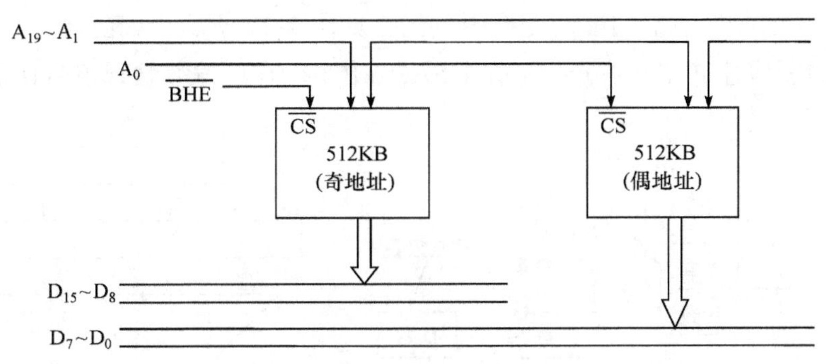

图 2-10　8086 系统存储器结构

注：$\overline{CS}$ 是存储体片选信号，低电平有效

存储器的物理组织分成了偶奇区，但是从逻辑结构上，存储单元是按地址顺序排列的。存储单元中存放的信息有字节、字、双字。根据它们存放单元的(首)地址是偶/奇地址，分别叫做偶字节、奇字节和偶字、奇字，对于偶字节、奇字节、偶字、奇字的读/写操作，根据表 2-6 可知，偶字节、奇字节和偶字操作均用 1 个总线周期完成，而奇字操作需 2 个总线周期，分别用奇字节和偶字节操作来完成。

8086 存储器操作采用典型的逻辑分段技术。所谓存储器分段技术就是把 1MB 空间分成若干逻辑段，每个逻辑段的容量不大于 64KB。段内地址是连续的，段与段之间是互相独立的。逻辑段可以在整个存储空间浮动，即段的排列可以连续、分开、部分重叠或完全重叠，非常灵活。这里所谓的“重叠”是指存储单元可以分属于不同的逻辑段。图 2-11 给出了一个逻辑分段的示意。

表 2-6　$\overline{BHE}$ 和 A_0 的状态组合及其对应操作

$\overline{BHE}$	A_0	操　作	所用数据引脚
0	0	从偶地址读/写一个字	AD_{15}～AD_0
1	0	从偶地址读/写一字节	AD_7～AD_0
0	1	从奇地址读/写一字节	AD_{15}～AD_8
1	1	无效	
0	1	首先读/写奇字节	AD_{15}～AD_8
1	0	然后读/写偶字节	AD_7～AD_0

8086 要求各逻辑段首地址的最低 4 位是全 0(即段首地址是 16 的整数倍)，段首地址的高 16 位称作段基址。段基址存放在段寄存器 DS、ES、SS 或 CS 中，并表明了相应逻辑段的性质。段内存储单元距离段首地址的偏移量(以字节数计算)，叫做偏移地址(在 8086 中称为有效地址 EA)。偏移地址可以存放在 IP、SP、BP、SI、DI 或 BX 中，或者是通过计算给出的一个 16 位偏移量。段基址和偏移地址都是无符号的 16 位二进制数，用<段基址>：<偏移地址>作为存储单元逻辑地址的描述形式。例如，4000H：2000H 就是 42000H 物理地址的逻辑地址描述。在采用分段结构的存储器中，任何一个 20 位物理地址都是由它的逻辑地址通过 CPU 中 BIU 的地址加法器变换得到的，如图 2-12 所示。如前述：

$$物理地址\ PA(20位) = 段基址\ SA(16位) \times 16 + 偏移地址\ EA(16位)$$

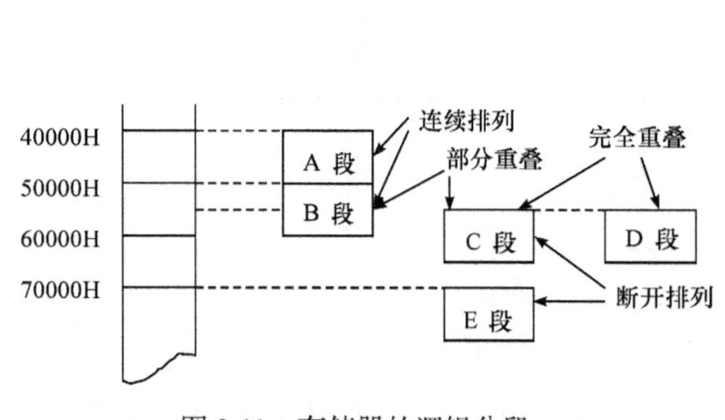

图 2-11　存储器的逻辑分段

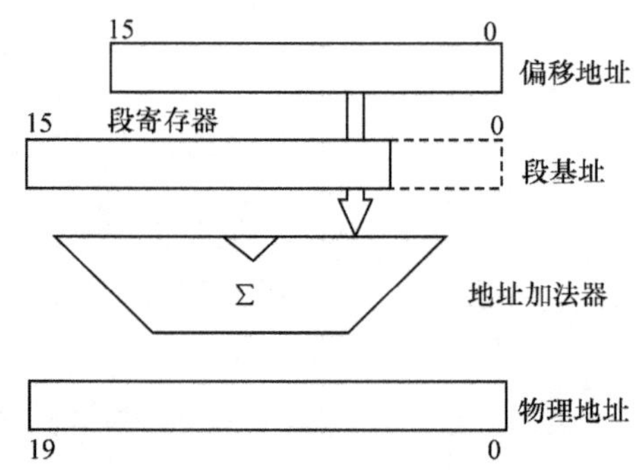

图 2-12　存储器物理地址的形成

16 位段基址 SA 的变化范围为 0000H～FFFFH，由此决定了共有 2^{16}，即 64K 个段。16 位偏移地址 EA 的变化范围也为 0000H～FFFFH，由此决定了每个段大小为 2^{16}，即 64KB。段基址 SA 的实际意义是该段在 1MB 内存中的高低位置，偏移地址 EA 的实际意义是该单元相对于段底部的偏移量。

如果段基址 SA 不变，EA 加一，物理地址 PA 相当于在 SA 段内上移一字节。如果段基址 SA 加一，相当于整个段向上移动 16B。对于 SA 值较大的高段，整个段 64KB 的底部除了覆盖 1MB 内存的顶部以外，64KB 的顶部也覆盖了 1MB 内存的底部。

1MB 内存空间里任一字节单元的物理地址是固定不变的，但是可以为多个段基址 SA 和偏移地址 EA 的组合，即其逻辑地址不是唯一的，亦即可以被多个段覆盖。根据

$$PA = SA_{max} \times 10H + EA_{min} = SA_{min} \times 10H + EA_{max}$$

可计算出覆盖 1MB 空间里任意一字节的最高段 SA_{max} 和最低段 SA_{min}，并由此可以计算出任意一字节都可被 4096 个段覆盖。

例如：$PA = 56789H = SA_{max}\times10H+EA_{min} = SA_{max}\times10H+0009H$，则 $SA_{max} = 5678H$。且 $PA = 56789H = SA_{min}\times10H+EA_{max} = SA_{min} \times 10H + FFF9H$，则 $SA_{min} = 4679H$。所以，共有 $SA_{max}- SA_{min} + 1 = 5678H - 4679H + 1 = 1000H = 4096$ 个段覆盖。

又如 $PA=01235H=SA_{max} \times 10H+EA_{min}=SA_{max}\times10H+0005H$，则 $SA_{max} = 0123H$。

$PA = 01235H = SA_{min} \times 10H+EA_{max}=SA_{min}\times10H+FFF5H$，可推算出 $SA_{min} = F124H$。所以共有 $SA_{max}- SA_{min} + 1 = 0123H - F124H + 1 = 1000H = 4096$ 个段覆盖。

8086 CPU 利用段基址 SA 和偏移地址 EA 进行运算得到物理地址这种方式的优点是：可将代码、数据、堆栈、附加数据等置于不同的段，避免重叠；只需改变段基址，即可将整个段上移或者下移，但不改变段内数据的相互位置关系。编程时使用逻辑地址描述，给程序设计带来很大的灵活性，表 2-7 给出了物理地址和段基址、偏移地址之间的关系。

表 2-7　物理地址和段基址、偏移地址之间的关系

EA \ PA \ SA	0000H	0001H	…	FFFEH	FFFFH
0000H	00000H	00010H	…	FFFE0H	FFFF0H
0001H	00001H	00011H	…	FFFE1H	FFFF1H
0002H	00002H	00012H	…	FFFE2H	FFFF2H
⋮	⋮	⋮		⋮	⋮
FFFEH	0FFFEH	1000EH	…	0FFDEH	0FFEEH
FFFFH	0FFFFH	1000FH	…	0FFDFH	0FFEFH

5. I/O 组织

8086 系统和外部设备之间是通过 I/O 接口进行相互传输信息的。每个 I/O 接口都有一个或几个 I/O 端口，一个端口往往对应于接口上一个寄存器或一组寄存器。微机为每个 I/O 端口分配一个地址，称为端口地址。端口地址和存储单元地址一样，应具有唯一的地址编码。

微机 I/O 端口有两种编址方式：

(1) 统一编址。这种编址方式将 I/O 端口和存储单元统一编址，即把 I/O 端口置于存储器空间，也看作是存储单元。因此，存储器的各种寻址方式均可用来寻址 I/O 端口。在这种方式下 I/O 端口操作功能强，使用起来也很灵活，I/O 接口与 CPU 的连接和存储器与 CPU 的连接相似。但是 I/O 端口占用了一定的存储空间，而且执行 I/O 操作时，因地址位数长，速度较慢。

(2) 独立编址。这种编址方法将 I/O 端口进行独立编址，I/O 端口空间与存储器空间相互独立。这就需要设置专门的输入/输出指令对 I/O 端口进行操作。8086 系统采用的就是这种独立的 I/O 编址方式。

8086 使用 A_{15}～A_0 这 16 根地址线作为 I/O 端口地址线，可访问端口最多可达 64K 个 8

位端口或 32K 个 16 位端口。和存储器的字单元一样，对于奇地址的 16 位端口的访问，要进行两次操作才能完成。16 位的 I/O 端口地址无需经过地址加法器产生，因而不使用段寄存器。从 AB 总线上发出的端口地址仍为 20 位，只不过最高四位 A_{19}～A_{16} 为 0。

2.2.2 8086 的总线时序

1. 基本概念

1) 时序

计算机中一条指令的执行，是将指令的功能分成若干个最基本的操作序列，顺序完成这些基本操作来实现指令的功能。这些基本操作由具有命令性质的脉冲信号控制电路各部件来完成。各个命令信号的出现，必须有严格的时间先后顺序。这种严格的时间先后顺序就称为时序，即计算机操作运行的时间顺序。

2) 时钟周期、总线周期、指令周期

微机系统的工作，必须严格按照一定的时间关系来进行，CPU 定时所用的周期有三种，即时钟周期、总线周期和指令周期。

时钟周期(Clock Cycle)是 CPU 的基本时间计量单位，所有操作都以这个时钟周期为基准，它是计算机系统工作速度的重要标志。时钟周期由计算机的主频决定，比如 8086 CPU 的主频为 5MHz 时，一个时钟周期就是 200ns。一个时钟周期又称为一个“T 状态”或 T 周期。时钟信号在时间上有先后次序，在空间上由不同的输出信号线输出。时钟脉冲是由时钟发生器 8284A 产生，通过 CPU 的 CLK 输入端输入的。8284A 是一个时钟发生器/驱动器芯片，它由一个晶体振荡器、一个三分频器、多总线准备好(READY)信号控制逻辑及复位(RESET)信号产生逻辑这几部分组成。

总线周期(Bus Cycle)是 CPU 通过系统总线对外部存储器或 I/O 端口进行一次访问所需的时间。在 8086/8088 CPU 中，一个基本的总线周期由 4 个时钟周期组成，称为 T_1、T_2、T_3 和 T_4 状态，但有时也会插入 T_w、T_i 状态。T_w 为等待时钟周期，在总线周期的 T_3 和 T_4 之间插入，总线处于等待状态。T_i 为空闲时钟周期，在两个总线周期之间插入，总线处于空闲状态，即高阻状态。

指令周期(Instruction Cycle)是执行一条指令所需要的时间。每条指令的执行一般由取指令、对指令进行译码和执行指令等操作组成。一个指令周期由一个或若干个总线周期组成。不同指令的指令周期是不等长的。

一条指令由若干个总线周期来完成，而一个总线周期是由 4 个时钟周期来实现的，从而建立指令周期、总线周期和时钟周期的关系。

典型的总线周期有存储器读/写周期、I/O 端口读/写周期、中断响应周期、空闲周期等，每种类型对应相应的总线操作。前面已经讲到，处于不同的模式系统时，系统总线的形成方法不同，总线信号的组成不同。所以，需要分门别类地阐述。

2. 最小模式下的读/写总线周期

8086 CPU 为了要与存储器及 I/O 端口交换数据，需要执行一个总线周期，即完成一次总线操作。依照数据传输的方向，总线操作分为总线读操作和总线写操作。总线读操作指 CPU 从存储器或 I/O 端口读取数据；总线写操作指 CPU 将数据写入存储器或 I/O 端口。一个基本的读/写周期包括 4 个 T 状态，即 T_1、T_2、T_3、T_4。在存储器和外设速度较慢时，要在 T_3 之后插入一个或几个等待周期 T_w，以使其在数据传送时能与 CPU 同步。T_4 结束后，可以开始新的读写周期，也可不执行总线周期。

1) 最小模式下的总线读操作

在 T_1 状态，发出存储器、I/O 端口选择信号 M/$\overline{IO}$，CPU 所访问对象的地址及高位字节数据总线允许信号 $\overline{BHE}$，指明具体被访者及数据传送的字宽。外接锁存器 8282 利用地址锁存允许信号 ALE 的下降沿将总线上的地址(访问存储器用 20 位地址，I/O 操作时只用低 16 位地址，A_{19}～A_{16} 总是处于低电平)及 $\overline{BHE}$ 信号锁存，其中 $\overline{BHE}$ 和低位地址线 A_0 规定信息传输的数据为高位字节、低位字节或字。M/$\overline{IO}$ 信号指明当前操作对象是存储器(M/$\overline{IO}$=1)还是 I/O 端口(M/$\overline{IO}$=0)。DT/$\overline{R}$、$\overline{DEN}$ 信号用来控制数据收发器 8286。为此，在整个总线周期中 DT/$\overline{R}$ 始终保持低电平，也就是说，在这个总线周期中，8286 接收数据。T_1 状态下 $\overline{DEN}$ 给出高电平，使与之相连的总线收发器呈高阻态，禁止传输。

在 T_2 状态，A_{19}～A_{16}/S_6～S_3 的输出由地址的最高 4 位转变为状态信号，在 AD_{15}～AD_0 引脚上取消输出的地址信号，变为高阻态，为读数据做准备。$\overline{DEN}$ 信号变为低电平，使 8286 的 $\overline{OE}$(输出允许)信号有效，允许传输。已经在 T_1 状态就给出的 DT/$\overline{R}$ 指明数据传输的方向。同时，读允许信号 $\overline{RD}$ 变为低电平，并送至系统中所有的存储器和 I/O 端口芯片，但只有被地址信号选中者才能被读出数据。

T_3 状态，将数据送至系统总线上，CPU 通过 AD_{15}～AD_0 接收数据。如果系统中的存储器或外设工作速度较慢，不能用基本的总线周期完成一次读操作，便会发出 READY 无效，请求 CPU 等待。8086 在 T_3 的前沿(下降沿)对 READY 测试，若无效，则增加一个等待周期，在 T_W 前沿继续检测 READY 信号，否则直接进入 T_4。

在 T_4 状态，读取数据线上的数据。图 2-13 示出了 8086 CPU 的总线读周期时序。

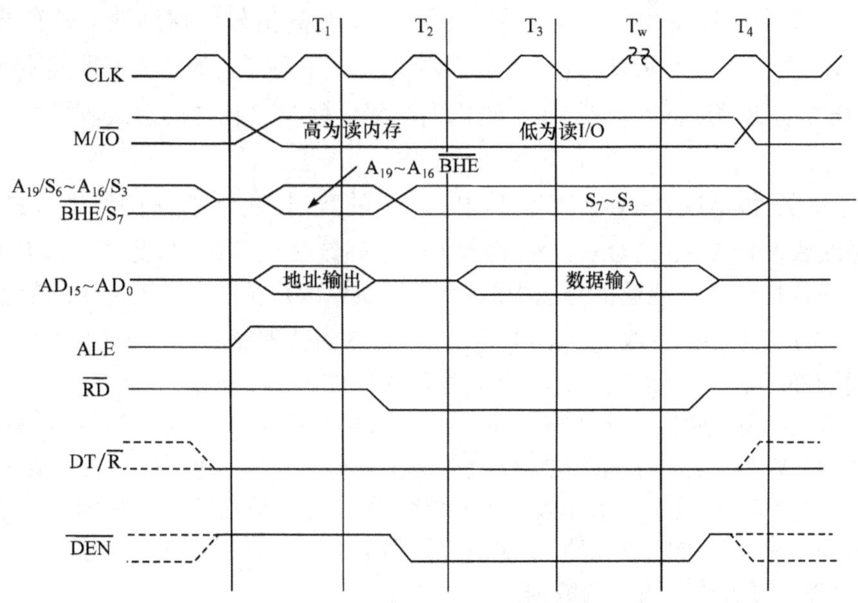

图 2-13　8086 最小模式下读周期时序图

2) 最小模式下的总线写周期操作

对存储器或 I/O 端口的一次写操作用一个典型的总线周期完成。其时序如图 2-14 所示。

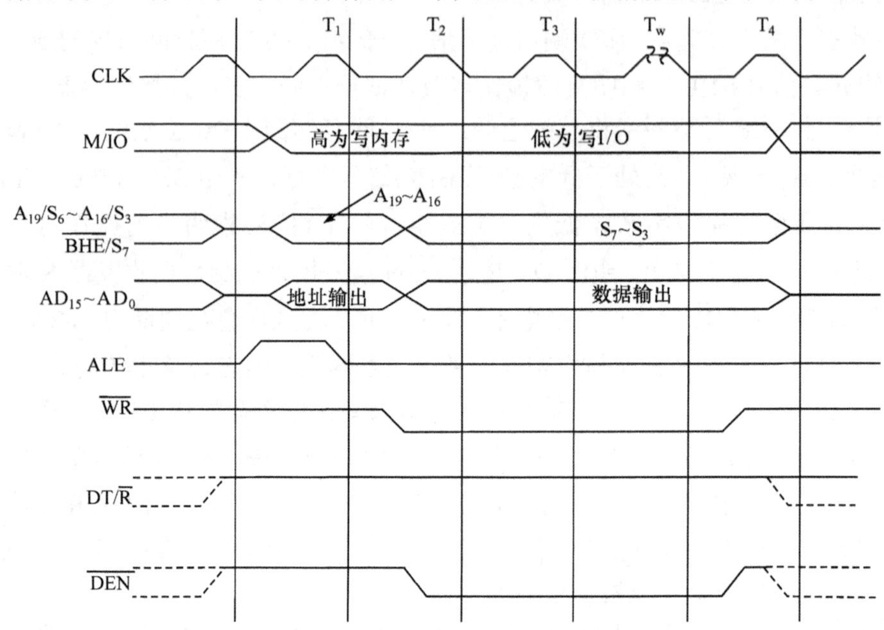

图 2-14　8086 最小模式下写周期时序图

访问存储器时，从 T_1 状态起，$M/\overline{IO}$ 输出高电平，直到下个总线周期开始，复用地址线 A_{19}/S_6～A_{15}/S_3、AD_{15}～AD_0 输出 20 位的存储器地址；若访问 I/O 端口，则 $M/\overline{IO}$ 输出低电平，AD_{15}～AD_0 输出 16 位 I/O 端口地址，高位地址线维持低电平。与总线读操作一样，利用地址锁存允许信号 ALE 的有效脉冲将地址的 $\overline{BHE}$ 信号锁存到地址锁存器中。由于 8086 进行写操作，故 $DT/\overline{R}$ 从 T_1 开始进入高电平，并保持至本总线周期结束，意在控制 8286 向总线方向驱动数据。此时 $\overline{DEN}$ 给出高电平，使与之相连的总线收发器呈高阻态，禁止传输。

进入 T_2 状态后，AD_{15}～AD_0 上出现 CPU 输出的数据，并一直保持到 T_4 状态，$\overline{DEN}$ 有效信号使总线收发器 8286 的 $\overline{OE}$ 生效，将数据送上系统数据总线。与此同时，CPU 发出 $\overline{WR}$ 有效信号，将数据写入被地址信号选中的存储单元或 I/O 端口。至于传送的数据将以何种格式出现，与读操作一样，取决于 CPU 在 T_1 状态下的数据总线高位有效信号 $\overline{BHE}$ 与低位地址线 A_0 状态的组合。归纳起来，共有 4 种形式，如表 2-4 所示。

同样在 T_3 状态的前沿，CPU 根据 READY 信号作决定，若 READY=1，8086 将进入 T_4 状态；READY=0，说明存储器或 I/O 端口请求等待，于是，便在 T_3 之后插入 T_w，继续在 T_w 的前沿检测 READY，如果无效，还可继续插入 T_w。采用这种办法的目的是延长上述各信号的时间，使速度差别较大的 CPU 与存储器或 I/O 端口之间保持同步。

在 T_4 状态，写入数据线上的数据。

3) 总线空闲状态

当 CPU 不执行总线周期时，总线接口部件不与总线打交道，进入总线空闲周期。此时，

CPU 内部指令队列已满，且 EU 单元正在进行有效的内部操作。所以，总线空操作是总线接口部件对执行部件的等待状态。

总线空闲周期由一系列 T_1 构成，基本维持前一总线周期时的状态。如果前一个总线周期为写周期，AD_{15}～AD_0 的数据仍被继续驱动；如果前一个总线周期为读周期，则 AD_{15}～AD_0 在空闲周期处于高阻状态。

3. 最大模式下的读/写总线周期

其实，最大模式下的总线时序与最小模式下的总线时序极为相似，只是在最大模式下，系统总线将由 8086 与 8288 共同形成。此时，需要分清系统信号中哪些来自 CPU，哪些来自 8288。最大模式下的读/写操作时序，如图 2-15、图 2-16 所示。

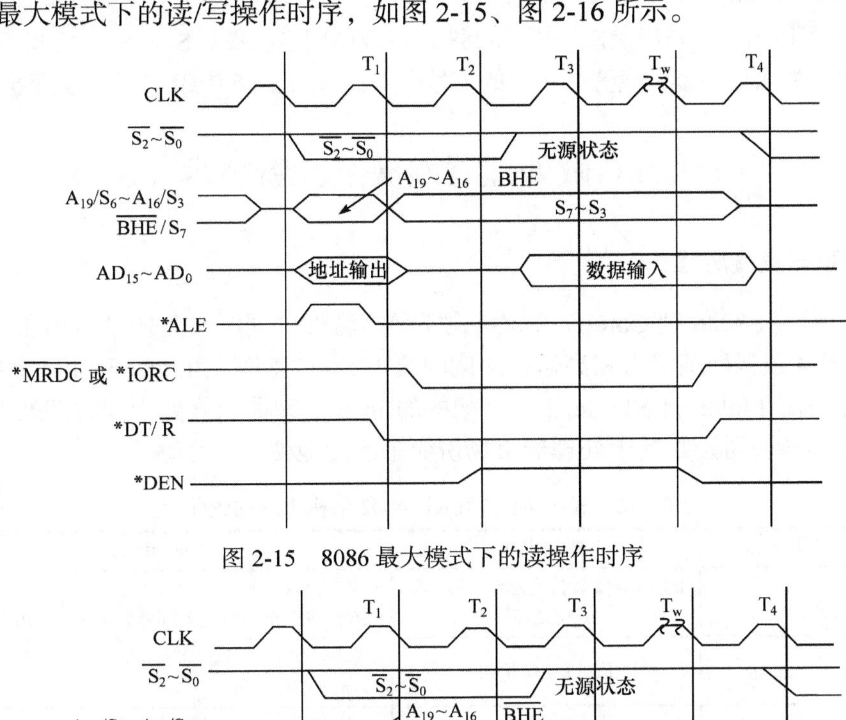

图 2-15　8086 最大模式下的读操作时序

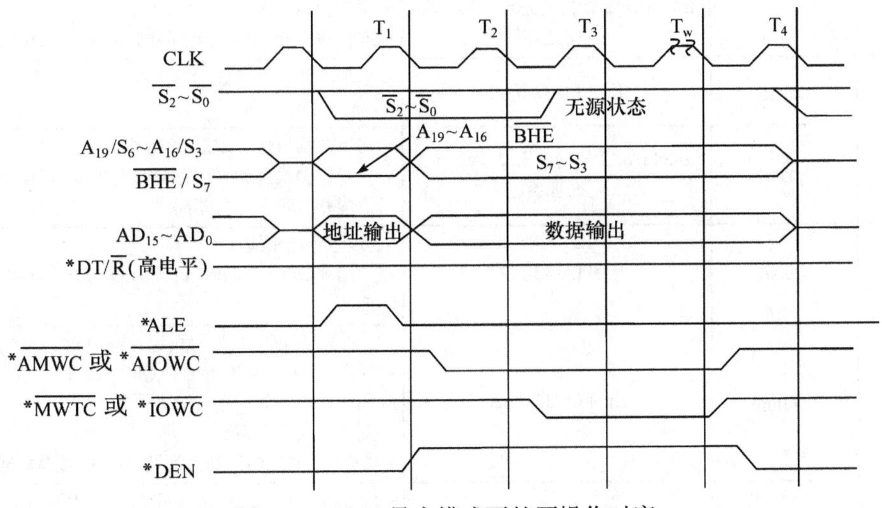

图 2-16　8086 最大模式下的写操作时序

由图 2-15、图 2-16 可以看出，8086 最大模式下与最小模式下的读/写区别仅在于：在最大模式之下，从总线周期一开始，状态信号 $\overline{S_2}$、$\overline{S_1}$、$\overline{S_0}$ 便出现在 CPU 相应的引脚上，以告诉 8288 当前 CPU 正在进行的总线操作类型。必须说明 $\overline{S_2}$、$\overline{S_1}$、$\overline{S_0}$ 是由正在控制总线的芯片发出的(可能是 8086，也可能是 8087)，所以编码表明的也是当前处理器的操作。8288 据此译码，组合产生各种控制信号并发至总线。直到 T_4 周期，$\overline{S_2}$、$\overline{S_1}$、$\overline{S_0}$ 输出编码 111，CPU 处于本总线周期向下一个总线周期的过渡阶段。图中带“*”号者为 8288 输出的控制信号。

工作于最大模式时，CPU 通过总线控制器可以为存储器或 I/O 设备提供两组写信号，一组是普通的写信号 $\overline{MWTC}$ 和 $\overline{IOWC}$；另一组为提前一个时钟周期发出的 $\overline{AMWC}$ 和 $\overline{AIOWC}$，称作超前写命令，意在让被访问的物理器件提早得到写命令，进入写操作，使得速度较慢的器件能有更充裕的操作时间，从而，使其与高速 CPU 实现同步。

从图 2-16 可以看出，与读操作一样，8288 在总线周期之前得到 $\overline{S_2}$、$\overline{S_1}$、$\overline{S_0}$ 的编码，进而，按照 CPU 当前的操作类型，设置好相应的信号电平，如图 2-16 中带“*”号信号电平。

2.3 微处理器发展及其新技术

2.3.1 微处理器发展历程

Intel 处理器从 8086 到 Core i7 在保持向下兼容特性的同时，其体系结构在不断发生变化，以适应对强数据处理能力和高运行速度的要求。表 2-8 列出 Intel 64 和 Intel IA-32 架构家族的进化，采用 Intel 64 和 Intel IA-32 架构的 Intel 处理器始终处于同时期处理器技术的前沿，并使 Intel 公司始终处于处理器市场份额第一的地位。

表 2-8 Intel 64 和 Intel IA-32 架构家族的进化

年份	处理器型号	体系结构	创 新 特 征
1978	8086	Intel IA-32 架构的先导，第 1 个 16 位处理器	• 主存分段 • 16 位寄存器，16 位外部数据总线，1MB 主存空间
1982	80286	Intel IA-32 架构	• 保护模式：支持虚拟存储管理和保护机制 • 16MB 主存空间
1985	80386	Intel IA-32 架构，第 1 个 32 位处理器	• 向下兼容特性、虚拟 8086 模式 • 分段存储模型和平坦存储模型(Flat Memory Model)、分页虚存管理、并行策略
1989	80486	Intel IA-32 架构	• 5 级指令流水线 • 片内 8KB L1 Cache、集成了 x87 FPU、省电和系统管理能力
1993	Pentium	Intel IA-32 架构	• U 和 V 两条指令流水线(每时钟周期 2 指令) • 片内 8KB 指令和 8KB 数据 L1 Cache • 利用片内转移表进行分支预测 • 支持多处理器系统 • 128 和 256 位内部数据通路，64 位外部数据总线
1995～1999	P6 家族	Intel IA-32 架构(超标量微体系结构)	• Pentium Pro：三路超标量(每时钟周期三指令)，动态执行(微数据流分析、乱序执行、超级分支预测、推测执行)，新增 256KB L2 Cache(与处理器封装在一起) • Pentium II：引入 MMX(Multi-Media eXtensions)技术(采用 SIMD 执行模型完成并行计算，128 位 MMX 寄存器)，16KB 指令、16KB 数据 L1 Cache 和 256/512/1024KB L2 Cache，多种低功率状态

续表

年份	处理器型号	体系结构	创新特征
1995～1999	P6 家族	Intel IA-32 架构 (超标量微体系结构)	• Pentium II Xeon：4/8 路超标量，2MB L2 Cache • Celeron：128 KB L2 Cache，推出该处理器是为了降低成本，占领市场 • Pentium III：引入 SSE(Streaming SIMD Extensions)，处理单精度浮点 SIMD 操作 • Pentium III Xeon：扩大 IA-32 处理器性能等级
2000～2006	Pentium 4	Intel IA-32 架构 (NetBurst 微体系结构)	• SSE2，3.40GHz • SSE3，支持超线程技术
	Pentium 4 6xx、5xx	Intel 64 架构	• 支持超线程技术 • 引入 VT(Virtualization Technology)技术(在 672 和 662 处理器中)
2001～2007	Xeon	Intel IA-32 架构 (NetBurst 微体系结构)	• 用于多处理器服务器和高性能工作站
	双核 Xeon	Intel 64 架构	• 3.60 GHz 时钟，800MHz 系统总线 • 双核(Dual Core)技术
2003	Pentium M	增强的 Intel IA-32 移动架构	• 支持动态执行的体系结构 • 片内 32KB 指令和 32KB 数据 L1 Cache，多达 2MB 的 L2 Cache • 增强的分支预测和数据预取逻辑 • 支持 MMX、SSE、SSE2
2005	Pentium Extreme	Intel64 架构 (NetBurst 微体系结构)	• 第一款支持双核技术(支持硬件多线程)的处理器 • 超线程技术 • 支持 SSE、SSE2、SSE3
2006、2007	Core Duo	增强的 Pentium M 微体系结构	• Smart Cache(允许有效数据在两处理器核间共享) • 改进译码和 SIMD 执行 • 动态低功耗电源和热管理
	Core Solo		
2006	Xeon 3000 /3200/5100 /5300/7300	Intel 64 架构 (Core 微体系结构，65nm)	• Wide Dynamic Execution(宽位动态执行)：提高性能和执行吞吐量 • Intelligent Power Capabiity(智能电源管理)：降低功耗 • Advanced Smart Cache(高级智能高速缓存)：提高 L2 Cache 命中率，各核动态支配 L2 Cache • Smart Memory Access(智能主存访问)，增加数据带宽，隐藏主存访问等待时间 • Advanced Digital Media Boost(高级数字媒体增强)：采用多代 SSE 提升应用性能 • Xeon5300、Core 2 Extreme 和 Core 2 Quad 支持四核技术
	Pentium 双核		
	Core 2 Extreme		
	Core Quad		
	Core 2 Duo		
2007	Xeon 5200 /5400/7400	Intel 64 架构 (增强 Core 微体系结构，45nm)	• 对 Wide Dynamic Execution、Advanced Smart Cache、Advanced Digital Media Boost 和 SSE4 技术的改善 • Xeon5400、Core 2 Quad Q9000 支持 4 核，Xeon7400 支持 6 核和 16MB L3 Cache
	Core 2 Quad Q9000		
	Core 2 Quad E8000		
2008	Atom	Intel 64 架构 (Atom 微体系结构，45nm)	• 增强的 SpeedStep 技术，超线程技术，具有动态改变 Cache 大小的 Deep Power Down(深度低功耗)技术 • 支持 SSSE3(Supplemental Streaming SIMD Extensions3)的新指令 • 支持 VT

续表

年份	处理器型号	体系结构	创新特征
2008	Core i7 900	Intel 64 架构 (Nehalem 微体系结构，45nm)	• Turbo Boost 技术，超线程结合 4 核技术(提供 4 核 8 线程) • 专用电源控制单元降低功耗 • 集成在处理器上的存储控制器支持 3 通道的 DDR3 存储器 • 8 MB Smart Cache • QPI(Quick Path Interconnect)提供点-点与芯片组的连接 • 支持 SSE4.2 和 SSE4.1 指令集 • 二代 VT
2010	Xeon 7500/6500	Intel 64 架构 (Nehalem 微体系结构，45nm)	• 与 Core i7 900 系列特性相同 • 8 核，24MB Smart Cache • 提供 SMI(Scalable Memory Interconnect)通道与系统主存连接 • 先进的 RAS(可靠性、可用性和可服务性)支持软件可重获自动检验的体系结构
	Core i7、i5、i3	Intel 64 架构 (Westmere 微体系结构，32nm)	• 超线程+ Turbo Boost 技术 • 增强的 Smart Cache 和集成的存储控制器 • 智能电源管理 • 片内集成的图形处理平台 • 支持 AESNI、PCLMULQDQ、SSE4.2 和 SSE4.1 指令集
	Xeon 5600	Intel 64 架构 (Westmere 微体系结构，32nm)	• 与 Core i7 900 系列特性相同 • 6 核，12MB Smart Cache • 支持 AESNI、PCLMULQDQ、SSE4.2 和 SSE4.1 指令集 • 灵活的 VT 跨处理器和 I/O • Xeon E7-8870：10 核(2011 年)
2011	第二代 Core i7、i5、i3	Intel 64 架构 (Sandy Bridge 微体系结构，32nm)	• Turbo Boost 技术源于 Core i7 和 Core i5 • 超线程技术 • 采用环形总线内连 • 增强的 Smart Cache 和集成的存储控制器 • 内建的图形和视觉处理 • 支持 AVX、AESNI、PCLMULQDQ、SSE4.2 和 SSE4.1 指令集
2012	第三代 Core i7、i5、i3	Intel 64 架构 (Ivy Bridge 微体系结构，22nm)	• Sandy Bridge 的 22nm 工艺升级版，基于 22nm 3D 晶体管技术 • 功耗控制加强，新核芯显卡 • 15 和芯片 Xeon E7 V2(2014 年 2 月发布)
2013	第四代 Core i7、i5、i3	Intel 64 架构 (Haswell 微体系结构，22nm)	• 核心架构端口增加到 7 个，每个时钟周期可同时进行 8 个操作 • 支持 AVX2、FMA3 等新指令集 • 引入 TSX(Transactional Synchronization Extensions)技术 • 更强的核芯显卡(性能提升的最大亮点)
2014	Core M	Intel 64 架构 (Broadwell 微体系结构，14nm)	• 专门针对二合一产品和高性能平板(超强性能和极致轻薄的完美结合) • 4.5W 超低功耗 • 支持 Intel Smart Sound(智能音频)技术 • 支持无线显示技术
2015	第五代 Core i7、i5、i3		• 比 Haswell 视频转换快 50%，3D 图形性能提升 22% • 续航突破 10～12h • 无线显示和无线扩展坞技术 • 支持全新的人机交换模式，如 Intel Real Sense (3D 实感技术)

2.3.2 微处理器新技术简介

1. 超流水线超标量技术

流水线技术是一种同时进行若干操作的并行处理方式。为了提高处理器执行效率，把一条指令的操作分解为多个可以单独处理的子操作，每个子操作由专门的电路完成。利用各电路间可并行执行的特点，让各个子操作的执行在时间上重叠起来，这就是流水线技术。

流水线的级数设置越多，完成一条指令的速度越快，越能适应主频更高的处理器。超级流水线是指某些处理器内部的流水线比通常的流水线级数高出 5～6 级以上，如 Pentium Pro 的流水线为 14 级，Pentium Ⅳ的流水线为 20 级，其后期产品高达 31 级。超级流水线在提高处理器的主频上起到了很大的作用。

一个时钟周期内处理器可以执行一条以上指令，称为超标量。超标量通过内置多条流水线来同时执行多个性能不同的处理部件。如果能同时对若干条指令进行译码，将可以并行执行的指令送往不同的执行部件，从而达到在每个周期启动多条指令的目的。在程序运行期间，由硬件来完成指令调度。Pentium 及以上处理器具有超标量体系结构。

2. SIMD 及 SSE 技术

SIMD(Single Instruction Multiple Data，单指令多数据)技术，允许单个指令同时处理多组数据。SIMD 结构的处理器有多个执行部件，但受同一个指令部件的控制。在 SIMD 型处理器中，指令译码后几个执行部件同时访问内存，一次获得所有操作数进行运算。这使得 SIMD 特别适合于多媒体应用等数据密集型运算。

SSE(Streaming SIMD Extensions，单指令多数据流扩展)在 Pentium Ⅲ中被引入。SSE 指令集包括了 70 条指令，其中 50 条提高 3D 图形运算效率的 SIMD 浮点运算指令、12 条 MMX 整数运算增强指令和 8 条优化内存中连续数据块传输指令。这些指令的增加在加快浮点运算的同时，也改善了内存的使用效率。理论上，这些指令对目前流行的图像处理、浮点运算、3D 运算、视频处理、音频处理等诸多多媒体应用起到全面强化的作用。

SSE2(Streaming SIMD Extensions 2，SIMD 流技术扩展 2)在 Pentium Ⅳ和 Xeon 中被引入。SSE2 使用了 144 条新增指令，扩展了 MMX 技术和 SSE 技术。它分为 128 位 SIMD 整数运算指令和 128 位浮点运算指令两类，包括了 68 条加强整数 SIMD 指令和 76 条其他新指令，可以大大提高数据流媒体处理、交互性游戏运行等性能，从而加速了视频、音频和 3D 的处理。SSE2 指令也提供新的 Cache 控制和存储排序操作。

SSE3(Streaming SIMD Extensions 3，SIMD 流技术扩展 3)是 Intel 公司在 SSE2 指令集的基础上发展起来的。它提供了 13 条指令来改进线程同步和特定应用程序领域，共划分为五个应用层，分别为数据传输命令、数据处理命令、特殊处理命令、优化命令和超线程性能增强。其中超线程性能增强可以提升处理器的超线程处理能力，大大简化了超线程的数据处理过程，使处理器能够更加快速地进行并行数据处理。这些新增指令强化了处理器在浮点数转换至整数、复杂算法、视频编码、SIMD 浮点寄存器操作以及线程同步等方面的表现，最终达到提升多媒体和游戏性能的目的。

目前最新的 Intel CPU 可以支持 SSE、SSE2、SSE3 指令集。

3. 超线程技术

Intel 在经过指令级并行方法提高性能之后，又通过开发线程级并行寻求更大的性能提升，即 Intel 在 3.06G 的 Pentium Ⅳ后所支持的超线程技术(Hyper-Threading，HT)。

所谓的超线程技术，就是在一个 IA-32(Intel Architecture-32)处理器内，两个或多个逻辑处理器通过共享物理处理器上的几乎所有执行资源并各自维持一套完整的结构状态，从而在一个物理处理器中模拟出两个或更多的逻辑处理器。每个逻辑处理器都有自己的 IA-32 结构状态，包括 IA-32 数据寄存器、段寄存器、调试寄存器，控制寄存器和大多数的 MSR(Model-Specific Register)。每个逻辑处理器还拥有自己的高级可编程中断控制器(APIC)。这样，处理器可以并行的执行分离的代码流，也就提高了执行多线程操作系统和应用程序，以及多任务环境下执行单线程程序的性能。

但超线程技术不同于多处理器系统，如图 2-17 所示。多处理器系统采用几个物理上完全独立封装的处理器，利用总线相连的方法，每个处理器都具有完整的独享资源。超线程的几个逻辑处理器封装在一个物理处理器中，除了拥有自己的结构状态外，还共享同一个物理封装中的处理器核心资源。当两个线程都同时需要某一个资源时，其中一个要暂时停止，并让出资源，直到这些资源闲置后才能继续。因此超线程的性能并不等于两个处理器的性能。实现超线程需要 CPU、主板芯片组、主板 BIOS、操作系统和应用软件的支持。

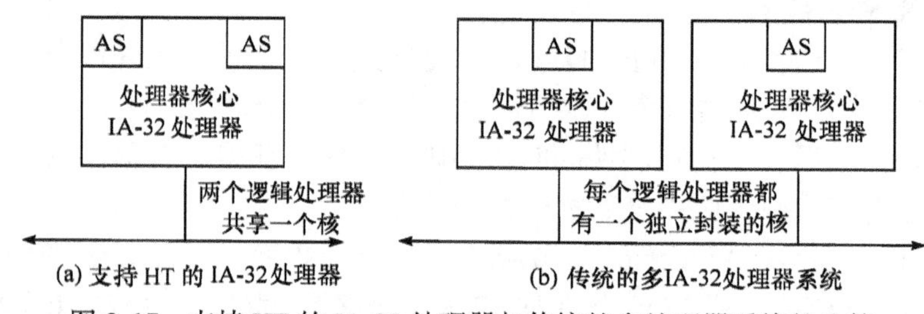

图 2-17　支持 HT 的 IA-32 处理器与传统的多处理器系统的比较

注：AS=IA-32 结构状态

4. Intel 的虚拟技术

“虚拟”在计算机方面通常是指计算元件在虚拟的基础上而不是在真实的基础上运行。虚拟化技术可以扩大硬件的容量，简化软件的重新配置过程。

Intel 的虚拟化技术是指在其 IA-32 处理器中增加了一种称为虚拟机扩展(VMX)的技术。这项技术的 IA-32 平台具有多虚拟系统的功能，每个虚拟机都能在各自的分区运行操作系统和应用程序。也就是说，在一台机器上可以同时运行多个操作系统，又能在多个操作系统上运行多个程序。在虚拟技术下有两种工作模式：根(root)模式和非根(non-root)模式。VMX 在硬件层面上实现虚拟技术，它在硬件和操作系统之上增加了一个虚拟机监控程序(VMM)软件，并在其上提供编程接口用于管理虚拟机的运行。

Intel 的虚拟化技术要求计算机系统采用支持 Intel 虚拟化技术的处理器、芯片组、BIOS 及 VMM，并且某些情况下还需要一些支持该技术的平台软件，其实际性能很大程度上取决于硬件和软件的配置。

5. Intel 高级智能高速缓存

Intel 早期推出的双核处理器采用两核独立的 L2 Cache 结构。这就造成在很多应用中 L2 Cache 不能被充分利用，并且两个核心之间的数据交换也必须通过共享的前端总线和北桥芯片来进行，负担很大，严重影响了处理器的工作效率。而 Intel 高级智能高速缓存技术在 Conroe 双核处理器中采用了共享 L2 Cache 的结构，有效地加强了多核心架构效率。两个核心可以共享缓存内部的数据，而不需通过前端总线和北桥芯片再进行外围的交换，大幅增加了缓存的命中率。

Intel 高级智能高速缓存技术还可以在两个核心间动态调整 L2 Cache 的分配。例如，某一个内核当前对 L2 Cache 的利用率很低，那么另一个内核就可以动态地增加占用 L2 Cache 的比例。Intel 酷睿微体系结构可以把其中的一个内核关闭以降低功耗，但却可以保持全部缓存在工作状态。这样可以降低缓存的命中失误，减少数据延迟，改进处理器效率，增加绝对性能。

6. 多核技术

在单核处理器产品中，提高性能主要通过提高频率和增大缓存来实现，前者会导致芯片功耗提升，后者则会让芯片晶体管规模激增，造成芯片成本大幅度上扬。如果引入多核技术，便可以在较低频率、较小缓存的条件下达到大幅提高性能的目的。

多核技术是在一个物理封装内包含两个或多个处理器执行核心，使多个处理器耦合得更加紧密，以此来增强硬件多线程能力。多核技术不仅有各自的 IA-32 结构状态、还有各自的执行引擎、L2 cache、总线接口等。多核技术在应用上可以为用户带来更强大的计算性能，更重要的是可以满足用户同时进行多任务处理和多任务计算环境的要求。多核技术的出现，必将推动并行程序、并行计算技术的发展，推动并行编程模型和并行程序设计语言的应用开发。

Pentium Ⅳ Extreme Edition 是 IA-32 系列处理器中第一个引入多核技术的处理器，支持超线程技术，见图 2-18(a)。也就是说，Pentium EE 处理器拥有 4 个逻辑处理器(每个处理器核中有两个逻辑处理器)。Pentium D 处理器也应用了双核技术，见图 2-18(b)。它拥有两个处理器核，但不支持超线程技术。因此 Pentium D 处理器在一个物理封装内提供两个逻辑处理器，每个逻辑处理器占用处理器核所有的执行资源。Intel Core 2 系列处理器、Intel Xeon 3000 系列和 5000 系列处理器、Intel Core 2 Duo 都采用了低功耗的多核技术，见图 2-18(c)。两个 CPU 核共享一个智能 L2 Cache，有效减少系统总线的通信量。如果一个处理器读取一个数据到 L2 Cache，另一个处理器核就可以直接命中，也提高了 CPU 执行速度。

未来微处理器的多核架构将从通用的对等设计迁移到“主核心＋协处理器”的非对等设计，即处理器中只有一个或数个通用核心承担任务指派功能，诸如浮点运算、HDTV 视频解码、Java 语言执行等任务都可以由专门的 DSP 硬件核心来完成，由此提高处理器执行效率和最终性能。IBM Cell、Intel Many Core 和 AMD Hyper Transport 协处理器平台便是该种思想的典型代表。

7. SpeedStep 技术

SpeedStep 是一种 CPU 主频动态切换技术，允许通过程序控制实现 CPU 主频的动态切换，以满足不同时刻对 CPU 性能的要求，以达到降低 CPU 的功耗和发热的目的。

当主频提高时，CPU 的性能会提高，但功耗和发热量会增加，通过 SpeedStep 技术 CPU 可以根据负荷情况动态调整主频，实现性能和功耗之间的平衡状态。

8. Intel 睿频加速技术

Intel 睿频加速(Turbo Boost)技术是一种自动超频技术，当处理器内核未达到功率、电

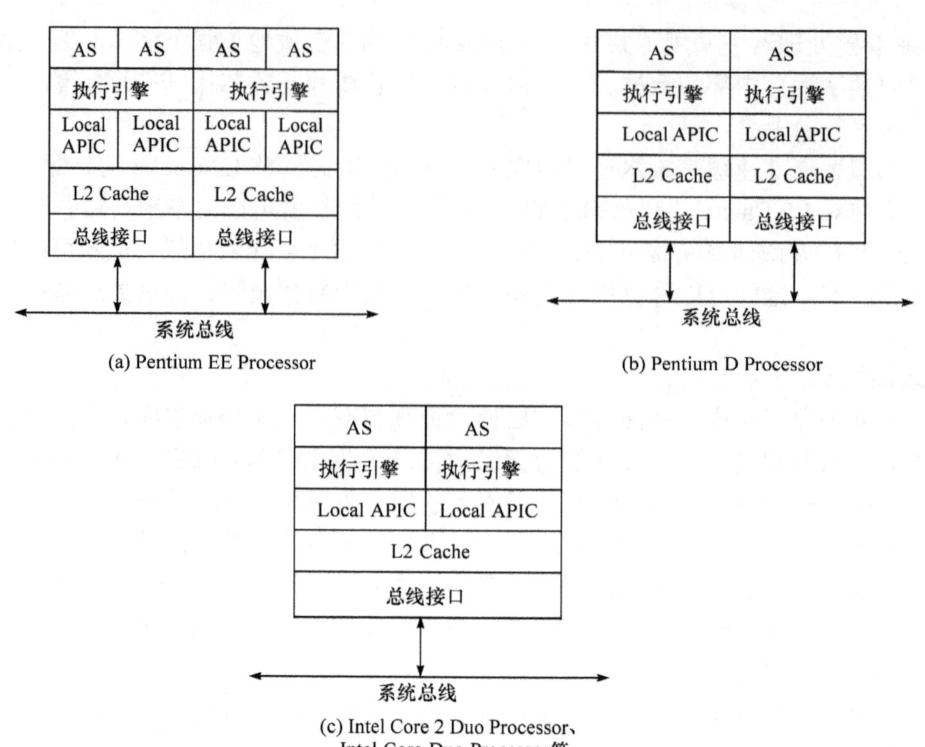

图 2-18　支持多核技术的 Intel 64 和 IA-32 处理器

流和温度设定的阈值时，该技术将自动允许 CPU 工作主频超过其额定工作主频运行，从而加速处理器和图像性能，轻松应对峰值负载。

习　题　2

1. 8086 CPU 从功能上分为哪两个工作部件？每个工作部件的功能、组成和特点分别是什么？

2. 8086 CPU 中有几个通用寄存器？有几个变址寄存器？有几个地址指针寄存器？它们中通常哪几个寄存器可作为地址寄存器使用？

3. 8086 CPU 的标志寄存器中有哪些标志位？它们的含义和作用是什么？

4. 简述最小模式和最大模式的含义及其区别。

5. 8086 CPU 的地址线有多少位？其寻址范围是多少？

6. 8086 CPU 工作在最小模式：

(1) 当 CPU 访问存储器时，要利用哪些信号？

(2) 当 CPU 访问外部设备时，要利用哪些信号？

(3) 当 HOLD 有效并得到响应时，CPU 的哪些信号是高阻？

7. 8086 CPU 工作在最大模式时，$\overline{S_2}$ 、$\overline{S_1}$ 、$\overline{S_0}$ 在 CPU 访问存储器与 CPU 访问外部设备时，分别是什么状态？

8. 在 8086 最大模式系统中，8288 总线控制器的作用是什么？它产生哪些控制信号？

9. 8086 采用什么方式管理内存？1MB 的内存空间分为哪两个存储体？它们如何与地址总线、数据总线相连？

10. 什么是段基址、偏移地址和物理地址？它们之间有什么关系？

11. 对于 8086，已知(DS)=1050H，(CS)=2080H，(SS)=0400H，(SP)=2000H，问：

(1) 在数据段中可存放的数据最多为多少字节？首地址和末地址各为多少？

(2) 堆栈段中可存放多少个 16 位的字？首地址和末地址各为多少？

(3) 代码段最大的程序可存放多少字节？首地址和末地址各为多少？

(4) 如果先后将 FLAGS、AX、BX、CX、SI 和 DI 压入堆栈，则(SP)为多少?如果此时(SP)=2300H，则原来的(SP)为多少?

12. 对于 8086，当(CS)=2020H 时，物理地址为 24200H，则当(CS)=6520H 时，物理地址应转移到什么地方？

13. 什么是总线周期？什么是时钟周期？一个典型的总线周期最小包括几个时钟周期？什么情况下需要插入等待周期 T_w?

14. 总线周期中每个 T 状态的具体任务是什么？

15. 试画出 8086 最小模式下将内存单元 50326H 的内容 55H 读入 AL 的时序图。

16. 简述微处理器的发展历程。

17. 什么是超标量结构？什么是超级流水线？

18. 什么是 SIMD？什么是 SSE？

19. 什么是 Intel 的虚拟化技术？

20. Intel 高级智能高速缓存技术有什么特点？

21. 简述超线程技术和多核技术，它们有什么区别？

第 3 章　寻址方式与指令系统

程序是由完成某个任务的一系列有序指令组成的有序集合。指令是用来指挥和控制计算机完成指定操作的命令。不同的微处理器具有各自不同的指令。每种微处理器能够识别和执行的所有指令的集合称为该微处理器的指令系统。指令系统不仅定义了一种微处理器所能执行指令的集合，还定义了使用这些指令的规则。因此，在使用汇编语言进行程序设计时，必须对微处理器的指令系统非常了解才能灵活应用。

IBM PC 的指令系统以 8086 CPU 的指令系统为基本的指令集。80286、80386、80486 和 Pentium 等 CPU 的指令系统只是在这个基础上做了一些扩充和增加。用 8086 指令系统编写的程序同样可以在 80286、80386、80486 和 Pentium 等 CPU 上执行。

本章在讨论指令格式和寻址方式的基础上，主要介绍 8086 CPU 的指令系统，并简单介绍 80x86、Pentium 扩充和增加的指令。详细解析各类指令的功能和用法，以便进一步学习汇编语言程序设计。

3.1　指令格式与寻址方式

3.1.1　指令格式

计算机通过执行指令来处理各种数据，同时指出执行的操作、数据的来源及操作结果的去向。指令语句格式为：

[标号:] <操作码> [操作数], [操作数]; [注释]

其中，[　]表示可选项；<　>表示必选项。

1) 标号

指令的标号表示一条指令的符号地址，后面必须带有一个冒号，它是一个可选项。一般在程序的入口处设置一个标号。汇编语言可以使用下列符号表示标号：

(1) 英文字母：A～Z；a～z，大小写无区别。

(2) 数字：0～9，不能作标号和符号名的第一个字符。

(3) 特殊字符：?、@、$、_、; 等。

需要注意，标号的长度不能超过 31 个；CPU 内部的寄存器名、汇编语言中的保留字等均不能作为标号。

2) 操作码

操作码规定操作的性质，表示指令所要执行的操作，如数据传送，加、减、乘、除运算等。操作码用规定的英文字母组成，也称为助记符，通常用英文单词的缩写来表示。当执行指令时，首先将操作码从存储器中取入 CPU，经指令译码器译码识别后，产生执行本指令操作所需的控制信号，控制计算机完成规定的操作。操作码是指令中不可缺少的核心字段。

3) 操作数

操作数表示指令执行过程中操作的对象(操作数/地址码)，提供操作数的地址或操作数本身，即从何处获得操作数及运算结果存在何处。根据指令的不同，操作数可以是一个(即单操作数指令，如 INC AX)，也可以是两个(即双操作数指令，如 ADD AH, BL)，有的指令还可以没有操作数或隐含操作数(无操作数指令，如 NOP)。对于双操作数指令，目的操作数 DEST 在前，源操作数 SRC 在后，位置不能互换。例如，指令 MOV AX, DX 中的 MOV 是助记符，AX 和 DX 为操作数(其中 DX 为源操作数，AX 为目的操作数)，这条指令的功能是将 DX 的内容送到 AX 中。在 8086 CPU 中，根据指令的操作功能等的不同，指令代码的长短也不同，最短的指令仅有 1 字节，最长的指令有 6 字节。

4) 注释

注释是用于解释程序，使之便于阅读的任何说明文字或字符，注释由分号“;”开头，直至语句的结尾。注释对汇编程序不起作用，不会生成目标代码，只供增强可读性，可省略。

3.1.2 寻址方式

所谓寻址方式，就是操作数地址的形成方式，形成操作数地址的过程称为寻址过程。8086 CPU 的寻址方式分为两类，即与数据有关的寻址方式和与转移地址有关的寻址方式。

本节主要介绍与数据有关的寻址方式，与转移地址有关的寻址方式将在 3.2.5 节与控制转移指令一并介绍。

数据寻址方式是针对操作数而言的，因此源操作数和目的操作数的寻址方式可以不同。在说明一条指令的寻址方式时，必须指明是源操作数的寻址方式，还是目的操作数的寻址方式。为了理解和举例方便，本节的寻址方式都是针对源操作数而言的。

1) 立即数寻址

立即数寻址的操作数直接包含在指令中，常用于给寄存器或存储单元赋初值，只能作源操作数，不能作目的操作数。立即数可以是 8 位或 16 位的；在 80386 以上的 CPU 中，立即数还可以是 32 位的，但 SRC 和 DEST 的字长必须一致。

例 3-1 用立即数寻址为寄存器或存储单元赋初值。

```
MOV   AX, 2004H                ;AH=20H, AL=04H
MOV   BL, 5AH                  ;BL=5AH
MOV   EAX, 22334455H           ;EAX=22334455H, X=4455H
```

典型错误指令：

```
MOV   AH, 3064H                ;源操作数和目的操作数字长不一致
```

2) 寄存器寻址

寄存器寻址的操作数存放在指令指定的 8 位、16 位或 32 位通用寄存器中，常用来存放运算对象、中间结果、运算结果、计数值等。对于 16 位的操作数，寄存器可以是 AX、BX、CX、DX、SI、DI、SP 和 BP，也可以为段寄存器 DS、SS 和 ES，但立即数不允许给段寄存器赋值，段寄存器之间也不能直接传送。CS 和 IP 寄存器比较特殊，不允许用指令

直接修改。

寄存器寻址由于操作数就在寄存器中，所执行的操作只在 CPU 内进行，不需动用总线访问内存，所以执行速度较高。为避免指令执行时间过长，双操作数指令一般必须有一个操作数使用寄存器寻址。

例 3-2 寄存器寻址传送数据。

```
MOV    AX, BX              ;将 BX 的内容送入 AX 中, BX 的内容保持不变
MOV    SI, DI              ;将 DI 的内容送入 SI 中, DI 的内容保持不变
MOV    EAX, EBX            ;将 EBX 中的内容送入 EAX 中
```

典型错误指令：

```
MOV    DS, 1234H           ;立即数不允许给段寄存器赋值
MOV    DS, ES              ;段寄存器之间不能直接传送
MOV    CS, AX              ;CS 寄存器不允许直接用指令修改
MOV    AX, BH              ;字长不一致
MOV    [1200H], [1300H]    ;源和目的操作数必须有一个使用寄存器选址方式
```

3) 直接寻址

存储器寻址的物理地址=段地址×16+有效地址 EA，不同存储器寻址的段地址和有效地址的构成方式不同。根据有效地址的不同构成，存储器寻址方式有直接寻址、寄存器间接寻址、寄存器相对寻址、基址变址寻址、基址变址相对寻址、寄存器比例寻址等。

直接寻址是操作数的有效地址 EA 直接包含在指令中，一般由变量或含变量的地址表达式给出。默认段寄存器 DS，即操作数的物理地址=DS×16+EA，允许段超越。段超越采用加"段超越前缀助记符"，明确说明所寻址的逻辑段。

例 3-3 假设 DS=2000H，ES=3000H，BUF 是在数据段定义的一个字数组的首地址符号名(详见第 4 章)，其有效地址为 1000H，VALUE 是在数据段定义的一字节型变量(VALUE DB, 10)则

```
MOV    AX, [1000H]         ;将 DS 段的 1000H 和 1001H 两个单元(21000H 和 21001H 单元)的内容送
                            入 AX 寄存器中
MOV    AX, BUF             ;将 DS 段内以有效地址 BUF 起始的两个单元的内容送入 AX 寄存器中
MOV    EAX, ES:[2000H]     ;将 ES 段的 2000H~2003H 四个单元的内容送入 EAX 寄存器中, 其中 ES
                            为段跨越前缀
MOV AH, VALUE              ;将变量 VALUE 数值赋值给 AH
MOV AH, [VALUE]            ;将变量标识的首地址对应的 1 字节数据赋值给 AH, 与上一条指令等效
```

直接寻址可以方便地访问存储器中某一数据存储单元，被访问的存储单元一般由变量或含变量的地址表达式给出地址。

4) 寄存器间接寻址

操作数的有效地址 EA 存放在基址寄存器 BX、BP，或变址寄存器 SI、DI 中。如果指定的寄存器是 BX、SI、DI，则操作数默认在数据段 DS 中；如果使用 BP，默认在堆栈段 SS 中。允许段超越。书写时对间接寻址的寄存器加上中括号。操作数的物理地址为

$$DS \times 16 + SI/DI/BX$$

或

$$SS\times16+BP$$

例 3-4 假定 DS=2000H，SI=3600H，(23600H)=6022H。

```
MOV   AX, [SI]          ;先将DS中的值左移4位,然后与SI中的值相加,形成物理地址是23600H,
                         再将该物理地址中的数据6022H送入AX寄存器中
```

例 3-5 假定 SS=3000H，BP=1100H，(31100H)=5E28H。

```
MOV   BX, [BP]          ;先将SS中的值左移4位,然后与BP中的值相加,形成物理地址31100H,
                         再将该物理地址中的数据5E28H送入BX寄存器中
```

如果偏移量为 16 位，则只能考虑上述 4 个寄存器，即 BX、SI、DI 和 BP。如果偏移量为 32 位，则所有的通用寄存器都可以用于寄存器间接寻址。

例 3-6 偏移量为 32 位时的寄存器间接寻址。

```
MOV   EAX, [ECX]        ;从DS:ECX地址处开始取4个存储单元的内容送入EAX寄存器中
MOV   EAX, [DX]         ;从DS:DX地址处开始取4个存储单元的内容送入EAX中
```

错误指令：

```
MOV AX，[CX]            ;源操作数使用寄存器间接寻址时，只能使用BX、SI、DI、BP寄存器中
                         的一个
```

寄存器间接寻址和后面的寄存器相对寻址、基址变址寻址、基址变址相对寻址，这四种寻址方式常用于访问存储区中一片连续存储单元，这片连续单元地址不用变量一一给出，只需为存储区首地址定义一个变量，某个存储单元用这四种寻址方式中的一种均可方便访问。在程序设计中的作用很像 C 语言中用指针处理数组。

5) 寄存器相对寻址

操作数的有效地址是一个基址寄存器或变址寄存器中存放的数据加上指令中给出的 8 位或 16 位偏移量。其物理地址为

$$DS \times 16 + SI/DI/BX + 8\text{位或}16\text{位偏移量}$$

或

$$SS \times 16 + BP + 8\text{位或}16\text{位偏移量}$$

实际上就是在寄存器间接寻址的基础上再加上一个偏移量。段寄存器的默认情况同寄存器间接寻址。

例 3-7 假定 DS=2000H，SS=3000H，SI=3600H，BP=1100H，COUNT=10H，(23620H)=8A76H，(31110H)=4567H。

```
MOV   AX, [SI+20H]          ;2000H×16+3600H+20H=23620H，将从23620H开始的物理地址中的
                             数据8A76H送入AX寄存器中
MOV   BX, [BP+COUNT]        ;3000H×16+1100H+10H=31110H，将从31110H开始的物理地址中的
                             数据4567H送入BX寄存器中
```

例 3-8 以下三条指令是等效的：

```
MOV   BX, [BP+COUNT]
MOV   BX, [BP]+COUNT
MOV   BX, COUNT[BP]
```

6) 基址变址寻址

操作数的有效地址是一个基址寄存器和一个变址寄存器的内容之和。可以理解为在寄存器间接寻址的基础上再加上一个变址寄存器。段寄存器一般由基址寄存器决定，使用 BX，默认段寄存器 DS；使用 BP，默认段寄存器 SS。允许段超越。其物理地址为

$$DS \times 16 + BX + SI/DI$$

或

$$SS \times 16 + BP + SI/DI$$

例 3-9 假定 DS=2000H，SS=3000H，BX=1800H，BP=2080H，DI=1000H，SI=0800H，(22800H)=80CFH，(32880H)=067AH。

```
MOV   AX, [BX][DI]      ;AX ← (DS×16+BX+DI)将从 22800H 开始的物理地址的两个存储单元之
                          中的数据 80CFH 送到 AX 寄存器中
MOV   AX, [BP+SI]       ;AX←(SS×16+BP+SI)将(32880H)中的数据 067AH 送入 AX 中
```

7) 基址变址相对寻址

操作数的有效地址是一个基址寄存器内容和一个变址寄存器的内容和 8 位或 16 位偏移量相加之和。可以理解为基址变址寻址再加上一个偏移量。段寄存器的默认情况与基址变址寻址相同，其物理地址为

$$DS \times 16 + BX + SI/DI + 8\text{ 位或 }16\text{ 位偏移量}$$

或

$$SS \times 16 + BP + SI/DI + 8\text{ 位或 }16\text{ 位偏移量}$$

例 3-10 基址变址相对寻址。

```
MOV   AX, [BX+SI+100H]
MOV   CX, DS:[BX+SI+NUM]
MOV   DX, SS: NUM[DI][BP]
```

在 32 位偏移量情况下，任何一个通用寄存器都可以作为基址、变址寄存器使用。

例 3-11 32 位偏移量的寄存器比例寻址。

```
MOV   EAX, DAT [EBX+ESI]
MOV   EAX, NUM [EBP+EDI]
```

8) 寄存器比例寻址

在这种寻址方式中，形成存储器操作数的有效地址可以采用：

(1) 变址寄存器的内容乘以比例因子，再加上偏移量，称为比例变址方式；

(2) 变址寄存器的内容乘以比例因子，再加上基址寄存器的内容，称为基址比例变址方式；

(3) 变址寄存器的内容乘以比例因子，再加上基址寄存器的内容和偏移量，称为基址比例变址偏移方式。

比例因子可以是 1、2、4、8，默认情况为 1。

例 3-12 寄存器比例寻址。

```
MOV   EAX, X[EDI*4]           ;EA=EDI*4+X，其中 X 是 8 位或 32 位偏移量
MOV   EBX, [EDI*8][EBX]       ;EA=EDI*8+EBX
MOV   EAX, X[ESI*4][EBP]      ;EA=ESI*4+EBP+X，其中 X 是 8 位或 32 位偏移量
```

3.2　8086 指令系统

8086 指令系统是 80x86 的基本指令集，按功能可以把这些指令分为六种类型，分别为数据传送指令、算术运算指令、逻辑运算和移位指令、串操作指令、控制转移指令、处理器器控制指令。常用指令如表 3-1 所示。依靠 8086 处理器提供的强大指令系统，用户可以使用机器来实现各种实际应用。用户使用指令系统可以对某一问题编制一系列的指令序列，机器是通过执行这些指令来解决各种问题的。下面具体介绍各类指令的基本功能和特点。

表 3-1　8086 CPU 常用指令一览表

<table>
<tr><th colspan="2">指令类型</th><th>助记符</th></tr>
<tr><td rowspan="4">数据传送指令</td><td>通用数据传送指令</td><td>MOV　XCHG　PUSH　POP　XLAT</td></tr>
<tr><td>标志传送指令</td><td>LAHF　SAHF　PUSHF　POPF</td></tr>
<tr><td>地址传送指令</td><td>LEA　LDS　LES</td></tr>
<tr><td>输入输出指令</td><td>IN　OUT</td></tr>
<tr><td rowspan="5">算术运算指令</td><td>加法指令</td><td>ADD　ADC　INC</td></tr>
<tr><td>减法指令</td><td>SUB　SBB　DEC　NEG　CMP</td></tr>
<tr><td>乘法指令</td><td>MUL　IMUL</td></tr>
<tr><td>除法指令</td><td>DIV　IDIV　CBW　CWD</td></tr>
<tr><td>BCD 码调整指令</td><td>AAA　DAA　AAS　DAS　AAM　AAD</td></tr>
<tr><td colspan="2">逻辑运算指令与移位指令</td><td>AND　OR　NOT　XOR　TEST
SAL　SHL　SAR　SHR　ROL　ROR　RCL　RCR</td></tr>
<tr><td colspan="2">串操作指令</td><td>MOVS　LODS　STOS　CMPS　SCAS　REP　REPE/REPZ　REPNE/REPNZ</td></tr>
<tr><td colspan="2">控制转移指令</td><td>JMP　JXX(各类条件转移指令)
CALL　RET
LOOP　LOOPE　LOOPNE
INT　INTO　IRET</td></tr>
<tr><td colspan="2">处理器控制指令</td><td>CLC　STC　CMC　CLD　STD　CLI　STI　HLT　WAIT　ESC　LOCK　NOP</td></tr>
</table>

3.2.1　数据传送指令

数据传送指令用于寄存器、存储单元和输入输出端口之间传送数据或地址。除 SAHF 和 POPF 外，对标志无影响。

1. 通用数据传送指令

1) 基本传送指令 MOV(move)

格式：MOV DEST, SRC

功能：DEST ← SRC

这是最基本的通用数据传送指令，将源操作数(SRC)的数据传送到目的操作数(DEST)中，可以将一个立即数传送到寄存器或存储器之中，也可以在寄存器和寄存器之间，或在寄存器和存储器之间传送字或字节数据。

例 3-13 基本的传送指令。

```
MOV  AL, 30H          ;立即数传送到寄存器
MOV  AL, 'E'          ;将 E 的 ASCII 送至 AL
MOV  AL, BL           ;寄存器之间传送字节数据
MOV  SI, [BX+62H]     ;寄存器和存储器之间传送数据
```

例 3-14 下列指令是不合法的。

```
MOV  6234H, AX        ;立即数不能用于目的操作数
MOV  CS, AX           ;CS 不能用于目的操作数
MOV  IP, AX           ;IP 不能用于目的操作数
MOV  DS, 4234H        ;立即数不能直接传送给段寄存器
MOV  AL, BX           ;源操作数与目的操作数的位数必须一致
MOV  BUF1, BUF2       ;不能在两个存储器单元之间传送数据
MOV  DS, ES           ;不能在两个段寄存器之间传送数据
```

例 3-15 假设 D-SEG 是数据段的段地址，则下列指令是不合法的。

```
MOV  DS, D_SEG        ;段地址必须通过寄存器送到 DS 寄存器
```

可以用 MOV AX, DATA_SEG 和 MOV DS, AX 两条指令来完成段地址到相应段寄存器的传送任务。

2) 交换指令 XCHG (exchange)

格式：XCHG DEST, SRC

功能：SRC ↔ DEST

例 3-16 交换指令。

```
XCHG  AL, CL          ;字节交换
XCHG  BX, SI          ;字交换
XCHG  AX, [BX+SI]     ;寄存器和存储器之间交换数据
```

与 MOV 指令类似，这种指令的操作数可以是寄存器或存储单元，但不能是段寄存器或立即数，也不能同时为两个存储器操作数。

例 3-17 下列指令是非法的。

```
XCHG  AX, 6234H       ;寄存器与立即数之间不能交换
XCHG  BUF1, BUF2      ;存储器单元与存储器单元之间不能交换
XCHG  ADDR, 4234H     ;存储器单元与立即数之间不能交换
XCHG  DAT[BX], CS     ;不能与 CS(或 IP)寄存器进行交换
```

例 3-18 XCHG BX, [BP+SI]，若 BX=4154H，BP=0200H，SS=2F00H，SI=0046H，(2F246H)=6F30H，则

$$\begin{aligned} PA &= 16\times SS + BP + SI \\ &= 2F000 + 0200 + 0046 \\ &= 2F246H \end{aligned}$$

所以 XCHG BX, [BP+SI]之后

BX= (2F246H) = 6F30H　　　(2F246H) = BX = 4154H

其中　　　　　　　(2F247H) = 41H　　　　　(2F246H)= 54H

3) 堆栈操作指令

堆栈是按“先进后出”原则工作的一段存储器区域。在 8086 系统中，堆栈位于堆栈段，其段地址由 SS 寄存器指示。堆栈操作还与堆栈指针寄存器 SP 有关，SP 的内容始终为当前栈顶所在的存储单元的有效地址，栈顶将随进栈或出栈操作而变化。

(1) 进栈操作指令 PUSH (Push onto the stack)。

格式：PUSH　SRC

功能：SP ← SP−2，[SP +1, SP]← SRC

(2) 出栈操作指令

格式：POP　　DEST

功能：DEST ← [SP +1, SP]，SP ← SP +2

一般情况下 PUSH 和 POP 应该配对使用，以保证堆栈数据不会紊乱。

例 3-19　已知：SS=0200H，SP=0008H，CX=12FAH，首先将 16 位通用寄存器 CX 的内容压入堆栈，然后弹出栈顶至 CX 中的指令为 PUSH CX 和 POP CX，其示意图见图 3-1 和图 3-2。

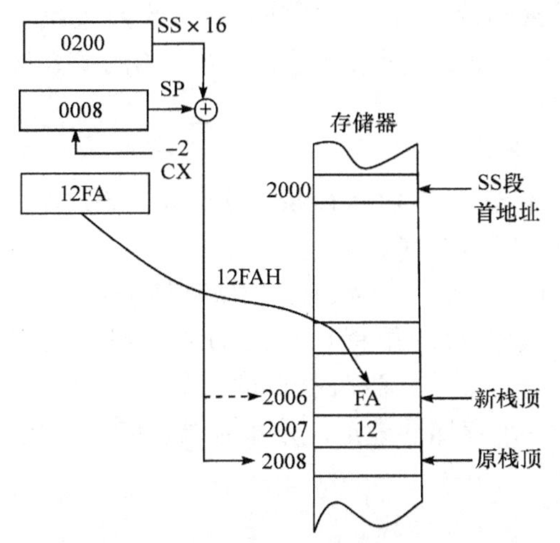

图 3-1　PUSH CX 指令的操作过程示意图

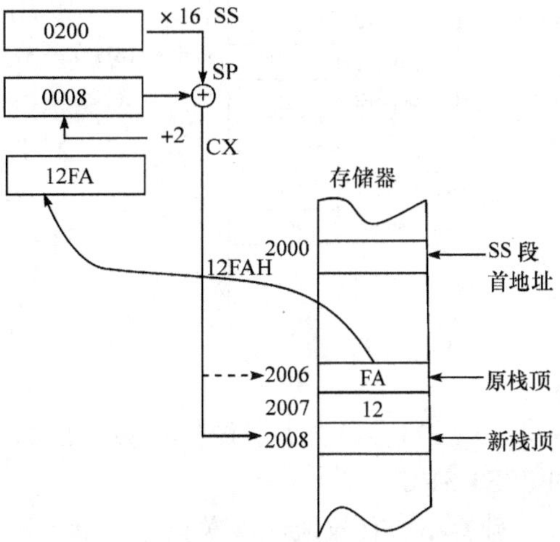

图 3-2　POP CX 指令的操作过程示意图

需要注意的是，堆栈操作必须以字为单位，不能用立即数寻址方式，DEST 不能是 CS，堆栈指令不影响标志位。

例 3-20　下列指令是不合法的：

```
PUSH AL          ;堆栈操作指令只能对 16 位操作数执行进栈和出栈操作
PUSH 1234H       ;不能用立即数寻址
POP CS           ;DEST 不能是 CS，但 PUSH CS 是合法的
```

例 3-21　设 DS=2800H，BX=0400H，SP=1000H，SS=2F00H，(28400H)=A020H，现执行　PUSH　[BX]后：

压入堆栈的数据的物理首地址为 PA=DS×16+BX=28400H。

堆栈存放的单元物理首地址为 PA = SS × 16 + (SP − 2)=2FFFEH。

执行 PUSH [BX]后，(2FFFEH) = 20H，(2FFFFH) = 0A0H，SP = SP − 2 = 0FFEH

4) 换码指令 XLAT (translate)

格式：XLAT

功能：AL← [BX + AL]

这是一条专门用于 AL 和字节表中某一存储单元之间执行数据传送的指令。使用换码指令时，要求将表格的首地址存入 BX 寄存器，AL 中存入的是表格中的某一项与表格首地址的偏移量。执行指令时，将 BX 和 AL 寄存器中的值相加，把得到的值作为有效地址，然后将此有效地址所对应的单元中的值取到 AL 中，不影响标志位。

例 3-22 在内存的数据段中存放有一张数值 0～9 的 ASCII 码转换表，首地址为 Hex_table，如图 3-3 所示。现要把数值 8 转换成对应的 ASCII 码，可用以下几条指令实现：

```
MOV   BX, OFFSET Hex_table        ;BX←表首偏移地址，OFFSET 伪指令表示取 HEX_table 的偏
                                   移地址
MOV   AL, 8                       ;AL←8
XLAT                              ;查表转换
```

图 3-3 0～9 的换码表

结果 AL=38H，为 8 所对应的 ASCII 码。

使用查表转换指令时有一点要注意：由于要查找元素的序号放在 AL 中，而 AL 只有 8 位，所以表格的最大长度不能超过 256 字节。

2. 地址传送指令

1) 有效地址传送指令 LEA (load effective address)

格式：LEA DEST, SRC

功能：DEST ← EA (EA 为 SRC 的偏移地址)

它用来将源操作数的偏移地址(EA)传送到通用寄存器、指针或变址寄存器中。这种指令的目的操作数必须是一个 16 位寄存器，而且源操作数提供的一定是一个存储器地址。该指令与 MOV DEST, OFFSET SRC 等效。

例 3-23 有效地址传送指令。

```
MOV   BX, [3200H]         ;将 3200H 单元的内容送 BX
LEA   BX, [3200H]         ;将有效地址 3200H 送 BX，与 MOV   BX, OFFSET [3200H]等效
LEA   SI, ADDR            ;将 ADDR 的有效地址送 SI
```

2) 地址指针传送指令

(1) 指针送寄存器和 DS 指令 LDS (Load DS with Pointer)。

格式：LDS DEST, SRC

功能：DEST ← [SRC]，DS ← [SRC+2]

(2) 指针送寄存器和 ES 指令 LES (Load ES with Pointer)。

格式：LES DEST, SRC

功能：DEST ← [SRC]，ES ← [SRC+2]

地址指针传送指令将源操作数指定的连续 4 个存储器单元中存放的 32 位地址指针(包括一个段地址和一个偏移地址)传送到两个 16 位寄存器。其中，偏移地址送入 DEST 指定的通用寄存器，而段地址送入指令所表示的段寄存器 DS 或 ES 中。

例 3-24 地址指针传送指令。

```
POINT   DD   55663344H          ;用伪指令设定 POINT 的段地址和偏移地址
LDS   BX, POINT                 ;BX=3344H, DS=5566H
LES   BX, POINT                 ;BX=3344H, ES=5566H
```

注意，地址传送指令的 DEST 一定是寄存器，但不能使用段寄存器；SRC 必须使用存储器寻址方式。

3. 标志传送指令

1) 标志读写指令

(1) 标志送 AH 指令 LAHF (load AH with flags)。

格式：LAHF

功能：AH ←$FLAGS_L$

LAHF 指令操作如图 3-4 所示，即将标志寄存器 FLAGS(PSW)低字节中的 SF(符号标志)、ZF(零标志)、AF(半加进位标志)、PF(奇偶标志)和 CF(进位标志)5 个标志位分别传送到累加器 AH 的对应位。

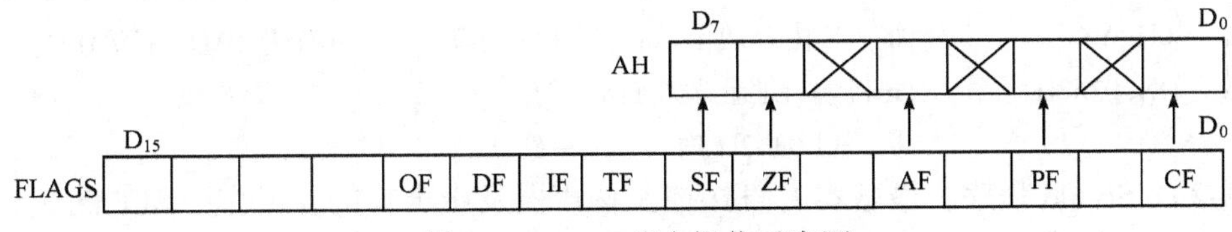

图 3-4 LAHF 指令操作示意图

(2) AH 送标志寄存器指令 SAHF (store AH into flags)。

格式：SAHF

功能：$FLAGS_L$← AH

SAHF 指令与 LAHF 指令执行完全相反的操作，一般是配对使用。

2) 标志入栈出栈指令

(1) 标志进栈指令 PUSHF (push the flags)。

格式：PUSHF

功能：SP ← SP−2，[SP +1, SP] ← PSW

(2) 标志出栈指令 POPF (pop the flags)。

格式：POPF

功能：PSW ← [SP +1, SP]，SP ← SP +2

SAHF 和 POPF 直接影响标志寄存器的内容，利用这一特性，可以非常方便地改变标志寄存器中指定位的状态。

4. 输入输出指令

1) 输入指令 IN (Input)

长格式：IN AL/AX, PORT

功能：AL ←[PORT] 或 AX ←[PORT+1, PORT]

短格式：IN AL/AX, DX

功能：AL ←[DX]或 AX ←[DX+1, DX]

其中，PORT 为输入输出端口。

2) 输出指令 OUT (Output)

长格式：OUT PORT, AL/AX

功能：[PORT]←AL 或[PORT+1, PORT] ←AX

短格式：OUT DX，AL/AX

功能：[DX]← AL 或[DX+1, DX]←AX

在 IBM PC 中，所有 I/O 端口与 CPU 之间的数据传送都是由 IN 和 OUT 指令来完成的。CPU 只能用 AL 或 AX 接收或发送数据，并且最多可提供 64K 个 8 位端口地址或 32K 个 16 位端口地址。当端口地址小于 256 时，可采用长格式(直接寻址格式)，在指令中指定端口地址；当端口地址不小于 256 时，应采用短格式(间接寻址格式)，预先把端口地址放到 DX 寄存器中，然后再用 IN 或 OUT 指令实现输入输出操作。

例 3-25 输入输出指令。

```
IN    AL, 28H            ;从端口 28H 输入一字节到 AL
IN    AX, 70H            ;将 70H, 71H 两个端口的内容送至 AX，其中 AH=(71H)，AL=(70H)
OUT   70H, AX            ;将 AX 内容送至 70H, 71H 两端口， 其中(71H) =AH，(70H)=AL
MOV   DX, 0362H          ;先将端口地址送入 DX
IN    AX, DX             ;从端口 0362H 输入一个字到 AX
```

例 3-26 Sound 程序：最基本的直接控制扬声器发出声音的，工作原理如图 3-5 所示。程序通过 I/O 指令使设备控制寄存器(I/O 端口地址为 61H)的第 1 位交替为 0 和 1，而端口 61H 的第 1 位和扬声器的脉冲门相连。当第 1 位由 0 变为 1，延迟一会又由 1 变为 0 时，脉冲门就先打开后关闭，产生一个脉冲电流。脉冲电流放大后送到扬声器使之发出声音。61H 端口的第 0 位和一个振荡器(2 号定时器)相连，现不用振荡器产生声音，所以把第 0 位置 0。

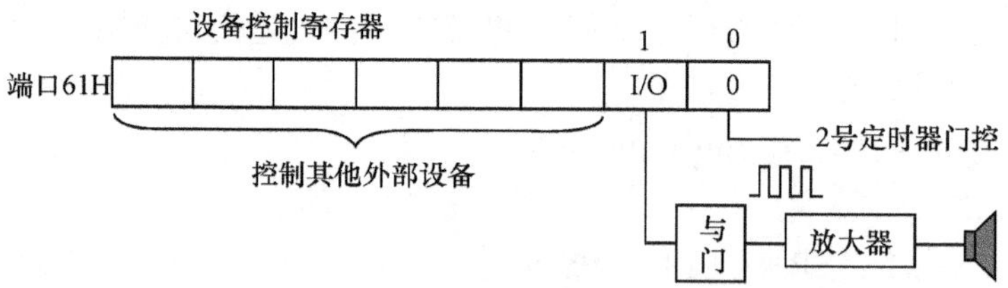

图 3-5 控制扬声器发声工作原理图

```
        MOV    DX, 100          ;开关 100 次
        IN     AL, 61H          ;取得设备控制寄存器的开关量
        AND    AL, 11111100B    ;第 0 位和第 1 位置 0
SOUND:  XOR    AL, 2            ;将第 1 位由 0 置 1，下次循环由 1 置 0
        OUT    61H, AL          ;将开关量输出到 61H 端口，控制接通扬声器
        MOV    CX, 140H         ;用来控制脉冲门开关时间，这个时间值可改变，这里是一个固
                                 定值，扬声器接通和关闭的时间间隔相同，发出的声音是没有
```

频率变化的纯音

```
WAIT1:  LOOP    WAIT1
        DEC     DX
        JNE     SOUND
```

3.2.2 算术运算指令

算术运算指令包括加、减、乘、除和 BCD 码调整指令。操作数可以是 8 位和 16 位的二进制无符号数或有符号数。算术运算指令除了符号扩展指令不影响标志位，INC 和 DEC 指令不影响 CF 外，其他均不同程度影响标志位，见表 3-2。

表 3-2 算术运算指令对标志位的影响

类别	指令	标志位变化					
		OF	SF	ZF	AF	PF	CF
加法	ADD	Y	Y	Y	Y	Y	Y
	ADC	Y	Y	Y	Y	Y	Y
	INC	Y	Y	Y	Y	Y	N
减法	SUB	Y	Y	Y	Y	Y	Y
	SBB	Y	Y	Y	Y	Y	Y
	DEC	Y	Y	Y	Y	Y	N
	NEG	Y	Y	Y	Y	Y	Y
	CMP	Y	Y	Y	Y	Y	Y
乘法	MUL	Y	?	?	?	?	Y
	IMUL	Y	?	?	?	?	Y
除法	DIV	?	?	?	?	?	?
	IDIV	?	?	?	?	?	?
	CBW	N	N	N	N	N	N
	CWD	N	N	N	N	N	N
BCD 码调整	AAA	?	?	?	Y	?	Y
	DAA	?	Y	Y	Y	Y	Y
	AAS	?	?	?	Y	?	Y
	DAS	Y	Y	Y	Y	Y	Y
	AAM	?	Y	Y	?	Y	?
	AAD	?	Y	Y	N	Y	?

注：“Y”表示运算结果影响标志位；“N”表示运算结果不影响标志位；“?”表示标志位为任意值。

1. 加法指令

1) 不带进位加法指令 ADD (add)

格式：ADD　DEST, SRC

功能：DEST ← SRC + DEST

2) 带进位加法指令 ADC (add with carry)

格式：ADC　DEST, SRC

功能：DEST ← SRC + DEST + CF

ADC 主要用于多字节加法运算中。

3) 加 1 指令 INC (increment)

格式：INC　DEST

功能：DEST ← DEST +1

该指令一般用在循环程序中修改指针和循环次数。ADD　AX，1 与 INC　AX 等效，但 INC 指令的机器码指令短。

例 3-27　有两个无符号字数组，每个数组 20 个字，分别放在 8000H 和 9000H 开始的存储单元中，要求进行数组对应字单元相加运算，得到的和放在 8000H 开始的内存单元中，然后将 AX 清零。

```
     MOV   SI, 8000H          ;SI 指向第一个数组首地址
     MOV   DI, 9000H          ;DI 指向第二个数组首地址
     MOV   CX, 20             ;设置循环次数
LP1: MOV   AX, [SI]           ;取第一个数组的一个元素
     ADD   AX, [DI]           ;与第二数组的对应元素相加，结果放在 AX 中
     MOV   [SI], AX           ;将计算结果放回 8000H 开始的首地址
     INC   SI                 ;地址自动+2，指向下一个元素
     INC   SI
     INC   DI
     INC   DI
     DEC   CX                 ;执行完一遍，循环次数减 1
     JNZ   LP1                ;转移指令，结果不为 0 则转到 LP1，否则转到下一条指令
     MOV   AX, 0              ;AX 清 0
```

例 3-28　有两个 4 字节的无符号数相加，这两个数分别放在 2000H 和 3000H 开始的存储单元中，低位在前，高位在后，要求进行运算后，得到的和放在 2000H 开始的内存单元中。

```
MOV   SI, 2000H
MOV   AX, [SI]
MOV   DI, 3000H
ADD   AX, [DI]
MOV   [SI], AX
MOV   AX, [SI+2]
ADC   AX, [DI+2]
MOV   [SI+2]，AX
```

加法指令对条件标志位(CF/OF/ZF/SF)的影响如表 3-3 所示，CF 位表示无符号数相加溢出，OF 位表示带符号数相加溢出。对于带符号数溢出可以理解为两个正数相加结果为负数，或这个负数相加结果为正数，则必然溢出(OF=1)，计算结果错误，其他情况均没有溢出。

表 3-3　加法指令 ADD 或 ADC 对条件标志位(CF/OF/ZF/SF)的影响

标志位	CF	OF	ZF	SF
1	有向高位的进位	两个操作数符号相同，而结果符号与之相反	结果为 0	结果为负
0	否则	否则	否则	否则

例 3-29　双精度数的加法。

DX= 0002H　AX= 0F365H

BX= 0005H　CX= 0E024H

当执行指令序列

(1)　ADD　AX, CX

(2)　ADC　DX, BX

执行(1)后，AX= 0D389H　CF=1　OF=0　SF=1　ZF=0。

执行(2)后，DX= 0008H　CF=0　OF=0　SF=0　ZF=0。

2. 减法指令

1) 不带借位的减法指令 SUB (subtract)

格式：SUB　DEST, SRC

功能：DEST ← DEST−SRC

2) 带借位的减法指令 SBB (subtract with borrow)

格式：SBB　DEST, SRC

功能：DEST ← DEST−SRC−CF

SUB 主要用在多字节减法运算中。

3) 减 1 指令 DEC (Decrement)

格式：DEC　DEST

功能：DEST ← DEST−1

4) 求补指令

格式：NEG　DEST

功能：DEST ← 0−DEST

5) 比较指令

格式：CMP　DEST, SRC

功能：DEST−SRC

特点：CMP 与 SUB 相同之处是将目的操作数减去源操作数，不同之处是结果不送回目的操作数，二个操作数原值不变，只是影响状态标志位。这条指令后边一般跟条件转移指令，以判断二个操作数是否满足某种关系。根据比较结果对标志位的影响来实现程序的分支。

例 3-30　设 AX=020H，BX=2212H，CX=0。

```
NEG   AX            ;AX ← 0−AX，结果 AX=0FFE0H
NEG   BX            ;BX ← 0−BX，结果 BX=DDEEH
```

```
DEC  CL                ;CL ← CL−1，结果 CX=00FFH
DEC  BYTE PTR[DI+2]    ;[DI+2] ← [DI+2]−1，对内存单元进行自加或自减时，需要指明操作的数
                        据类型
```

例 3-31 设 X、Y、Z 均为双精度数，分别存放在地址为 X, X+2；Y, Y+2；Z, Z+2 的存储单元中，用指令序列实现 W=X+Y+50−Z，并用 W, W+2 单元存放结果 W。

```
MOV AX, X
MOV DX, X+2
ADD AX, Y
ADC DX, Y+2            ;X+Y
ADD AX, 50
ADC DX, 0              ;X+Y+50
SUB AX, Z
SBB DX, Z+2            ;X+Y+50−Z
MOV W, AX
MOV W+2, DX            ;结果存入 W, W+2 单元
```

对于无符号数减法，如果被减数的最高位有向更高位借位，或者减法转换为加法运算时无进位，则 CF=1，表示无符号数的减法溢出，否则为 0；对于有符号数减法，如果两个操作数符号相反，而结果的符号与减数相同则 OF=1，表示有符号数的减法溢出，否则为 0。

NEG 指令对 CF/OF 的影响：

CF 位：操作数为 0 时，求补的结果使 CF=0，否则 CF=1。

OF 位：字节运算对−128(80H)求补或字运算对−32768(8000H)求补时 OF=1，否则 OF=0。

例 3-32 若 AH=41H，AL=5AH。

执行指令 SUB AH， AL

```
   41             0100  0001                     0100  0001
  −5A      →     −0101  1010     转为加法   →   + 1010  0110
 ______          ____________                   ____________
                                                  1110  0111
```

所以，AH=0E7H，SF=1，ZF=0，CF=1(减法转换为加法运算时无进位为 1)，OF=0。

例 3-33 若 AL =20，BL= −126。

执行指令 SUB AL, BL

```
    20                  14H            0001  0100
 − (−126)    补码→    − 82H      →   − 1000  0010
 ________             ______         ____________
                                       1001  0010
```

所以，AH=92H =−110，SF=1，ZF=0，CF=1(有借位)，OF=1(计算结果溢出错误，正确结果应该是 146)。

例 3-34 在自 BLOCK 开始的内存缓冲区中，有 100 个带符号的 16 位数，要找出其中的最大值，把它存放到 MAX 单元中。

```
MOV   BX, OFFSET  BLOCK          ;BX 指向要比较的缓冲区
MOV   AX, [BX]
```

```
    MOV   CX, 99                          ;设置比较次数
L1: INC   BX
    INC   BX                              ;BX 指向下一个数
    CMP   AX, [BX]
    JGE   L2                              ;带符号数比较，不小于则转移
    MOV   AX, [BX]                        ;将大的数存在 AX 中
L2: DEC   CX
    JNZ   L1
    MOV   MAX, AX
```

3. 乘法指令

乘法指令是单操作数指令。在指令中，操作数为乘数并且不能为立即数，AL(AX)为隐含的被乘数；AX(DX, AX)为隐含的乘积寄存器。除 CF 和 OF 外，对条件标志位无定义。

1) 无符号数乘法指令 MUL

格式：MUL　SRC

功能：AX ← AL × SRC　或(DX, AX) ← AX × SRC

两个 8 位数相乘，目的操作数为 AL，得到 16 位乘积存放在 AX 中，高 8 位在 AH 中，低 8 位在 AL 中；两个 16 位数相乘，目的操作数为 AX，得到 32 位乘积存放在 DX、AX 中，高 16 位在 DX 中，低 16 位在 AX 中。

例 3-35　无符号数乘法指令。

```
MUL   DL                  ;AX←AL×DL
MUL   CX                  ;DX: AX←AX×CX
MUL   BYTE PTR [SI+8]     ;AX←AL×[SI+8]
```

2) 有符号数乘法指令 IMUL

格式：IMUL　SRC

功能：AX ← AL × SRC 或(DX, AX) ← AX × SRC

例 3-36　两个有符号数的乘法。

```
MOV   AL, 0FEH            ;AL ← 0FEH，FEH 看作有符号数-2
MOV   CL, 11H             ;CL ← 11H，11H 看作有符号数 17
IMUL  CL                  ;AX ← 0FFDEH，先执行 02H×11H，然后将乘积求补，得 0FFDEH=–34
```

乘法指令对 CF/OF 的影响情况：如执行 MUL 指令时，乘积的高一半为零，则 CF=OF=0，否则 CF=OF=1；若执行 IMUL 指令时，乘积的高一半是低一半的符号扩展，则 CF=OF=0，否则 CF=OF=1。通过 CF 和 OF 可以判断乘积结果的高位字节或高位字是否是有效数值。

例 3-37　AX = 16A5H，BX = 0611H。

执行指令　IMUL BL

则

```
AX ← AL × BL              ; AL=0A5H= —5BH
AX = A5H×11H = –(5BH×11H) = –060BH = F9F5H= 1111 1001    1111 0101B
CF=OF=1                   ;乘积的高一半不是低一半的符号扩展
```

对于两个带符号的数相乘，如果简单采用与无符号数乘法相同的操作过程，那么会产生完全错误的结果。

例 3-38 计算：3×(–2)= –6。

$(-2)_{补}$=1110，因此应用 MUL 算法就错了，应采用 IMUL 指令。

IMUL 的算法：先将 1110 复原为+2，并去掉符号位，先计算 2×3=06，再取补$(06)_{补}$=11111010B= 0FA H=–6。

4. 除法指令

除法指令也是单操作数指令。在指令中，操作数为除数并且不能为立即数；AX(DX, AX)为隐含的被除数寄存器；AL(AX)为隐含的商寄存器；AH(DX)为隐含的余数寄存器；对所有条件标志位均无定义。

1) 无符号数除法指令 DIV (unsigned divide)

格式：DIV　SRC

功能：字节操作　AL ← AX / SRC 的商，AH ← AX / SRC 的余数；

字操作　AX ← (DX, AX) / SRC 的商，DX← (DX, AX)/ SRC 的余数。

例 3-39 无符号数除法指令。

```
DIV   CL        ;AX 中的 16 位数除以 CL 中的 8 位数，商送 AL，余数送 AH
DIV   CX        ;DX 和 AX 中的 32 位数除以 CX 中的 16 位数，商送 AX，余数送 DX
```

2) 有符号数除法指令 IDIV (signed divide)

格式：IDIV　SRC

功能：字节操作　AL ← AX / SRC 的商，AH ← AX / SRC 的余数；

字操作　AX ← (DX, AX) / SRC 的商，DX ← (DX, AX)/ SRC 的余数。

对于 IDIV 指令，需要说明的是：

(1) 余数的符号和被除数的符号相同。如–30 除+8，它的商为–4 余数为+2 或商为–3 余数为–6 都是对的，但 8088 规定，余数与被除数符号相同，所以取后一种结果。

(2) 16 位数除以 8 位数，商为–128～+127；32 位数除以 16 位数，商为–32768～+32767。若超出这个，会作为除数为 0 来处理，即产生一个 0 号中断(见 7.4 节)，而不是使 OF=1。

(3) 当被除数只有 8 位时，必须将此数放在 AL 中，并对 AH 进行扩展。同样，当被除数只有 16 位时，而除数也只有 16 位时，必须将 16 位被除数放在 AX 中，并对 DX 进行扩展，为此，8088 提供了 CBW 和 CWD 两种扩展指令。

除法指令要求字节操作时商为 8 位，字操作时商为 16 位，若字节操作时，则被除数的高 8 位绝对值大于除数的绝对值；若字操作时，则被除数的高 16 位绝对值大于除数的绝对值，商会产生溢出，这种溢出由系统直接转入 0 型中断处理。

例 3-40 设 AX=0400H，BL=0B4H。

其中：0400H 无符号数为 1024D，带符号数为 1024D

　　0B4H 无符号数为 180D，带符号数为–76D

若执行 DIV　BL，则余数 AH=7CH=124D，商 AL=05H=5D。

若执行 IDIV　BL，则余数 AH=24H=36D，商 AL=0F3H=–13D。

3) 有符号扩展指令

(1) 字节扩展为字指令 CBW (Convert Byte to Word)。

格式：CBW

功能：AL → AX。若 AL 的最高有效位为 0，则 AH= 00H；若 AL 的最高有效位为 1，则 AH= 0FFH

(2) 字扩展为双字指令 CWD (Convert Word to Double Word)。

格式：CWD

功能：AX → (DX, AX)。若 AX 的最高有效位为 0，则 DX= 0000H；若 AX 的最高有效位为 1，则 DX= 0FFFFH。

例 3-41 符号扩展指令。

```
MOV     AL, 12H             ;AL←12H
CBW                         ;AX←0012H, AH=00H
MOV     AX, 0BBA3H
CWD                         ;DX←0FFFFH, AX←0BBA3H
```

无符号数不能用 CBW 或 CWD 符号扩展指令，因为它的最高位代表数值。

例 3-42 在内存 BUFFER 开始的单元中，前两字节是一个 16 位带符号的被除数，第三、四字节是一个 16 位带符号的除数，接着两字节存放商，再下两字节存放余数。

```
LEA     BX, BUFFER
MOV     AX, [BX]
CWD                         ;将符号扩展到 DX 上，准备进行字除
IDIV    2+[BX]
MOV     [BX+4], AX
MOV     [BX+6], DX
```

例 3-43 X、Y、Z、V 均为 16 位有符号数，计算(V–(X*Y+Z–210))/X。

```
MOV     AX, X
IMUL    Y                   ;X*Y
MOV     CX, AX
MOV     BX, DX
MOV     AX, Z
CWD
ADD     CX, AX
ADC     BX, DX              ;X*Y+Z
SUB     CX, 210
SBB     BX, 0               ;X*Y+Z–210
MOV     AX, V
CWD
SUB     AX, CX
SBB     DX, BX              ;V–(X*Y+Z–210)
```

```
IDIV X                    ;(V-( X*Y+Z-210))/X
```

5. BCD 码调整指令

CPU 中的 ALU 对所有的算术运算都是按二进制数进行的，因此当操作数是 BCD 码时，其结果必须用十进制调整指令。有关 BCD 码的概念与分类详见 1.3.3 节。

1) 组合 BCD 码的调整指令

(1) 组合 BCD 码的加法调整指令 DAA (Decimal Adjust for Addition)。

格式：DAA

功能：AL → $AL_{组合BCD}$

(2) 组合 BCD 码的减法调整指令格式。

格式：DAS

功能：AL → $AL_{组合BCD}$

DAA 和 DAS 的调整方法：

若 AF=1 或 $AL_{0\sim3}$=A～F，则 AL←AL ± 06H，AF=1；

若 CF=1 或 $AL_{4\sim7}$=A～F，则 AL←AL ± 60H，CF=1。

其中，DAA 做'+'，DAS 做'–'。

DAA 和 DAS 的特点：隐含的操作寄存器为 AL；紧接在加减指令之后使用；影响条件标志位(对 OF 无定义)。

例 3-44 两个组合 BCD 码的加法运算。

```
MOV   AL, 37H        ;AL←37H
MOV   BL, 35H        ;BL←35H
ADD   AL, BL         ;AL=6CH, AF=0, CF=0
DAA                  ;因为 AL 中的低 4 位大于 9，所以 AL←AL+06，结果 AL=72，AF=1，CF=0
```

例 3-45 两个组合 BCD 码的减法运算。

```
MOV   AL, 73H        ;AL←73H
SUB   AL, 27H        ;AL←4CH
DAS                  ;AL←46H
```

例 3-46 若 BCD1=1834，BCD2=2789，计算 BCD3=BCD1+BCD2。

```
MOV    AL, BYTE PTR BCD1
ADD    AL, BYTE PTR BCD2          ;AL=34H+89H=BDH，CF=0，AF=0
DAA                               ;(+66), AL=23H，CF=1，AF=1
MOV    BYTE PTR BCD3, AL
MOV    AL, BYTE PTR BCD1+1
ADC    AL, BYTE PTR BCD2+1        ;AL=18+27+CF=40H, CF=0, AF=1
DAA                               ;AL=46H, CF=0, AF=1
MOV    BYTE PTR BCD3+1, AL        ;(BCD3)=4623
```

例 3-47 若 BCD1=1234，BCD2=4612，计算 BCD3=BCD1–BCD2。

```
MOV     AL, BCD1        ;AL=34H
SUB     AL, BCD2        ;AL=34H-12H=22H
```

```
DAS                          ;AL=22H, AF=CF=0
MOV     BCD3, AL             ;BCD3=22H
MOV     AL, BCD1+1           ;AL=12H
SBB     AL, BCD2+1           ;AL=12-46=0CCH, CF=1, AF=1
DAS                          ; AL=0CCH-60-06=66H, CF=1, AF=1
MOV     BCD3+1, AL           ;(BCD3+1)=6622H
```

2) 非组合 BCD 码的调整指令

(1) 非组合 BCD 码的加法调整指令 AAA (ASCII Adjust for Addition)。

格式：AAA

功能：AL →AL $_{\text{非组合 BCD}}$

(2) 非组合 BCD 码的减法调整指令 AAS (ASCII Adjust for Subtraction)。

格式：AAS

功能：AL → AL $_{\text{非组合 BCD}}$

AAA 和 AAS 的调整方法：

若 $AL_{0\sim3}$=0～9，且 AF=0，则 $AL_{4\sim7}$ = 0，AF = CF=0；

若 $AL_{0\sim3}$=A～F，或 AF=1，则 AL← AL±6，$AL_{4\sim7}$=0，AH← AH±1，AF = CF=1。

其中，AAA 做“+”，AAS 做“−”。

DAA 和 DAS 的特点：隐含的操作寄存器为 AL；紧接在加减指令之后使用；除 AF、CF 外，对其他条件标志位无定义。

例 3-48 两个未组合 BCD 码的加法运算，设 AH=0。

```
MOV     AL, 08H              ;AL ←08H        AL=00001000
ADD     AL, 09H              ;AL ←08H+09    AL=00010001=11H
AAA                          ;AF=1, AH←(AH+01), AL←(AL+6), AL 高 4 位为 0, AL=00000111,
                             结果 AX=0107 AF=1 CF=1
```

例 3-49 两个未组合 BCD 码的减法运算。

```
MOV     AX, 0608H            ;AX←0608H
SUB     AL, 09H              ;AL←0FFH
AAS                          ;AL←09H, AH←05H
```

例 3-50 编程实现 UP1+UP2−UP3，计算结果存放到 DX 中。其中，参加运算的为 2 位十进制数，以非压缩 BCD 格式存入存储器，每数占一字节。要求计算 25+48−19，即 UP1=0205H, UP2=0408H, UP3=0109H。

```
MOV     AX, 0
MOV     AL, UP1
ADD     AL, UP2
AAA                          ;AL=03H, CF=AF=1
MOV     DL, AL
MOV     AL, UP1+1
ADC     AL, UP2+1
```

```
AAA                         ;AL=07H, CF=AF=0
XCHG    AL, DL
SUB     AL, UP3
AAS                         ;AL=04H, CF=AF=1
XCHG    AL, DL
SBB     AL, UP3+1
AAS                         ;AL=05H，CF=AF=0
MOV     DH, AL              ;DX=0504H
```

(3) 非组合 BCD 码乘法调整指令。

格式：AAM

功能：AL → AX $_{\text{非组合BCD}}$

调整方法：AL 除以 0AH，商→ AH，余数→AL

特点：隐含的操作寄存器为 AL；紧接在 MUL 指令之后使用；对 OF、CF、AF 无定义。

例 3-51 两个非组合 BCD 码的乘法运算。

```
MOV   AL, 06H               ;AL←06H
MOV   BL, 07H               ;BL←07H
MUL   BL                    ;AX←002AH
AAM                         ;AX←0402H
```

(4) 非组合 BCD 码除法调整指令 AAD (ASCII Adjust for Division)。

格式：AAD

功能：AL → AX $_{\text{非组合BCD}}$

调整方法：AL ← 0AH ×AH + AL, AH ← 0。

特点：AAD 指令用于 DIV 指令之前，将 AX 中的两位非组合 BCD 码变为二进制数；在 DIV 之后必须用 AAM，把 AL 中的二进制数调整为非压缩的 BCD 格式。

例 3-52 两个非组合 BCD 码的除法运算。

```
MOV   AX, 0504H             ;AX←0504H
MOV   BL, 03H               ;BL←03H
AAD                         ;AH=00H, AL=36H
DIV   BL                    ;AH=00H, AL=12H
AAM                         ;AH=01H, AL=08H
```

3.2.3 逻辑运算指令与移位指令

逻辑运算与移位指令包括逻辑运算指令、移位指令和循环移位指令。

1. 逻辑运算指令

逻辑运算指令主要用于对寄存器或存储器单元中某些位的测试、置位、复位等操作。逻辑运算指令对操作数都是按位进行操作，对相应的标志位产生影响，操作数可以是字节或字。

(1) 逻辑与 AND (and)。

格式：AND　DEST, SRC

功能：DEST←DEST ∧ SRC

特点：能使 DEST 的某些位强迫清零，只需把要屏蔽的位设为 0 即可，其他位保持不变。

(2) 逻辑或 OR (or)。

格式：OR　DEST, SRC

功能：DEST←DEST ∨ SRC

特点：能使 DEST 的某些位强迫置 1，只需把相应位设为 1 即可，其他位保持不变。

(3) 逻辑非 NOT (not)。

格式：NOT　DEST

功能：DEST← $\overline{\text{DEST}}$

特点：不允许使用立即数，不影响标志位。

(4) 逻辑异或 XOR (Exclusive or)。

格式：XOR　DEST, SRC

功能：DEST← DEST ⊕ SRC

特点：XOR 的结果是相同为 0，不同为 1；XOR 能使某些位变反，只需把要变反的位置 1 即可；XOR 也可用来确定某一个操作数是否与另一个操作数相等。

(5) 测试 TEST (test)。

格式：TEST　DEST, SRC

功能：DEST ∧ SRC

特点：TEST 指令和 AND 指令执行同样的操作，但 TEST 指令不送回操作结果，而仅仅影响标志位；能测试某位是否为 0，把需测试的位置 1 即可。

例 3-53　从指令的功能特点和实际应用来理解逻辑运算指令。

```
AND     AL, 0FH                ;AL 中的高 4 位清零
AND     AX, BX                 ;AX 和 BX 中的内容相与，结果在 AX 中
OR      AL, 0FH                ;AL 中的低 4 位置 1
XOR     AL, 0FH                ;AL 中的低 4 位求反或测试 AL 是否等于 0FH
XOR     AX, AX                 ;使 AX 清零
XOR     AL, 3                  ;使 AL 的 0 和 1 位变反
TEST    AL, 01H                ;测试 AL 的最低位是否为 0。如果为 0 则 ZF=1，否则 ZF=0
TEST    AX, 8000H              ;检查 AX 的最高位是否为 1，如果为 1 则 ZF=0，否则 ZF=1
NOT     AL                     ;AL 中内容求反，结构在 AL 中
NOT     WORD PTR [1000H]       ;1000H 和 1001H 两个单元中的内容求反，结果再送回这两个单元中
```

2. 移位指令

移位指令可以对寄存器或存储器单元按字节或字进行操作，移位指令包括：算术左移指令 SAL(Shift Arithmetic Left)、算术右移指令 SAR(Shift Arithmetic Right)、逻辑左移指令 SHL(Shift Logic Left)、逻辑右移指令 SHR(Shift Logic Right)。

格式：SAL　DEST, COUNT

```
SAR    DEST, COUNT
SHL    DEST, COUNT
SHR    DEST, COUNT
```

其中，DEST 可用立即数以外的任何寻址方式；COUNT 表示移位数，其值或等于 1，或大于 1，大于 1 时其值要先送到 CL 寄存器，再进行移位。

功能：将目的操作数中的内容按 COUNT 的值进行左(右)移位，空出位补 0，移出位进入 CF。但 SAR 指令移位时，空出位不变，如图 3-6 所示。

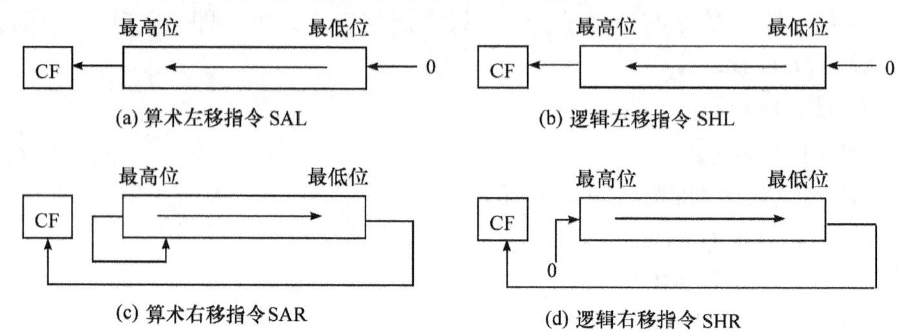

图 3-6　非循环移位指令功能示意图

SAL 和 SHL 这两条指令在形式上和功能上都完全一样。每移一次，最低位补 0，最高位进入进位标志 CF。在移位数为 1 的情况下，移位后，若最高位与 CF 不相同，则溢出标志 OF=1，否则 OF=0。这可用来判断一个有符号数的符号位在移位后与移位前是否相同(若不同，则 OF=1)。

SAR 和 SHR 的功能不同，这是由于在执行逻辑移位指令时，把操作数看作无符号数来进行移位，所以右移时，最高位补 0，而执行算术移位指令时，把操作数看作有符号数来进行移位，故右移时，最高位的值保持不变。在移位数为 1 的情况下，移位后，操作数的最高位与次高位不同，则 OF=1，否则 OF=0，这可用来判断移位后的符号位是否改变(若改变，则 OF=1), SF、ZF、PF 根据移位结果设置，AF 无定义。

算术移位指令适用于带符号数运算：SAL 相当于乘以 2，SAR 相当于除以 2。逻辑移位指令适用于无符号数运算：SHL 相当于乘以 2，SHR 相当于除以 2。

例 3-54　将 AL 寄存器中的数据左移 1 位，BL 寄存器中的数据右移 4 位。

```
MOV     AL, 52H         ;AL←52H
MOV     BL, 63H         ;BL←63H
MOV     CL, 04H         ;CL←04H
SHL     AL, 1           ;AL←A4H
SHR     BL, CL          ;BL←06H
```

例 3-55　若 BX=84F0H，

(1) BX 为无符号数，求 BX/2

```
SHR     BX, 1           ;1000 0100 1111 0000→0100 0010 0111 1000, BX=4278H
```

(2) BX 为带符号数，求 BX/2

```
SAR     BX, 1           ;1000 0100 1111 0000→1100 0010 0111 1000, BX=0C278H
```

3. 循环移位指令

循环移位指令包括：不含进位位的循环左移指令 ROL(Rotate Left)、不含进位位的循环右移指令 ROR(Rotate Right)、含进位位的循环左移指令 RCL(Rotate through CF Left)、含进位位的循环右移指令 RCR(Rotate through CF Right)。

格式：
```
ROL    DEST, COUNT
ROR    DEST, COUNT
RCL    DEST, COUNT
RCR    DEST, COUNT
```

功能：循环移位是将目的操作数从一端移出的位返回到另一端形成循环，可以分成不带进位的循环移位和带进位的循环移位，如图 3-6 所示。

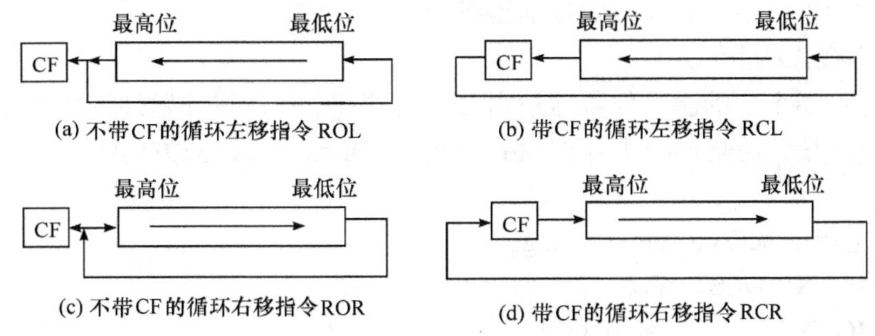

图 3-6　循环移位指令的功能

从功能示意图上可以看到，ROL 和 ROR 指令在执行时，没有把 CF 套在循环中；RCL 和 RCR 指令在执行时，连同 CF 一起循环移位。

循环移位指令与移位指令不同，循环移位后，操作数中原来各位数的信息不会丢失，而只是改变了位置而已(仍在操作数中的其他位置上或 CF 中)，如果需要还可恢复(反向移动即可)。循环移位指令不影响 SF、ZF、PF、AF。

例 3-56　将 AX=00A2H，BX=00B4H，装配在一起形成 AX=A2B4H。

```
MOV    CL, 8               ;CL←移位数 8
ROL    AX, CL              ;AX 循环左移 8 位，AX=A200H
ADD    AX, BX
```

例 3-57　把非压缩十进制数(DATA1)=0908H 转换为压缩十进制数放入 BL。

```
MOV    AX, DATA1           ;AX←0908H
MOV    CL, 4               ;CL ←4
SAL    AH, CL              ;09 字节左移 4 位，AH=90H
ROL    AX, CL              ;9008H 字循环左移 4 位，AX=0089H
ROL    AL, CL              ;89 字节循环左移 4 位，AL=98H
MOV    BL, AL              ;BL←98H，压缩十进制数 98H
```

例 3-58　AX= 0012H，BX= 0034H，把 BX 中的 16 位数，每 4 位压入堆栈(注意 BX 的高低位)。

```
        MOV    CH, 4       ;循环次数
```

```
        MOV   CL, 4           ;移位次数
NEXT:   ROL   BX, CL          ;取BX的高4位
        MOV   AX, BX
        AND   AX, 000FH
        PUSH  AX
        DEC   CH
        JNZ   NEXT
```

3.2.4 串操作指令

串操作指令就是用一条指令实现对存储器中一串字符或数据的操作。8086 指令系统提供 5 条基本的串操作指令和 3 条重复前缀指令。

1. 基本串操作指令

基本串操作指令中的源操作数地址由 DS: SI 提供，目的操作数地址由 ES: DI 提供。串操作的方向是递增，还是递减由标志位 DF 确定，DF=1，按递减方向进行；DF=0，按递增方向进行。

1) 串传送指令 MOVS (move string)

格式：MOVS　DEST, SRC

　　　MOVSB　　　;字节传送

　　　MOVSW　　　;字传送

功能：(1) ES:[DI]← DS:[SI]

　　　(2) SI ←SI ± 1 或 2，DI ←DI ± 1 或 2

2) 取串指令 LODS (load from string)

格式：LODS SRC

　　　LODSB

　　　LODSW

功能：(1)AL←DS:[SI] 或 AX←DS:[SI]

　　　(2) SI←SI ± 1 或 2

3) 存串指令 STOS (store in to string)

格式：STOS　DEST

　　　STOSB

　　　STOSW

功能：(1) ES：[DI]←AL 或 ES：[DI]←AX

　　　(2) DI←DI ± 1 或 2

4) 串比较指令 CMPS (compare string)

格式：CMPS DEST, SRC

　　　CMPSB

　　　CMPSW

功能：(1)DS:[SI]–ES: [DI]

(2) SI ←SI ± 1 或 2，DI ←DI ± 1 或 2

5) 串搜索指令 SCAS (scan string)

格式：SCAS　DEST

SCASB

SCASW

功能：(1)AL−ES:[DI] 或 AX−ES:[DI]

(2) DI←DI ± 1 或 2

2. 重复前缀指令

1) 无条件重复前缀指令格式：REP(repeat)。

格式：REP MOVS / STOS

功能：每执行一次串指令，CX←CX−1，直到 CX=0，重复执行结束。

2) 条件重复前缀指令

(1) REPE/REPZ(repeat while equal/zero)。

格式：REPE/REPZ CMPS / SCAS

功能：每执行一次串指令，CX←CX−1，并判断 ZF 标志位是否为 0；只要 CX=0 或 ZF=0，则重复执行结束。

(2) REPNE/REPNZ(repeat while not equal/not zero)。

格式：REPNE/REPNZ CMPS / SCAS

功能：每执行一次串指令，CX←CX−1，并判断 ZF 标志位是否为 1；只要 CX=0 或 ZF=1，则重复执行结束。

LODS 指令之前不能添加重复前缀。

使用串处理指令之前，应该作好如下工作：

① 将保存在 DS 中的源串首地址(若为反向传送则为末地址)放入 SI 寄存器中。

② 将要存放数据串的ES中的目的串首地址(若为反向传送则为末地址)放入DI寄存器中。

③ 将数据串的长度保存在 CX 寄存器中。

④ 通过 CLD 命令(或 STD 命令)建立方向标志。

CLD (clear direction flag)：使 DF=0，在执行串处理命令时可使地址自动增量。

STD (set direction flag)：使 DF=1，在执行串处理命令时可使地址自动减量。

下面是上述串操作指令应用的一些例子。

例 3-59　将首地址为 SRC 的源字符串传送到 DEST 为首地址的内存区，字符串的长度为 *N* 字节。

```
CLD                         ;DF=0，增量方向
LEA   SI, SRC               ;DS:SI←字符串首地址
LEA   DI, ES:DEST           ;ES:DI←目标地址
MOV   CX, N                 ;字符串长度
REP   MOVSB                 ;重复字符串传送
```

例 3-60　比较两个字符串是否有相同的元素，它们的首地址和目标地址分别为 SRC 和 DEST，字符串的长度为 *N* 字节。

```
CLD                         ;DF=0，增量方向
LEA   SI, SRC               ;DS:SI←字符串首地址
LEA   DI, ES:DEST           ;ES:DI←目标地址
MOV   CX, N                 ;字符串长度
REPNE   CMPSB               ;重复比较字符串
JNZ   NOT_FOUNT             ;无相同的元素，转 NOT_FOUNT，否则继续执行下条指令
```

例 3-61 编程实现两个长度都是 10 个字符的字符串 str1(在数据段中)和 str2(在附加段中)比较。如果两串完全相等，则跳转到 rout1 执行，否则继续执行。

```
        ……
        LEA   SI, STR1
        LEA   DI, STR2
        CLD
        MOV   CX, 10
        REPE   CMPSB
        JE   ROUT1
        ……
ROUT1:
```

例 3-62 在首地址为 ES:DEST 的字符串中检查是否有字符‘M’，字符串的长度为 *N* 字节。

```
CLD                            ;DF=0，增量方向
LEA        DI, ES:DEST         ;ES:DI←目标地址
MOV        CX, N               ;字符串长度
MOV        AL, 'M'             ;AL←搜索字符
REPNE      SCASB               ;重复搜索字符串是否有字符'M'
```

在上面的程序段中，若字符串没有字符‘M’，则串扫描指令一直重复执行，直至 CX=0 为止，并转入下一条指令继续执行。否则，将提前转入下一条继续执行。

例 3-63 将首地址为 DS:SRC 的字节数据串中非 0 元素送到首地址为 ES:DEST 的内存区中。字符串长度为 *N*。

```
      CLD                          ;DF=0，增量方向
      LEA   SI, SRC                ;DS:SI←字符串首地址
      LEA   DI, ES:DEST            ;ES:DI←目标地址
      MOV   CX, N                  ;字符串长度
GOON: LODSB                        ;取字符串的一个元素
      CMP   AL, 0                  ;字符串元素为 0 吗
      JZ    NEXT                   ;是 0，继续下一个元素
      STOSB                        ;非 0，存入首地址为 ES:DEST 的内存区中
NEXT: DEC   CX
      JNE   GOON
```

在上面的程序段中，利用 DEC 和 JNZ 指令控制串操作指令的重复执行次数。当 CX≠0 时，程序重复循环，直至 CX=0 为止。

串处理指令特点：

① 对字节串、字串进行操作；

② SI——源，隐含在 DS，可段跨越前缀；

③ DI——目的，隐含在 ES，不可段跨越前缀；

④ 地址指针修改，STD 使 DF=1，CLD 使 DF=0；

DF=0 时，SI、DI 增量

DF=1 时，SI、DI 减量

⑤ 执行时加重复操作前缀，重复次数放在 CX 中。

3.2.5 控制转移指令

程序既可以按顺序一条一条地执行指令，也可以改变顺序转向所需执行的指令。8086 系统由代码段寄存器 CS 和指令指针 IP 决定执行过程。控制转移指令通过改变 CS 和 IP 的内容，实现程序的转移功能。

控制转移指令根据程序转移地址的不同，分为段内转移和段间转移。段内转移是指程序在同一段范围内的转移，此时只要改变 IP 指针内容即可。段间转移则是指程序要转移到其他段去执行，此时不但要改变 IP 指针的内容，还需要改变 CS 的内容。

1. 无条件转移指令

格式：JMP　DEST

功能：无条件转移到目的操作数指定的内存地址，以执行从该地址开始的程序段。无条件转移指令按对目的操作数不同的寻址方法，可以分为以下 4 种指令形式：

1) 段内直接转移

程序转移有效地址是当前 IP 内容加上指令中给出的 8 位或 16 位偏移量。偏移量为 8 位时，称为短转移，在符号地址前加操作符 SHORT，向前转可缺省 SHORT；偏移量为 16 位时，称为近转移，在符号地址前加操作符 NEAR PTR。

例 3-64　段内直接转移。

```
JMP   1200H              ;IP←1200H，直接转移到 1200H 去执行指令
JMP   SHORT LOOP         ;IP←IP+8 位偏移量，段内短转移，转向符号地址 LOOP 处
JMP   NEAR PTR L2        ;IP←IP+16 位偏移量，段内近转移，转向符号地址 L2 处
```

2) 段内间接转移

程序转移的偏移地址在寄存器或存储器单元之中。对存储器单元寻址，在符号地址前加操作符 WORD PTR，表示所取得的转移地址是一个字有效地址。

例 3-65　段内间接转移。

```
JMP   CX                 ;IP←CX
JMP   [AX+SI]            ;IP←[AX+SI]
JMP   WORD PTR [SI]      ;IP←[SI]所指定的存储器字单元之中的 16 位数据
```

3) 段间直接转移。

指令中直接给出转移地址的段地址和偏移地址。CS 放入新的段基址，IP 放入新的偏移

地址。FAR PTR 是段间转移操作符。

例 3-66　段间直接转移。

```
JMP   FAR PTR NEXT                 ;CS：IP←新的段基址和新的偏移地址
```

4) 段间间接转移

程序转移的段基址和偏移地址在存储单元之中。由存储器指定的双字单元的低位字地址单元存放偏移地址，高位字地址单元存放段基址，分别送入 IP 和 CS 中。DWORD PTR 是双字属性操作符。

例 3-67　若 BX=1256H，SI=528FH，TABLE=20A1H，DS=2000H，(232F7H)=3280H，(264E4H)=2450H，则

```
JMP   BX                           ;IP=1256H
JMP   DWORD PTR [DI]               ;IP ←[DS:DI]，CS ←[DS:DI+2]
JMP   WORD PTR   TABLE[BX]         ;执行该指令后 IP=(20000H+1256H+20A1H)=(232F7H)=3280H
JMP   WORD PTR   [BX][SI]          ;执行该指令后 IP=(20000H+1256H+528FH)=(264E5H)=2450H
```

2. 条件转移指令

格式：JXX　DEST

功能：以标志位的状态或者以标志位的逻辑运算结果作为转移依据，如果满足转移条件，则转到 DEST 所指示的指令处执行，否则顺序执行下一条指令。必须指出，条件转移指令转移地址的偏移量限制在–128～+127 字节。采用相对转移方式。

这类指令的种类繁多，指令的助记符也不唯一，一种指令可以有另一种替换形式。从指令的转移条件及上条指令参加运算的操作数性质，可以将它们分为以下三类。

1) 根据单个标志位的状态判断转移的指令

这类指令如表 3-4 所示。它们一般适用于测试运算结果，并根据不同的状态标志产生程序分支，以便做不同的处理。

表 3-4　单个标志位状态转移指令

指令	转移条件	说明
JC　DEST	CF=1	有进位/借位
JNC　DEST	CF=0	无进位/借位
JE/JZ　DEST	ZF=1	相等/等于零
JNE/JNZ　DEST	ZF=0	不相等/不等于零
JS　DEST	SF=1	是负数
JNS　DEST	SF=0	是正数
JO　DEST	OF=1	有溢出
JNO　DEST	OF=0	无溢出
JP/JPE　DEST	PF=1	有偶数个“1”
JNP/JPO　DEST	PF=0	有奇数个“1”

例 3-68 根据单个标志位的状态判断后转移的指令。

```
ADD   AX，BX
JC    TOO_BIG        ;若加法有进位转至 TOO_BIG 处理
SUB   AL，BL
JZ    ZERO           ;若减法结果为 0，转至 ZERO 处理
```

2) 根据两个无符号数的比较结果判断转移的指令

这类指令如表 3-5 所示。它们根据两个无符号数相比较所产生的状态标志 CF 和 ZF 决定是否转移。

表 3-5 无符号数条件转移指令

指令	转移条件	含义
JA/JNBE DEST	CF=0 AND ZF=0	无符号数 A>B
JAE/JNB DEST	CF=0 OR ZF=1	无符号数 A⩾B
JB/JNAE DEST	CF=1 AND ZF=0	无符号数 A<B
JBE/JNA DEST	CF=1 OR ZF=1	无符号数 A⩽B

例 3-69 比较无符号数 FEH 和 05H 的大小，执行下面的指令后，将转移到 ABC 处继续执行指令。

```
MOV     AL, 0FEH
CMP     AL, 05H
JA      ABC          ;若 AL>05H，则转向 ABC
```

3) 根据两个有符号数的比较结果判断转移的指令

这类指令的如表 3-6 所示。根据两个有符号数相比较所产生的状态标志 SF、OF 和 ZF 决定是否转移。

表 3-6 有符号数条件转移指令

指令	转移条件	含义
JG/JNLE DEST	SF=OF AND ZF=0	有符号数 A>B
JGE/JNL DEST	SF=OF OR ZF=1	有符号数 A⩾B
JL/JNGE DEST	SF≠OF AND ZF=0	有符号数 A<B
JLE/JNG DEST	SF≠OF OR ZF=1	有符号数 A⩽B

例 3-70 设 1000H 开始的单元中存放 1BH 个无符号数，要找出其中最大的一个数，并放到 1000H 单元。

```
GETMAX:MOV   BX, 1000H
       MOV   AL, [BX]
       MOV   CX, 1AH
    M1:INC   BX
```

```
        CMP   AL, [BX]
        JAE   M2              ;比下一个数大或相等
        MOV   AL, [BX]
    M2: DEC   CX
        JNZ   M1
        MOV   BX, 1000H
        MOV   [BX], AL
```

例 3-71 X、Y 均为存放在 X 和 Y 单元的 16 位操作数。若 X>50，转到 TOO_HIGH，后计算 X−Y，溢出转到 OVERFLOW，否则|X−Y|→RESULT。

```
            MOV   AX, X
            CMP   AX, 50
            JG    TOO_HIGH
            SUB   AX, Y
            JO    OVERFLOW
            JNS   NONNEG
            NEG   AX
NONNEG:  MOV   RESULT, AX
TOO_HIGH:  …
           …
OVERFLOW: …
           …
```

例 3-72 α、β 是双精度数，分别存于 DX, AX 及 BX, CX 中，$\alpha>\beta$ 时转 X，否则转 Y。

```
    CMP  DX, BX
    JG   X
    JL   Y
    CMP  AX, CX
    JA   X
Y:  …
    …
X:  …
    …
```

例 3-73 在存储器中有一个首地址为 ARRAY 的 N 字数组，要求测试其中正数、0 及负数的个数，正数的个数放在 DI 中，0 的个数放在 SI 中，并根据 N−DI−SI 求得负数的个数放在 AX 中，如果有负数则转移到 NEG_VAL 中去执行。

```
        MOV   CX, N
        MOV   BX, 0
        MOV   DI, BX
        MOV   SI, BX
```

```
AGAIN: CMP   ARRAY[BX], 0
        JLE    LESS_OR_EQ
        INC   DI
        JMP   SHORT   NEXT
LESS_OR_EQ: JL   NEXT
        INC   SI
NEXT:  ADD   BX, 2
        DEC CX
        JNZ    AGAIN
        MOV   AX, N
        SUB   AX, DI
        SUB   AX, SI
        JZ   SKIP
        JMP   NEAR   PTR NEG_VAL
  SKIP: …
NEG_VAL: …
```

(4) 根据 CX 寄存器的内容判断转移的指令。

格式：JCXZ DEST ;CX=0，则循环

功能：JCXZ 指令不影响 CX 的内容，此指令在 CX=0 时，控制转移到目标地址，否则顺序执行 JCXZ 的下一条指令。

3. 循环控制指令

循环控制指令用于控制程序重复执行。它们以 CX 寄存器为计数器，在其中预置程序的循环次数，并根据对 CX 内容的测试结果来决定程序是循环至目标地址，还是顺序执行循环控制指令的下一条指令。由此看来，循环控制指令类似于条件转移指令，也是按给定的条件是否满足来决定程序的走向，并且循环控制指令的目标地址必须在其下一条指令第一字节地址的−128～+127 字节范围内。因此，这也是一种段内直接短转移指令。

格式：LOOP DEST ;先执行 CX←CX−1，若 CX≠0，则循环

LOOPE/LOOPZ DEST ;先执行 CX←CX−1，若 ZF=1 且 CX≠0，则循环

LOOPNE/LOOPNZ DEST ;先执行 CX←CX−1，若 ZF=0 且 CX≠0，则循环

功能：LOOP 指令实现 CX←CX−1，若 CX≠0，则继续执行循环，否则顺序执行。LOOPE/LOOPZ 指令实现 CX←CX−1，若 CX≠0 且 ZF=1，则继续执行循环，否则顺序执行。LOOPNE/LOOPNZ 指令实现 CX←CX−1，若 CX≠0 且 ZF=0，则继续执行循环，否则顺序执行。

例 3-74 在以 DATA 为首地址的内存数据段中存放有 200 个 16 位有符号数。试找出其中最大和最小的有符号数，并分别放在 MAX 和 MIN 为首的内存单元中。

为寻找最大和最小的数，可先取出数据块中的一个数据作为标准，将其同时暂存于 MAX 和 MIN 中，然后采用循环控制使其他数据分别于 MAX 和 MIN 中的数进行比较，若大于则取代原 MAX 中的数，若小于 MIN 内容，则将新数放于 MIN 中，最后就得出数据

块中最大和最小的有符号数。

比较有符号数的大小，应采用 JG 和 JL 等用于有符号数的条件转移指令。

```
START: LEA    SI, DATA                  ;SI ←数据块首地址
       MOV    CX, 200                   ;CX←数据块长度
       CLD                              ;清方向标志 DF
       LODSW                            ;AX←一个 16 位有符号数
       MOV    MAX, AX                   ;将该数送 MAX
       MOV    MIN, AX                   ;将该数送 MIN
       DEC    CX                        ;CX ←CX−1
NEXT: LODSW                             ;取下一个 16 位有符号数
       CMP    AX, MAX                   ;与 MAX 单元内容进行比较
       JG     LARGER                    ;若大于则转 LARGER
       CMP    AX, MIN                   ;否则再与 MIN 单元内容进行比较
       JL     SMALL                     ;若小于 MIN 的内容则转 SMALL
       JMP    GOON                      ;否则就转至 GOON
LARGER: MOV   MAX, AX                   ;MAX ←AX
        JMP   GOON
SMALL: MOV    MIN, AX                   ;MIN ←AX
GOON: LOOP    NEXT                      ;CX−1，若 CX≠0，则转 NEXT
       HLT
```

例 3-75 设内存缓冲区有一个有符号数数据块，起始地址为 BLOCK，把数据块中的正负数分开，正数放在起始地址为 PLVS_DATA 的数据缓冲区，负数放在起始地址为 MINVS_DATA 的数据缓冲区。

```
       MOV     SI, OFFSET   BLOCK
       MOV     DI, OFFSET   PLVS_DATA
       MOV     BX, OFFSET   MINVS_DATA
       MOV     CX, COUNT               ;循环次数
GOON:LODS      BLOCK
       TEST    AL, 80H           ;检查其符号位，为负，则 MIVS
       JNZ     MIVS
       STOSB
       JMP     AGAIN
MIVS: XCHG     BX, DI
       STOSB
       XCHG    BX, DI
AGAIN:DEC      CX
       JNZ     GOON
```

例 3-76 求首地址为 ARRAY 的 M 个字之和，结果存入 TOTAL, TOTAL+2。

```
       MOV    CX, M
       MOV    AX, 0
```

```
        MOV    BX, 0
        MOV    SI, AX
START_LOOP: ADD   AX, ARRAY[SI]
            ADC   BX, 0
            ADD   SI, 2
            LOOP  START_LOOP
            MOV   TOTAL, AX
            MOV   TOTAL+2, BX
```

4. 过程调用及返回指令

在程序设计中，将具有独立功能的程序模块称为子程序，8086 汇编中称子程序为过程。子程序为模块化程序设计提供条件。在程序执行过程中，由调用程序(主程序)使用调用指令调用这些子程序；子程序执行后，通过返回指令返回主程序继续执行。主程序和子程序在同一代码段内属段内调用，否则属段间调用。段内调用或段间调用都使用直接寻址和间接寻址方式。

1) 调用指令 CALL (call)

格式：CALL 过程名

功能：调用已定义的过程，并将断点地址压入堆栈保存。该指令对状态标志位无影响。这实际上也是一条无条件转移指令，转向目的地址所指示的过程或子程序。

(1) 段内直接调用。

CALL; SP←SP−2, SS: [SP] ← IP　　;IP←IP+16 位偏移量

(2) 段内间接调用。

CALL　BX　　; SP←SP−2, SS: [SP] ←IP; IP←BX 偏移量

(3) 段间直接调用。

CALL　FAR PTR SUB2　　;SP←SP−2, SS: [SP]←CS; SP←SP−2, SS: [SP] ←IP, IP←SUB2 偏移地址，CS←SUB2 段地址

(4) 段间间接调用。

CALL　DWORD PTR [SI]　　;SP←SP−2, SS: [SP]←CS; SP←SP−2, SS: [SP]←IP, IP←[SI, CS←[SI+2]

2) 返回指令 RET(return)

格式：RET [n]

功能：将断点地址从堆栈中弹出，然后按返回地址继续执行。该指令对状态标志位无影响。该指令通常放在子程序末尾，使子程序执行完毕后能够返回主程序继续执行。

(1) 无参数段内返回。

RET　　;IP←SS: [SP], SP←SP+2

(2) 有参数段内返回。

RET n　　;IP←SS: [SP], SP←SP+2, SP←SP+n

(3) 无参数段间返回。

RET　　;IP←SS: [SP], SP←SP+2, CS←SS: [SP], SP←SP+2

(4) 有参数段间返回。

RET n ;IP←SS: [SP], SP←SP+2, CS←SS: [SP], SP←SP+2, SP←SP+n

5. 中断指令

中断是输入输出程序设计中常用的控制方式。当程序正在运行突然遇到意外情况时，处理器立即终止当前程序的运行，转去执行中断处理程序。中断处理程序执行结束后，返回原程序继续执行。

中断和过程调用有些类似，两者都是将返回地址先压栈，然后转到某个程序去执行。它们的区别是：①过程调用转向称为过程的子程序，中断指令是使控制转向中断服务子程序；②过程调用可以是NEAR或FAR类型，能直接调用或间接调用，中断调用通常是段间间接转移到服务程序；③过程调用只保护返回地址，中断指令还要保护状态标志进栈。

1) 中断指令

格式：INT n

功能：用于产生软件中断，以调用中断类型号为 n 的中断服务程序。n 为一个 8 位立即数，取值范围为 0～255。其执行过程为：①把标志寄存器、INT 指令的下一条指令地址的CS值和IP偏移量依次压入堆栈，以保护断点，②由 n×4 计算出中断向量，该中断向量中的内容即为中断服务程序的入口地址，将它赋给 CS:IP。CPU 就转去执行该中断服务程序。

2) 溢出中断指令

格式：INTO

功能：用来判断有符号数加减运算是否溢出。一般把 INTO 指令安排在有符号数加减运算指令的后面，一旦查出 OF=1。则转到溢出中断处理程序。INTO 指令是 n=4 的 INT 指令。其中断向量为 0010H。

3) 中断返回指令

格式：IRET

功能：将堆栈中的断点地址弹出赋给 IP 和 CS，以实现中断返回；将标志寄存器的值弹出，恢复中断前的状态。

3.2.6 处理器控制指令

这类指令用来对 CPU 进行控制，如修改标志寄存器，使 CPU 通过暂停、等待与外部设备同步、使 CPU 空操作等。

1. 标志操作指令

格式：CLC ;CF←0，进位标志位置 0(clear carry)

STC ;CF←1，进位标志位置 1(set carry)

CMC ;CF=$\overline{CF}$ 进位标志取反(complement carry)

CLD ;DF←0 方向标志位置 0(clear direction)

STD ;DF←1 方向标志位置 1(set direction)

CLI ;IF←0 中断允许标志位置 0(clear interrupt)

STI ;IF←1 中断允许标志位置 1(set interrupt)

功能：CLC、CLD、CLI 指令分别用于对 CF、DF、IF 置 0；STC、STD、STI 指令分

别用于对 CF、DF、IF 置 1；CMC 用于对 CF 位取反。

2. 外部同步指令

8086 用于 CPU 最大方式时，需要处理主机和协处理器及多处理器之间的同步关系。

1) 暂停指令

格式：HLT

功能：使 CPU 处于停机状态，用于等待一次外部中断的产生，中断结束后，继续执行下面的指令。

2) 等待指令

格式：WAIT

功能：该指令在 CPU 的 $\overline{\text{TEST}}$ 引脚为高电平时，使 CPU 处于空转状态，不做任何操作。直到 $\overline{\text{TEST}}$ 引脚为低电平时，CPU 才脱离空转状态，恢复执行 WAIT 后面的指令。

3) 交权指令

格式：ESC

功能；该指令将 CPU 的控制权交给协处理器。当执行 ESC 指令时，8086 指令系统可完成协处理器的浮点运算。

4) 封锁指令

格式：LOCK

功能：可以作为其他指令的前缀联合使用，当将 LOCK 加在任一指令之前，CPU 执行到该指令时可使总线封锁，自己独占总线，直到该指令执行完毕，才解除对总线的封锁。

5) 空操作指令

格式：NOP

功能：除了使指令指针加 1 以外，不执行任何操作。可与循环控制指令配合，实现软件延时。

3.3　80x86 与 Pentium 扩充和增加的指令

80286、80386、80486 和 Pentium 的指令系统是逐级向上兼容的。它们分别保留低一级指令系统的所有指令。

3.3.1　80286 扩充和增加的指令

80286 的指令系统不但把 8086 有些指令的功能扩充了，而且又增加一些新的指令。

1. 80286 扩充功能的指令

1) 堆栈操作指令

格式：PUSH　SRC　　　　;SRC 可以是一个 16 位立即数

2) 有符号数乘法指令

格式：IMUL　DEST, SRC　　　　;其中 DEST 是 16 位通用寄存器，SRC 为 16 位立即数

IMUL　DEST, SRC1, SRC2　　;其中 DEST 是 16 位通用寄存器，SRC1 是 16 位

存储器，SRC2 是 16 位有符号立即数(–32768～32767)

例 3-77 有符号数乘法。

```
IMUL   CX, 205          ;CX ←CX×205
IMUL   DX, [BP], 68H    ;DX←[BP]×68H
```

3) 移位指令

对 8086 的 8 种移位指令的功能增强，移位次数为 1～31 的都可直接写在源操作数处。

例 3-78 下列指令都是正确的。

```
SAL   AX, 9
ROL   [BP], 29
RCR   [BX][SI], 31
SAR   DX, 6             ;算术右移 6 次
```

2. 80286 增加的指令

1) 栈操作指令

格式：PUSHA　　;将 AX、CX、BX、SP、BP、SI、DI 顺序压入堆栈

POPA　　;将堆栈中的内容逆序弹入上述寄存器

2) 字符串输入指令

格式：INS　ES: DI, DX　　;DX 中存放端口地址，ES: DI 指定目标地址

INSB　　;从 DX 指定的端口输入一字节到 ES: DI 指定的目标地址中

INSW　　;从 DX 指定的端口输入一个字到 ES: DI 指定的目标地址中

功能：用来从指令的端口输入字符串到指定的目标地址中去。若 DF=0，则 DI 中的地址自动加 1(输入字节)或加 2(输入字)；若 DF=1，则 DI 中的地址自动减 1 或减 2。

3) 字符串输出指令

格式：OUTS　DX, DS: SI　;DX 中存放端口地址，DS: DI 指定字符串地址

OUTB　　;从 DS:SI 指定的内存地址输出一字节到 DX 指定的端口中

OUTW　　;从 DS:SI 指定的内存地址输出一个字到 DX 指定的端口中

功能：用来从指定的内存地址输出字符串到指定的端口中去。若 DF=0，则 SI 中的地址自动加 1(输出字节)或加 2(输出字)；若 DF=1，则 SI 中的地址自动减 1 或减 2。

4) 数组界限检查指令

格式：BOUND　DEST, SRC; DEST 为一个 16 位的寄存器，SRC 为一个字存储单元

功能：检查是否满足 SRC ⩽ DEST ⩽ SRC + 2，满足条件时认为检查结果合法，否则视为越界，将自动引起中断类型号为 5 的异常状态。

5) 建立堆栈空间指令

格式：ENTER　DEST, SRC　　;DEST 为一个 16 位立即数，SRC 为 8 位立即数

功能：为过程建立一个堆栈空间，DEST 指出过程堆栈空间所需要的字节数，STC 指出该过程在源程序中的嵌套层数(0～31)。

6) 取消建立的栈空间指令

格式：LEAVE　　;该指令无操作数

功能：用于取消前面 ENTER 指令建立的堆栈空间，使 SP 恢复到建立对堆栈空间前的值。

7) 控制保护指令

控制保护指令是 80286 在保护模式下增加的指令，用来将处理器保护控制寄存器的值装入内存，或将数值装入保护控制寄存器，以便支持保护虚存管理程序。这类指令共 16 条，它们是：

```
LAR        ;装入访问权限
LSL        ;装入段界限
LGDT       ;装入全局描述符表
SGDT       ;存储全局描述符表
LIDT       ;装入 8 字节中断描述符表
SIDT       ;存储 8 字节中断描述符表
LIDT       ;装入局部描述符表
SLDT       ;存储局部描述符表
LTR        ;装入任务寄存器
STR        ;存储任务寄存器
LMSW       ;装入机器状态字
SMSW       ;存储机器状态字
ARPL       ;调整已请求特权级别
CLTS       ;清除任务转移状态
VERR       ;对存储器或寄存器读校验
VERW       ;对存储器或寄存器写校验
```

3.3.2 80386 扩充和增加的指令

8086、80286 的指令操作是基于 8 位或 16 位的，而 80386 的指令扩展到 32 位，它提供 32 位寻址方式和对 32 位数据的直接操作，即所有 16 位指令都可以扩展为 32 位的指令。此外，80386 还增加一些新指令。

1. 80386 扩充功能的指令

1) 栈操作指令

PUSHA、POPA、PUSHF、POPF 栈操作指令均在后面加 D，变成对双字的操作。

格式：
```
PUSHAD   ;将 EAX、ECX、EDX、EBX、ESP、EBP、ESI、EDI 顺序压入堆栈
POPAD    ;从堆栈中的内容逆序弹入到上述相应的寄存器中
PUSHFD   ;将双字状态标志寄存器的内容入栈保存
POPFD    ;将当前栈顶的双字内容弹出送入到双字状态标志寄存器中
```

2) 有符号数乘法指令

格式：
```
IMUL   DEST, SRC          ;其中 DEST 是 32 位的通用寄存器；SRC 可以是
                           16 位或 32 位的通用寄存器、存储器或立即数
IMUL   DEST, SRC1, SRC2   ;其中 DEST 是 32 位的通用寄存器；SRC1 可以是
                           32 位的通用寄存器或存储器，但不能是立即数；
                           SRC2 只能是立即数
```

3) 串操作指令

MOVS、LODS、STOS、CMPS、SCAS 、INS、OUTS 串操作指令均可在后面加 D，变成对双字的操作，如同加 B(字节)和加 W(字)一样。

格式：MOVSD ;将 DS:SI(ESI)指定的源串双字传送到 ES:DI(EDI)指定的目标地址中

LODSD ;将 DS:SI(BSI)指定的源串双字取到 EAX 中

STOSD ;将 EAX 中的双字内容存入到 ES: DI(EDI)指定的目的操作数中

CMPSD ;将 DS:SI(ESI)指定的源串双字内容与 ES:DI(EDI)指定的目的串中的双字内容相比较，若相同，则 ZF=1，否则 ZF=0

SCASD ;将 EAX 寄存器中的双字内容与 ES:DI(EDI)指定的目的串中的双字内容相比较，若找到，则 ZF=1，否则 ZF=0

INSD ;从 DX 端口地址中读入双字数据送入到 ES:DI(EDI)指定的目的操作数中

OUTSD ;将 ES:DI(EDI)所指定的双字数据送入到 DX 端口地址中

4) 符号扩展指令

格式：CWDE ;将 AX 寄存器中的符号位扩展到 EAX 寄存器的高 16 位，从而形成 32 位的有符号位数

CDQ ;将 EAX 寄存器中的符号位扩展到 EDX，从而形成 EDX:EAX64 位的有符号数

5) 地址指针传送指令

格式：LFS DEST, SRC ;将 SRC 所指定存储单元中存放的偏移地址送入 DEST 指定的通用寄存器，段基址送入 FS 段寄存器

LGS DEST, SRC ;将 SRC 所指定存储单元中存放的偏移地址送入 DEST 指定的通用寄存器，段基址送入 GS 段寄存器

6) 中断返回指令

格式：IRETD ;将堆栈中的一个双字指令指针弹出

2. 80386 新增加的指令

1) 数据传送与扩展指令

格式：MOVSX DEST, SRC ;将源操作数 SRC 中的有符号数送入到目的操作数 DEST 中，并将 SRC 中的符号位扩展到 DEST 中的空位处。DEST 应为寄存器，SRC 可以是寄存器或存储器，但二者的位数应一致

MOVZX DEST, SRC ;将源操作数 SRC 中的无符号数送入到目的操作数 DEST 中，并用 0 填充到 DEST 中的空位处，其他与 MOVSX 指令相同

2) 位测试指令

格式：BT　DEST, SRC　　;检查 DEST 中由 SRC 的值指定的位，并将该位复制到进位标志位中。DEST 可以是寄存器或存储器，SRC 可以是寄存器或立即数

BTC　DEST, SRC　　;检查 DEST 中由 SRC 中的值指定的位，将该位求反并复制到进位标志位中

3) 位设置指令

格式：BTR　DEST, SRC　　;检查 DEST 中由 SRC 的值指定的位，将该位清 0 并复制到进位标志位中

BTS　DEST, SRC　　;检查 DEST 中由 SRC 的值指定的位，将该位置 1 并复制到进位标志位中

4) 位扫描指令

格式：BSF　DEST, SRC　　;对源操作数 SRC 中的低位向高位扫描，将第一个扫描到的"1"信号送到目的操作数 DEST 中

BSR　DEST, SRC　　;对源操作数 SRC 中的高位向低位扫描，将第一个扫描到的"1"信号送入到目的操作数 DEST 中

5) 双精度数移位指令

格式：SHLD　DEST, SRC1, SRC2　　;双精度数左移

SHRD　DEST, SRC1, SRC2　　;双精度数右移

功能：按 SRC2 给出的值对目的操作数中的内容进行左(右)移，移出的位送入 CF。另一端空出的位由 SRC1 的高(低)位补充，而 SRC1 的内容不变。DEST 可以是寄存器或存储器，SRC1 为寄存器，SRC2 为立即数或 CL 寄存器。

6) 条件设置指令

格式：SET　条件　DEST

功能：这组指令用来按照给出的条件(与转移指令中所给出的条件相同)将 DEST 置 1 或置 0，DEST 只能是一个 8 位寄存器或存储单元。

例 3-79

```
SETS   AL        ;若 SF=1，则将 AL←1
SETNS  BL        ;若 SF=0，则将 BL←0
```

3.3.3　80486 新增加的指令

80486 在运行速度和虚存空间上较 80386 大幅度提高，但它的指令系统只是比 80386 多了 6 种指令，可分为通用指令和 Cache 操作指令。

1. 通用指令

1) 交换加指令

格式：XADD　DEST, SRC

功能：该指令是加法指令和交换指令的结合。用 DEST 和 SRC 相加，把相加的结果存入 DEST 中，并把 DEST 的原值放入 SRC 中。DEST 可以是 8 位、16 位或 32 位的寄存器

或存储器，SRC 可以是 8 位、16 位或 32 位的寄存器。

例 3-80

```
XADD   EAX, EBX              ;EAX←EAX+EBX，EBX←EAX
```

2) 比较传送指令

格式：CMPXCHG　DEST, SRC

功能：该指令是比较指令和传送指令的结合。DEST 可以是 8 位、16 位或 32 位寄存器或存储器。SRC 可以是 8 位、16 位或 32 位的寄存器。该指令将 DEST 与累加器 AL、AX 或 EAX 的内容进行比较。如果相等，将 ZF 置 1，并将 SRC 的内容送到 DEST，否则 ZF 清 0，并将 DEST 的内容送相应的累加器。

例 3-81

```
CMPXCHG   EDX, EBX   ;若 EDX=EAX, 则 EDX←EBX，并将 ZF 置 1，否则 EAX←EDX，并
                      将 ZF 置 0
```

3) 字节顺序交换指令

格式：BSWAP　DEST

功能：DEST 为 32 位通用寄存器。将 DEST 中的双字以字节为单位进行高低字节交换，即对指定寄存器的 32 位操作数的 31～24 位与 7～0 位、23～16 位与 15～8 位进行交换。

2. Cache 操作指令

由于 80486 有片内 Cache，所以新增 Cache 操作的专用指令。

格式：INVD

WBINVD

INVLPG

功能：INVD 指令用于将 Cache 的内容作废。具体操作是，刷新内部 Cache，并分配一个专用总线周期刷新外部 Cache。执行该指令不会将外部 Cache 中的数据写回主存。

WBINVD 指令的功能与 INVD 指令相似，先刷新内部 Cache，并分配一个专用总线周期将外部 Cache 的数据写回主存，并在此后的一个专用总线周期将外部 Cache 刷新。

INVLPG 指令用于将页式管理机构内的高速缓冲器 TLB 中的某一项作废。如果 TBL 中含有一个存储器操作数映像的有效项，则该 TLB 项被标记为无效。

3.3.4　Pentium 新增加的指令

Pentium 新增加的指令可分为专用指令和控制指令。

1. Pentium 专用指令

1) 字节比较交换指令

格式：CMPXCHG8B　DEST, SRC

功能：与 CMPXCHG 类似，不同之处只是该指令为 64 位比较交换指令，并且规定目的操作数必须为内存变量，源操作数和累加器分别为 ECX:EBX 和 EDX:EAX。

例 3-82

```
CMPXCHG8B   QMEM, ECX:EBX       ;若 EDX:EAX=[QMEM], 则[QMEM]←ECX:EBX, ZF=1,
                                 否则 EDX:EAX←[QMEM], ZF=0
```

2) 处理器特征识别指令

格式：CPUID

功能：该指令可识别微型机中 Pentium 处理器的型号。执行 CPUID 指令前，必须给 EAX 寄存器赋值，通过执行 CPUID 指令返回 CPU 的特征信息。

3) 读时间标记计数器指令

格式：RDTSC

功能：将时间标记计数器每个时钟周期递增，在上电和复位后，将该计数器清零。时间标记计数器用于检测程序运行的速度。

2. Pentium 控制指令

1) 读实模式描述寄存器指令

格式：RDMSR

功能：将由 ECX 寄存器指定的实模式描述寄存器的内容送入 EDX:EAX 中。

2) 写实模式描述寄存器指令

格式：WRMSR

功能：将 EDX:EAX 中的内容送入由 ECX 寄存器指定的实模式描述寄存器中。

3) 恢复系统管理模式指令

格式：RSM

功能：当处理器接受系统管理方式 SMM 中断后，便进入系统管理方式。执行 RSM 指令后，可返回到被中断前的实模式或保护模式下。

习　题　3

1. 什么是寻址方式？8086 CPU 有哪几种寻址方式？

2. 指出下列指令中源操作数和目的操作数的寻址方式：

(1) MOV　AX, 0AH　　　(2) ADD　[BX], DX

(3) PUSH　CS　　　(4) POP　DS

(5) MUL　BL　　　(6) MOV　DX, [1200H]

(7) MOVSB　　　(8) SUB　AX, 5[BP+DI]

3. 在直接寻址方式中，一般只指出操作数的偏移地址。试问：段地址如何确定？如果要用某个段寄存器指出段地址，指令应如何表示？

4. 当用寄存器间接寻址方式时，试问：BX、BP、SI、DI 分别在什么情况下使用？它们的物理地址如何计算？

5. 分别指出下列指令中源操作数和目的操作数的寻址方式。若是存储器寻址，试写出其有效地址和物理地址。设 DS=6000H，ES=2000H，SS=1500H，SI=00A0H，DI=6010H，BX=0800H，BP=1200H，数据变量 VAR 的内容为 1800H，其有效地址为 0500H。

(1) MOV　AX, 3050H　　　(2) MOV　DL, 80H

(3) MOV　AX, VAR　　　(4) MOV　AX, VAR[BX][SI]

(5) MOV　AX, [BX+25H]　　　(6) MOV　DI, ES:[BX]

(7) MOV　DX, [BP]　　(8) MOV　BX, 20H[BX]

(9) AND　AX, BX　　(10) MOV　BX, ES:[SI]

(11) ADC　AX, [BX+DI]　　(12) PUSH　DS

6. 设堆栈指针 SP 的初值为 2300H，AX=5000H，BX=4200H。执行指令 PUSH　AX 后，SP 的值为多少？，再执行指令 PUSH BX 及 POP AX 之后，SP 的值为多少？AX 的值为多少？BX 的值为多少？

7. 试说明指令 MOV　BX，15[BX]与指令 LEA　BX，15[BX]的区别。

8. 已知 DS=2000H，有关的内存单元值为(21000H)=00H，(21001H)=12H，(21200H)=00H，(21201H)=10H，(23200H)=20H，(23201H)=30H，(23400H)=40H，(23401H)=30H，(23600H)=60H，(23601H)=30H，数据变量 COUNT 的内容为 1400H，其有效地址为 1200H。执行下列指令后，寄存器 AX、BX、SI 的值分别是多少？

```
MOV     BX, OFFSET COUNT
MOV     SI, [BX]
MOV     AX, COUNT[SI][BX]
```

9. 设标志寄存器值原为 0401H，AX=3272H，BX=42A2H。执行指令 SBB AL，BH 之后，AX 和标志寄存器的值分别是多少？

10. 设若标志寄存器原值为 0A11H，SP=0060H，AL=4。下列几条指令执行后，标志寄存器、AX、SP 的值分别是多少？

```
PUSHF
LAHF
XCHG   AH, AL
PUSH   AX
SAHF
POPF
```

11. 指出下列指令的错误。

(1) ADD　SI, CL　　(2) MOV　50, AL

(3) MOV　CS, AX　　(4) MOV　DS, 1234H

(5) SHL　AX, 05H　　(6) XCHG　200, AL

(7) IN　AX, 378H　　(8) JNZ　BX

(9) MOV　AH, CX　　(10) MOV　33H, AL

(11) MOV　AX, [SI][DI]　　(12) MOV　[BX]，[SI]

(13) ADD　BYTE PTR [BP], 256　　(14) MOV　DATA[SI], ES:AX

(15) JMP　BYTE PTR [BX]　　(16) OUT　230H, AX

(17) MOV　DS, BP　　(18) MUL　39H

12. 设内存单元 DATA 在数据段中偏移量为 24C0H 处，24C0～24C3H 单元中依次存放 55H、66H、77H、88H。下列几条指令执行后，寄存器 AX、BX、CL、SI、DS 的值分别是多少？

```
MOV   AX, DATA
LEA   SI, DATA
MOV   CL, [SI]
LDS   BX, DATA
```

13. 条件转移指令均为相对转移指令，请解释“相对转移”含义，试问须往较远的地方进行条件转移，该怎么办?

14. 假设 DS=212AH，CS=0200H，IP=1200H，BX=0500H，DI=2600H，位移量 DATA=40H，(217A0H)=2300H，(217E0H)=0400H，(217E2H)=9000H。试确定下列转移指令的转移地址。

(1) JMP 2300H

(2) JMP WORD PTR[BX]

(3) JMP DWORD PTR [BX+DATA]

(4) JMP BX

(5) JMP DWORD PTR [BX][DI]

15. 若 32 位二进制数存放于 DX 和 AX 中，试利用移位与循环指令实现以下操作：

(1) 若 DX 和 AX 中存放无符号数，将其分别乘 2 除 2。

(2) 若 DX 和 AX 中存放有符号数，将其分别乘 2 和除 2。

16. 下段程序完成什么工作?

```
DATX1   DB   300DUP(?)
DATX2   DB   100DUP(?)
        MOV  CX, 100
        MOV  BX, 200
        MOV  SI, 0
        MOV  DI, 0
NEST:   MOV  AL, DATX1 [BX] [SI]
        MOV  DATX2 [DI], AL
        INC  SI
        INC  DI
        LOOP NEXT
```

17. 执行下列指令后，AX 寄存器的内容是什么?

```
TABLE   DW   10, 20, 30, 40, 50
ENTRY   DW   3
          ⋮
        MOV  BX, OFFSET TABLE
        ADD  BX, ENTRY
        MOV  AX, [BX]
```

18. 指出下列程序段的功能。

```
MOV     CX, 10
CLD
LEA     SI, FIRST
LEA     DI, DECOND
REP     MOVSB
```

19. 试写出程序段把 DX、AX 中的双字右移四位。

20. 当执行中断指令时，堆栈的内容有什么变化？如何求得子程序的入口地址?

21. 试述中断指令 IRET 与 RET 指令的区别。

22. 根据给定的条件写出指令或指令序列：

(1) 将一字节的立即数送到地址为 NUM 的存储单元中。

(2) 将一个 8 位立即数与地址为 BUF 的存储单元内容相加。

(3) 将地址为 ARRAY 的存储单元中的字数据循环右移一位。

(4) 将 16 位立即数与地址为 MEM 的存储单元中的数比较。

(5) 测试地址为 BUFFER 的字数据的符号位。

(6) 将 AX 寄存器及 CF 标志位同时清零。

(7) 用直接寻址方式将首地址为 ARRAY 的字数组中第 5 个数送往寄存器 BX 中。

(8) 用寄存器寻址方式将首地址为 ARRAY 的字数组中第 5 个数送往寄存器 BX 中。

(9) 用相对寻址方式将首地址为 ARRAY 的字数组中第 8 个数送往寄存器 BX 中。

(10) 用基址变址寻址方式将首地址为 ARRAY 的字数组中第 N 个数送往寄存器 BX 中。

(11) 将首地址为 BCD_BUF 存储单元中的两个压缩 BCD 码相加，并送到第 3 个存储单元中。

23. 用指令或指令队列实现下述要求的功能。

(1) AH 的高 4 位清 0。

(2) AL 的高 4 位取反。

(3) AH 的低 4 位移到高 4 位，低 4 位清 0。

(4) 低 L 的高 4 位移到第 4 位，高 4 位清 0。

(5) 将 BX 的低 2 位全变为 1。

24. 写出可使 AX 清零的几条指令。

25. 若 AL=0FFH，BL=13H，指出下列指令执行后标志 AF、OF、ZF、SF、PF、CF 的状态。

(1) ADD BL, AL　　(2) SUB BL, AL。

(3) INC BL　　(4) NEG BL。

(5) AND AL, BL　　(6) MUL BL。

(7) CMP BL, AL　　(8) IMUL BL。

(9) OR BL, AL　　(10) XOR BL, BL

26. 已知 BUF 单元有一个单字节无符号数 X，按要求编写一程序段计算 Y(仍为单字节数)，并将其存于累加器。

$$Y=X-20+3X$$

第 4 章　汇编语言程序设计

汇编语言是介于机器语言和高级语言之间的计算机语言，是一种用符号表示的面向机器的程序设计语言。它既有与机器语言指令代码一一对应的符号指令，还有专用于定义数据、定义和构造程序逻辑段等一系列的伪指令。它比机器语言易于阅读、编写和修改，又比高级语言运行速度快，能充分运用硬件资源，占用内存空间少，能充分发挥计算机效能和进行精确控制等。因此，计算机控制系统的开发，高级语言编译程序的编制、软件开发等应用中常采用汇编语言。

用汇编语言编写的程序称为汇编语言程序或源程序。对应于此源程序的机器语言程序称为目标程序，将一个汇编语言源程序转换成相应目标程序的翻译过程称为汇编，而具有汇编功能的应用程序就称为汇编程序。

本章围绕汇编语言程序的结构展开，介绍汇编语言的语句格式、汇编语言的数据和表达式、汇编语言的伪指令与宏指令，在此基础上具体讨论顺序结构、分支结构、循环结构及子程序的汇编语言程序设计方法，并对各种结构的综合应用进行举例。为了充分发挥各种编程工具的优势，本章最后介绍汇编语言和高级语言混合编程。

4.1　汇编语言程序格式

4.1.1　汇编语言程序结构

1. 源程序的一般格式

汇编语言程序由若干个段构成。按各段功能的不同，分别称为堆栈段(保存数据、断点等信息)、代码段(存放指令)、数据段和附加段(定义数据、分配存储单元)。每段必须有且仅有一个名字，以 SEGMENT 定义段的起始，以 ENDS 定义段的结束，整个程序结束后需以 END 收尾。

源程序一般格式：

```
STACK1      SEGMENT
               ⋮
STACK1      ENDS
DATA        SEGMENT
               ⋮
DATA        ENDS
CODE        SEGMENT
            ASSUME   CS:CODE,DS: DATA, SS:STACKS
START:      …
              ⋮
```

```
CODE        ENDS
            END   START
```

下面以一个具体的例子来说明一个完整汇编语言程序的结构。

例 4-1 编写一个两字相加的程序。

```
DSEG   SEGMENT                                   ;定义数据段
DATA1   DW   1234H                               ;定义被加数
DATA2   DW   5678H                               ;定义加数
DSEG    ENDS                                     ;数据段结束
ESEG    SEGMENT                                  ;定义附加段
SUM     DW   2 DUP(?)                            ;定义存放结果区，“？”代表预存的数据为随机数
ESEG     ENDS                                    ;附加段结束
CSEG     SEGMENT                                 ;定义代码段
ASSUME   CS:CSEG, DS:DSEG, ES ESEG               ;定义的各段分别用哪个寄存器寻址
START:   MOV   AX, DSEG                          ;START 为程序开始执行的启动标号
         MOV   DS, AX                            ;初始化 DS
         MOV   AX, ESEG
         MOV   ES, AX                            ;初始化 ES
         LEA   SI, SUM                           ;存放结果的偏移地址送 SI
         MOV   AX, DATA1                         ;取被加数
         ADD   AX, DATA2                         ;两数相加
         MOV   ES:[SI], AX                       ;和送附加段的 SUM 单元中
         HLT                                     ;CPU 停止运行
CSEG     ENDS                                    ;代码段结束
         END   START                             ;源程序结束
```

值得注意的是，一个实际可运行的用户程序在执行完后，应该返回到 DOS 提示符状态(简称为返回 DOS)，简单地用 HLT 指令使 CPU 停止运行将无法把控制权交还给 DOS 操作系统。为了能使程序正常退出并返回 DOS，可使用 DOS 系统功能调用的 4CH 号功能。用 4CH 号功能返回 DOS 程序段如下：

```
MOV   AH, 4CH                                    ;功能号送 AH
INT    21H                                       ;返回 DOS
```

关于 DOS 系统功能调用详见 7.4 节。

2. 源程序的结构特点

(1) 汇编语言程序通常由若干段组成，段由伪指令 SEGMENT 与 ENDS 定义，各段顺序任意，段的数目依需要确定，原则上不受限制。数据段通常在代码段前面定义。程序代码段部分开始要设置段寄存器，要初始化 DS 内容。

(2) 段由若干语句组成，语句以指令为主体而构成。一条语句写在一行上，书写时语句的各部分应尽量对齐。

(3) 汇编语言程序中至少要有一个启动标号，作为程序开始执行时目标代码的入口地

址。启动标号常用 START、BEGIN、MAIN 等命名。

(4) 为增加程序的可读性，可在汇编语言语句“；”后加上注释。

4.1.2 汇编语言语句类型和结构

1. 语句类型

汇编语言语句有三种基本类型：指令语句、伪指令语句和宏指令语句。

(1) 指令语句是可执行语句，在汇编中要产生对应的目标代码，CPU 根据这些代码才能执行相应的操作。每一条指令语句表示计算机具有的一个基本能力，而这种能力是在目标程序运行时完成的。

(2) 伪指令语句是不可执行语句，在汇编中不产生目标代码，用于指示汇编程序如何汇编源程序，利用它定义和说明常量和变量的属性及存储器单元的分配等。伪指令的功能是由汇编程序在汇编源程序时，通过执行一段程序来完成的，而不是在运行目标程序时实现的。

(3) 宏指令语句是以一个宏名定义的一段指令序列，在汇编中凡是出现宏指令语句的地方，都会有相应的指令语句序列的目标代码插入。宏指令语句可以看作是指令语句的扩展。相当于多条指令语句的集合，它包括宏定义、宏调用和宏扩展三部分。

2. 语句格式

语句的格式有两种，它们都是由 4 部分组成。

指令语句格式：[标号：] <指令助记符> [操作数] [；注释]

伪指令语句格式和宏指令语句格式：[符号名] <伪指令助记符> [操作数] [；注释]

其中，[ ]表示可选项；< >表示必选项。

3.1 节已对指令格式中的标号、助记符、操作数和注释进行了详细介绍，伪指令和宏指令语句格式中的各项与指令语句类似，不同之处在于：

(1) 指令的标号表示一条指令的符号地址，后面必须带有一个冒号，它是一个可选项，一般在程序的入口处设置一个标号。伪指令的符号名可以是常量名、变量名、段名、过程名、宏名等，后面不能带有冒号，它也是一个可选项。

(2) 操作数表示助记符字段所要操作的数据。操作数可以是寄存器、常量、变量或表达式，它是一个可选项。在指令语句中，可以有两个操作数、一个操作数或没有操作数。在伪指令语句中，可给出一系列的参数。各操作数之间用逗号或空格间隔。

4.2 汇编语言的数据与表达式

操作数是汇编语言语句中的一个重要组成部分，它可以是寄存器、存储器单元，也可以是数据表达式。汇编语言能识别的数据有：常量、变量和标号，而表达式是由常量、变量和标号通过某些运算符连接而成的。

4.2.1 常量、变量与标号

1. 常量

常量指程序运行过程中不变的量，没有任何属性，分为数值常量、字符串常量和符号常量。

1) 数值常量

在程序中，可以用不同进制数的形式表示数值常量，书写时用加后缀的方式注明即可，如 11011001B、479Q、86D、0AB36H 等。

2) 字符串常量

用单引号括起的一个或多个字符，这些字符是用它的 ASCII 码形式存储在内存中。如字符“AB”在存储单元中存储的是 41H 和 42H。

3) 符号常量

常量用符号名来代替就是符号常量。例如，用 COUNT EQU 8 或 COUNT=8 定义后，COUNT 就是一个符号常量，与数值常量 8 等价。

常量在程序中主要应用于：

(1) 在指令语句的源操作数中作立即数；

(2) 在指令语句中，为寻找存储器操作数的各种寻址方式中作偏移量；

(3) 在数据定义语句中，对分配的存储单元预置初值。

2. 变量

变量是代表存放在某些存储单元在程序运行期间随时可以修改的数据。它常常以变量名的形式出现在程序中，可以认为是存放数据存储单元的符号地址。变量可以用数据定义伪指令 DB、DW、DD 等进行定义，程序中只出现变量名。

例 4-2 用数据定义伪指令 DB、DW、DD 定义变量。

```
DATA    SEGMENT
DA1     DB      12H             ;定义一字节变量
DA2     DD      0FEDCBA90H      ;定义一个双字变量
DA3     DW      5678H           ;定义一个字变量
DATA    ENDS
```

经过定义的变量，每个变量均有三个属性。

(1) 段属性(SEG)：表示变量存放在哪一个逻辑段中(即变量所在段的段基址)。例如，变量名为 DA1、DA2、DA3 的三个变量都存放在 DATA 逻辑段中(用 SEGMENT/ENDS 伪指令定义一个逻辑段)，在指令中要对这些变量进行存取操作时，事先要把它们所在段的段基址存放在一个段寄存器(如 DS)中。

(2) 偏移量属性(OFFSET)：表示变量在逻辑段中离起始点的字节数。例如，变量 DA1 的偏移量为 0，而变量 DA2 的偏移量为 1，变量 DA3 的偏移量为 5。

上述段和偏移量两个属性就构成了变量的逻辑地址。

(3) 类型属性(TYPE)：表示变量占用存储单元的字节数。这一属性是由数据定义伪指令 DB、DW、DD 等来规定的。变量 DA1 是用 DB 定义的，类型为字节；变量 DA2 用 DD 定义，类型属性为双字；而变量 DA3 是用 DW 定义的，类型属性为字。

3. 标号

标号是一条指令的符号地址。在无条件转移指令、条件转移指令、循环指令和子程序调用指令的操作数位置上，通常用标号作为程序转移指令的目标地址。在程序中引入标号后，可以使编写程序更加方便，程序的阅读和修改也更加容易。与变量类似，每个标号也具有三个属性。

(1) 段属性(SEG)：表示这条指令目标代码在哪个逻辑段中。

(2) 偏移量属性(OFFSET)：表示这条指令目标代码的首字节在段内离段起始点的字节数。同样，上述两个属性构成了这条指令目标代码首字节的逻辑地址。

(3) 距离属性：表示本标号可作为段内或段间的转移特性。

距离属性分为两种：

(1) 近(NEAR)：本标号只能被标号所在段的转移和调用指令所访问(即段内转移)。

(2) 远(FAR)：本标号可被其他段(不是标号所在段)的转移和调用指令访问(即段间转移)。

4.2.2 表达式与运算符

表达式由常量、变量和标号通过某些运算符连接而成。表达式有数值表达式和地址表达式两种。数值表达式只产生一个数值结果，地址表达式的结果是一个存储器地址，如果这个地址存放的是数值，则称它为变量。如果这个地址中存放的是指令，就称它为标号。任一表达式的数值计算或数据大小、转移特性的确定都是在源程序汇编过程中进行，而不是在程序运行时获得。表达式中的运算符为在程序中构造某些数据和地址带来了灵活、方便的表达方式。运算符主要包括以下几种类型。

1. 算术运算符

算术运算符包括加(+)、减(–)、乘(*)、除(/)、求余(MOD)、左移(SHL)和右移(SHR)共七种。+、–、*、/是常用的运算符，参加运算的数和运算结果均为整数。除法运算的结果只取商的整数部分，求余的运算结果只取它的余数，如 23/5 是 4，23MOD5 是 3。左移或右移运算符可使二进制数左移或右移若干位，相当于二进制数进行乘法或除法运算，因此也把它作为算术运算符。

2. 逻辑运算符

逻辑运算符包括 AND(与)、OR(或)、XOR(异或)、NOT(非)共四种，它们只适用于对常量进行逻辑运算。注意，这四种运算符与逻辑运算指令中的助记符有完全相同的符号，但它们在语句中的位置是不一样的。表达式中的逻辑运算符只能出现在语句的操作数部分，并且是在汇编时完成运算的；而逻辑运算指令中的助记符出现在指令的操作码部分，其运算在执行指令时进行。

例 4-3 逻辑运算符的应用。

```
MOV     AL,NOT 10101010B                    ;AL←01010101B
MOV     AL,11110000B AND 10111101B          ;AL←10110000B
MOV     AL,10100000B OR 00000101B           ;AL←10100101B
```

3. 关系运算符

关系运算符包括 EQ(相等)、NE(不等)、LT(小于)、GT(大于)、LE(小于等于)、 GE(大于等于)共六种。它们可对常量或同一段内的存储器地址进行比较运算。若条件满足，表示运算结果为真(TRUE)，输出结果为全“1”；若比较后不满足条件，表示运算结果为假(FALSE)，输出结果为全“0”。

例 4-4 关系运算符的应用。

```
MOV   AX,5  EQ   101B        ;AX←0FFFFH
MOV   BH,10H  GT  16         ;BH←0
```

4. 数值返回运算符

这种运算符的运算对象必须是存储器操作数，即变量或标号。运算符总是加在运算对象之前，返回的结果是一个数值。数值返回运算符包括 SEG(段基址)、OFFSET(偏移量)、TYPE(类型)，LENGTH、SIZE，运算的对象是存储器操作数，返回变量或标号的属性值，如表 4-1 所示。

表 4-1 数值返回运算符的功能

运算符	功 能
SEG	返回变量或标号的段基址
OFFSET	返回变量或标号的偏移地址
TYPE	返回变量的字节数或标号的距离属性(NEAR 为−1，FAR 为−2)
LENGTH	返回变量中所定义的元素个数
SIZE	返回变量所占的总字节数

例 4-5 数值返回运算符的应用。

```
K1     DB     30H, 31H, 32H
K2     DW     4041H, 4043H
K3     DW     20H DUP(0)          ;开辟 20 个字的存储空间，初值为 0
K4     DD     50515253H
MOV   AL, TYPE   K1               ;等效于 MOV   AL，1
MOV   AH, TYPE   K2               ;等效于 MOV   AH，2
MOV   AL, LENGTH   K3             ;AL←20H，返回 DUP 前面的数值
MOV   CL, LENGTH   K4             L←01H
MOV   BL, SIZE       K3           L←40H
MOV   DL, SIZE      K4            L←04H
```

5. 修改属性运算符

下述运算符可用来修改变量标号或地址表达式的属性。

1) 修改段属性运算符"："

"："运算符用来临时给变量、标号或地址表达式指定一个段属性，自动生成段跨越前缀字节。

例 4-6 段属性运算符的应用。

```
MOV   AX, ES:[BX]          ;用附加段 ES 取代默认的数据段 DS
MOV   BL, DS:[BP]          ;用数据段 DS 取代默认的堆栈段 SS
```

但要注意，CS 和 ES 不能被跨越，堆栈操作时 SS 也不能被跨越。

2) 定义符号名为新类型运算符 PTR。

格式：类型　PTR　　地址表达式

PTR 运算符是为同一个存储单元赋予不同的类型属性。根据地址表达式的不同，所赋予的新类型可以是 BYTE、WORD、DWORD、NEAR、FAR，它们只在所在的指令内有效。

例 4-7　PTR 运算符的应用。

```
N1   DB   3, 6, 9
MOV   AX, WORD PTR   N1               ;临时指定 N1 为字类型，AX←0603H
```

3) 指定新类型运算符 THIS

格式：THIS　类型或属性

THIS 运算符用来把它后面指定的类型或距离属性赋给当前的变量、标号或地址表达式。

例 4-8　THIS 运算符的应用。

```
ABC   EQU   THIS   BYTE               ;从本语句开始变量 ABC 的类型属性指定为字节，
                                        不管它原来的类型是什么
```

4) 取高位字节/低位字节运算符 HIGH/LOW

HIGH 和 LOW 运算符分别用来从运算对象中分离出高字节和低字节。

例 4-9　HIGH 和 LOW 运算符的应用。

```
NUM   EQU   3456H
MOV   AL, HIGH   NUM          ;等效于 MOV   AL, 34H
MOV   BL, LOW    NUM          ;等效于 MOV   BL, 56H
```

5) 短转移运算符 SHORT

SHORT 运算符决定 JMP 指令中转移地址的属性，指定转移地址是下一条指令地址的−128～+127 字节。

上述运算符具有不同的优先级别，如表 4-2 所示。

表 4-2　运算符的优先级别

优先级别		运算符
高级	1	括号( )，[ ]，{ }
↑	2	LENGTH，WIDTH，SIZE，MASK
	3	PTR，OFFSET，SEG，TYPE，THIS，CS:，DS:，SS:，ES:
	4	HIGH，LOW
	5	*，/，MOD，SHL，SHR
	6	+，−
	7	EQ，NE，LT，LE，GT，GE
↓	8	NOT
低级	9	AND
	10	OR，XOR
	11	SHORT

4.3 伪 指 令

伪指令用来指示汇编程序应该如何去处理汇编语言的源程序。它们在汇编时被解释执行，除了部分语句可以申请存储空间以外，不产生任何目标代码。80x86 汇编语言规定了几十种伪指令。本书只介绍重要的伪指令。

4.3.1 符号定义伪指令

符号定义的伪指令用于给程序中多次出现的同一个常量或表达式赋予一个符号名，也可以为其他符号名取一个新名字，并赋给它新的类型属性。它为程序的编写和使用带来了许多方便。

1. 等值语句

格式：符号名 EQU 表达式

功能：用一个符号名来代替表达式，使该符号名与表达式同义。在同一源程序中，一个符号名只能被定义一次。

格式中的表达式可以是一个常量、符号、数值表达式、地址表达式，甚至可以是指令助记符。

例 4-10 等值语句。

```
CR      EQU   0DH                ;常量
TEN     EQU   0AH                ;常量
AA      EQU   ASCII_TABLE        ;变量
VAR     EQU   TEN*2+1024         ;数值表达式
ADR     EQU   ES:[BP+DI+5]       ;地址表达式
GOTO    EQU   JMP                ;指令助记符
```

2. 等号语句

格式：符号名=表达式

功能：把表达式的值赋值给符号名，等号语句与等值语句具有相同的功能。它们的区别在于等号语句可以重复定义。

例 4-11 等号语句。

```
NUM=488                          ;定义 NUM 等于 488
NUM=NUM+1                        ;定义 NUM 等于 489
```

4.3.2 数据定义伪指令

数据定义伪指令用来定义变量的类型，给存储器赋初值，或给变量分配存储空间。此类伪指令并不占用内存，无目标代码。源程序经汇编后，各个变量的数据就被存储在对应的内存单元中。

格式：[变量名]数据定义符操作数[，操作数，…]

方括号中的变量名为可选项。操作数可以不止一个，多个操作数时用逗号分开。数据定义符号是 DB、DW、DD、DQ、DT。

功能：DB 定义字节类型变量，DW 定义字类型变量，DD 定义双字类型变量，DQ 定义 4 个字类型变量，DT 定义 10 字节类型变量。

说明：

(1) 操作数从变量名地址开始按字节连续存放，直到操作数结束(地址递增方向)。

例 4-12 数据定义伪指令。

```
DATA   DB   11H, 33H              ;定义包含两个元素的字节变量 DATA
NUM    DW   50*3+2, 01FAH         ;定义字类型变量 NUM，其初值为表达式的值 152D，即 98H
SUM    DD   0FA01H                ;将 0FA01H 存入变量 SUM
```

经汇编后的存储情况如图 4-1 所示。

(2) 字符串必须放在引号中，两个以上字符的字符串只能用 DB 伪指令。数据项中可以用“？”预留若干存储单元，即原来存储空间的内容不变。

例 4-13 数据定义伪指令。

```
STR1   DB   'LOVE'          ;定义一个字符串，字符串的首地址为 STR1
STR2   DW   ?               ;用? 预留一个字的存储单元，初值为原存储空间的值
STR3   DW   'BC'            ;给两个字符组成的字符串分配一个字的存储单元
```

经汇编后的存储情况如图 4-2 所示。

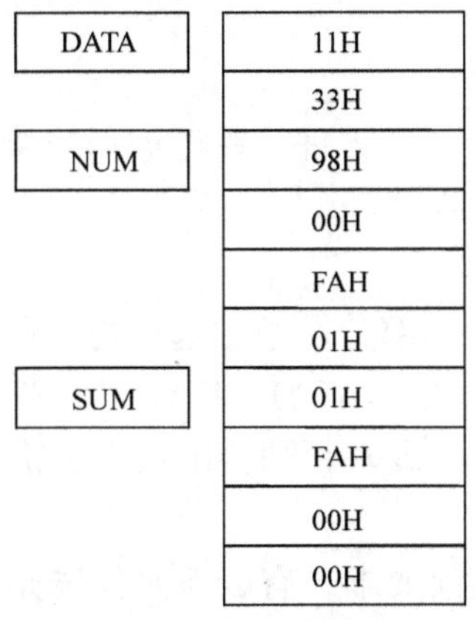

图 4-1 例 4-12 的汇编结果

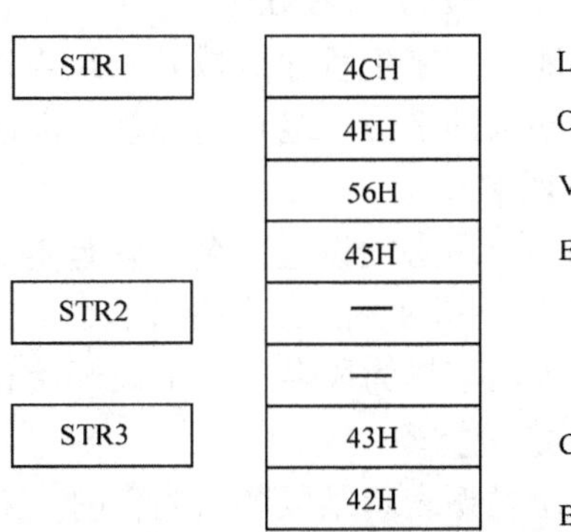

图 4-2 例 4-13 的汇编结果

用 DW 或 DD 伪操作把变量或标号的偏移地址(DW)或整个地址(DD)存入存储器。用 DD 伪操作存入地址时，第一个字为偏移地址，第二个字为段地址。

例 4-14 将变量或标号的地址存入存储器中的伪指令定义。

```
PARAMETER_TABLE     DW  PAR1
                    DW  PAR2
                    DW  PAR3
INTERSEG_DATA       DD  DATA1
                    DD  DATA2
```

(3) 当同样的操作数重复多次时，可用重复操作符“DUP”表示。DUP 的一般格式为：

[变量名] 数据定义符 n DUP(初值 [，初值…])

圆括号中为重复的内容，n 为重复次数。如果用“n　DUP(？)”作为数据定义伪操作的唯一操作数，则汇编程序仅是保留 n 个元素大小的数据区。

例 4-15 数据定义伪指令。

```
DATA1   DB 20 DUP(?)                      ;为变量 DATA1 分配 20 字节的空间，初值为原存
                                           储空间的值
DATA2   DW ?                              ;为变量 DATA2 分配 2 字节的空间，初值为原存
                                           储空间的值
DATA3   DB 20 DUP(30H)                    ;为变量 DATA3 分配 20 字节的空间，初值均为
                                           30H
DATA4   DB 3 DUP(26), 2 DUP(2 DUP(0), 3)  ;变量 DATA4 初值表示为
                                           1AH, 1AH, 1AH, 0, 0, 03H, 0, 0, 03H
DATA5   DB 0, 0, 0, 0, 0 ,0               ;与 DATA5   DB 6 DUP(0)等效
```

4.3.3 段定义伪指令

一个汇编语言按规定的功能可划分成几个段，如堆栈段、数据段、代码段等，有时还要定义附加段，每个段的空间不超过 64KB，根据不同的功能存放不同的内容。

格式：段名　SEGMENT　定位类型　组合类型　类别名
　　　　⋮
　　　段名　ENDS

功能：用来把程序分成若干逻辑段，实现存储器的分段管理。在汇编和连接程序时，控制不同段的定位、组合和连接，以便形成一个可执行程序。

1. 段名

每一个段必须设置段名，它是定义一个段不可缺少的部分。通常选用与本段用途相关的名字(但不得使用系统保留字(表 4-1)中的名字)，如选用 DATA1、DATA2、STACKS1、CODE 等名字作为段名。一个段开始和结尾的段名必须一致，否则会出现语法错误。

2. 定位类型

定位类型表示某段装入内存时，对段的起始边界有何要求，有以下四种选择。

(1) BYTE：表示本段起始单元可以从任一地址开始，段间不留空隙，存储器利用率最高。

(2) WORD：表示本段起始单元从一个偶字节地址开始，即段起始地址的最后一位二进制数一定是 0，如 03864H、02B38H 等。这种定位方式适合于数据项的类型为字的数据段。

(3) PARA：这是隐含选择，表示本段起始地址从一个节的边界开始。一个节为 16 字节，所以段的起始地址一定能被 16 整除，亦即是以 0H 结尾的地址，如 04360H、08B30H 等。这种定位方式最简单，但段间往往有空隙(最多为 15 字节)。

(4) PAGE：表示本段起始地址从一个页的边界开始。一页为 256 字节，所以段的起始地址一定能被 256 整除，即是以 00H 结尾的地址，如 06500H、08B00H 等。

3. 组合类型

组合类型表示多个程序模块连接时，本模块与其他模块的同名段如何组合，有以下六种选择。

(1) NONE：隐含选择，表示本段与其他段无组合关系，每段都有自己的段基址。

(2) PUBLIC：在满足定位类型的前提下与其他模块的同名段邻接在一起，形成一个新的逻辑段，公用一个段基址，所有偏移量调整为相对于新逻辑段的起始地址。

(3) COMMON：当两个段连接时，把本段与其他也用 COMMON 说明的同名段置成相同的起始地址，共享相同的存储区。共享存储区的长度由其中最大的段确定。

(4) STACK：把所有同名段连接成一个连续段，自动初始化 SS 和 SP，使 SS 的内容为该连续段的首地址，SP 指向堆栈底部+1 的存储单元。

(5) MEMORY：本段在存储器中应定位在所有其他段的最高地址。若有多个 MEMORY，则只要把第一个遇到的段当作 MEMORY 处理，其余的同名段均按 COMMON 说明处理。

(6) AT 表达式：本段的起始地址是表达式所计算出来的 16 位段地址。例如，AT 0530H，表示本段从物理地址 05300H 开始装入。

4. 类别名

类别名可以是任何合法的名字，必须用单引号括起来。在连接处理时，LINK 程序把类别名相同的所有段存放在连续的存储区内。典型的类别名如'DATA'、'STACKS'、'CODE'。

定位类型、组合类型和类别名三个参数之间用空格分隔。在选用时，可以只选其中一个或两个参数项，但不能交换它们之间的顺序。

4.3.4 段寻址伪指令

在汇编源程序时，汇编程序必须知道存储器每个逻辑段分别由哪个段寄存器指向。段寻址伪指令用来告诉汇编程序当前使用的各个段的段地址将要存放在哪个段寄存器中。

格式：ASSUME 段寄存器名：段名，段寄存器名：段名，……

功能：设置或撤销在 SEGMENT…ENDS 伪指令中定义过的段名所使用的段寄存器。

格式中的段寄存器名是指 CS、DS、ES 或 SS 中的一个，段寄存器名与段名之间用冒号"："相连。ASSUME 伪指令一般作为代码段起始语句之后的第一条出现。

例 4-16 求从 NUM 开始的 12 个有符号数的相反数的和，结果放在 SUM 开始的两个字单元中。

```
DATA    SEGMENT                                 ;定义数据段
NUM     DW  9528H, 8312H, 0B645H, 2DAEH         ;12 个有符号数
        DW  3355H, 0A2ABH, 1A0CH, 34CDH
        DW  62AFH, 0F2BCH, 75DAH, 49AFH
SUM     DW ?
DATA    ENDS
STACKS  SEGMENT   STACK                         ;定义 100 字节的堆栈段,自动初始化 SS 和 SP
        DB    100 DUP(?)
STACKS  ENDS
CODE    SEGMENT                                 ;定义代码段
        ASSUME CS:CODE, DS:DATA, ES:DATA, SS:STACKS
                                                ;设置段名所使用的段寄存器
```

```
BEGIN:  MOV    AX, DATA
        MOV    DS, AX              ;初始化 DS
        MOV    ES, AX              ;初始化 ES
        LEA    SI, NUM             ;SI 指向 NUM
        MOV    CX, 12              ;循环计数器
        XOR    AX, AX              ;AX 清 0
        MOV    DX, 0               ;DX 清 0
NEXT:   MOV    BX, [SI]
        NEG    BX
        ADD    AX, BX              ;把一个数加到 AX 中
        ADC    DX, 0               ;若有进位，则加到 DX 中
        INC    SI
        INC    SI                  ;指向下一个数
        LOOP   NEXT                ;若未加完，继续循环
        MOV    SUM, AX             ;低位字存结果于 SUM
        MOV    SUM+2, DX           ;高位字存结果于 SUM+2
        MOV    AH, 4CH             ;返回 DOS
        INT    21H
CODE    ENDS                       ;代码段结束
        END    BEGIN               ;汇编结束，起始运行地址为 BEGIN
```

ASSUME 伪指令语句只是建立当前定义的段名与段寄存器之间的联系，不能把各个段的段基址装入相应的段寄存器中。

DS、ES 和 SS 的装入可以通过给寄存器赋初值的指令来完成。由于段寄存器不能用立即数寻址方式直接传送，装入段基址必须借助通用寄存器进行间接传送，如上例中初始化 DS、ES、SS。

CS 和 IP 的装入通常是按照结束伪指令指定的地址来完成的，如上例中的 END BEGIN。

该语句中起始地址 BEGIN 是一个标号或地址表达式。这个地址是程序装入内存后的起始点，它的段基址和偏移量就是 CS 和 IP 的内容。

如果要取消已指定的段寄存器，可用保留字 NOTHING 作为段名参数，如

```
ASSUME  DS:NOTHING          ;取消 DS 对段名的指向
```

若需取消所有段寄存器对段名的指向，则用如下形式：

```
ASSUME  NOTHING
```

4.3.5 过程定义伪指令

在汇编语言程序设计中，通常将具有某种功能的程序块看作一个过程(子程序)，它可以被别的程序调用，通过 CALL 指令执行。在子程序中通过 RET 指令返回主程序。

格式：过程名 PROC [NEAR/FAR]

⋮

```
        [RET]
          ⋮
        RET
过程名  ENDP
```

功能：定义一个过程，并指明过程名和过程的属性。

过程名实际上是过程入口的符号地址，PROC 和 ENDP 前的过程名必须相同，它们之间的部分是过程体。过程被定义后，可以多次对其调用。"调用"是 CPU 脱离主程序转到过程上去执行，而当过程执行完后通过 RET 指令又返回到主程序继续执行。可见过程只形成一组目标代码，什么时候调用则什么时候转到此目标代码上执行，不管调用多少次都执行这一组目标代码。

过程的类型可以是 NEAR，表示所定义的过程是一个近过程。近过程必须与调用它的主程序在同一个内存代码段中。过程类型为 FAR 表示是一个远过程，远过程与调用它的主程序不在同一个内存代码段中。缺省时类型为 NEAR。过程可以嵌套，即一个过程可以调用另一个过程。过程也可以递归，即过程可以调用过程本身。

例 4-17 编写一个延时 50ms 的子程序。

```
DELAY   PROC                ;定义一个近过程
        PUSH  BX            ;保护 BX 原来的内容
        PUSH  CX            ;保护 CX 原来的内容
        MOV   BL,5          ;外循环次数
NEXT:   MOV   CX,2801       ;内循环次数(实现延时 10ms)
W10MS:  LOOP  W10MS         ;CX≠0, 则循环
        DEC   BL            ;修改外循环计数值
        JNZ   NEXT          ;BX≠0, 则进行外循环
        POP   CX            ;恢复 CX 原来的内容
        POP   BX            ;恢复 BX 原来的内容
        RET                 ;过程返回
DELAY   ENDP                ;过程结束
```

4.3.6 模块定义与连接伪指令

模块是一个独立的汇编单位，实际上也就是单一的、独立的源程序，前面我们所说的"源程序"其实都是模块。编写规模稍大的程序通常需要多个人来完成，每人完成其中一部分，即使一个人编程也会分成若干模块来逐块编写。模块连接伪指令主要解决多模块的连接问题。

1. 模块定义伪指令

```
格式：NAME  标识符
          ⋮
      END   启动标号
```

功能：定义所给模块名的源程序模块，表示以标识符为名的模块由 NAME 开始，到 END 结束，并指出该模块的启动地址，即标号代表的第一条可执行指令所对应的目标码地

址，系统由此可为 CS:IP 赋起始值。

NAME 与 END 可以不必像 SEGMENT 与 ENDS、PROC 与 ENDP 那样首尾对应。NAME 语句可省略；NAME 后面的模块名(标识符)也无需与 END 后的启动标号一致。END 用来告诉汇编程序汇编语言源程序到此为止，汇编语言源程序的最后一条语句应当是 END。

2. 模块连接伪指令

1) 全局符号伪指令

格式：PUBLIC 符号名 1，符号名 2，…

功能：定义符号名为全局符号名，允许程序中其他模块直接引用。

PUBLIC 伪指令中定义的符号名可以是变量名、标号及过程名等。在同一模块中一个符号只能被定义一次。PUBLIC 伪指令可以出现在模块中的任何位置，一般放在模块的开头。

2) 引用伪指令

格式：EXTRN 符号名 1：类型，符号名 2：类型，…

功能：指明本模块中所使用的符号名在程序的其他模块中已经定义，且出现在其他模块的 PUBLIC 伪指令中。

EXTRN 伪指令中定义的符号名若为变量，则类型应是 BYTE、WORD、DWORD；符号名若为常量，则类型应是 ABS；符号名若为标号，则类型应是距离属性 NEAR 或 FAR。PUBLIC 伪指令与 EXTRN 伪指令相互关联，在程序中二者必须呼应。

例 4-18 编程利用乘法模块计算 X*Y。

```
NAME      MAINCALL                          ;主模块
          EXTRN   WMUL:FAR                  ;将 WMUL 定义为外部过程名
STACKS    SEGMENT   PARA STACK 'STACK'
          DB    100 DUP(?)
STACKS    ENDS
DATA      SEGMENT   PARA 'DATA'
  X       DW    3355H
  Y       DW    8866H
DATA      ENDS
CODE      SEGMENT   PARA 'CODE'
MAIN      PROC    FAR
          ASSUME  CS: CODE, DS: DATA, SS: STACKS
          PUSH    DS
          MOV     AX, 0
          PUSH    AX
          MOV     AX, DATA
          MOV     DS, AX
          MOV     AX, X
          MOV     BX, Y
          CALL    WMUL                      ;调用外部过程 WMUL
```

```
         RET
MAIN     ENDP
CODE     ENDS
         END   MAIN                      ;主模块结束
NAME     SUBMUL                          ;子模块
CDESG    SEGMENT   PARA 'CODE'
WMUL     PROC   FAR                      ;定义远过程 WMUL
         ASSUME   CS:CDESG
         PUBLIC   WMUL                   ;定义 WMUL 为全局过程名
         CALL   MULAB                    ;嵌套调用
         RET                             ;过程返回
WMUL     ENDP                            ;过程结束
MULAB    PROC                            ;定义一个近过程 MULAB
         MUL   BX
         RET
MULAB    ENDP                            ;过程结束
CDESG    ENDS                            ;代码段结束
         END                             ;子模块结束
```

这个程序由两个模块连接而成。子模块中只定义了一个代码段，子程序使用主程序定义堆栈。在模块化程序设计中，整个程序最少必须定义一个堆栈。主模块的 END 语句必须有入口地址，而子模块的 END 语句不能有。

4.3.7 其他伪指令

1. 定位伪指令

汇编程序有一个当前位置计数器，用来记载正在汇编的数据或指令目标代码存放在当前段内的偏移量，符号$表示位置计数器的现行值。定位伪指令 ORG 是对位置计数器控制的命令。

格式：ORG 表达式

功能：将表达式的值赋给当前位置计数器。

例 4-19 伪指令 ORG 和当前位置计数器值符号$的应用。

```
DATA     SEGMENT
         ORG 30H
DB1      DB   12H, 34H
         ORG $ +20H
STRING   DB   'STRING'
           ⋮
DATA     ENDS
```

在上述数据段内，第 1 个 ORG 语句使变量 DB1 在 DATA 段内的偏移量为 30H，第 2

个 ORG 语句表示存放下面数据的偏移量是当前位置计数器现行值 32H 加上 20H。也就是说，在变量 STRING 前面留有 20H 字节单元。

在汇编指令语句时，每汇编完一条指令后，就按照该指令目标代码的长度修改当前位置计数器。位置计数器的现行值$表示本条指令目标代码的首字节偏移量。

2. 方式选择伪指令

方式选择伪指令用于确定 CPU 的工作方式和选用指令集，它可告诉汇编程序当前源程序是由哪一种处理器执行的，其表示形式如下。

格式：• 8086　　;汇编程序只接受 8086/8088 的指令，这是默认方式

• 286　　;汇编程序接受 8086/8088 及 286 的指令

• 286P　　;除与 • 286 功能相同之外，汇编程序还接受 286 保护方式下的指令

• 386，• 386P，• 486，• 486P 含义类推

• 586　　;汇编程序接受 8086/8088、286、386、486 及 586 的指令

• 586P　　;除与 • 586 功能相同之外，汇编程序还接受 586 保护方式下的指令

方式选择伪指令一般放置在源程序的开始处，用于定义所使用的指令系统。如果缺省，系统默认 8086/8088 指令集。

3. 简化的段定义伪指令

在 MASM 5.0 版本以上的宏汇编语言中，开始提供简化段定义伪指令。简化段的使用有利于实现汇编模块与高级语言模块的连接。这些伪指令的使用格式如下：

• DOSSEG　　;标记简化段，各段顺序由系统安排，用于主模块前面

• MODEL SMALL　　;指明内存使用模式，指示数据与代码允许使用的长度

• DATA　　;定义数据段，隐含段名为@DATA

• STACKS[长度]　　;定义堆栈段，隐含段名为@STACKS，并形成 SS 及 SP 初值，缺省长度时堆栈长度为 1024

• CODE[名字]　　;定义代码段，隐含段名为@CODE

• END　　;汇编结束

简化段中定义当前段的伪指令可作为前一个段定义的结束，并隐含使用 ASSUME 伪指令。

4.4 宏命令伪指令

在汇编语言中，如果需要多次使用同一个程序段，可以将这个程序段定义为一个宏，然后每次需要时，即可简单地用宏名来代替，以避免重复书写，使源程序更加简洁、易读。宏相当于多条指令语句的集合，宏命令伪指令包括宏定义、宏调用、宏展开和宏取消四部分。

4.4.1 宏定义

```
格式：宏名  MACRO [形式参数，…]
            ⋮(宏体)
         ENDM
```

功能：将一段程序定义为一个宏名表示的宏指令。宏名与过程名类似，是宏定义的标

志。它位于宏指令标识符 MACRO 之前，但宏定义结束符前不加宏名。对宏名的规定与对标号的规定一样。

宏定义中的形式参数是任选的，可以只有一个，可以有多个，也可以没有。有多个参数时，各参数间要用逗号隔开。中间省略部分是实现某些操作的宏定义体(宏体)。

例 4-20 用宏指令定义两个字节数相加，结果存入 RESULT 单元的操作。

宏定义：

```
ADDM    MACRO   OPR1, OPR2, RESULT          ;形参是 OPR1, OPR2, RESULT
        MOV   AL, OPR1
        ADD   AL, OPR2
        MOV   RESULT, AL
        ENDM
```

4.4.2 宏调用

格式：宏名 [实际参数,……]

功能：宏调用是宏定义的应用。汇编时，用宏调用的实际参数(实参)取代宏定义中的形式参数(形参)。若实际参数比形式参数多，则多出的实际参数被忽略。

例 4-21 将例 4-20 中的宏定义进行宏调用，操作如下：

宏调用：

```
          ⋮
ADDM   88, 36, SUM              ;实参是 88，36，SUM
          ⋮
ADDM   BR, TAB, SUM             ;实参是 BR，TAB，SUM
          ⋮
```

4.4.3 宏展开

宏汇编程序遇到宏指令定义时并不对它进行汇编，只有在程序中进行宏调用时，汇编程序才把对应的宏体调出进行汇编处理，这个过程称为宏展开(或宏扩展)。

例 4-22 上述例 4-21 宏调用后，宏展开的语句如下：

宏展开：

```
          ⋮
+       MOV   AL, 88
+       ADD   AL, 36
+       MOV   SUM, AL
          ⋮
+       MOV   AL, BR
+       ADD   AL, TAB
+       MOV   SUM, AL
          ⋮
```

此例中，进行了两次宏调用，获得两组宏展开，以“+”号为标志。

例 4-23 用宏实现指令的传递。

```
FOO MACRO P1, P2, P3
    MOV   AX, P1
    P2      P3
    ENDM
```

宏调用：

```
    FOO WORD_VAR, INC, AX
```

宏展开：

```
 +  MOV AX, WORD_VAR
 +  INC   AX
```

4.4.4 宏取消

格式：PURGE　宏名表

功能：用于取消宏名表所给出的宏。

4.4.5 宏指令与过程的区别

从某种意义上说，宏指令与过程有相似之处。但是应注意到它们之间存在明显的区别，主要表现在以下几个方面：

(1) 宏调用语句由宏汇编程序识别，并完成相应的处理；调用过程的 CALL 语句是在执行程序时完成的。

(2) 汇编语言源程序在汇编过程中，要将宏指令所代替的程序段汇编成相应的机器代码，并插入到源程序的目标代码中。由于每调用一次宏指令，就要插入一次，因此宏调用不能缩短目标代码的长度。但是，被调用的过程经汇编后的机器代码是与主程序分开并独立存在的，其目标代码在存储器中只需保留一份。因此，采用过程调用能有效地缩短目标代码长度，即节省内存空间，而宏调用却不具有这一优点。

(3) 过程调用时需要保护程序的断点和现场，待过程执行完毕后还要恢复现场和断点，这些操作需要耗费 CPU 的时间，而宏调用不需要进行这些操作。因此，过程调用节省存储空间，但降低程序的执行速度；而宏调用不能节省存储空间，但能有较快的执行速度。

(4) 每次宏调用允许修改有关参数，使得同一条宏指令在每次调用时能完成不同的操作；而过程一旦被定义，一般不便于修改参数，除非在过程调用前通过参数传递方法引入不同的参数。

由此可见，根据计算机资源和不同软件的要求，当需要多次执行的程序段比较长，对速度要求不很高，并且不要求修改参数的情况下，可以采用过程调用方式，否则宜采用宏调用方式。

4.5 程序设计

把预定的任务用程序表达出来的全过程称为程序设计。相同的任务不同的人设计出来的程序质量是不一样的。为了保证程序的有效性和正确性，必须依据一定标准，按照规定的步骤来进行程序设计。因此，它是对指令系统，程序格式，伪指令等知识的综合运用。

4.5.1 程序设计步骤

1. 分析问题

把要解决的问题所需的条件、原始数据、输入和输出信息、运行速度要求、运算精度要求和结果形式等搞清楚。对较大问题的程序设计，一般还要用某种形式描绘一个“工艺”流程，以便于对整个问题的讨论和进行程序设计。“工艺”流程是指用表格、线条图、形象图或框图等去描述问题或问题的物理过程。

2. 建立数学模型

这是指把问题向计算机处理方式转化的第一步骤。建立数学模型是把问题数学化、公式化，有些问题比较直观，可不去讨论数学模型问题；有些问题符合某些公式或某些数学模型，可以直接利用；但有些问题没有对应的数学模型可以利用，需要建立一些近似数学模型模拟问题。由于计算机的运算速度很快，所以运算精度可以很高，近似运算往往可以达到理想的精度。对初学者来说，主要是学习程序设计方法，复杂的数学模型可暂不去考虑。

3. 确定算法

建立数学模型后，许多情况下还不能直接进行程序设计，需要确定符合计算运算的算法。计算机的算法比较灵活，一般要优选逻辑简单、运算速度快、精度高的算法用于程序设计。此外，还要考虑占用内存空间小、编程容易等特点。

算法可由计算机语言、日常生活语言、表格、自定义关系图或流程图等按计算机能够接受的方法进行描述，读者采用哪一种方式描述算法，有时还取决于习惯。

4. 绘制流程图

程序流程图是用箭头线段、框图及菱形图等绘制的一种图。用它能够把程序内容直接描述出来。因此，它在程序设计中应用很普遍。

5. 分配内存空间

汇编语言的重要特点之一是能够直接用机器指令或伪指令为数据或代码程序分配内存空间，当然，在程序中没有指定分配存储空间时，系统会按约定方式分配存储空间。

6. 编制程序与静态检查

编制程序就是按计算机语法规定书写计算机解决问题的过程。编制程序首先关心的还是程序结构，它应是模块化、通用子程序结构，程序的结构要层次简单、清楚、易读、易维护为好。若程序运行时还要伴随人机对话过程，则还应考虑用户在应用时操作简便，并有相应的提示信息，给用户一些指导。

静态检查是上机调试前的最后一步，只要细心，一般可以查出许多错误，这也就减少了程序调试时的许多麻烦。

7. 上机调试

程序编好后，必须上机调试，特别是对于复杂的问题，往往要分解成若干个子问题，分别有几个人编写，而形成若干个程序模块，把它们组装在一起，才能形成总体程序。上机调试是为了纠正错误。纠正错误的方法很多，例如在编辑、汇编、连接或用 DEBUG 调试时都可以发现错误并设法改正。

8. 试运行和分析结果

试运行和分析结果是为了检测程序是否达到了设计要求，是否满足用户提出的需求，所确定的设计方案是否可行。若没有达到设计要求，不满足用户的需求，就必须从分析问题开始检查修正原有的设计方案，直到符合设计要求和满足用户需求为止。

9. 整理资料投入运行

系统地整理资料，建立完整的程序、设计文档，并编写程序使用和维护说明书，及时提交用户，以及正常投入运行。

4.5.2 基本结构程序设计

任何一个复杂的程序都是由简单的基本程序构成的。同高级语言类似，汇编语言程序的基本结构也有三种：顺序结构、分支结构、循环结构。

顺序结构是最简单的一种程序结构。在流程图中，一个接着一个的处理框就是顺序结构的形式。在高级语言的程序中，这种结构主要用赋值语句和过程语句实现；而在汇编语言的程序中，顺序结构主要用数据传送及算术运算或逻辑运算指令组合而成。

分支结构程序是利用条件转移指令或跳转表，使程序执行到某一指令后，根据运行结果是否满足一定条件来改变程序执行的顺序，选择某个程序段去执行。在分支结构的程序中，指令的执行顺序与指令的存储顺序不一致。

当程序处理的问题需要包含多次重复执行某些相同的操作时，在程序中可使用循环结构程序，即使同一组相同的指令，每次替换不同的数据，反复执行。使用循环，可以缩短程序代码，提高编程效率。

例 4-24 假设某企业有 10 类人员，对每类人员的工资各有不同的处理方法和计算程序。对于一类人员应执行程序段 CLASS1，二类人员应执行程序段 CLASS2，……，十类人员应执行程序段 CLASS10。

分析：建立一个跳转表存放计算各类人员的工资程序段的入口地址。跳转表和程序的流程图如图 4-3 所示。

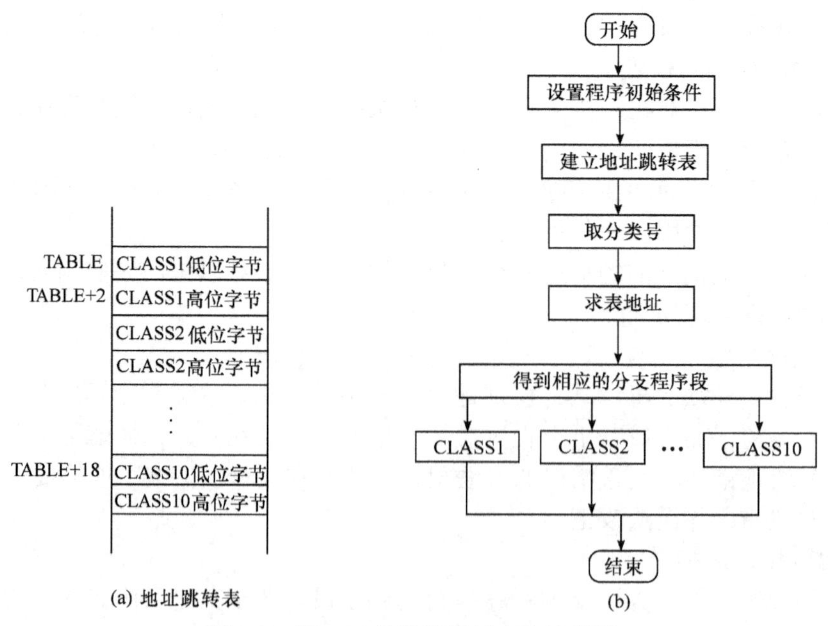

图 4-3 例 4-24 的地址跳转表和流程图

程序如下：

```
DATA    SEGMENT                                 ;定义数据段
TABLE   DW  CLASS1, CLASS2, CLASS3, CLASS4, CLASS5
        DW  CLASS6, CLASS7, CLASS8, CLASS9, CLASS10
NUM     DB ?                                    ;分类号
DATA    ENDS
STACKS  SEGMENT  STACKS                         ;定义堆栈段，不能用 stack，保留字符
        DW  100 DUP(?)
STACKS  ENDS
CODE    SEGMENT                                 ;定义代码段
MAIN    PROC   FAR                              ;主过程
        ASSUME  CS: CODE, DS: DATA, SS: STACKS
START:  PUSH    DS                              ;保存当前信息
        SUB     AX, AX
        PUSH    AX
        MOV     AX, DATA                        ;把 DATA 段基址置入 DS
        MOV     DS, AX
        MOV     AL, NUM                         ;取分类号
        MOV     AH, 0
        SHL     AX, 1                           ;NUM*2
        SUB     AX, 2                           ;NUM*2-2
        LEA     BX, TABLE                       ;取表的偏移地址首地址
        ADD     BX, AX
        JMP     [BX]                            ;转对应分支的入口地址
CLASS1:
        …                                       ;分支 1 处理程序段
CLASS2:
        …                                       ;分支 2 处理程序段
CLASS10:
        …                                       ;分支 10 处理程序段
        RET
MAIN    ENDP
CODE    ENDS
        END   START                             ;程序结束
```

由以上例子可知，对于分支程序的设计，归纳起来需要注意以下几点：

(1) 选择合适的转移指令，否则可能不能转移到预定的程序分支。

(2) 要为每个分支安排出口，否则将导致程序运行混乱。

(3) 应把各分支中的公共部分尽可能集中到分支前或分支后的程序段中。

(4) 程序中分支出现顺序必须与流程图中一致。

(5) 无条件转移指令的转移范围不受限制，条件转移指令只能在−128～+127 字节范围内转移。

(6) JMP 指令类似于高级语言中的 GOTO 语句，能不用就不用。

(7) 调试程序时，应尽可能对每个分支进行测试。

例 4-25 把从 BUF 单元开始的 80 个 16 位无符号数按从大到小的顺序排列。

分析：①这是排序问题，无符号数的比较可以直接用比较指令 CMP 和条件转移指令 JNC 来实现。②这又是双重循环问题，内循环使第 1 个数与下一个数比较，若大于则位置保持不变，小于则将大数放低地址，小数放高地址(两数交换)，外循环进行 79 次，完成对 80 个无符号数的大小排序。采用先执行后判断循环结构，程序流程图如图 4-4 所示。

程序设计：

```
DSEG    SEGMENT
BUF     DW   80 DUP(?)      ;假定要安排的数已存入这 80 个字单元中
DSEG    ENDS
CSEG    SEGMENT
        ASSUME  CS: CSEG, DS: DSEG
START:  MOV     AX, DSEG
        MOV     DS, AX
        LEA     DI, BUF     ;DI 指向要排序的数的首址
        MOV     BL, 79      ;外循环只需 79 次即可
        ;外循环从此开始
LOOP1:  MOV     SI, DI      ;SI 指向当前要比较的数
        MOV     CL, BL      ;CL 为内循环计数器，循环次数每次少 1
        ;以下为内循环
LOOP2:  MOV     AX, [SI]    ;取第一个数 Ni
        ADD     SI, 2       ;指向下一个数 Nj
        CMP     AX, [SI]    ;Ni≥Nj?
        JAE     NEXT        ;若大于，则不交换
        MOV     DX, [SI]    ;否则，交换 Ni 和 Nj
        MOV     [ SI-2], DX
        MOV     [SI], AX
```

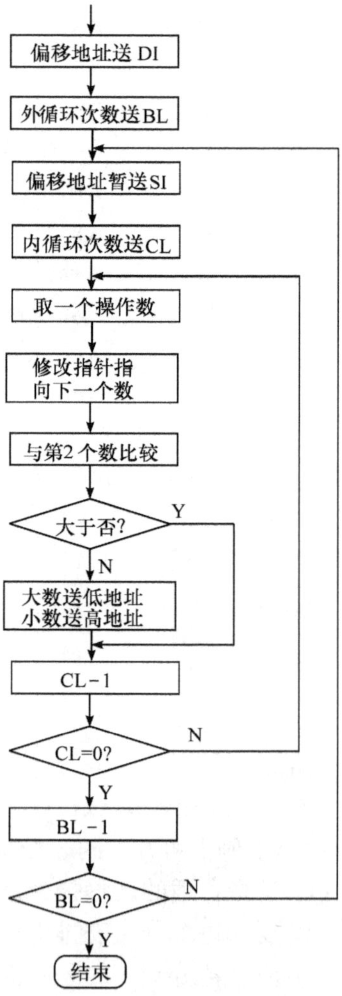

图 4-4 例 4-25 的流程图

```
NEXT:   DEC     CL                  ;内循环结束?
        JNZ     LOOP2               ;若未结束，则继续
        ;内循环到此结束
        DEC     BL                  ;外循环结束?
        JNZ     LOOP1               ;若未结束，则继续
        ;外循环结束
        MOV     AH, 4CH             ;返回 DOS
        INT     21H
CSEG    ENDS
        END     START
```

例 4-26 假设有数组 X 和 Y，编写程序实现。

Z0=X0+Y0

Z1=X1−Y1

Z2=X2+Y2

Z3=X3−Y3

Z4=X4−Y4

Z5=X5−Y5

Z6=X6+Y6

Z7=X7+Y7

分析：为了区别每次应该采取的操作(加法或者减法)，可以设置标志位。若加法，则标志位为 1，否则为 0。将标志位存放在存储单元 LOGIC_RULE 中，称为逻辑尺。流程图如图 4-5 所示。

程序设计如下：

```
DATA    SEGMENT
X       DB      2, 3, 4, 5, 6, 7, 8, 1
Y       DB      1, 2, 3, 4, 5, 6, 7, 8
Z       DB      8 DUP(?)
LOGIC_RULE      DB      11000101B
DATA    ENDS
STACKS  SEGMENT
        DB 100 DUP(?)
STACKS  ENDS
CODE    SEGMENT
        ASSUME  CS: CODE, DS: DATA, SS: STACKS
START:  PUSH    DS
        MOV     AX, DATA
        MOV     DS, AX
```

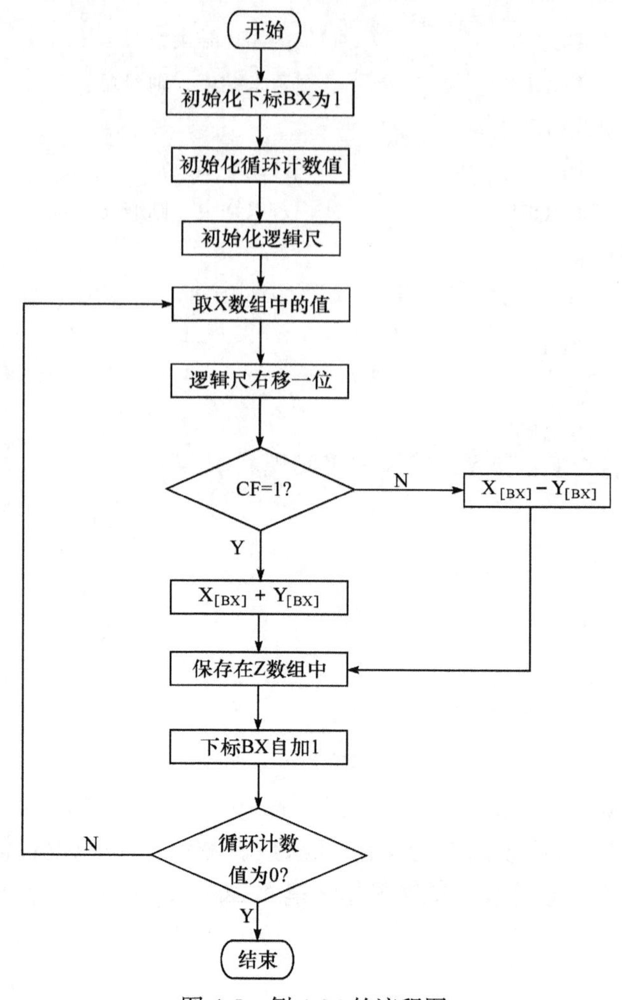

图 4-5　例 4-26 的流程图

```
        MOV     BX, 0                   ;下标
        MOV     CX, 8                   ;循环次数
        MOV     DL, LOGIC_RULE
R1:     MOV     AL, X[BX]
        SHR     DL, 1                   ;逻辑右移
        JC      AD                      ;CF=1 则转移
        SUB     AL, Y[BX]
        JMP     R3
AD:     ADD     AL, Y[BX]
R3:     MOV     Z[BX], AL
        INC     BX
        LOOP    R1
```

```
        MOV     AH, 4CH
        INT     21H
CODE    ENDS
        END     START
```

例 4-27 把 BX 中的二进制以十六进制的形式显示在屏幕上。

分析：根据题意，首先需要将 BX 中的二进制按照每 4 位二进制数作为 1 位十六进制数的形式取出来，从高位到低位开始取，可以采用除 10H 取余数法，也可以通过移位后与 0FH 求与的方法实现，然后再将取出来的 1 位十六进制数转换成对应的 ASCII 码，由于字母和数字的 ASCII 码不是连续的，所以还需要先判断十六进制数是数字，还是字母。程序流程图如图 4-6 所示。

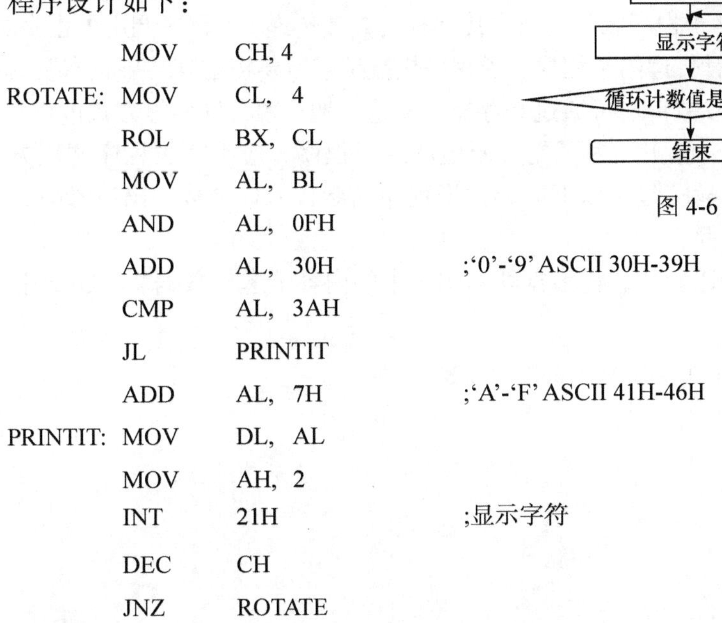

图 4-6 例 4-27 的流程图

程序设计如下：

```
         MOV     CH, 4
ROTATE:  MOV     CL,  4
         ROL     BX,  CL
         MOV     AL,  BL
         AND     AL,  0FH
         ADD     AL,  30H            ;'0'-'9' ASCII 30H-39H
         CMP     AL,  3AH
         JL      PRINTIT
         ADD     AL,  7H             ;'A'-'F' ASCII 41H-46H
PRINTIT: MOV     DL,  AL
         MOV     AH,  2
         INT     21H                 ;显示字符
         DEC     CH
         JNZ     ROTATE
```

对于循环程序设计，归纳起来需要注意以下几点：

(1) 循环方式选择，选用计数循环，还是选用条件循环，采用哪种循环结构。

(2) 循环条件的设计，可用循环次数、计数器、标志位、变量值等进行控制，要从循环执行的条件与退出循环的条件两方面加以考虑。

(3) 循环体的设计，不要将循环体外的语句放到循环体中，循环体中要设计有改变循环条件的语句。

4.5.3 子程序设计

在许多应用程序中，常常需要多次使用某功能的指令系列。这时，为了减少重复编写程序，节省内存空间，把某功能的指令系列组成一个相对独立的程序段，称为子程序或过程。子程序是完成特定功能的程序段，能够在程序中的任何地方被调用。

在汇编语言程序中，子程序(过程)定义的伪指令是 PROC 和 ENDP，子程序有 NEAR 或 FAR 属性。调用子程序和从子程序返回的指令是 CALL 和 RET。

子程序设计时，应注意以下几点：

(1) 现场保护和返回。所谓保护现场，就是主程序执行 CALL 指令之前，主程序使用的某些寄存器，在子程序中也要使用，因而在进入子程序之初，首先将这些寄存器的内容保护(压栈)起来，以免子程序重复使用这些寄存器，从而破坏主程序的运行结果。恢复现场就是在子程序返回前，将原来保护的数据重新送回(出栈)相应的寄存器。一般的现场保护和恢复是通过成对使用 PUSH 和 POP 指令完成的。

(2) 子程序的嵌套和递归调用。子程序调用子程序的过程称为子程序嵌套调用，子程序嵌套层次与堆栈空间有关。子程序调用自身的过程称为子程序递归调用。

(3) 参数传递。主程序和子程序之间的信息传递称为参数传递。主程序调用子程序之前，要把一些参数初值和地址指针传递给子程序，子程序执行结束后要将运算结果状态及其存放地址等信息回送给主程序，参数传递可通过寄存器、变量、地址表、堆栈等方式进行。

(4) 编写子程序调用方法说明。为了更方便地使用子程序，应编写子程序调用方法说明。子程序调用方法说明一般应包括以下内容：子程序功能、入口参数、出口参数、使用的寄存器或存储器及调用实例。

例 4-28 通过寄存器传递参数，将数据块 BUF1 中的内容传递到数据块 BUF2 中。

```
DATA    SEGMENT
BUF1    DB   11H, 22H, 33H, 44H, 55H, 66H, 77H, 88H, 99H
CUNT    EQU $-BUF1
BUF2    DB   CUNT DUP(?)
DATA    ENDS
STACKS  SEGMENT
TOS     DW   128H DUP(?)
STACKS  ENDS
CODE    SEGMENT
        ASSUME CS: CODE, DS: DATA, SS: STACKS
START:  MOV   AX, DATA
        MOV   DS, AX
        MOV   AX, STACKS
        MOV   SS, AX
        MOV   SP, OFFSET TOS           ;确定栈顶位置
        LEA   SI, BUF1                 ;SI←赋源区 BUF1 的有效地址
```

```
        LEA    DI, BUF2            ;DI←赋目标区 BUF2 的有效地址
        MOV    CX, CUNT            ;CX←传递数据个数
        CALL   SUB1                ;转子程序 SUB1 处理
        MOV    AH, 4CH             ;返回 DOS
        INT    21H
```

子程序如下：

```
SUB1    PROC
DON:    MOV    AL,[SI]             ;AL←[SI]
        MOV    [DI],AL             ;[DI] ←AL
        INC    SI                  ;SI←SI+1
        INC    DI                  ;DI←DI+1
        LOOP   DON                 ;未传递完，转向 DON 继续执行
        RET
SUB1    ENDP
CODE    ENDS
        END    START
```

对于此例，需要注意的是：子程序功能为数据转移；其入口参数为 BUF1, BUF2, CUNT；没有出口参数；使用的寄存器为 AX, SI, DI。

例 4-29 当 I/O 状态端口 0378H 的 Bit1(D_1 位)为 0 时表示外设忙，为 1 则表示外设可以接收数据。试编程根据外设的状态将当前数据段中从 BUFFER 开始的连续 100 字节的内容从 I/O 数据端口 03F8 输出到外设。

分析：通过接口向外设输出数据时，首先要判断外设是否忙，只有外设不忙时，才能进行输出。每输出一个数据都要判断一下 I/O 端口的状态。传送数据之前，先通过输入指令从状态口读入一字节数，该字节的 D_1 位表示当前外设的状态。因此，可将其他 7 位屏蔽，而只关心 D_1 的状态。

程序设计如下：

```
DATA    SEGMENT
BUFFER  DB   100 DUP(88)
DATA    ENDS
CODE    SEGMENT
        ASSUME CS: CODE, DS: DATA
START:  MOV     AX, DATA
        MOV     DS, AX
        CALL    FAR PTR   SDATA        ;调用子程序
        MOV     AH, 4CH                ;返回 DOS
        INT     21H
```

子程序如下：

```
SDATA   PROC    FAR                    ;定义为远过程
```

```
        PUSH    AX                  ;保护子程序中用到的寄存器
        PUSH    DX
        PUSH    SI
        PUSH    CX
        LEA     SI, BUFFER          ;数据的起始地址送 SI
        MOV     CL, 100             ;共输出 100 个字节
AGAIN:  MOV     DX, 378H            ;I/O 状态端口
WAIT1:  IN      AL, DX              ;读入 I/O 状态端口
        TEST    AL, 02H             ;外设忙？(测试 D1)
        JZ      WAIT1               ;若忙(D1=0)，则循环等待
        MOV     AL, [SI]            ;否则取一个数，准备输出
        MOV     DX, 3F8H            ;I/O 数据端口
        OUT     DX, AL              ;输出一字节
        INC     SI                  ;指向下一字节
        DEC     CL                  ;计数器减量
        JNZ     AGAIN               ;若未输出完，则循环
        POP     CX                  ;恢复寄存器内容
        POP     SI
        POP     DX
        POP     AX
        RET                         ;返回主程序
SDATA   ENDP                        ;过程定义结束
CODE    ENDS
        END     START
```

对于此例，需要注意的是：子程序功能为外设端口读写；其入口参数为 BUFFER；没有出口参数；使用的寄存器为 AX, DX, SI, CX。

4.5.4 程序设计举例

下面通过几个汇编语言程序设计的实例进一步阐述程序设计基本方法的综合应用和技巧。

例 4-30 把一个二进制数转换为非压缩 BCD 码。

分析：将一个二进制数转换为 BCD 码，可以把该二进制数不断地除以 10，并记下余数，直到商为 0。余数的序列就是所求的 BCD 码，第一个余数为该 BCD 码的最低位，最后一个余数为 BCD 码的最高位。转换出的 BCD 码就是非压缩 BCD 码。流程图如图 4-7 所示。

程序设计如下：

```
DATA    SEGMENT
NBIN    DW  5678H                   ;要转换的数
NBCD    DB  5 DUP(?)                ;转换的结果
```

```
DATA    ENDS
CODE    SEGMENT
        ASSUME  CS: CODE, DS: DATA
START:  MOV     AX, DATA
        MOV     DS, AX
        MOV     AX, NBIN ;被除数
        LEA     BX, NBCD
        XOR     DX, DX
        MOV     CX, 5       ;循环次数，BCD 最多 5 位
        MOV     BP, 0AH     ;除数
R1:     DIV     BP          ;AX…DX←(DX: AX)÷BP
        MOV     [BX], DL    ;保存余数
        MOV     DL, 0
        INC     BX
        DEC     CX          ;循环次数自减 1
        JNZ                 ;判断是否循环满 5 次
        MOV     AH, 4CH     ;结束，返回 DOS
        INT     21H
CODE    ENDS
        END     START
```

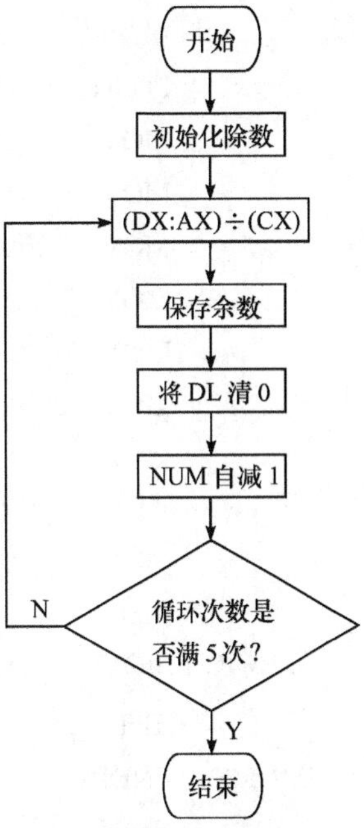

图 4-7　程序流程图

例 4-31　两个 32 位带符号数的乘法。

分析：假设在内存的数据段连续存放了两个 32 位(4 字节)的带符号数 D1、D2，将它们的 32 位带符号数乘积 RESULT 放在随后的四个内存单元中，如图 4-8 所示。对于带符号数，8086 指令中只有 16 位带符号数的乘法指令，80386 有 32 位带符号数乘法指令，源程序开始应采用·386 方式选择伪指令，程序中选用带符号数乘法指令。该指令结果位长也是 32 位，若结果超出 32 位，则超出的高位部分丢失，且标志位 OF 和 CF 置“1”。程序中利用 OF 标志来判断得到的乘积是否正确，程序框图如图 4-9 所示。

程序设计：

```
·386                                ;386 方式，汇编程序接受 386 指令
DATA     SEGMENT   USE16            ;数据段以 16 位寻址
D1       DD   530AFFFFH             ;被乘数
D2       DD   320F7682H             ;乘数
RESULT   DD   ?                     ;乘积
DATA     ENDS
STACKS   SEGMENT   USE16            ;堆栈段以 16 位寻址
         DB   100 DUP(?)
STACKS   ENDS
CODE     SEGMENT   USE16            ;代码段以 16 位寻址
```

```
        ASSUME  CS: CODE, DS: DATA, SS: STACKS
IMUL32  PROC    FAR
START:  PUSH    DS
        MOV     AX,0
        PUSH    AX
        MOV     AX, DATA
        MOV     DS, AX
        MOV     AX, STACKS
        MOV     SS, AX
        MOV     EAX, D1
        MOV     EBX, D2
        IMUL    EAX, EBX
        JO      ERROR                   ;若(OF)=1，转 ERR
        MOV     RESULT, EAX             ;否则，结果送存
        RET
ERROR:  MOV     DWORD PTR RESULT,0      ;结果单元←0
        RET
IMUL32  ENDP
CODE    ENDS
        END     START
```

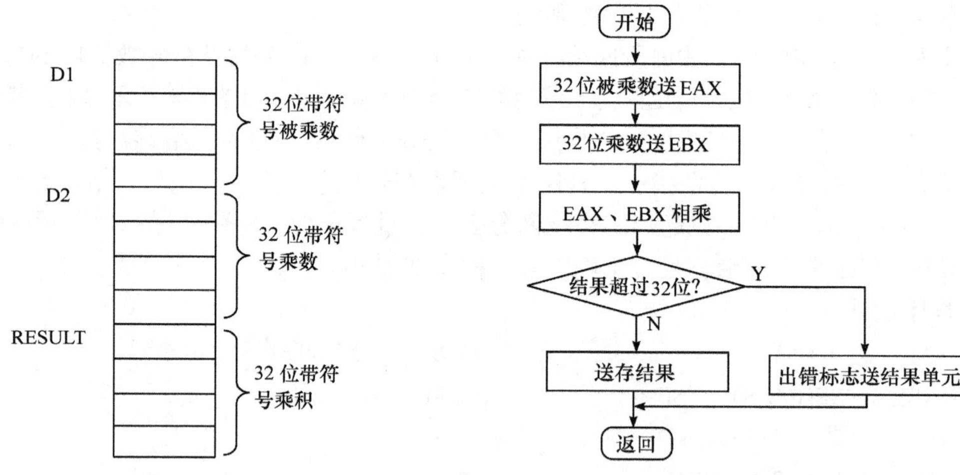

图 4-8　例 4-31 的数据示意图

图 4-9　例 4-31 程序流程图

例 4-32　编程实现图 4-10 所示逻辑电路的功能。

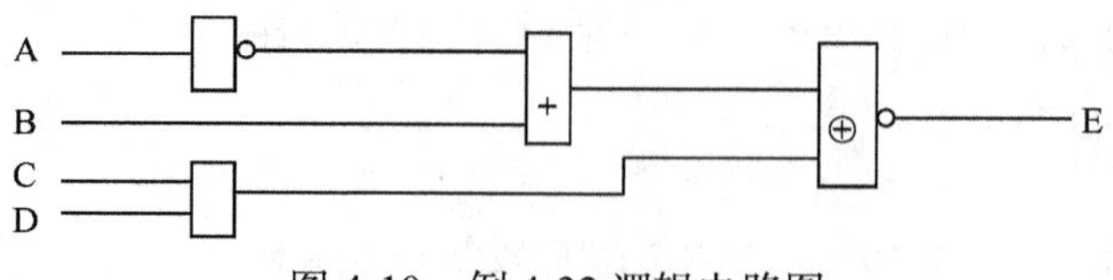

图 4-10　例 4-32 逻辑电路图

分析：$\overline{E}=(\overline{A}+B)\oplus(C\cdot D)$，应用逻辑指令先求$(\overline{A}+B)$、$(C\cdot D)$，然后对二者求异或得$\overline{E}$，再对$\overline{E}$求反得E。

程序设计如下：

```
DATA    SEGMENT
  A     DB  65H
  B     DB  33H
  C     DB  08H
  D     DB  0FH
  E     DB  ?
DATA    ENDS
STACKS  SEGMENT  PARA  STACK  'STACK'
        DB  100 DUP(?)
STACKS  ENDS
CODE    SEGMENT
        ASSUME  CS: CODE, DS: DATA, SS: STACKS
BEGIN:  MOV     AX, DD
        MOV     DS, AX
        NOT     A
        MOV     AL, B
        OR      AL, A                    ; AL=Ā+B
        MOV     BL, C
        AND     BL, D                    ; BL=C·D
        XOR     AL, BL
        NOT     AL
        MOV     E, AL                    ;结果存在 E 中
        MOV     AH, 4CH
        INT     21H
CODE    ENDS
        END     BEGIN
```

4.6 汇编语言与C语言的接口

4.6.1 汇编语言与高级语言接口

用汇编语言编写的程序目标代码简短，占用内存少，执行速度快，可有效地访问、控制计算机的各种硬件设备，如磁盘、存储器、CPU、I/O端口等。但是，用汇编语言编程的工作量大，编写、阅读、调试较困难，开发周期长，因此限制了它的应用。

用高级语言编写的程序便于阅读，易学易用，不涉及硬件，具有通用性。但是，目标代码冗长，占用内存多，从而执行时间长，不能对某些硬件进行操作。

因此，充分发挥各种编程工具的优势，用汇编语言和高级语言混合编程，是解决问题的有效方法。

汇编语言与高级语言接口时，需要解决两个问题。

1) 调用与被调用

被调用的过程或函数应预先说明为外部类型，如用 PUBLIC 说明汇编子程序被外部模块调用；调用程序则要说明要引用的外部模块名。

2) 参数传递

汇编语言与高级语言一般用堆栈来实现参数的传递，因此，必须了解各种语言的堆栈结构、生成方式和入栈方式等。BASIC、FORTRAN、PASCAL 等语言其参数进栈顺序与参数在参数表中出现的顺序相同，即从右到左，而 C 语言则相反。

4.6.2 混合编程

用 C 语言与汇编语言进行混合编程时，通常会出现两种情况：一是把汇编语言程序生成目标程序，然后在 C 程序中调用，简称为“C 语言调用汇编”；另一是把汇编语言程序源代码直接嵌入到 C 程序中，然后一起生成目标代码，简称为“C 语言嵌入汇编”。

1. C 语言调用汇编

C 语言对汇编语言的调用与对 C 语言本身函数调用相似，也需要遵循命名约定、调用约定和参数约定，并在彼此程序中作相应的说明。

1) 约定说明

(1) C 语言程序中使用关键字 EXTERN 对函数作显式说明，说明符放在主程序调用外部过程之前。

格式：EXTERN 返回值类型 过程名(参数表)

(2) 参数传递顺序按其在参数表中出现的顺序的反序被压入堆栈中。

(3) 对不同的 C 语言模式要选用不同的汇编语言格式，如 C 语言程序为小模式，则汇编用 NEAR 过程；C 语言程序为大模式，则汇编用 FAR 过程。

(4) 汇编程序取 C 语言程序的参数。FAR 过程返回地址占 4 字节，BP 压入占 2 字节，所以第一个参数在 BP+6 所指的单元。对于 NEAR 过程，第一个参数在 BP+4 所指的单元。

(5) 汇编程序中寄存器的保护。C 语言允许子过程使用 SI 和 DI 存放局部变量，当寄存器变量多于两个时，多余的可自动转到堆栈中存储。因此，汇编过程的格式为：

```
PUSH BP
MOV BP, SP
PUSH DI
PUSH SI
  ⋮
语句
  ⋮
POP SI
POP DI
```

RET

(6) 返回值。每种 C 语言数据类型都有一个标准的返回位置，一般在 AX 或 DX: AX 中，并且返回数据必须放置在 RET 指令前。

(7) 当 C 语言调用一个外部汇编过程时，应当以下划线开头，并以 PUBLIC 给予说明，过程名不超过 8 个字符。

2) 连接过程

例 4-33 用 C 语言调用汇编语言，实现两个数求和。

```
;C 语言程序段 CAL.C
#INCLUDE "STDIO.H"
#INCLUDE "STDLIB.H"
int result;
extern sum(int i, int j, int *r);
main(void)
{
int i, j;
printf("enter two number:");
scanf("%d, %d", &i, &j);
sum(i, j, &result);
printf("%d\n", result);
}
;汇编语言程序段_SUM.ASM，完成两数相加
PUBLIC_SUM
_CODE SEGMENT
      ASSUME CS: CODE
_SUM PROC NEAR
      PUSH BP
      MOV BP, SP
      MOV AX, [BP+4]
      ADD AX, [BP+6]
      MOV DI, [BP+8]
      MOV [DI], AX
      POP BP
      RET
_SUM ENDP
_CODE ENDS
      END
```

对 CAL.C 源程序编译时，要一起写出汇编程序名和扩展名，这样 C 语言才会调用 MASM 生成汇编语言目标文件。

格式：TCC CAL.C SUM.ASM

在 TURBO C 的窗口开发环境下，应先完成以下两个准备工作：

① 设置 Project File 内容为

CAL.C

SUM.ASM

② 在 DOS 下对 SUM.ASM 汇编，产生 SUM.OBJ 文件，开关参数选用/mx，因为 CAL.C 程序中引用的函数名为小写，而在 MASM 中只有在指令/mx 时，才会生成小写的函数名。

经过上述两个准备工作后，就可以在 Compile 子窗口执行 Make 操作，并按 Project File 中指令的文件名顺序逐一编译、连接，最终生成 CAL.EXE 文件。

2. C 语言嵌入汇编

在 C 语言程序中直接编写汇编语言代码，称为嵌入汇编。C 程序中嵌入汇编后可以无分号(C 语言的语句以分号结束，汇编语句是 C 语言中唯一以换行结束的语句)，以关键词 ASM 声明一个嵌入汇编指令，如需多个 ASM 语句，可以将它们放在花括号内，如

```
ASM ADD AX, BX
ASM
{DIV BX
 PUSH AX
 MOV AX, 0}
```

习　题　4

1. 什么是汇编语言？什么是汇编语言程序？什么是汇编？什么是汇编程序？
2. 一个完整的汇编语言程序结构上有什么特点？
3. 汇编语言有哪三种基本语句？它们各自的作用是什么？
4. 逻辑运算符与逻辑运算指令中的助记符有完全相同的符号，如何区别它们？作用有何不同？
5. 下面两条语句汇编后，两字节存储单元 NUM1 和 NUM2 中的内容分别是什么？

```
NUM1    DB  (12 OR 4 AND 2)GE OEH
NUM2    DB  (12 XOR 4 AND 2)LE OEH
```

6. 下列指令执行后，字存储单元 DA2 中的内容是多少？

```
DA1     EQU   BYTE   PTR   DA2
DA2     DW    0ABCDH
        …
        SHL   DA1, 1
        SHR   DA2, 1
```

7. 对于下面的数据定义，各条 MOV 指令单独执行后，有关寄存器的内容是什么？

```
NUMB1   DB  ?
NUMB2   DW  20 DUP(?)
NUMB3   DB  'USB'
```

(1) MOV　AX, TYPE NUMB1
(2) MOV　AX, TYPE NUMB2
(3) MOV　CX, LENGTH　NUMB2
(4) MOV　DX, SIZE　NUMB2
(5) MOV　CX, LENGTH　NUMB3

8. 假设程序中的数据定义如下：

```
PNUM      DW  ?
PNAME     DB  16 DUP(?)
COUNT     DD  ?
PLETH     EQU $-PNUM
```

问 PLETH 的值是多少？它表示什么意义？

9. 程序中如何实现对各个段寄存器和 IP、栈顶的初始化？

10. 什么是宏？宏指令的功能是什么？宏与过程在汇编过程中，它们的目标代码有何区别？

11. 简述程序设计的步骤。

12. 编写程序，不用乘法计算 $Z = 10 \times X + Y / 8$，用移位运算。

13. 编写程序，建立一数据表，表中连续存放 1～9 的平方，查表求某数字的平方。

14. 简述利用跳转表实现多路分支程序设计的思想。地址跳转表和指令跳转表主要区别是什么？

15. 简述分支结构程序设计的注意事项。

16. 编写程序，将自定义的三个符号数 X、Y、Z 的最大者送入 MAX 字单元。

17. 编写程序，计算 $(W-(X*Y+Z-100))/W$，其中 W、X、Y、Z 均为 16 位带符号数，计算结果的商存入 AX，余数存入 DX。

18. 在 A、B、C 中存有三个数。编写程序完成如下处理：

(1) 若有一个数为 0，则将其他两个量清 0。

(2) 若三个数都不为 0，则求其和，并送 D 中。

(3) 若三个数都为 0，则将其都置 1。

19. 简述循环结构程序设计的注意事项。

20. 编写程序，将以 STR1 为首地址的字节串传送到以 STR2 为首址的字节存储区中。

21. 从偏移量 DAT1 开始存放 200 个带符号的字节数据，编写程序，找出其中最小的数放入 DAT2 中。

22. 子程序设计时，有哪些注意事项？

23. 调用程序和主程序之间是如何进行参数传递的？

24. 用主程序调用子程序的结构形式，编程实现 $\sum n! = 1! + 2! + 3! + 4! + 5!$。

提示：$n! = \begin{cases} 1, & n = 0 \\ n(n-1), & n > 0 \end{cases}$，$n!$用 $n(n-1)!$代替，则计算 $n!$子程序必须用递归调用 $n!$子程序，但每次调用所使用参数都不相同。

25. 已知 X 是单字节带符号数，设计计算下列表达式的程序。

$$Y = \begin{cases} X + 20, & X \geqslant 0 \\ |X|, & X < 0 \end{cases}$$

求绝对值$|X|$的算法是：当 X 为正数时为其本身，当 X 为负数时则将其求补。

26. 在缓冲区 BUF 地址起有一字符串，其长度存于 COUNT 单元。要求删除其中所有的“A”字符，修改字符串长度并存回 COUNT 单元。

27. 编程求级数 $1^2 + 2^2 + 3^2 + \cdots$的前 10 项。

第 5 章　输入输出接口

外部设备是构成微型计算机系统的重要组成部分。微型计算机通过它们与外界进行数据交换。为了解决微型计算机与种类繁多的外设之间的信息交换，各种外设都应通过相应的接口(Interface)电路与主机系统相连。

接口电路按功能可分为两大类：一类是使微处理器工作所需要的辅助/控制电路，通过这些辅助/控制电路，使处理器得到所需要的时钟信号或者接收外部多个中断请求等；另一类是 I/O 接口电路，利用这些接口电路，微处理器可以接收外部设备送来的信息或将信息发送给外部设备。

本章介绍微机接口与接口技术的基本概念、接口的功能和基本结构、I/O 端口及其编址方式、地址译码技术和 CPU 与外设之间的数据传送方式。

5.1　微机接口与接口技术

所谓接口，就是微处理器与外部设备连接的部件，是 CPU 与外部设备进行信息交换的中转站。例如，源程序或数据通过接口从输入设备送入计算机，运算结果通过接口向输出设备送出，控制命令通过接口发出，现场状态通过接口取进来，实现现场的实时控制等。

接口技术就是采用硬件与软件相结合的方法，使微处理器与外部设备进行最佳匹配，实现 CPU 与外部设备之间高效、可靠地信息交换的一门技术。接口技术是工业实时控制、数据采集中非常重要的微机应用技术，它可实现 CPU 与存储器、I/O 设备、控制设备、测量设备、通信设备、A/D、D/A 转换器等的信息交换。

微型计算机各类接口如图 5-1 所示。

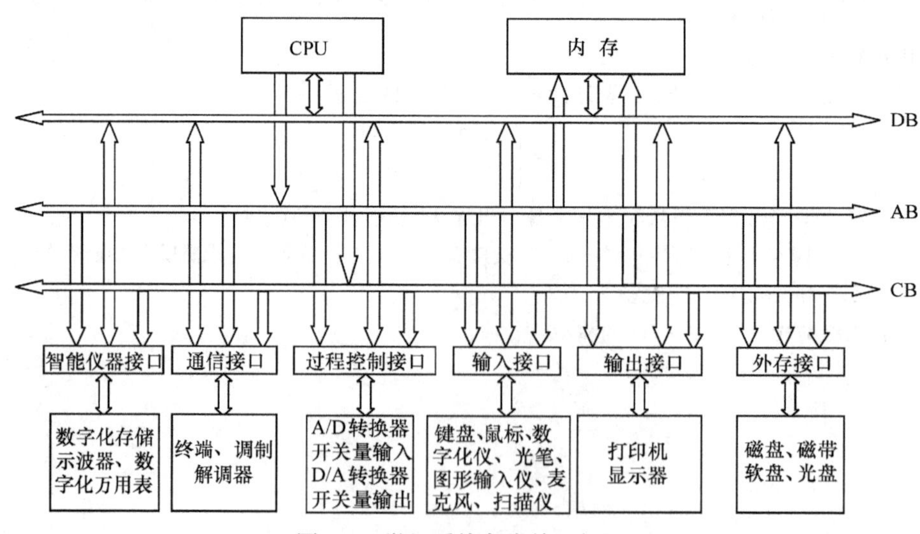

图 5-1　微机系统各类接口框图

5.1.1 为什么要设置接口电路

在 CPU 与外设之间设置接口电路的原因是：①CPU 与外设两者的信号线不兼容，在信号线功能定义、逻辑定义和时序关系上都不一致；②两者的工作速度不兼容，CPU 速度高，外设速度低；③若不通过接口，而由 CPU 直接对外设的操作实施控制，就会使 CPU 处于穷于应付与外设打交道之中，大大降低 CPU 的效率；④若外部设备直接由 CPU 控制，也会使外设的硬件结构依赖于 CPU，对外设本身的发展不利。因此有必要设置接口电路，以便协调 CPU 与外设两者的工作，提高 CPU 的效率，并有利于外设按自身的规律发展。

有了 I/O 接口之后，CPU 与外设都是面向接口而非直接进行联络的。例如，CPU 希望向某输出设备送一串数字(如给打印机发送打印字符)，首先由 CPU 把要打印的字送到打印接口电路中，然后由该接口电路在适当的时候送给打印机。相反，主机要想查询外界状态，必须先由特定的接口电路将状态信息读入并保持，CPU 才能通过 I/O 读指令，最终得到该信息。

5.1.2 接口电路中的信息

CPU 要能对外设进行编程应用，就需要与外设进行必要的信息交换。

CPU 与外设之间可以通过接口传递三种信息：数据信息、状态信息及控制信息。习惯上把分别传送这三种信息的端口称为数据口、状态口和控制口。

1. 数据信息

要交换的数据本身即数据信息，一般是 8 位或 16 位，大致有下列几种形式。

(1) 数字量：通常以 8 位或 16 位的二进制数以及 ASCII 码的形式传输，主要指由键盘、磁盘、光盘等输入的信息或主机送给打印机、显示器、绘图仪等的信息。

(2) 模拟量：模拟的电压、电流或者非电量。对模拟量输入而言，需先经过传感器转换成电信号，再经 A/D 转换器变成数字量；如果需要输出模拟控制量，就要进行上述过程的逆转换，即 D/A 转换。

(3) 开关量：用“0”和“1”来表示两种状态，如开关的通/断、电机的转/停、阀门的开/关等。

2. 状态信息

CPU 在传送数据信息之前，经常需要先了解外设当前的状态，如输入设备的数据是否准备好、输出设备是否忙等。用于表征外设工作状态的信息就叫做状态信息，是由外设通过接口输入给 CPU 的。状态信息的长度不定，可以是 1 个二进制位或多个，含义也随外设的具体情况不同而不同。

3. 控制信息

用来发布控制命令、控制外设工作的信息，如 A/D 转换器的启停信号。控制信息总是 CPU 通过接口发出的。

5.1.3 接口的基本功能

为了解决 CPU 与外设之间的矛盾，实现 CPU 与外设之间高效、可靠的信息交换，I/O 接口一般应具备如下功能。

1. 数据缓冲功能

接口电路中一般都设置有数据寄存器或锁存器数据口，以解决高速的主机与低速的外设之间的速度匹配问题，避免因主机与外设的速度不匹配而丢失数据。

2. 端口选择功能

微机系统中常有多个外设，而 CPU 在任一时刻只能与一个端口交换信息，因此需要通过接口的地址译码电路对端口进行寻址。一般来说，通过高位地址产生外设的片选信号，低位地址作为芯片内部寄存器或锁存器寻址，以选定所需的端口，只有被选中的端口才能与 CPU 交换信息。

3. 信号转换功能

外设所提供的数据、状态和控制信号可能与微机的总线信号不兼容，所以接口电路应进行相应的信号转换。信号转换包括 CPU 信号与外设信号间的逻辑关系、时序匹配和电平转换等。

4. 接收和执行 CPU 命令的功能

CPU 对外设的控制命令一般以代码形式输出到接口电路的控制端口，接口电路对其进行分析、识别命令代码，并最终产生具体的控制动作。

5. 中断管理功能

当外设需要及时得到 CPU 的服务，特别是出现故障需要 CPU 立即处理时，就要求接口中设置中断控制器，以便于 CPU 处理有关中断事务(如中断请求、中断优先级排队、提供中断向量等)。这样不仅使微机系统具有处理突发事件的能力，而且可以使 CPU 与外设并行工作，提高 CPU 的利用率。

6. 可编程功能

由于 I/O 接口电路大多由可编程接口芯片组成，因此就有可能在不改变硬件电路的情况下，只要修改接口驱动程序就可以改变接口的工作方式，提高了接口的灵活性和可扩充性，使接口向智能化方向发展。

另外，在设计一个接口电路时，根据需要还应考虑总线数据宽度的变换、串并变换等功能。

5.1.4 接口的基本结构

从编程的角度来看，一个简单的 I/O 接口通常由若干个端口、地址译码电路、数据缓冲/锁存器三部分组成。

1. 端口

I/O 接口通常设置有若干个寄存器，用来暂存 CPU 和外设之间传输的数据、状态和控制信息。一般有三类寄存器，分别是数据寄存器、状态寄存器、控制寄存器。接口内的寄存器通常被称为端口。根据寄存器内暂存信息的类型，分别称为数据端口、控制端口和状态端口。每个端口有一个独立的地址，CPU 可以用端口地址代码来区别各个不同的端口，并对它们分别进行读/写操作。目前，可编程大规模集成接口芯片中都包含这些基本电路。

2. 地址译码电路

它由译码器或能实现译码功能的芯片构成。它的作用是进行设备选择，是接口中不可缺少的部分。这部分电路不包含在集成接口芯片中，要由用户自行设计。

3. 数据缓冲器与锁存器

在微机系统的数据总线上，连接着许多能够向 CPU 发送数据的设备，如内存储器、外设的数据输入端口等。为了不使系统数据总线的信号传输发生“信息冲突”，要求所有的这些连接到系统数据总线的设备具有三态输出的功能。也就是说，在 CPU 选中该设备时，它能向系统数据总线发送数据信号，而在其他时刻，它的输出端必须呈高阻状态。为此，所有接口的输入端口必须通过三态缓冲器与系统数据总线相连。

另外，一些读/写操作及时序的控制电路是必不可少的。

5.2 I/O 端口及其编址方式

5.2.1 I/O 端口

端口(port)是接口电路中能被 CPU 直接访问的寄存器的地址。CPU 通过这些地址即端口向接口电路中的寄存器发送命令、读取状态和传送数据。因此，一个接口可以有几个端口，如命令口、状态口和数据口，分别对应于命令寄存器、状态寄存器和数据寄存器。

计算机给接口电路中的每个寄存器分配一个端口。因此，CPU 在访问这些寄存器时，只需指明它们的端口，不需指出是什么寄存器。这样，在输入输出程序中，只看到端口而看不到相应的具体寄存器。也就是说，访问端口就是访问接口电路中的寄存器。

CPU 对数据端口进行一次读或写操作,也就是与该接口连接的外设进行一次数据传输；CPU 对状态端口进行一次读操作，就可以获得外设或接口自身的状态代码；CPU 把若干位控制代码写入控制端口，则意味着对该接口或外设发出一个控制命令，要求该接口或外设按规定的要求工作。

由此可见，CPU 与外设之间的数据输入输出、联络、控制等操作都是通过对相应端口的读/写操作来完成的。所谓外设的地址，即是该设备接口各端口的地址，一台外设可以拥有几个通常是相邻的端口地址。所以，CPU 对外设的编程就转为对接口有关寄存器/端口的编程，也就是对接口相应端口地址的编程。

5.2.2 I/O 端口的编址方式

CPU 与内部存储器或 I/O 端口交换信息，是通过地址总线访问内存单元或 I/O 端口来实现的，如何实现对内存单元或 I/O 端口的访问取决于这些内存及端口地址的编址方式。通常有两种方式：一种是端口地址和存储器地址统一编址，称为存储器映射方式；另一种是 I/O 端口地址和存储器地址分开独立编址，称为 I/O 映射方式。

1. 统一编址方式

这种方式，是从存储器空间划出一部分地址空间给 I/O 设备，把 I/O 接口中的端口当作存储器单元一样进行访问，不设置专门的 I/O 指令，有一部分对存储器使用的指令也可用于端口，Motorola 系列、Apple 系列微型机和一些小型机就是采用这种方式。

这种方式有许多优点：由于对 I/O 设备的访问是使用访问存储器的指令，所以指令类型多、功能齐全，这不仅使访问 I/O 端口可实现输入/输出操作，而且还可以对端口内容进行算术逻辑运算、移位等。另外，能给端口有较大的编址空间，这对大型控制系统和数据通信系统是很有意义的。这种方式的缺点是端口占用了存储器的地址空间，使存储器容量减小，另外指令长度比专门 I/O 指令要长，因而执行速度较慢。

2. 独立编址方式

这种编址方式是指 I/O 端口地址空间和存储器地址空间是独立的、分开的，即 I/O 端口地址不占用存储器地址空间。图 5-2 所示为 Intel 80x86 微处理器的独立编址方式。其中访问存储单元用地址总线 A_{19}～A_0，全译码后得到 00000H～FFFFFH 共 1MB 地址空间，而 I/O 端口只利用其中的一部分地址线，即 A_{15}～A_0 地址线，可译出 0000H～FFFFH 共 64K 个 I/O 端口地址。由于端口是与存储器隔离的，所以用户可扩展存储器到最大容量，而不必为 I/O 端口留出地址空间。

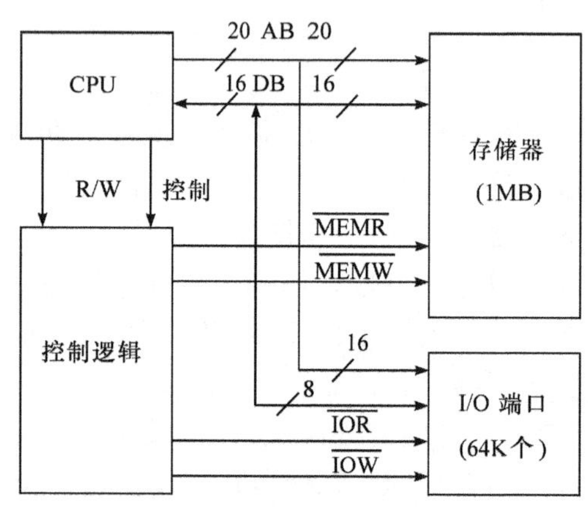

图 5-2　独立编址方式

在这种编址方式中，微处理器对存储器及 I/O 端口是采用不同的控制线进行选择的，如 $\overline{IOW}$、$\overline{IOR}$、$\overline{MEMW}$ 和 $\overline{MEMR}$ 等，因而接口电路比较复杂。

这种方式的主要优点是：I/O 端口地址不占用存储器空间；使用专门的 I/O 指令对端口进行操作，I/O 指令短、执行速度快，并且由于专门 I/O 指令与存储器访问指令有明显的区别，使程序中 I/O 操作和存储器操作层次清晰，程序的可读性强。

同时，由于使用专门的 I/O 指令访问端口，并且 I/O 端口地址和存储器地址是分开的，故 I/O 端口地址和存储器地址可以重叠，而不会相互混淆。

5.2.3　I/O 端口地址分配

对于接口设计者来说，搞清楚系统 I/O 端口地址分配十分重要，因为把新的 I/O 设备加入到系统中去就要在 I/O 地址空间中占一席之地。哪些地址已分配给了别的设备，哪些是计算机制造商为今后的开发而保留的，哪些地址是空闲的，了解了这些信息才能为我所用。下面以 IBM-PC 系列为例分析 I/O 端口地址分配情况。

虽然，PC 机 I/O 地址线有 16 根，对应的 I/O 端口编址可达 65536 个，但由于 IBM 公司当初设计微机主板及规划接口卡时，其端口地址译码是采用非完全译码方式，即只考虑了低 10 位地址线 A_9～A_0，而没有考虑高 6 位地址线 A_{15}～A_{10}，故其 I/O 端口地址范围是 0000H～03FFH，总共只有 1024 个端口，并且把前 512 个端口分配给了主板，后 512 个端口分配给了扩展槽上的常规外设。后来在 PC/AT 系统中，作了一些调整，其中前 256 个端口(0000H～00FFH)供系统板上的 I/O 接口芯片使用，如表 5-1 所示；后 768 个端口(0100H～03FFH)供扩展槽上的 I/O 接口控制卡使用，如表 5-2 所示。

表 5-1　系统板上接口芯片的端口地址

I/O 芯片名称	端口地址
DMA 控制器 1 DMA 控制器 2 DMA 页面寄存器	000～01FH 0C0～0DFH 080～09FH
中断控制器 1 中断控制器 2	020～03FH 0A0～0BFH
定时器 并行接口芯片(键盘接口) RT/CMOS RAM 协处理器	040～05FH 060～06FH 070～07FH 0F0～0FFH

表 5-1 中分配给每个接口芯片的 I/O 端口地址，在实际使用中并未全部用完。例如，中断控制器 8259A，只使用了前面 2 个端口地址，20H、21H(主片)和 A0H、A1H(从片)。

表 5-2　扩展槽上接口控制卡的端口地址

I/O 接口名称	端口地址
游戏控制卡	200～20FH
并行口控制卡 1 并行口控制卡 2	370～37FH 270～27FH
串行口控制卡 1 串行口控制卡 2	3F8～3FFH 2F0～2FFH
原型插件板(用户可用)	300～31FH
同步通信卡 1 同步通信卡 2	3A0～3AFH 380～38FH
单显 MDA 彩显 CGA 彩显 EGA/VGA	3B0～3BFH 3D0～3DFH 3C0～3CFH
硬驱控制卡 软驱控制卡	1F0～1FFH 3F0～3F7H
PC 网卡	360～36FH

并行接口芯片 8255A，只使用了前面 4 个端口地址 60H～63H。使用端口地址最多的 DMA 控制芯片 8237A，也只用了前面的 16 个地址(0～FH)。从表 5-2 中，可以看到允许用户使用的端口地址是 300H～31FH。这一段地址是留给用户在开发 IBM-PC 系列机功能模块(插板)时使用的端口地址，系统是不会占用它的。除在表 5-1 和表 5-2 中已经分配了的 I/O 地址之外，其余的地址均由厂商保留使用。

5.3　端口地址译码

端口地址译码是接口的基本功能之一。CPU 在执行输入输出指令时，向地址总线发送外设接口的端口地址，端口地址译码电路应能产生相应的端口选通信号。通常外设接口的端口地址线分为两部分进行译码。用高位地址线译码产生片选信号，用低位地址线译码实现片内端口寻址。下面介绍几种常见的地址译码方法。

5.3.1 门电路译码

这是最基本的也是最简单的地址译码方法，通常采用各种门电路，如与门、或门、非门等电路的组合实现。为了使电路简单，可选用带有多个输入的与非门，如 8 输入与非门 74LS30、4 输入与非门 74LS20 及 2 输入与非门 74LS00 等。设计时首先分配好地址，然后写成二进制形式，再根据地址总线数分配各与非门输入管脚地址。如采用与非门，则当该地址为“1”时，直接接入与非门输入端；若该位地址为“0”，则先加一个反相器再接到与非门的输入端。

例 5-1 使用 74LS20/30/32 和 74LS04 设计 I/O 端口地址为 3D8H 的只读译码电路。

分析：若要产生 3D8H 端口地址，则译码电路的输入地址线就应具有如表 5-3 所示的值。

表 5-3 译码电路输入地址线的值

地址线	0 0 A_9 A_8	A_7 A_6 A_5 A_4	A_3 A_2 A_1 A_0
二进制	0 0 1 1	1 1 0 1	1 0 0 0
十六进制	3	D	8

设计：按照表 5-3 中地址线的值，采用门电路就可以设计出译码电路，如图 5-3 所示。

图 5-3 中 AEN 参加译码，它对端口地址译码进行控制，只有当 AEN=0 时，即不是 DMA 操作时译码才有效；当 AEN=1 时，即是 DMA 操作时，译码无效。图 5-3 中，要求 AEN=0，是为了避免在 DMA 周期中，由 DMA 控制器对这些以非 DMA 方式传送的 I/O 端口执行 DMA 方式的传送。同理，可设计出能执行读/写操作的 2E2H 端口地址的译码电路，如图 5-4 所示。

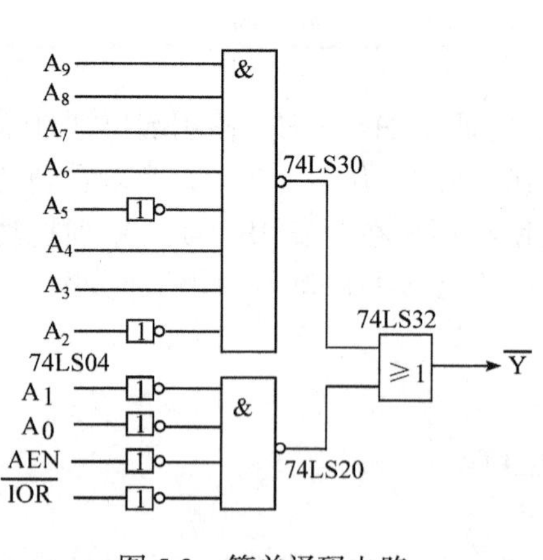

图 5-3 简单译码电路

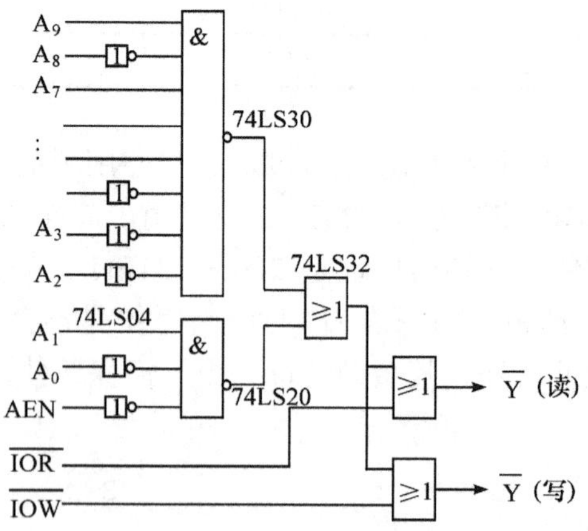

图 5-4 带读/写控制的门电路译码电路

由上述电路可以看出，门电路译码需要芯片种类较多，且译出的端口地址单一，接口中用到的端口地址不能更改。

5.3.2　译码器译码

若接口电路中需使用多个端口地址，则采用译码器译码比较方便。译码器的型号很多，如 3-8 译码器 74LS138、4-16 译码器 74LS154、双 2-4 译码器 74LS139、74LS155 等。

这些译码器通常由三个部分组成：译码控制端、选择输入端、译码输出端。例如，译码器 74LS138 见图 5-5。它的控制信号线为 G_1、$\overline{G_2A}$ 和 $\overline{G_2B}$。只有当满足控制信号线 $G_1=1$，$\overline{G_2A}=\overline{G_2B}=0$ 时，74LS138 才能进行译码。74LS138 输入/输出的逻辑关系，即输入(C, B, A)与输出(Y_0～Y_7)的对应关系如表 5-4 所示。

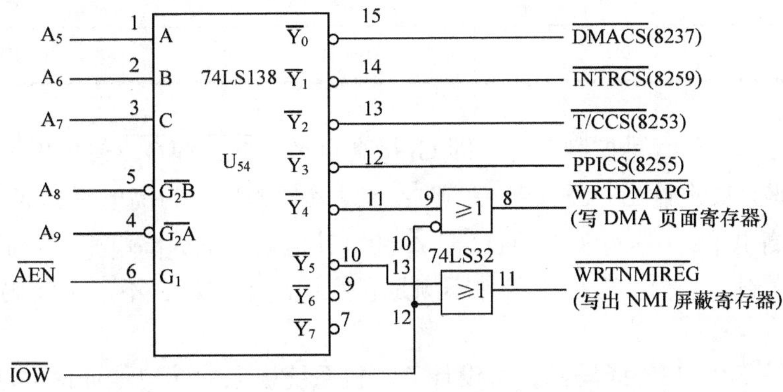

图 5-5　译码器多端口地址译码电路

表 5-4　74LS138 的真值表

输入						输出							
G_1	$\overline{G_2A}$	$\overline{G_2B}$	C	B	A	$\overline{Y_7}$	$\overline{Y_6}$	$\overline{Y_5}$	$\overline{Y_4}$	$\overline{Y_3}$	$\overline{Y_2}$	$\overline{Y_1}$	$\overline{Y_0}$
1	0	0	0	0	0	1	1	1	1	1	1	1	0
1	0	0	0	0	1	1	1	1	1	1	1	0	1
1	0	0	0	1	0	1	1	1	1	1	0	1	1
1	0	0	0	1	1	1	1	1	1	0	1	1	1
1	0	0	1	0	0	1	1	1	0	1	1	1	1
1	0	0	1	0	1	1	1	0	1	1	1	1	1
1	0	0	1	1	0	1	0	1	1	1	1	1	1
1	0	0	1	1	1	0	1	1	1	1	1	1	1
0	×	×	×	×	×	1	1	1	1	1	1	1	1
×	1	×	×	×	×	1	1	1	1	1	1	1	1
×	×	1	×	×	×	1	1	1	1	1	1	1	1

例 5-2 使用 74LS138 设计一个系统板上接口芯片的 I/O 端口地址译码电路，并且让每个接口芯片内部的端口数目为 32 个。

分析：由于系统板上的 I/O 端口地址分配在 00～0FFH 范围内，故只使用低 8 位地址线，这意味着 A_9 和 A_8 两位应赋 0 值。为了让每个被选中的芯片内部拥有 32 个端口，只要留出 5 根低位地址线不参加译码，其余的高位地址线作为 74LS138 的输入线，参加译码，或作为 74LS138 的控制线与 AEN 一起，控制 74LS138 的译码是否有效。由上述分析，可以得到译码电路输入地址线的值，如表 5-5 所示。

表 5-5 译码电路输入地址线的值

地址线	0 0 A_9 A_8	A_7 A_6 A_5	A_4 A_3 A_2 A_1 A_0
用　途	控制	片选	片内端口寻址
十六进制	0H	0～7H	0～1FH

从表 5-5 可知，若满足控制条件，即 G_1 接高电平，$\overline{G_2A}$ 和 $\overline{G_2B}$ 接低电平，则由输入端 C、B、A 的编码来决定输出：CBA=000，则 $\overline{Y_0}$ =0，其他输出端为高电平；CBA=001，$\overline{Y_1}$ =0，其他输出端为高电平；……；CBA=111，$\overline{Y_7}$ =0，其他输出端为高电平。由此可分别产生 8 个译码输出信号(低电平)。若控制条件不满足，则输出全“1”，不产生译码输出信号，即译码无效。

设计：采用 74LS138 译码器，可设计 PC 机系统板上的端口地址译码电路，如图 5-5 所示。图中地址线的高 5 位参加译码，其中 A_5～A_7 经译码器，分别产生 $\overline{\text{DMACS}}$ (8237)、$\overline{\text{INTRCS}}$ (8259)、$\overline{\text{T/CCS}}$ (8253)、$\overline{\text{PPICS}}$ (8255A)的片选信号，而地址线的低 5 位 A_0～A_4 作芯片内部寄存器的访问地址。从 74LS138 译码器的真值表可知，8237A 的端口地址范围是 000～01FH，8259A 的端口地址范围是 020～03FH 等，正好和前面表 5-1 所列出的端口地址分配表一致。

5.3.3 比较器译码

这种方法的基本思路，是将比较器的 A(或 B)输入端输入地址信号，B(或 A)端接一组 DIP(Dual In-line Package)开关。当地址总线所送的地址与 DIP 所设置的地址相等时，产生一选通信号输出。这种译码法的特点是可以通过改变 DIP 开关的设置，很容易地改变接口的地址。这个优点在通用总线接口模块的设计中表现尤为突出。不但同一功能的模块在不同微型计算机应用中可以被分配不同的地址，而且即使在同一微型计算机系统中，也可通过改变 DIP 开关的设置而控制不同的设备，因而给设计带来极大的灵活性。

这种译码电路应用非常广泛，常用的比较器有四位比较器 74LS85 和八位比较器 74LS688。图 5-6 所示为采用四位比较器 74LS85 的译码电路。

在图 5-6 中，比较器 74LS85 的 A 端(A_3～A_0)接 DIP 开关，B 端(B_3～B_0)分别接地址总线 A_3～A_0，所以该电路最多可译出 01010000～01011111 共 16 个地址。

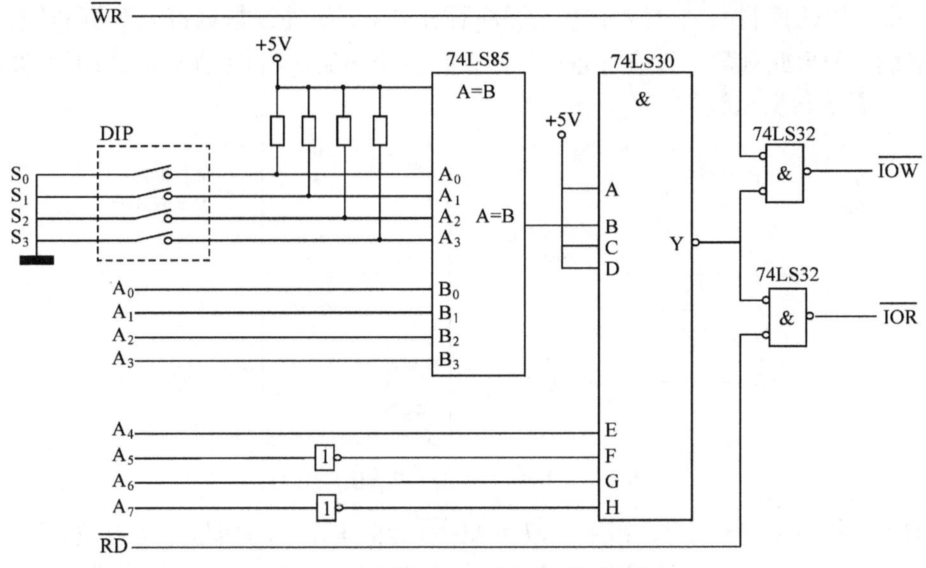

图 5-6　采用四位比较器的译码电路

5.4　CPU 与外设之间的数据传送方式

在微型计算机系统中，微机与外设之间的数据传送实际上是 CPU 与 I/O 接口之间的数据传送。由于各种外设的工作速度相差很大，CPU 与外设之间如何控制或确保数据传送高效可靠地进行，是个很重要的问题。

CPU 与外设间的数据传送方式一般有三种方式：程序控制方式、中断方式和 DMA 方式。

5.4.1　程序控制方式

程序控制方式是指 CPU 与外设间的数据传送是在程序的控制下完成的一种数据传送方式。这种方式又可以分为无条件传送方式和条件传送方式。

1. 无条件传送方式

无条件传送方式一般适合于数据传送不太频繁的情况，如对开关、数码显示器等一些简单外设的操作。所谓无条件，就是假设外设已处于就绪状态，数据传送时，程序就不必再去查询外设的状态，而直接执行 I/O 指令进行数据传输。

这种方式是最简单的传送方式，程序编制与接口电路设计都较为简单。但必须注意，当简单外设作为输入设备时，其输入数据的保持时间相对于 CPU 的处理时间要长得多，所以可直接使用三态缓冲器与系统数据总线相连。而当简单外设作为输出设备时，由于外设的速度较慢，CPU 送出的数据必须在接口中保持一段时间，以适应外设的动作，因此输出端必须接有锁存器。无条件传送输入输出接口框图如图 5-7 所示。

当 CPU 执行输入指令时，指令译码使 M/$\overline{IO}$ 为低电平、读信号 $\overline{RD}$ 有效，同时地址译码也有效，缓冲器的控制端$\overline{CE}$有效，输入缓冲器被选中，使外设数据进入数据总线，供CPU读取。显然，如果此刻数据没有准备好，则操作就会出错。当$\overline{CE}$无效时，缓冲器输出端为高阻态，不影响数据总线的工作。

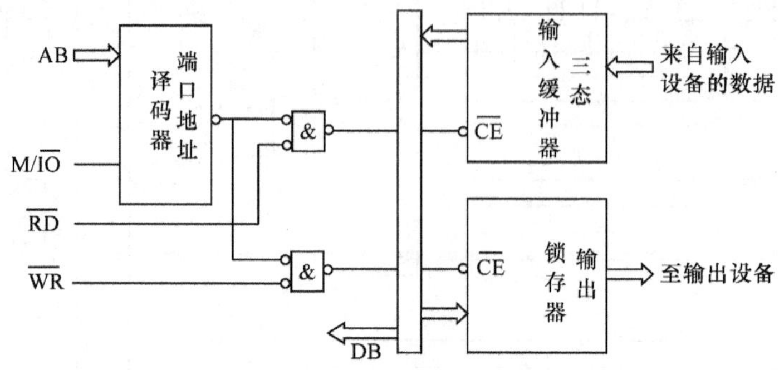

图 5-7　无条件传送方式的接口电路

当CPU执行输出指令时，指令译码使M/$\overline{IO}$为低电平、写信号$\overline{WR}$有效，同时地址译码也有效，此时输出锁存器被选中，CPU送出的数据经数据总线写入锁存器，供外设读取。

2. 查询传送方式

查询传送方式在传送数据前先查询外设的状态，当外设准备好时，CPU执行I/O指令传送数据；若未准备好，则CPU等待。这要求CPU与外设间的接口电路需要两个端口，即数据端口和状态端口。

查询传送方式下的输入接口电路如图5-8所示。当输入设备的数据准备好后发出$\overline{STB}$选通信号，该信号将数据锁存至锁存器，且使标志状态的D触发器置"1"，即给出"准备好"READY信号。

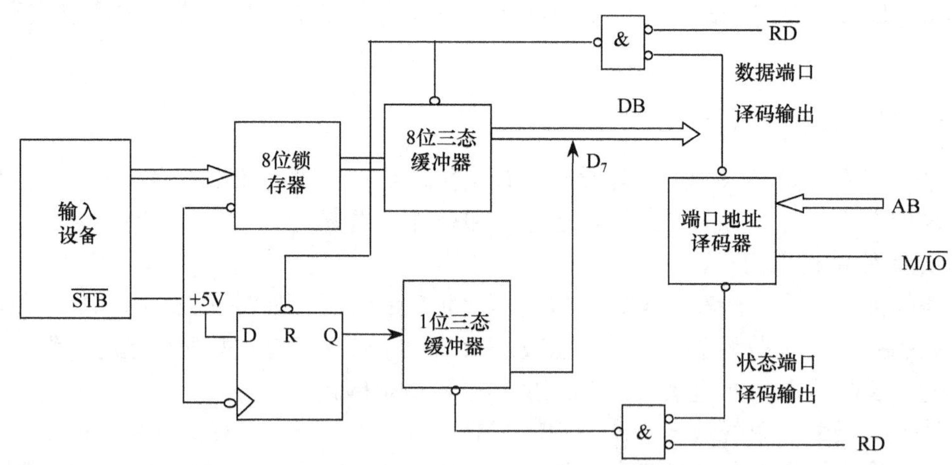

图 5-8　查询传送方式输入接口电路

例 5-3　设接口电路中状态端口的地址为STATUS，数据端口的地址为DATA，则CPU读取输入设备的数据应执行下列程序段：

```
POLL:   IN      AL, STATUS   ; ①
        TEST    AL, 80H      ; ②
```

```
        JE      POLL            ; ③
        IN      AL, DATA        ; ④
```

CPU 执行①指令后，$\overline{RD}$、M/$\overline{IO}$ 为有效低电平，且状态端口译码输出有效，则 1 位的三态缓冲器选通，状态信息被读入 CPU。CPU 执行②、③指令，对读入的状态进行测试，图中的 1 位状态信息位连 DB 的第 7 位即 D_7，所以要测试 D_7 位是否为 0：若 D_7 为 0，说明状态触发器为 0，输入数据没准备好，于是 CPU 转至 POLL 继续测试状态；若 D_7 为 1，说明状态触发器为 1，输入数据准备好，于是 CPU 继续执行指令④。CPU 执行指令④后，$\overline{RD}$、M/$\overline{IO}$ 为有效低电平，且数据端口译码输出有效，则 8 位三态缓冲器选通，数据经 DB 送入 CPU，同时使状态触发器清 0 以标志下一个输入数据还“未准备好”。

查询方式下的输出接口电路如图 5-9 所示。当输出设备从锁存器将 CPU 输出的数据取走后，发出一个回答信号 $\overline{ACK}$。$\overline{ACK}$ 使标志状态的触发器清 0，即给出外设为“空”EMPTY 信号。

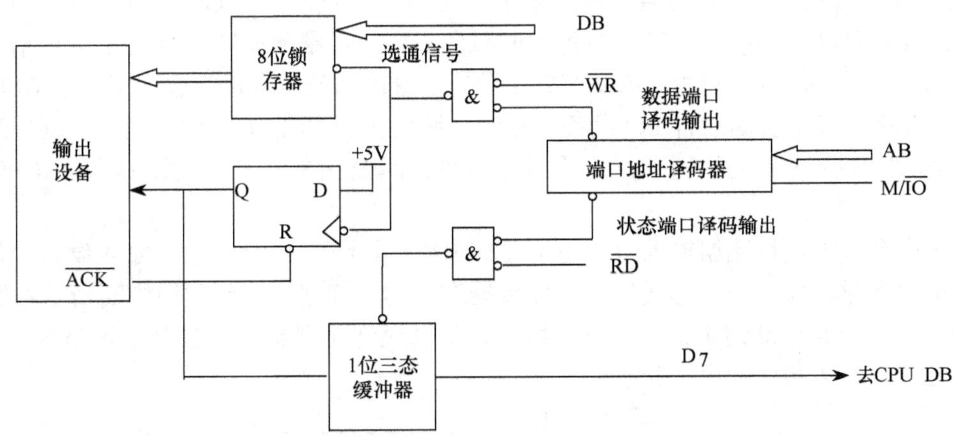

图 5-9　查询传送方式输出接口电路

例 5-4　设接口电路中状态端口的地址为 STATUS，数据端口的地址为 DATA，则 CPU 将内存 STORE 单元的内容送至输出设备应执行下列程序段：

```
POLL:   IN      AL, STATUS      ; ①
        TEST    AL, 80H         ; ②
        JNE     POLL            ; ③
        MOV     AL, STORE       ; ④
        OUT     DATA,   AL      ; ⑤
```

CPU 执行①指令，$\overline{RD}$、M/$\overline{IO}$ 输出有效低电平，且状态端口译码输出有效，三态缓冲器选通，状态信息经 D_7 被读入 CPU。CPU 执行②、③指令：当 D_7 为 1 时，说明输出设备正忙，CPU 继续读取状态信息，以便等待输出设备空闲；当 D_7 为 0 时，则 CPU 顺序执行指令。CPU 执行④指令，将内存单元内容送 AL 寄存器。CPU 执行⑤指令，$\overline{WR}$、M/$\overline{IO}$ 为有效低电平，且数据端口译码输出有效，则选通锁存器，即 CPU 输出的数据被锁存至锁存器中，同时标志状态的触发器置“1”，该状态信号一方面通知输出设备取走锁存器中的数据，另一方面阻止 CPU 输出新数据。

查询传送方式的主要优点是能较好地协调外设与 CPU 之间的定时关系，因而比无条件传送方式容易实现准确传送。但是，该方式需要不断查询外设的状态，大量时间花在等待循环中，特别是当主机与中、低速外设交换信息时会大大降低 CPU 的利用率。

5.4.2 中断传送方式

中断传送是一种效率更高，且具实时性的数据传送方式。在中断方式下，外设掌握向 CPU 申请服务的主动权，当输入设备将数据准备好，或者输出设备已做好接收数据的准备时，向 CPU 发出中断请求信号，要求 CPU 为其服务。若此时中断允许触发器是开放的，则 CPU 暂停目前的工作，与外设进行一次数据传输，等 I/O 操作完成以后，CPU 继续执行原来的程序。

使用中断传送方式时，CPU 不需要花费大量的时间去查询外设的工作状态(因为当外设准备就绪时会主动提出中断请求)，只需要在每条指令执行完以后，查询是否有外部设备的中断申请信号(即引脚 INTR 是否为有效电平)。若有，且此时 FLAGS 的 IF 标志为 1，CPU 保存好断点地址及当前状态，转去执行中断服务程序。待服务完毕，会在 IRET 指令的作用下返回被外界中断的断点处，恢复当初的状态，继续执行主程序。这既保证了 CPU 对外设的实时服务，又不会因对各 I/O 设备的随时关照而花费 CPU 太多的时间，使高速运行的 CPU 与速度参差不齐的各种外设之间形成了良好的匹配(并行工作)关系。确保了 CPU 的高效率。

利用中断方式进行数据输入时的基本接口电路，如图 5-10 所示。当输入设备准备好一个数据供输入时，发出一个选通信号，使数据进入输入锁存器，同时使中断请求触发器(Q 端)置 1，产生一个中断请求信号 INT。所以，中断允许触发器的状态为 1 还是为 0，决定了系统是否允许本接口发出中断请求。

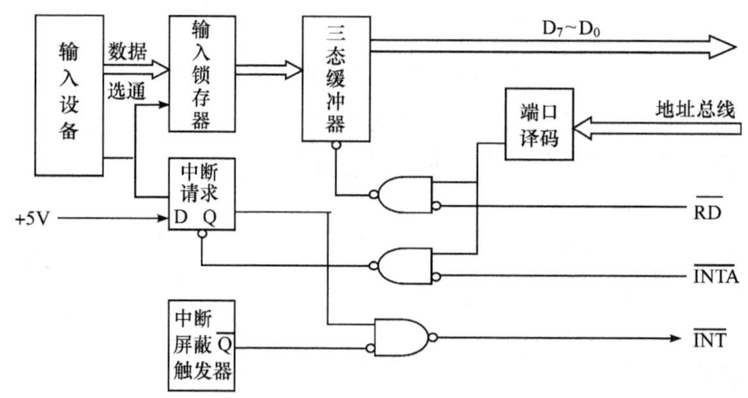

图 5-10 中断方式输入的接口电路

为了实现中断传送，要求在 CPU 与外设之间设置中断控制器，这会增加了硬件开销。中断方式用于 CPU 的任务比较多的情况，如系统中有多个外设需要与 CPU 交换数据、尤其是需要进行实时控制及紧急事件的处理时。

5.4.3 直接存储器存取方式

虽然中断传送方式可以在一定程度上实现 CPU 与外设并行工作，但是在外设与内存之间进行数据传送时，还是要经过 CPU 中转(即经过 CPU 的累加器读进和送出)，并且每次中断只传送 1 个数据，还要做程序的转移、保护现场和现场的恢复等工作。这对高速外设(如磁盘)在进行大批量数据传送时会造成中断次数过于频繁，不仅传送速度上不去，而且耗费大量 CPU 的时间。为此，采用直接存储器存取(DMA)方式，使数据的传送不经过 CPU，由 DMA 控制器来实现内存与外设，或外设与外设之间的直接快速传送。

DMA 方式实际上是把输入/输出过程中外设与内存交换数据的那部分操作与控制交给了 DMA 控制器，简化了 CPU 对输入/输出的控制。在查询和中断方式下，数据传送过程中的一些操作，如存数和取数、地址刷新和计数以及检测传送是否结束等，是由软件控制相应的指令实现的。在 DMA 方式下，这些操作都由 DMA 控制器的硬件实现，因此传送速率很高，这对高速度大批量数据传送特别有用。例如，磁盘子系统和高速数据采集系统中均采用 DMA 方式。但这种方式要求设置 DMA 控制器，电路结构复杂，硬件开销大。

习 题 5

1. 为什么要在 CPU 与外设之间设置接口?
2. 微型计算机的接口一般应具备哪些功能?
3. 接口电路的硬件一般由哪几部分组成?
4. 什么是端口?I/O 端口的编址方式有几种? 各有何特点?8086 系统中采用哪种编址方式?
5. 一般的 I/O 接口电路安排有哪三类寄存器? 它们各自的作用是什么?
6. 常见的 I/O 端口地址译码电路一般有哪几种结构形式?
7. I/O 地址线用作端口寻址时，高位地址线和低位地址线各作何用途? 如何决定低位地址线的根数?
8. 译码器译码电路一般由哪几部分组成?
9. 若要求 I/O 端口读/写地址为 264H，则在图 5-4 中的输入地址线要作哪些改动?
10. 图 5-5 是 PC 机系统板的 I/O 端口地址译码器电路，它有何特点? 试根据图中地址线的分配，写出 DMAC、INTR、T/C 以及 PPI 的地址范围。
11. CPU 与外设之间的数据传送方式有哪几种? 它们各应用在什么场合? 试比较这几种基本输入输出方式的特点。
12. CPU 与外设进行数据传送时，采用哪一种传送方式 CPU 的效率最高?
13. 查询传送方式、中断传送方式和 DMA 传送方式分别用什么方法启动数据传送过程?

第 6 章 存 储 器

存储器是计算机系统的核心部件之一，用来存放数据和程序。有了存储器，计算机才具有记忆信息的功能，才能把计算机要执行的程序、要处理的数据以及处理的结果存储在计算机中。微型计算机系统对存储器的要求是容量大、速度快、成本低，但这三者在同一存储器中不可兼得。为了解决这一矛盾，微机通常采用分级存储器结构。

内存是计算机主机的一个组成部分，用于存放与 CPU 频繁交换的程序和数据，要求它的存取速度和 CPU 的处理速度接近，因此成本较高，容量有限。大量的程序和数据等信息还需要外存储器来存放。常用的外存储器有磁盘(硬盘和软盘)、光盘等，外存的存储容量大、成本低，但工作速度亦低，另外 CPU 要使用外存中的信息还必须通过专门的硬件设备将所需的信息传送到内存中。

本章在对半导体存储器作一般介绍的基础上，重点讨论 RAM 和 ROM 的工作原理、结构、特点，与 CPU 的接口和应用实例，并介绍高速缓冲存储器和虚拟存储器。

6.1 存储器概述

6.1.1 存储器体系结构

现代计算机存储系统的层次结构很好解决了对存储器的存取速度、存储容量和单位成本的问题。图 6-1 是不同容量、不同读/写速度的存储器按一定规则组成的金字塔式多层存储体系的结构示意图，越往上存储器件的速度越快，CPU 的访问速度越高，同时单位存储容量的价格也越高，存储容量越小。

CPU 内部寄存器组位于金字塔最顶部，存取速度最快，用于暂存 CPU 当前操作所需要的信息，向下依次为 CPU 内的 Cache(高速缓冲存储器)、主板上的 Cache(由 SRAM 组成)、主存储器(由 DRAM 组成)和大容量辅助存储器(半导体盘、磁盘、光盘等)。高速缓存主要用于存放当前系统中最活跃的程序或数据。主存储器与高速缓存相比，存储容量较大，速度较慢，用于存储系统常驻程序和数据及当前正在运行的非常驻程序和数据。辅助存储器与主存储器相比，容量大，速度慢，用于存储 CPU 暂不执行的程序和数据等。CPU 和缓存、主存都能直接交换信息，但不能与辅存直接交换信息。

存储系统层次结构主要体现在缓存-主存和主存-辅存两个存储层次。缓存-主存层次主要解决 CPU 和主存速度不匹配的问题，而主存-辅存层次主要解决存储系统的容量问题。

6.1.2 半导体存储器的分类

半导体存储器由于具有体积小、速度快、耗电少、价格低等优点而在微机系统中得到广泛的应用。半导体存储器种类繁多，用途各异，性能差别大，在进行存储器及其接口设计时，必须了解各类存储器的结构和技术指标。

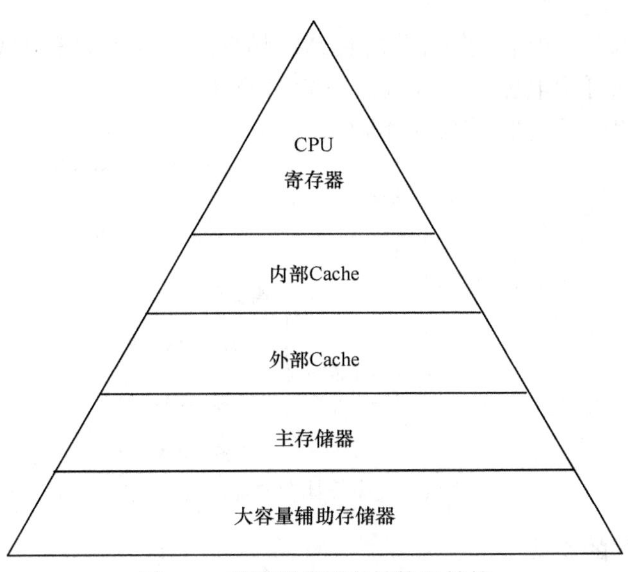

图 6-1　存储器多层存储体系结构

半导体存储器通常按照制造工艺和存取方式进行分类。

1. 按制造工艺分类

根据制造工艺的不同，可将半导体存储器分为双极型和 MOS 型两大类。

(1) 双极(Bipolar)型，由 TTL(Transistor-Transistor Logic)晶体管逻辑电路构成。该类存储器工作速度快，与 CPU 处在同一量级，但集成度低、功耗大、价格偏高，在微型机系统中常用作高速缓冲存储器(Cache)。

(2) 金属氧化物半导体(Metal-Oxide-Semiconductor)型，简称 MOS 型。该类型器件有多种制造工艺，如 NMOS(N 沟道 MOS)、HMOS(高密度 MOS)、CMOS(互补型 MOS)、CHMOS(高速 CMOS)等。它可用来制作多种半导体存储器件，如静态 RAM、动态 RAM、EPROM、E^2PROM、Flash Memory 等。该类存储器集成度高、功耗低、价格低，但速度较双极型器件慢。微型机的内存主要由 MOS 型半导体存储器件构成。

2. 按存取方式分类

根据存取方式的不同，半导体存储器可以分为随机存取存储器(Random Access Memory，RAM)和只读存储器(Read Only Memory，ROM)两大类。

(1) 随机存取存储器，也称为随机存储器或读写存储器。这种存储器可使信息随时写入或读出。一般的 RAM 芯片，关闭电源后所存信息将全部丢失，故而常用来暂存运行的程序和数据。

根据存储电路的性质，RAM 又可进一步分为静态 RAM 和动态 RAM 两种类型。静态 RAM 采用双稳电路存储信息，而动态 RAM 则以电容上的电荷存储信息。相比之下，静态 RAM 速度更快，而动态 RAM 的集成度更高、功耗和价格更低，但由于动态 RAM 中的信息会随电容上电荷的泄漏而丢失，所以动态 RAM 必须定时刷新。

(2) 只读存储器。ROM 是一种在工作过程中只能读不能写的非易失性存储器，掉电后所存信息不会丢失，通常用来存放固定不变的程序和数据，如引导程序、基本输入输出系统(BIOS)程序等。

ROM 按其性能的不同可分为掩膜式 ROM、熔炼式可编程的 PROM、可用紫外线擦除、可编程的 EPROM 和可用电擦除、可编程的 E^2PROM 等。

图 6-2 为微型计算机中半导体存储器的分类。

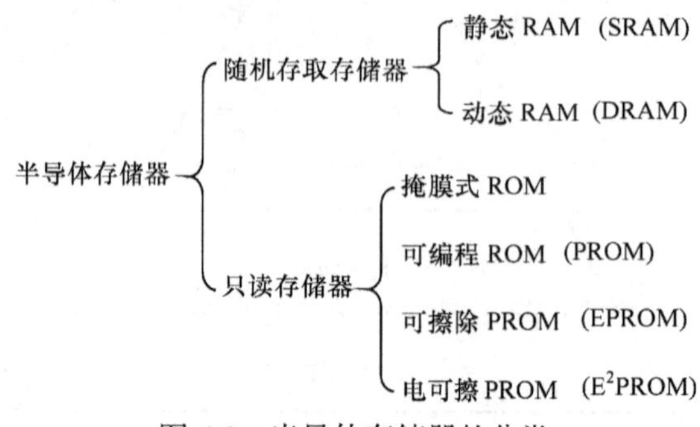

图 6-2 半导体存储器的分类

6.1.3 半导体存储器的组成

常用的半导体存储芯片由存储体、地址译码器、控制逻辑电路、数据缓冲器 4 部分组成。图 6-3 给出了一般存储芯片的组成示意图。

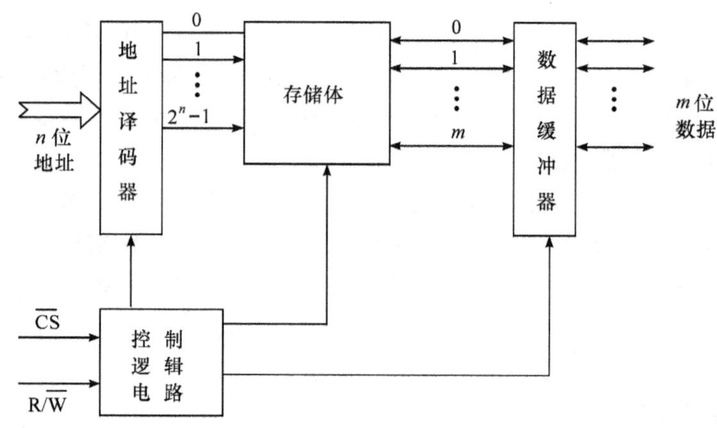

图 6-3 存储芯片组成示意图

1. 存储体

存储体即存储芯片的主体，它由若干个存储单元组成，每个存储单元又由若干个基本存储电路(或称存储元)组成，每个存储元可存放一位二进制信息。通常，一个存储单元为一字节，存放 8 位二进制信息，即以字节来组织。为了区分不同的存储单元和便于读/写操作，每个存储单元有且仅有一个地址(称为存储单元地址)，CPU 访问时按地址访问。为了减少存储器芯片的封装引线数和简化译码器结构，存储体总是按照二维矩阵的形式来排列存储元电路。体内基本存储元的排列结构通常有两种方式：一种是“多字一位”结构(简称“位结构”)，即将多个存储单元的同一位排在一起，共用一根列选线，其容量表示成 N 字×1 位。例如，1K×1 位，4K×1 位。另一种排列是“多字多位”结构(简称字结构)，即将一个单元的若干位(如 4 位、8 位)连在一起，共用一根列选线，其容量表示为 N 字×4 位/字或 N 字×8 位/字，如静态 RAM 的 6116 为 2K×8，6264 为 8K×8 等。

2. 地址译码器

接收来自 CPU 的 n 位地址，经译码后产生 2^n 个地址选择信号，实现对片内存储单元的选址。

3. 控制逻辑电路

接收片选信号 $\overline{CS}$ 及来自 CPU 的读/写控制信号，形成芯片内部控制信号，控制数据的读出和写入。

4. 数据缓冲器

用于暂时存放来自 CPU 的写入数据或从存储体内读出的数据。暂存的目的是为了协调 CPU 和存储器在读写速度上的差异。

6.1.4 半导体存储器的主要性能指标

衡量半导体存储器的性能指标有很多，包括存储容量、存取速度、功耗、可靠性、价格、体积、重量、电源种类等。

1. 存储容量

存储器所能记忆信息的多少即存储器所包含记忆单元的总位数称为存储容量。对于字节编址的微型机，以字节数表示容量，如某微型机的容量为 64M 字节(64MB)。

2. 存取速度

存取速度是以存储器的存取时间来衡量的。它指从 CPU 给出有效的存储地址到存储器给出有效数据所需的时间，一般为几百纳秒。存取时间越小，则存取速度越快。存取时间主要是与存储器的制造工艺有关，双极型半导体存储器的速度高于 MOS 型的速度，但随着工艺的提高，MOS 型的速度也在提高。目前，高速缓冲存储器(Cache)的存取时间已小于 20ns。

3. 功耗

功耗反映了存储器耗电的多少，同时也相应地反映了其发热程度(温度会限制集成度的提高)。半导体存储器通常要求功耗要小，这对其工作稳定有利。双极型半导体存储器功耗高于 MOS 型存储器，相应的 MOS 型存储芯片的集成度高于双极型。

4. 可靠性

可靠性通常以平均无故障时间(MTBF)来衡量。平均无故障时间可以理解为两次故障之间的平均时间间隔，平均无故障时间越长，则可靠性越高。集成存储芯片一般在出厂前需经过测试以保证很高的可靠性。

5. 性能/价格比

性能/价格比用于衡量存储器的经济性能，是存储容量、存取速度、可靠性、价格等的一个综合指标，其中的价格还应包括系统中使用存储器时而附加的线路的价格。用户选用存储器时，应针对具体用途，侧重考虑满足某种性能，且有利于降低整个系统的价格。例如选用外存储器要求大的存储容量，但对于存取是否高速则不作要求；高速缓存 Cache 要求高的存取速度，但对于存储容量则不做过多要求。

6.2　随机存取存储器

随机存取存储器(RAM)是指工作时可以随时读出或写入信息的存储器，主要用来存放当前运行的程序、各种输入输出数据、中间运算结果及堆栈等。按照芯片内部基本存储电路结构的不同，分为静态 RAM(SRAM)和动态 RAM(DRAM)两类。

6.2.1　静态 RAM

1. SRAM 的基本存储电路

SRAM 的基本存储电路如图 6-4 所示。由 T_1～T_6 这 6 个 MOS 管组成的双稳态电路构成一个基本存储单元，用它存放一位二进制信息。该电路有两种稳定状态：T_1 截止，T_2 导通为状态“1”；T_2 截止，T_1 导通为状态“0”。

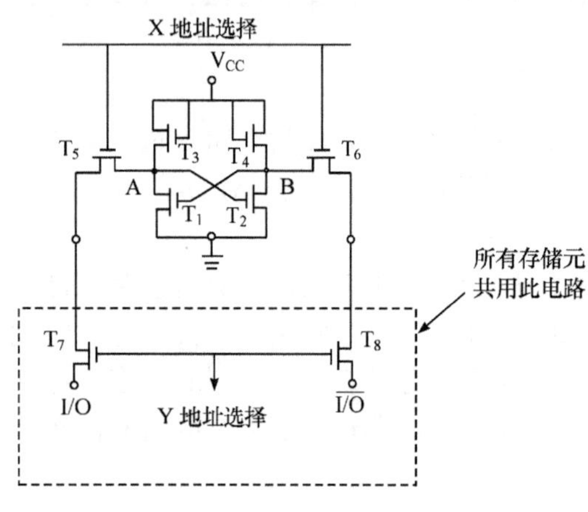

图 6-4　SRAM 的基本存储电路

图 6-4 中，T_3、T_4 是负载管，T_1、T_2 是工作管，T_5、T_6、T_7、T_8 是控制管，其中 T_7、T_8 为所有存储单元所共用。

写操作时，若要写入“1”，则 I/O=1，$\overline{I/O}$=0，X 地址选择线为高电平，使 T_5、T_6 导通，同时 Y 地址选择线也为高电平，使 T_7、T_8 导通，要写入的内容经 I/O 端和 $\overline{I/O}$ 端进入，通过 T_7、T_8 和 T_5、T_6 与 A、B 端相连，使 A=“1”，B=“0”，这样就迫使 T_2 导通，T_1 截止。当输入信号和地址选择信号消失后，T_5、T_6、T_7、T_8 截止，T_1、T_2 就保持被写入的状态不变。只要不掉电，写入的信息“1”就能保持不变。写入“0”的原理与此类似。

读操作时，若某个存储元被选中(X、Y 地址选择线均为高电平)，则 T_5、T_6、T_7、T_8 都导通，于是存储元的信息被送到 I/O 端或 $\overline{I/O}$ 上。I/O 端和 $\overline{I/O}$ 经驱动放大后连接到一个差动放大器上，从其电流方向即可判断出所存信息是“1”还是“0”。

2. SRAM 的读写过程

如图 6-5 所示，为 4K×1 位 SRAM 双译码存储器结构图，其中存储体被排列成 64×64 的矩阵形式，它的读写工作过程如下。

1) 读出过程

(1) 地址码 A_{11}～A_0 加到 SRAM 芯片的地址输入端，经 X 与 Y 地址译码器译码，产生行选通、列选通信号，选中某一单元。例如，A_{11}～A_0=000001000001 时，经译码产生行选通信号 X_1 和列选通信号 Y_1，则两者相交处的(1, 1)单元被选中。

(2) 被选中单元的信息(0 或 1)经一定时间出现在 I/O 电路的输出端。I/O 电路对读出信号放大、整形后送双向三态缓冲器。

(3) 在送上地址码的同时，还要送上输出允许信号 $\overline{OE}$ 和片选信号 $\overline{CE}$。$\overline{OE}$ 和 $\overline{CE}$ 有效，

双向三态缓冲器的输出三态门打开，所读信息送至 DB 总线上，于是存储单元中的信息被读出。

2) 写入过程

(1) 地址码 A_{11}～A_0 加到 SRAM 芯片的地址输入端，选中相应的存储单元。

(2) 将要写入的数据放在 DB 上。

(3) 加上有效的片选信号 $\overline{CE}$ 和写信号 $\overline{WE}$，这时三态门打开，DB 上的数据进入输入电路，送到存储单元的位线上，写入该存储单元。

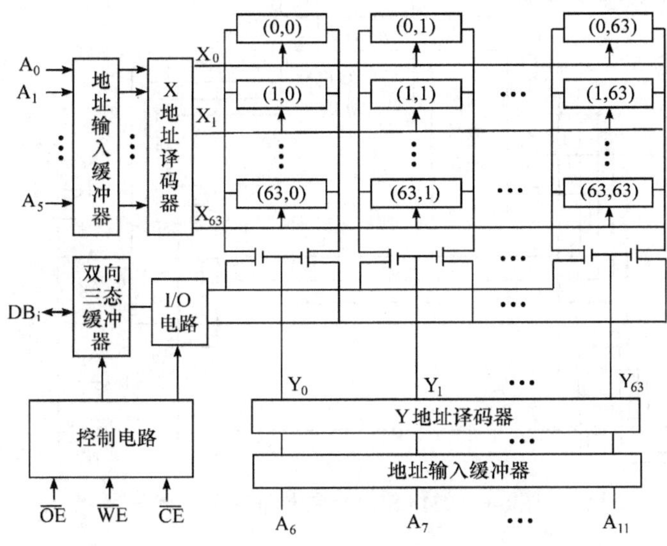

图 6-5　4K×1 位的存储器结构

3. 典型 SRAM 芯片

目前，各种中、高档 PC 系列微机和工作站普遍采用 SRAM 芯片组成 CPU 外部的高速缓冲器 Cache，一般的单片机开发系统、单板机系统及早期的低档微机中多采用 SRAM 构成存储器的 RAM 子系统。

常用的 SRAM 芯片有 Intel 2114(1K×4)、2142(1K×4)、6116(2K×8)、6232(4K×8)、6264(8K×8)、和 62256(32K×8)等。

下面以 Intel 2114 为例，介绍 SRAM 芯片的工作方式及内部结构。Intel 2114 是一种存储容量为 1K×4 位、存储时间最大为 450ns 的 SRAM 芯片。Intel 2114 芯片各引脚功能如表 6-1 所示。

表 6-1　Intel 2114 芯片引脚功能说明

符号	名称	功能说明
A_0～A_9	地址线	接相应地址总线，用来对某存储单元寻址
I/O_1～I/O_4	双向数据线	用于数据写入和读出
$\overline{CS}$	片选线	低电平时，选中该芯片
$\overline{WE}$	写允许线	$\overline{CS}$=0，$\overline{WE}$=0 时写入数据；$\overline{CS}$=0，$\overline{WE}$=1 时读出数据
V_{CC}	电源线	+5V

Intel 2114 芯片内部结构框图如图 6-6 所示，其存储矩阵为 64×64，由 10 根地址线 A_0～A_9分为列选和行选双译码后进行存储单元选择。A_0～A_3用于列选译码，产生 16 根列选择线，每根同时接至 4 位，存储芯片的内部数据通过 I/O 电路及输入三态门和数据总线相连。由片选信号 $\overline{CS}$ 和写允许信号 $\overline{WE}$ 一起控制这些三态门。

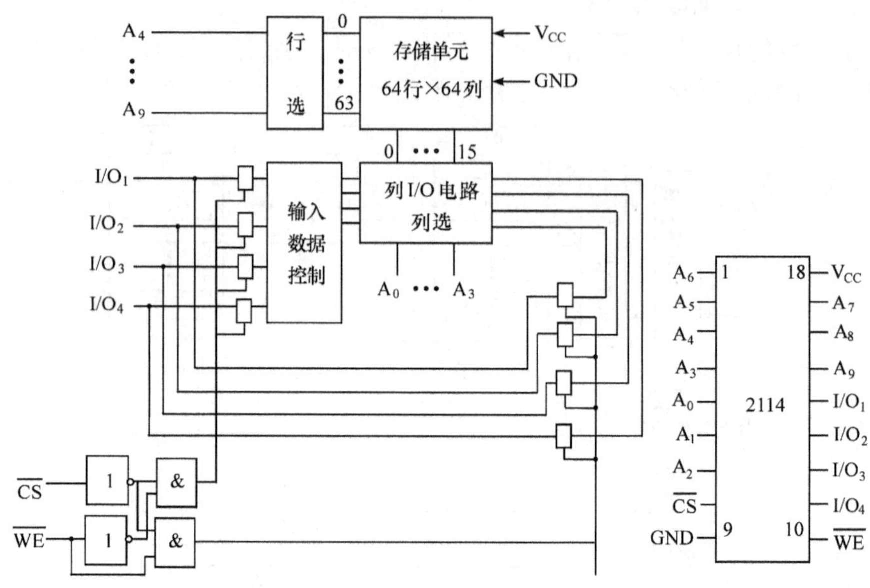

图 6-6　2114 SRAM 结构框图及引脚图

6.2.2　动态 RAM

1. DRAM 的基本存储电路

DRAM 是以 MOS 晶体管栅极电容充电来存储信息的，其基本单元电路一般由四管、三管和单管组成。最简单的 DRAM 基本存储元电路由一个 MOS 管 T 和一个电容 C 组成，如图 6-7 所示。

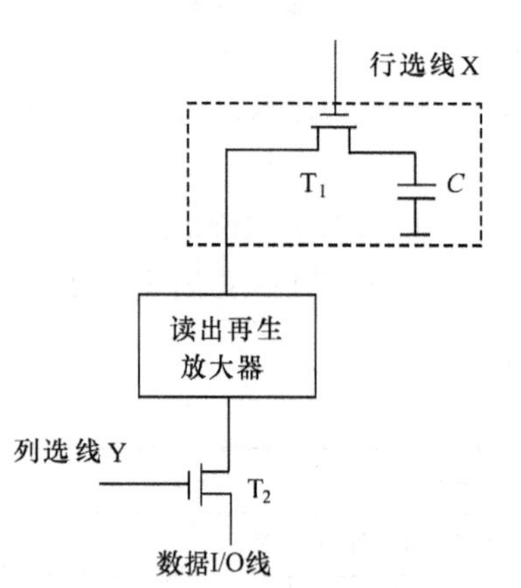

图 6-7　单管 DRAM 基本存储电路

T_2为一列基本存储单元电路上共有的控制管，电容 C 有电荷表示“1”，无电荷表示“0”。若地址经译码后选中行选线 X 及列选线 Y，则 T_1、T_2同时导通，可对该单元进行读/写操作。

写操作时，被写入信息从 I/O 线输入。如写“1”时，I/O 线上为高电平，经 T_2、T_1对电容 C 充电，电容 C 上便有了电荷；若写“0”，则 I/O 线上为低电平，电容 C 向数据 I/O 线放电，直至电容 C 上无电荷。

读操作时，如原存信息为“1”，则电容 C 上的电荷经 T_1 向读出再生放大器放电，产生“1”的输出信号经 T_2 送至 I/O 线上；若原有信息为“0”，C 上无电荷，不产生电流，即输出“0”信号。

这种单管动态存储元电路的优点就是结构简单、集成度高且功耗小。缺点是列线对地间的寄生电容大，噪声干扰也大，因此，要求 C 值比较大，读出再生放大器应有较高的灵敏度和放大倍数。

2. DRAM 的特点

1) DRAM 芯片的结构特点

DRAM 与 SRAM 一样，都是由许多基本存储元电路按行、列排列组成二维存储矩阵。为了降低芯片的功耗，保证足够高的集成度，减少芯片对外封装引脚数目和便于刷新控制，DRAM 芯片都设计成位结构形式，即每个存储单元只有一位数据位，一个芯片上含有若干字，如 4K×1 位，8K×1 位，16K×1 位，64K×1 位或 256K×1 位等。

DRAM 芯片集成度高，存储容量大，因而要求地址线引脚数量多。由于超过 28 引脚的芯片进行封装，对工艺上的要求较高，所以 DRAM 芯片常将地址输入信号分成两组，采用两路复用锁存方式，即分两次把地址送入芯片内部锁存起来，以减少引脚数量。

2) DRAM 的刷新

由于电容 C 存在漏电现象，C 上的高电位只能保持几毫秒。因此，必须定期给已充电的电容补充电荷，以保证存储的信息不变。所谓刷新，就是不断地每隔一定时间(一般每隔 2ms)对 DRAM 的所有单元进行读出，经读出放大器放大后再重新写入原电路中，以维持电容上的电荷，进而使所存信息保持不变。因此，对 DRAM 必须设置专门的外部控制电路和安排专门的刷新周期来系统地对 DRAM 进行刷新。

刷新类似于读操作，但刷新时不发送片选信号或不发送列地址。由于刷新时列选择线为低电平，所以读出的信息不会送到数据线上。对 DRAM 的刷新是按行进行的，每刷新一次的时间称为刷新周期。从上一次对整个存储器刷新结束到下一次对整个存储器全部刷新一遍所用的时间间隔称为最大的刷新时间间隔，一般为 2ms。

3. 典型 DRAM 芯片

目前，市场上的 DRAM 芯片种类很多，常用的有 Intel 2116、2118、2164 等。现以 Intel 2116 为例对 DRAM 的芯片特性作一介绍。

Intel 2116 是一种单管基本存储单元电路构成的 DRAM 芯片，容量为 16K×1 位。

1) 芯片的引脚

Intel 2116 是 16 根引脚的双列直插式芯片，它的引脚功能见表 6-2。

表 6-2　Intel 2116 的引脚名

符号	名称	符号	名称
$A_0 \sim A_6$	地址输入	$\overline{WE}$	写(或读)允许
$\overline{CAS}$	列地址选通	V_{BB}	电源(−5V)
$\overline{RAS}$	行地址选通	V_{CC}	电源(+5V)
D_{in}	数据输入	V_{DD}	电源(+12V)
D_{out}	数据输出	V_{SS}	地

2) 内部结构

Intel 2116 内部结构框图如图 6-8 所示，Intel 2116 DRAM 芯片内部把 16K×1 位的存储单元排列成 128×128 矩阵，这样，地址输入线只要有 7 根就够了。芯片内部设有两个地址锁存器，分别为行地址锁存器和列地址锁存器。芯片的 7 条地址线分两次将 14 位地址按行、列两部分分别引入芯片。先把 7 位行地址 A_0～A_6 在行地址选通信号 $\overline{RAS}$ 有效时，通过 2116 的 A_0～A_6 输入线送行地址锁存器，而后把 7 位列地址 A_7～A_{13} 在列地址选通信号 $\overline{CAS}$ 有效时，通过 2116 的 A_0～A_6 输入线送到列地址锁存器。7 位行地址也用作刷新地址，刷新时地址计数，实现一行一行的刷新。

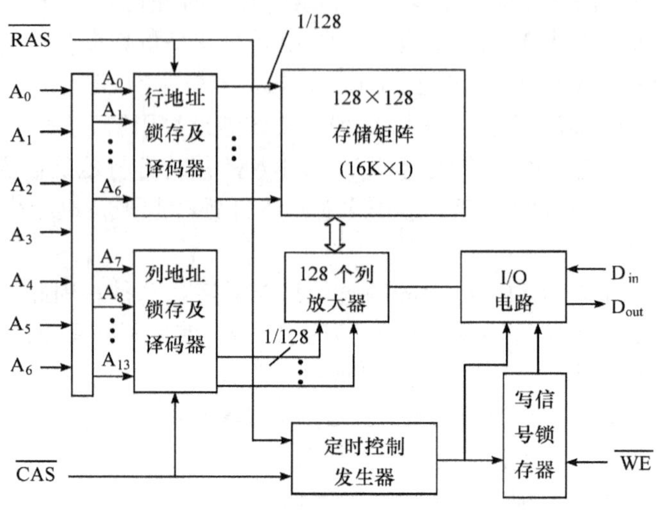

图 6-8　Intel 2116 内部结构框图

7 位行地址经过译码，产生 128 条行选择线，分别选择 128 行；7 位列地址经过译码也产生 128 条列选择线，分别选择 128 列。

当某一行被选中时，这一行的 128 个基本存储电路的内容都被选通读出到列放大器，在那里每个基本存储电路的逻辑电平都被鉴别和重写。而列译码器只选通 128 个列放大器中的一个，在定时控制发生器及写信号锁存器的控制下，送至 I/O 电路。

值得注意的是，电路的数据输入端(D_{in})与数据输出端(D_{out})是分开的，它们具有各自的锁存器。另外，这个存储芯片没有片选信号 $\overline{CS}$，而是行地址选通信号 $\overline{RAS}$ 兼作片选信号，在整个读、写周期均处于有效状态。控制信号 $\overline{WE}$ 用于控制读/写操作：当 $\overline{WE}$ 为低电平时，为写操作；当 $\overline{WE}$ 为高电平时，为读操作。

6.2.3　PC 机内存条

随着 PC 技术的发展，对内存条容量、性能的要求不断提高，构成内存条的 DRAM 也经历了几代变更，从早期的 DRAM 到 SDRAM、DDR SDRAM、DDR2 SDRAM 以及目前常用的 DDR3 SDRAM。

1. SDRAM(Synchronous Burst DRAM，同步突发内存)

SDRAM 采用多体存储器结构和突发模式，为双存储体结构，也就是有两个存储阵列，一个被 CPU 读取数据时，另一个已经做好被读取的准备工作，两者相互自动切换，使得存取效率成倍提高，并且将内存与 CPU 以相同时钟频率控制，使内存与 CPU 外频同步，取消等待时间，其传输速率比 EDO DRAM 快许多，可达 6ns。

它也将一组 DRAM 芯片安装在一块印制板上，称为 DIMM(Dual in-line Memory Module，双

列直插内存模块)内存条，印制板一面84线，双面为168线，3.3V电压供电，数据宽度64位。

2. DDR(Double Data Rate, 双倍数据速率)SDRAM

DDR SDRAM即平常常说的DDR内存。传统的SDRAM内存只在时钟周期的上升沿传输指令、地址和数据，而DDR SDRAM内存的数据线有特殊的电路，可以让它在时钟的上下沿都传输数据。所以DDR在每个时钟周期可以传输2个字(4字节)，而SDRAM只能传输一个字。它的速度比SDRAM提高一倍，其核心建立在SDRAM基础上，但在速度和容量上有所提高。它比SDRAM使用更多、更先进的同步电路，而且采用DLL(Delay Locket Loop，延时锁定回路)提供一个数据滤波信号(Data Strobe Signal)，当数据有效时，存储控制器可使用这个数据滤波信号来精确定位数据，每16次输出一次。DDR SDRAM本质上不需要提高时钟频率就能加倍提高SDRAM的速度。

DDR SDRAM内存也是DIMM封装，外观与SDRAM内存很相似，但不兼容。SDRAM有两个定位槽，DDR SDRAM只有一个；SDRAM电压为3.3V，DDR SDRAM为2.2V；SDRAM为168线，DDR SDRAM为184线。

3. DDR2(Double Data Rate 2，双倍数据速率第二代) SDRAM

DDR2是由JEDEC(电子设备工程联合委员会)进行开发的新生代内存技术标准，它同样采用在时钟信号的上升/下降沿同时进行数据传输的基本方式，但DDR2内存拥有两倍于上一代DDR内存预读取能力(即4bit数据读预取)。换句话说，DDR2内存每个时钟能够以4倍外部总线的速度读/写数据，并且能够以内部控制总线4倍的速度运行。DDR2标准规定所有DDR2内存均采用FBGA封装形式。DDR2内存规格有DDR2-400、DR2-533、DDR2-667、DDR2-800四种型号。在内存容量上，常见的规格有256MB～2GB不等。DDR2已被DDR3取代。

4. DDR3(Double Data Rate 3，双倍数据速率第三代)SDRAM

DDR3 SDRAM也采用在时钟信号的上升/下降沿同时进行数据传输的基本方式，但与DDR2 SDRAM不同的是，DDR3 SDRAM采用8位预取设计，其数据传输率是其内核工作频率的8倍。DDR3内存条的工作频率主要有800MHz、1066MHz、1333MHz、1600MHz等多种规格，共240个引脚，采用1.5V供电。内存控制器与DDR3内存模块间是点对点和点对双点的关系，大大减轻了地址/命令/控制与数据总线的负载。

5. DDR4(Double Data Rate 4，双倍数据速率第四代)SDRAM

DDR4 SDRAM于2014年开始投放到市场上，进一步提高工作速率和集成度，相比于DDR3代主要改进有以下四点：①采用16位的预取机制，速度比DDR3提高一倍；②在同样的内核工作频率下，速度是DDR3的两倍；③更高的集成度，理论上单条内存最大容量可以达到512GB，而DDR3只能达到128GB；④工作电压降至1.2V，降低功耗。由于工作电压降低，使得其接口不再兼容以往的内存型号。DDR4内存条的工作频率主要有1600MHz、1866.67MHz、2133.33MHz、2400MHz、3000MHz等。

6.3 只读存储器

只读存储器是指在机器运行期间，只能读出事先写入的信息，而不能将信息写入其中的存储器，主要用来保存固定的程序和数据，如监控程序，启动程序，BIOS 等。ROM 比 RAM 的集成度高且成本低。对于可编程的 ROM 芯片，可用特殊方法将信息写入，该过程称为编程；对可擦除的 ROM 芯片，可采用特殊方法将原信息擦除，以便再次编程。

ROM 按信息写入的方式不同可分为不可编程掩膜 ROM、可编程 PROM、可擦除可编程 EPROM 和电可擦写可编程 E^2PROM 等。掩膜 ROM 和 PROM 在用户系统中较少使用，掩膜型只读存储器是由生产厂家采用掩膜工艺，在生产过程中将固定的程序代码直接注入 ROM 芯片内，用户不能修改其内容。掩膜 ROM 大量生产时，成本很低。掩膜 ROM 只能用于特定场合，它给用户带来很大的限制，灵活性低。PROM 在一定程度上克服了固定掩膜 ROM 的缺点。生产厂家在生产这种 ROM 时，并不将程序代码写入，而是写入全 1(或全 0)信息，待用户使用时，根据需要以编程方式写入自己的程序代码。但用户一次编程写入代码后，就不能再对写入的内容进行修改擦除，即 PROM 为一次可编程只读存储器。用户写入信息是利用专用的编程器，写入一个 PROM 只要几分钟，操作非常方便。但是，PROM 的一次编程性不适于在研制产品过程中使用。本节主要介绍 EPROM 和 E^2PROM。

6.3.1　可擦除可编程(EPROM)

EPROM 是一种可由用户进行编程并可用紫外线擦除的只读存储器。擦除时，用紫外线照射芯片上的窗口，即可清除存储的内容。擦除后的芯片可以使用专门的编程写入器对其重新编程(写入新的内容)。存储在 EPROM 中内容能够长期保存达几十年之久，而且掉电后其内容也不会丢失。所以在微机产品的研制、开发和生产中应用广泛。

1. 基本存储电路和工作原理

EPROM 的基本存储电路如图 6-9(a)所示，其关键部件是 FAMOS 场效应管。FAMOS (Floating grid Avalanche injection MOS)的意思是“浮置栅雪崩注入型 MOS”。图 6-9(b)显示 FAMOS 管(即浮置栅场效应管)的结构。

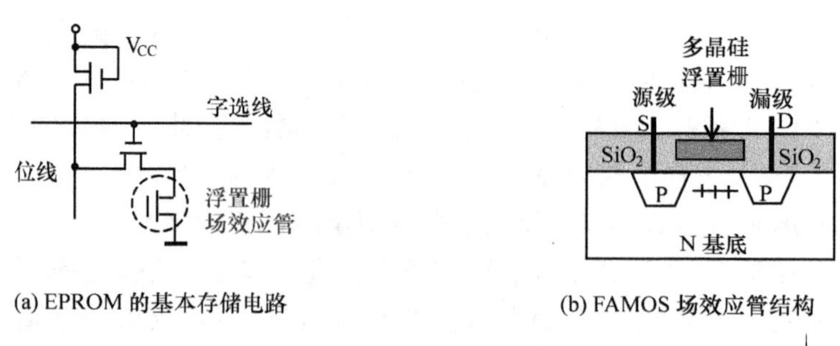

(a) EPROM 的基本存储电路　　(b) FAMOS 场效应管结构

图 6-9　EPROM 的基本存储电路和 FAMOS 结构

该管是在 N 型的基底上做出 2 个高浓度的 P 型区，从中引出场效应管的源极 S 和漏极 D；其栅极 G 则由多晶硅构成，悬浮在 SiO_2 绝缘层中，故称为浮置栅。出厂时，所有 FAMOS 管的栅极上没有电子电荷，源、漏两极间无导电沟道形成，管不导通，此时它存放信息“1”；如果设法向浮置栅注入电子电荷，就会在源、漏两极间感应出 P 沟道，使管导通，此时它存放信息“0”。由于浮置栅悬浮在绝缘层中，所以一旦带电后，电子很难泄漏，使信息得以长期保存。至于能够保存多长时间，与芯片所处的温度、光照等环境因素有关。例如，在 20℃的温度下信息可保存 10 年以上；若将芯片置于紫外灯下照射，则信息将在十几分钟内丢失。

2. 编程和擦除过程

EPROM 的编程过程实际上就是对某些单元写入"0"的过程，也就是向有关的 FAMOS 管的浮置栅注入电子的过程。采用的办法是：在管子的漏极加一个高电压，使漏区附近的 PN 结雪崩击穿，在短时间内形成一个大电流，一部分热电子获得能量后将穿过绝缘层，注入浮置栅。由于该过程的时间被严格控制(几十毫秒)，所以不会损坏管子。

擦除的原理与编程相反，通过向浮置栅上的电子注入能量，使得它们逃逸。擦除时，一般采用波长2537Å的15W紫外灯管，对准芯片窗口，在近距离内连续照射15～20分钟，即可将芯片内的信息全部擦除。出于同样的道理，编程后的芯片窗口应贴上不透光的封条，以保护它不受紫外线的照射。由于每一次紫外光照射时是通过石英窗口对整个芯片照射，所以不能实现部分擦除，这是EPROM的不足之处。

3. 典型的 EPROM 芯片介绍

目前应用较广，也较典型的 EPROM 芯片有 Intel 2716(2K×8)、Intel 2732(4K×8)、Intel 2764(8K×8)、Intel 27128(16K×8)、Intel 27256(32K×8)、Intel 27512(64K×8)等。前两种采用 24 引脚封装，后几种采用 28 引脚封装。它们皆为双列直插式芯片。现以 Intel 2716 为例对 EPROM 的芯片特性和工作方式进行介绍。

1) 芯片特性

Intel 2716 的容量为 2K×8 位，工作电压为＋5V，存取时间约 450ns，各引脚功能如表 6-3 所示。

表 6-3 Intel 2716 芯片引脚功能说明

符号	名称	功能说明
A_0～A_{10}	地址线	接相应的地址总线，用来实现对某存储单元寻址
D_0～D_7	数据线	接数据总线，用于工作时数据读出
$\overline{CE}$ (PD/PGM)	片选(功率下降/编程)线	工作时作为片选信号，编程写入时接编程脉冲
$\overline{OE}$	输入允许线	控制数据读出
V_{CC}	电源线	＋5V
V_{PP}	电源线	编程时接＋25V，读操作时接＋5V

Intel 2716 芯片的 16K 位基本存储电路排列成 128×128 的阵列，它们被分成 8 个 16×128 的矩阵，每个 16×128 的矩阵代表 2K 字节中的某一位。芯片内部采用双译码方式：11 条地址线中 7 条用于 X 译码，产生 128 条行选择线；4 条用于 Y 译码，产生 16 条列选择线。当某个单元被选中时，同时产生 8 位输出数据。

2) 工作方式

信号线 $\overline{CE}$ 、$\overline{OE}$ 、V_{PP}、V_{CC} 的不同组合决定 2716 芯片的不同工作方式，表 6-4 列出该芯片工作方式的选择。

表 6-4 Intel 2716 芯片工作方式的选择

工作方式 \ 信号线	$\overline{CE}$ (PD/PGM)	$\overline{OE}$	V_{PP}	V_{CC}	D_0～D_7
读	低	低	+5V	+5V	数据输出
输出禁止	无关	高	+5V	+5V	高阻
功率下降	高	无关	+5V	+5V	高阻
编程	由低到高脉冲	高	+25V	+5V	数据输入
编程核实	低	低	+25V	+5V	数据输出
编程禁止	低	高	+25V	+5V	高阻

(1) 读出方式，Intel 2716 在地址有效后，便可从 ROM 矩阵内读出数据。不过，此数据能否经输出缓冲器到达外部数据总线 D_0～D_7，取决于输出控制信号 $\overline{OE}$ 是否有效。

(2) 读出禁止方式，当 $\overline{OE}$ 为高电平时，数据输出线呈高阻状态，即芯片在逻辑上和数据总线相脱开，芯片的输出被禁止送上数据总线。

(3) 维持方式，当多片 Intel 2716 连用时，为了降低总功耗，可仅对允许读出的芯片的 $\overline{CE}$/PGM 加以低电平，其余各芯片的 $\overline{CE}$/PGM 均加以高电平，使之置以维持方式。处于维持方式的各芯片功耗由 525mW 下降到 132mW。

(4) 编程方式，若要向 Intel 2716 写入程序，应使 V_{PP} 接+25V，$\overline{OE}$ 保持高电平，给定地址，选择要写入单元，由 8 位数据线提供欲写入的数据，然后在 $\overline{CE}$/PGM 端加上宽度为 50～55ms 的+5V 脉冲，即可将数据上的信息写入指定的地址单元。

(5) 编程检验方式，在编程结束后，应使数据线浮空，然后进行一次读出操作，检查写入信息是否正确。该方式与读出方式基本相同，只是 V_{PP} 为+25V。

(6) 编程禁止方式，对于多片 Intel 2716 接同一数据总线，为了保证一片正常工作于写入方式，其他芯片的 $\overline{CE}$/PGM 接地(不加编程脉冲)，即工作于禁止编程方式，各片 V_{PP} 皆接至+25V，$\overline{OE}$ 接至高电平。

6.3.2 电可擦除可编程(E^2PROM)

E^2PROM 为电可擦除可编程只读存储器，它比 EPROM 使用方便。它可以字节为单位进行内容改写，而且无论是字节，还是整片改写，均可在应用系统中在线进行。擦除操作一般是在写入过程中自动完成，但擦除、改写时间较读取时间长，约为 10ms(读取时间是 200～250ns)，且写入次数有限制，为几百次到几万次。

E^2PROM 的典型芯片有 2K×8 的 Intel 2816/2817、Intel 2816A/2817A 和 8K×8 的 Intel 2864A。Intel 2816A/2817A 和 Intel 2864A 擦写在+5V 电源下完成，片内集成有升压电路；Intel 2816/2817 靠片外加 21V 到 V_{PP} 引脚进行擦写。

下面以 Intel 2864A 为例，说明 E^2PROM 的基本特点和工作方式。

1. 芯片特性

Intel 2864A 容量为 8K×8，28 个引脚双列直插式封装，如图 6-10 所示，其最大工作电流 160mA，维持电流 60mA，典型读出时间 250ns，最大写入时间 10ms，采用＋5V 供电。Intel 2864A 芯片各引脚功能如表 6-5 所示。

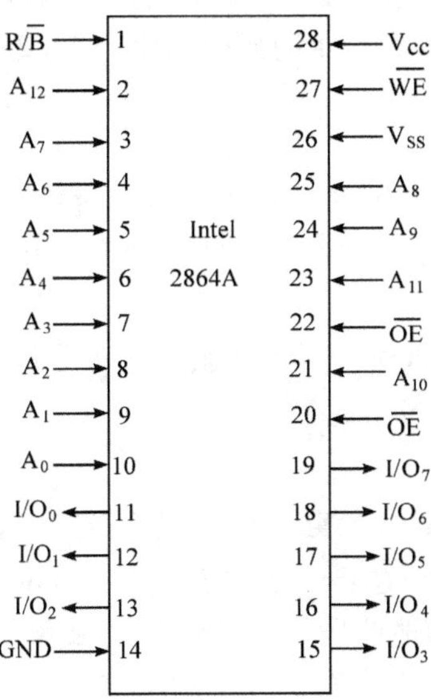

图 6-10　2864A E^2PROM 的引脚

表 6-5　Intel 2864A 芯片引脚功能说明

符号	名称	功能说明
A_{12}～A_0	地址线	输入
I/O_7～I/O_0	数据输入/输出线	双向，读出时为输出，写入/擦除时为输入
$\overline{CE}$	片选和电源控制线	输入，控制数据输入输出
$\overline{WE}$	写入允许控制线	输入，进行擦/写，功率下降操作时，根据 $\overline{CE}$ 和 $\overline{WE}$ 线的电平状态和时序状态控制 2864A 的操作
$\overline{OE}$	数据输出允许线	控制数据读出
V_{CC}	＋5V	电源
R/$\overline{B}$	准备就绪/忙状态线	用来向 CPU 提供状态信号

2. 工作方式

Intel 2864A 有 4 种工作方式：读出、写入、字节擦除、整片擦除和维持方式，如表 6-6 所示。

表 6-6　Intel 2864A E^2PROM 的工作方式

引脚信号 / 工作方式	$\overline{CE}$	$\overline{OE}$	$\overline{WE}$	R/$\overline{B}$	数据线功能
读出	0	0	1	高阻	输出
维持	1	×	×	高阻	高阻
写入	0	1	0	低	输入
字节擦除	字节写入前自动擦除				

1) 读出方式

在读方式时，$\overline{WE}$ = “1”，$\overline{OE}$ = $\overline{CE}$ = “0”，允许 CPU 读取 Intel 2864A 的数据。当 CPU 发出地址信号和相应控制信号，经一定时延(读取时间约 250ns)Intel 2864A 即可将数据送入数据总线。

2) 写入方式/字节擦除

擦除和写入是同一种操作，即都是写入，只不过擦除是固定写“1”即数据输入恒为 TTL 高电平，写入时，数据线上是“0”或“1”。所以，Intel 2864A 具有以字节为单元的擦写功能。

以字节为单位进行写入/擦除时，$\overline{CE}$ 为低电平，$\overline{OE}$ 为高电平，$\overline{WE}$ 脉冲宽度最小为 2ms(低电平)，最大一般不超过 70ms。

3) 整片擦除方式

整片擦除时，所有 8KB 单元全置“1”。整片擦除时，不考虑地址信号，数据线置为 TTL 高电平(即可“1”)，$\overline{WE}$ = $\overline{CE}$ = “0”(低电平)，$\overline{OE}$ 为低(字节擦/写时为高)，$\overline{WE}$ 写脉冲宽度的典型值为 10ms，其他信号与字节擦/写方式相同。

4) 维持方式

维持方式也就是低功耗方式。通常，Intel 2864A 在进行擦/写或读操作时的最大电流消耗为 100mA。当器件不操作时，只需将 $\overline{CE}$ 端加一 TTL 高电平 Intel 2864A 便进入维持状态，此时最大电流消耗为 40mA。所以，维持状态可将功耗降低 60%。维持状态时，输出端为浮空状态。

6.3.3 快速擦写存储器

快速擦写存储器(Flash Memory)也称为闪速存储器，是一种新型的半导体存储器，具有非易失性，可重复擦写、高密度、结构简单、低成本和低功耗等优点。Intel 公司于 1988 年首先开发出 NOR FLASH 技术，1989 年 Toshiba 公司开发了 NAND FLASH 结构，为固态大容量内存的实现提供了廉价有效的解决方案。目前，NAND 和 NOR 型 FLASH 是市场上主流的两种 FLASH 类型，广泛应用于手机、数码相机、掌上电脑、固态硬盘及 U 盘等存储介质中。采用 NAND FLASH 作为存储介质组成的固态硬盘 SSD 与目前传统的机械硬盘相比，具有读写速度快、体积小、功耗低、抗震动、数据安全稳定等优点。在计算机中 FLASH 常用于保存系统引导程序 BIOS 和系统参数等信息。

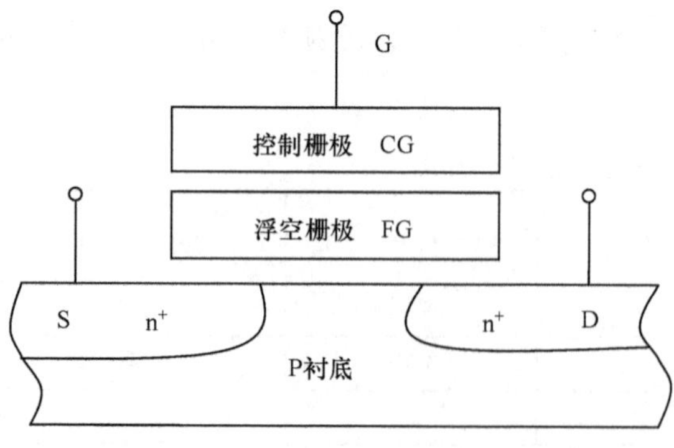

图 6-11 FLASH 存储器基本存储单元结构示意图

1. 基本存储电路和工作原理

FLASH 最早是 Intel 公司基于 EPROM 隧道氧化层的 ETOX(EPROM tunnel oxide)原理提出来的，与 EPROM 类似。它的存储单元核心部件也是一个浮空栅场效应晶体管，通过控制浮空栅极的电荷来控制场效应管源极与漏极之间的通断，不同的是 FLASH 的存储单元是一种双栅极结构，如图 6-11

所示，由控制栅极和浮置栅极组成。浮置栅极由氮化物组成，通过上、下两层二氧化硅绝缘可以存储电荷。存储单元存储的数据通过控制浮空栅极的电荷来实现，在控制栅极施加正常的读取电压后，若浮空栅极存储的电压超过一个特定的阈值 V_{th}，则会在源极和漏极之间形成导电沟道、源极和漏极导通，可以认为该存储单元保存的是“0”；若浮空栅没有电荷，则无法在源极和漏极之间形成导电沟道，源极和漏极断开，可以认为该单元存储的是“1”。另外，通过划分不同的阈值 V_{th} 和检测源极和漏极电流大小，可以实现单个存储单元存储多个位，如目前常见的 SLC、MLC 和 TLC 型 NAND FLASH，但随着阈值 V_{th} 划分得越细，FLASH 的数据可靠度和读写速度都会下降。

2. 编程和擦除过程

FLASH 在写入新数据前都必须先擦除，擦除的过程就是释放浮空栅极电荷的过程，NOR 和 NAND 型 FLASH 的擦除均是基于 F-N 隧穿效应(Fowler Nordheim tunneling)。如图 6-12 所示，通过在源极和控制栅极施加一个正向偏置的较高电压，使浮空栅极和衬底之间的氧化层形成一定强度的电场。由于氧化层很薄(在 0.01μm 以下)，浮空栅级的电子会发生 F-N 隧穿效应，穿过氧化层的势垒扩散到源极，从而释放浮空栅极的电荷，完成擦除写“1”的过程。在写入数据时，这两种类型的 FLASH 工作过程则不同。NAND FLASH 仍然采用的是 F-N 隧道效应实现，在源极衬底和控制栅极上施加一个反向偏置的编程电压，使电荷穿过浮栅极与衬底之间的氧化层给浮栅极充电，完成写“0”的过程。NOR FLASH 则采用的是沟道热电子注入方式，如图 6-13 所示，在栅极和源极之间加一个正向电压 U_{SG}，在漏极和源极之间加一个电压 U_{SD}，漏极和源极之间的导电沟道电子在 U_{SD} 建立的横向加速电场下获得很高的能量，并在栅极电场的吸引下越过氧化层的势垒，形成热电子注入浮栅极，实现充电过程。与 F-N 隧穿效应写入方式比较，沟道热电子注入方式的编程工作电压较低，外围高压工艺也要求较低，但是编程电流很大，功耗较高。

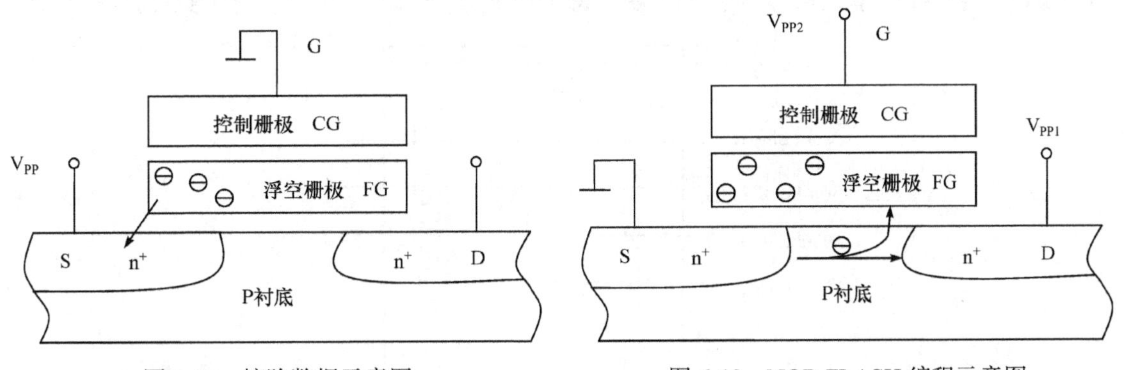

图 6-12 擦除数据示意图　　图 6-13 NOR FLASH 编程示意图

3. 连接与编址

从实现技术角度来说，NOR FLASH 和 NAND FLASH 的主要区别是存储单元间的连接方式不同和读写存储器的接口不同。NOR FLASH 的每个存储单元以并行的方式连接到位线(Bit line)，方便对每一位进行随机存取，如图 6-14 所示。NOR FLASH 拥有完整的存取-映射访问接口，有独立的地址总线和数据总线，可快速随机读取，允许系统之间从 FLASH 中读取执行代码。NOR FLASH 可以单字节或单字编程，但是不能单字擦除，必须以块为单位对整片执行擦除操作，而且擦除速度较慢，一般为几百毫秒，因此很少用在存数据的存储应用中。

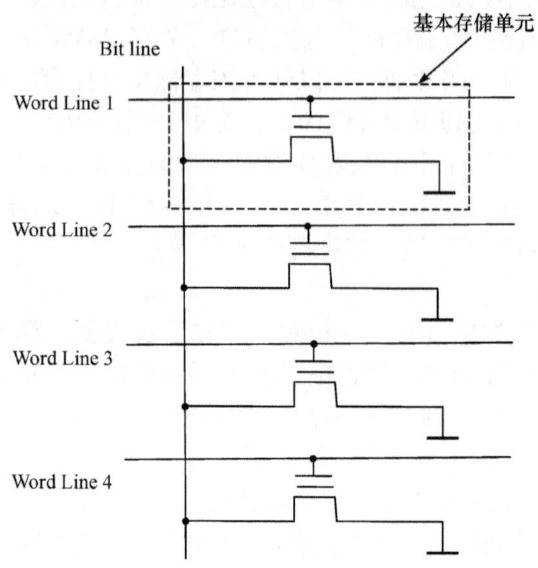

图 6-14　NOR FLASH 基本存储单元并联

由于 NOR FLASH 的每个存储单元都需要并联到位线上，使得工艺上接触孔占用很大的空间，因此不利于集成密度的提高。为进一步提高存储密度，NAND FLASH 各存储单元之间是串联的，如图 6-15 所示，每个位线下一般有 8 个或 16 个存储单元。读取数据时，通过字线(Word Line)和位线锁定某个存储单元，该单元的控制栅极不施加电压，而其他的都施加电压，然后通过位线读取电压或电流信号就可以判断出该位存储的信息。NAND FLASH 的全部存储单元被分为若干个块，每个块又被分为若干个页，每个页一般为 512 字

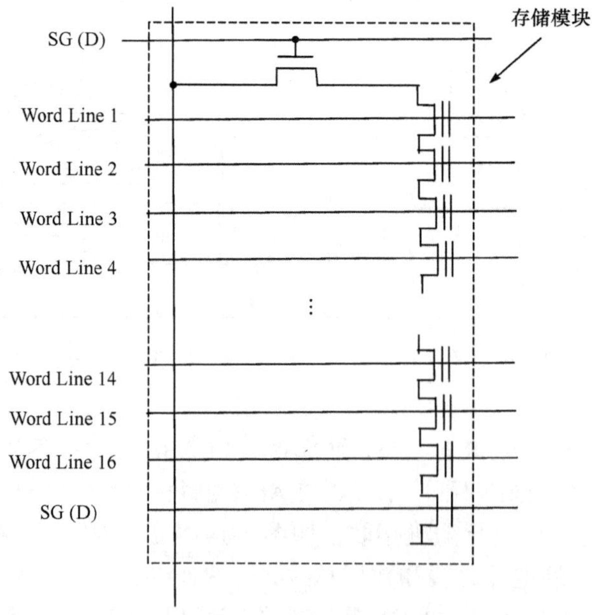

图 6-15　NAND FLASH 基本存储单元串联

节(4K)。I/O 接口采用复用的数据线和地址线，顺序读取速度快，随机读取慢，不能按字节随机编程。NAND FLASH 以页为单位进行读写和编程操作，以块为单位进行擦除操作，其擦除时间一般在 2ms 内，因此写数据比 NOR FLASH 快非常多，但是读数据时需要复用地址数据总线，需先发送地址信息进行寻址，因此速度不如 NOR FLASH。

6.4 半导体存储器接口技术

半导体存储器通过总线与 CPU 连接，CPU 与存储器之间要交换地址信息、数据信息和控制信息。在微型计算机中，CPU 对存储器进行读写操作时，首先通过地址总线给出地址编码信息，然后发出相应的读写控制信号，最后才能在数据总线上进行数据交换。存储器与 CPU 的接口主要由三部分组成：地址线的连接、数据线的连接和控制线的连接。

6.4.1 存储器与 CPU 接口的一般问题

存储器与 CPU 连接时，原则上可以将存储器的地址线、数据线与控制信号线分别接至 CPU 的地址总线、数据总线和控制总线上去。而实际应用中需要考虑如下问题。

1. CPU 总线的负载能力

通常 CPU 总线的负载能力是一个 TTL 器件或 20 个 MOS 器件。CPU 一般输出线的直流负载能力都是很有限的，尽管可能经过了驱动放大，且现代存储器都是直流负载很小的 CMOS 或 CHMOS 电路，但由于分布于总线和存储器上的负载电容总是存在的，所以要保证所设计的存储系统稳定工作，就必须考虑输出端所带负载的最大限度。根据具体情况，在一般小型系统中，CPU 可直接与存储器芯片相连，而在较大系统中，当总线负载数超过限定时应当加接驱动器。通常考虑到地址线、控制线时是单向的，故采用单向驱动器，如 74LS244，Intel 8282 等，而数据线是双向传动的，故采用双向驱动器，如 74LS245、Intel 8286/8287 等。

2. 存储器与 CPU 之间的时序配合

存储器与CPU之间的时序配合问题是整个微型计算机系统可靠、高效工作的关键。CPU 访问存储器是有固定时序的，由此确定了对存储器存取速度的要求。选用存储芯片时，必须考虑它的存取速度和 CPU 速度的匹配问题，即时序配合。为简化外围电路，充分发挥 CPU 的工作速度，应尽可能选择与 CPU 时序相配的芯片。目前，存储芯片速度越来越快，在一定程度上缓解了速度匹配的问题。

为了使 CPU 能与不同速度的存储器相连接，一种常用的方法是使用“等待申请”信号。该方法是在 CPU 设计时设置一条“等待申请”输入线。若与 CPU 连接的存储器速度较慢，使 CPU 在规定的的读/写周期内不能完成读/写操作，则在 CPU 执行访问存储器指令时，由等待信号发生器向 CPU 发出“等待申请”信号，使 CPU 在正常的读/写周期之外再插入一个或几个等待周期 T_w，以便通过改变指令的时钟周期数使系统速度变慢，从而达到与慢速存储器匹配的目的。

3. 存储芯片的选用和地址分配

应根据存储器的存放对象、存储容量、存取速度、结构和价格等因素综合考虑存储芯片类型和芯片型号的选择。微型计算机中的存储器系统通常由 SRAM 类型的 Cache、存储永久信息的只读存储器及其变种、保存大量信息的 DRAM 三部分所组成。在存储器系统中，按空间范围的使用类型又可分为 DOS 保留区域、系统数据区、设备设置区域、主存储区域、存储扩展区域等。因此，内存的地址分配是一个较为复杂而又必须弄清楚的问题。另外，由于存储器芯片的单片容量一般来说总是小于 CPU 所能寻址的地址范围，所以总是要由许多单片的存储器芯片才能组成一个整体的存储系统，这就是需要弄清楚诸多存储芯片该如何连接，也就是如何产生片选信号的问题。

6.4.2 存储器与地址总线的连接

存储器与地址总线的连接，本质上就是在地址分配的基础上实现地址译码，保证 CPU 能对存储器中所有单元正确寻址。存储器的地址译码和 I/O 端口地址译码的思路是相同的。它包括两方面内容：一是高位地址线译码，用以选择存储芯片；二是低位地址线连接，用以通过片内地址译码器选择存储单元。对于多存储器芯片构成的内存系统来说，为了简化存储器地址译码电路的设计，首先应尽量选择存储容量相同的芯片来作为内存组件，然后将各芯片地址线与低位地址总线一一相连，而将剩下的高位地址总线通过译码产生各片选控制信号。因此，存储器地址线连接的重点是片选控制信号的译码。常用的片选控制信号的译码方法有全译码法、部分译码法和线选法等。

1. 全译码法

全译码法是指将地址总线中除片内地址以外的全部高位地址接到译码器的输入端参与译码。采用全译码法，每个存储单元的地址都是唯一的，不存在地址重叠，但译码电路较复杂，连线也较多。

例 6-1 设 CPU 寻址空间为 64KB(地址总线为 16 位)，存储器由 8 片容量为 8KB 的芯片构成。采用全译码法寻址 64KB 容量存储器的结构如图 6-16 所示。

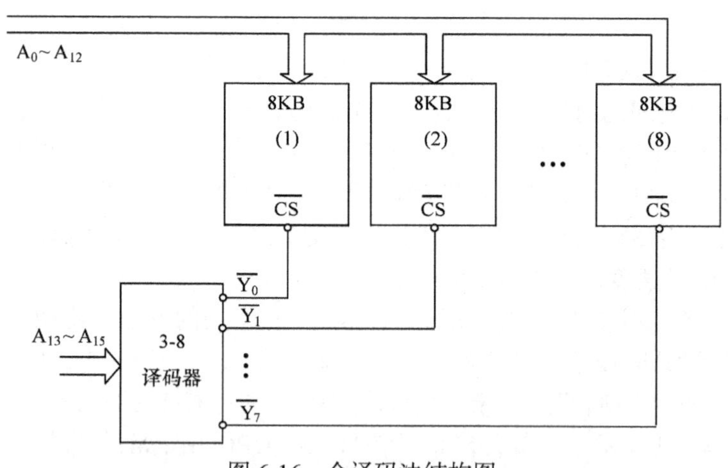

图 6-16　全译码法结构图

可见，全译码法可以提供对全部存储空间的寻址能力。当存储器容量小于可寻址的存储空间时，可从译码器输出线中选出连续的几根作为片选控制信号，多余的令其空闲，以便需要时扩充。

2. 部分译码法

部分译码法是将高位地址线中的一部分(而不是全部)进行译码，产生片选信号。该方法常用于不需要全部地址空间的寻址能力。

例 6-2 CPU 地址总线为 16 位，存储器由 4 片容量为 8KB 的芯片构成时，采用部分译码法寻址 32KB 容量存储器的结构如图 6-17 所示。

采用部分译码法时，由于未参加译码的高位地址与存储器地址无关，即这些地址的取值可为 1 也可为 0，如图 6-17 中的 A_{15} 未参加译码，取 1 和取 0 都指向相同的存储单元，即存在地址重叠问题。当选用不同的高位地址线进行部分译码时，其译码对应的地址空间不同。

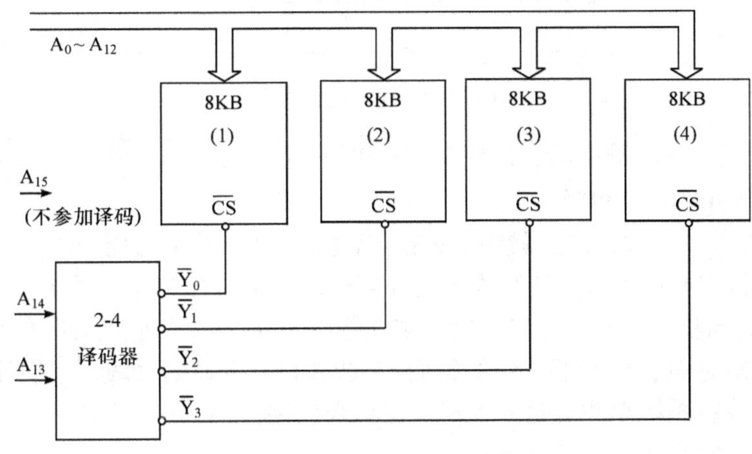

图 6-17 部分译码法结构

3. 线选法

线选法是指高位地址线不经过译码，直接作为存储芯片的片选信号。每根高位地址线接一块芯片，用低位地址线实现片内寻址。线选法的优点是结构简单，缺点是地址空间浪费大，整个存储器地址空间不连续，而且由于部分地址线未参加译码，还会出现地址重叠。这两点均给编程带来麻烦，使用时应特别注意。

例 6-3 假定某微机系统的存储容量为 8KB，CPU 寻址空间为 64KB(即地址总线为 16 位)，所用芯片容量为 2KB(即片内地址为 11 位)。那么，可用线选法从高 5 位地址中任选 4 位作为 4 块存储芯片的片选控制信号。图 6-18 所示为选用 A_{11}～A_{14} 作为片选控制的结构图。

6.4.3 存储器与控制总线、数据总线的连接

1. 存储器与控制总线的连接

对于存储器来说，与控制总线有关的外部接口信号线除如上所述的片选控制线外，主要还有两类：一是读写控制线，用于决定操作类型；二是行选通、列选通信号线(仅对 DRAM 芯片)，用于控制 DRAM 的行、列地址线输入和动态刷新。

对于工作速度与 CPU 大体相当的 SRAM 和各种 ROM 存储芯片，读/写控制线的连接非常简单，只需将存储芯片的读/写控制端直接连到 CPU 总线或系统总线的相应功能端(如 $\overline{\text{MEMR}}$ 和 $\overline{\text{MEMW}}$ 信号端)即可。当然，$\overline{\text{MEMR}}$ 和 $\overline{\text{MEMW}}$ 信号往往并不是由 CPU 直接提

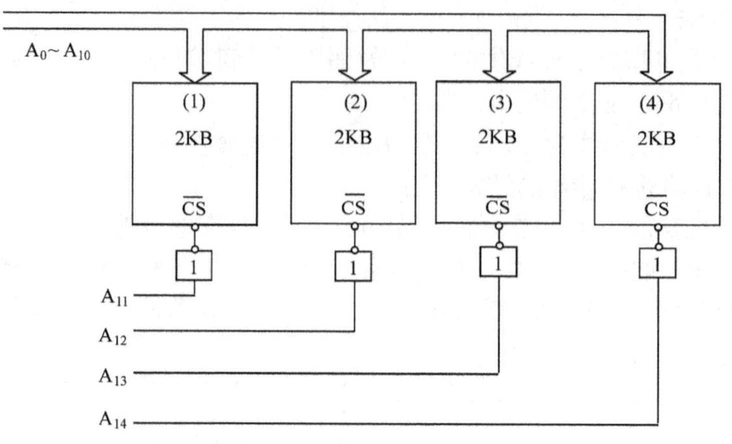

图 6-18 线选法结构图

供的，而是通过对 CPU 输出的有关控制信号(如 ISA 总线的 $\overline{MEMR}$ 和 $\overline{MEMW}$ ，80486 的 M/$\overline{IO}$ 和 W/$\overline{R}$ 等)译码而得到的。

如果存储芯片的工作速度比较慢，以至于不能在 CPU 的读写周期内完成读数及写数操作，那么 CPU 就需要在正常的读写周期之外再插入一个或几个等待周期，以实现读写时序的匹配与操作的同步。为此，存储器接口必须能向 CPU 提供相应的等待信号。

至于 DRAM 芯片(IRAM 除外)的读写控制线和行列选通信号线，它们和地址线一起，均需由 CPU 总线或系统总线通过一个接口逻辑来提供。

2. 存储器与数据总线的连接

在微机中，无论字长是多少，一般每个存储模块(8 位机为单存储模块，16 位机为双模块，32 位机为 4 模块)都是以一个字节为基本单位来划分存储单元的，即每 8 位为一个存储单元，对应一个存储地址。但由于存储芯片的内部结构不同，有的芯片一个地址对应 8 个存储位，有 8 条数据引线，如 2716、2128；有的芯片一个地址对应 4 位，数据引线只有 4 条，如 2114；还有的芯片只有一个存储位，只有一根数据输入、输出线，如 2118。用这些存储字长不是 8 位的芯片构成内存时，必须用多片合在一起并行构成具有 8 位字长的存储单元。例如，2114 需同时用 2 片，而 2118 则需同时用 8 片。而在用多片构成存储单元时，它们的地址线、控制线完全是并联在一起的，数据线则分别接在数据总线的不同位线上。当内存系统的存储器芯片数较多时，基于对总线负载能力的考虑，在数据总线与存储器数据线之间应采用双向驱动器。

6.4.4 存储器接口举例

例 6-4 用 2716 EPROM 芯片为某 8 位微处理器设计一个 16KB 的 ROM 存储器。已知该微处理器地址线为 A_0～A_{15}，数据线为 D_0～D_7，“允许访存”控制信号为 $\overline{M}$ ，读出控制信号为 $\overline{RD}$ 。试画出 EPROM 与 CPU 的连接框图。

分析：

(1) 每一片 2716 芯片的容量为 2KB，构造一个 16KB 的 EPROM 存储器共需 8 片 2716。

(2) 2716 芯片需要 A_0～A_{10} 共 11 根地址线实现片内寻址，可与地址总线的低 11 位 A_0～

A_{10}直接相连。

(3) 8 个芯片的片选信号$\overline{CE}$由 3-8 译码器 74LS138 对地址 A_{11}～A_{13} 译码产生，输出允许信号$\overline{OE}$和读信号$\overline{RD}$相连接。这样除了被选中芯片$\overline{CE}$为低，由$\overline{RD}$信号控制进行读出外，其他 7 个芯片的$\overline{CE}$全为高电平，使其工作在“功耗下降”方式。

设计：根据以上分析结果，可画出 EPROM 与 CPU 的连接框图，如图 6-19 所示。当系统中还有 RAM 时，可由 A_{14}、A_{15} 实现分组控制，统一编址。

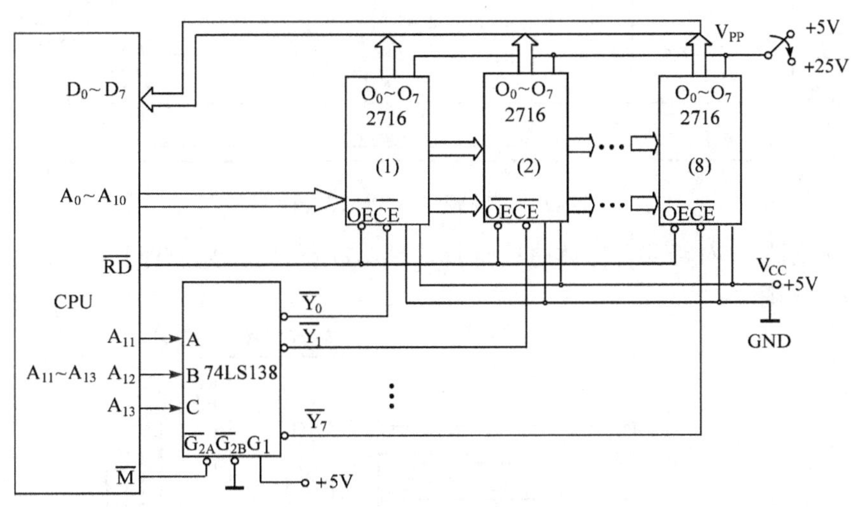

图 6-19　EPROM 与 CPU 连接框图

例 6-5　某 8 位微机有地址总线 16 根、双向数据总线 8 根，控制总线中与主存相关的有“允许访存”信号$\overline{MREQ}$(低电平有效)和读/写控制信号 R/$\overline{W}$(高电平读、低电平写)。试用 SRAM 芯片 2114 为该机设计一个 8KB 的存储器并画出连接框图。

分析：

(1) 2114 芯片容量为 1K×4 位，构造一个 8KB 的存储器共需 16 片 2114，每两片组成 1KB，共分 8 组。

(2) 2114 芯片需 10 根地址线实现片内寻址，可令其与地址总线的低 10 位对应相连。

(3) 片选信号$\overline{CS}$可在$\overline{MREQ}$控制下由 74LS138 对高位地址 A_{10}～A_{12} 译码产生，译码器每个输出信号同时选中同一组的两块芯片。

(4) 写允许信号$\overline{WE}$可与读/写控制信号 R/$\overline{W}$直接相连。

设计：根据以上分析，可画出存储器与 CPU 的连接框图，如图 6-20 所示。

目前，常用的其他 SRAM 芯片，如 6116(4K×8 位)、6264(8K×8 位)等，除了读、写及片选分别用$\overline{OE}$、$\overline{WE}$和$\overline{CE}$控制外，工作原理和接口特性与 2114 基本一样。此外，尽管它们容量不同，但在引脚的排列上相互是兼容的，因而大大提高了这些芯片使用的灵活性。

例 6-6　8086 CPU 构成的 16 位微机存储系统。

8086 CPU 总线为 16 位，而存储器的存储单元一般为 8 位，为了实现总线 16 位带宽有效利用，存储系统被分为高位存储体(奇存储体)和低位存储体(偶存储体)，并通过$\overline{BHE}$和

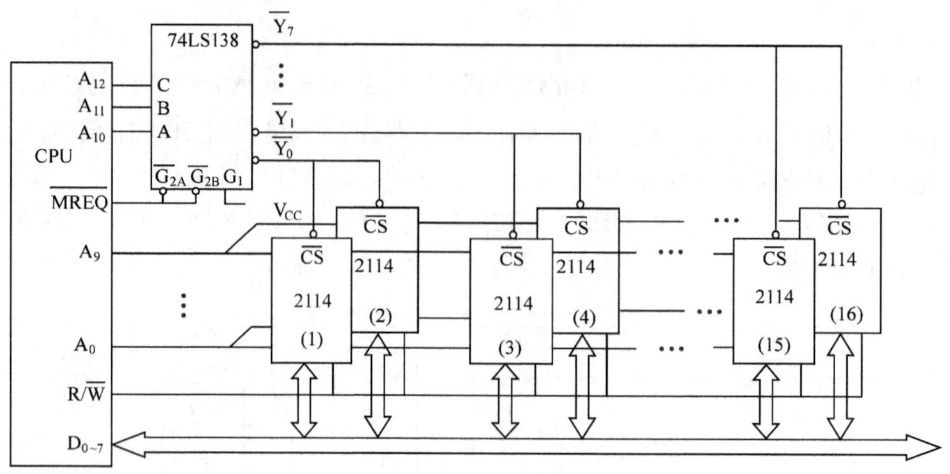

图 6-20　存储器与 CPU 连接框图

A_0 两根地址控制信号对奇偶存储体进行选择。图 6-21 描述了寻址空间为 1MB 的一个 8086 存储系统的连接图。

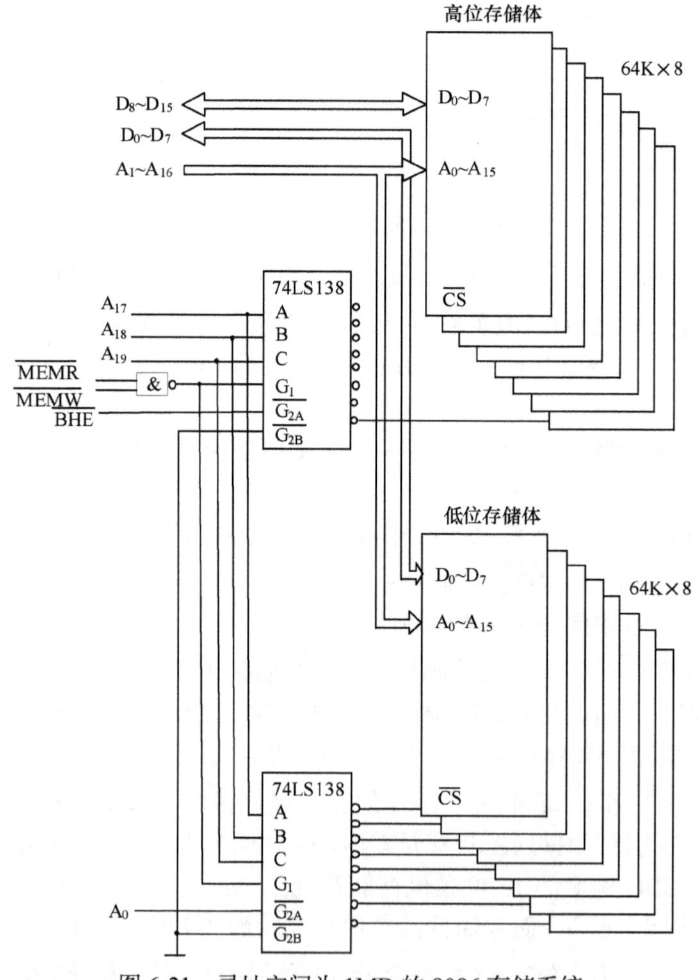

图 6-21　寻址空间为 1MB 的 8086 存储系统

6.5 高速缓冲存储器

当前微处理器的主频已相当高，如 Pentium 4 已达到 3.06GHz，这就要求存储器的速度非常高，读写周期要小于几十毫秒。如果主存全部采用高速的存储芯片组成，将会使系统的价格高得让人无法接受。高档微型计算机中通常的做法是用一些高速的静态 RAM 组成小容量的存储器，称作高速缓冲存储器——Cache，而用廉价的速度稍低的动态 RAM 组成大容量的主存，由高速缓冲存储器和主存构成一个"两级"的存储体系结构，尽量提高性价比。一些高性能处理机都采用两级 Cache。第一级在 CPU 内部，它的容量比较小，但速度很快；第二级在主板上，容量比较大，速度差不多要比第一级低 5 倍。

6.5.1 Cache 系统基本结构与原理

微机系统板上的 Cache 系统基本结构如图 6-22 所示。它包括 Cache 控制器(虚框内)和 Cache 存储体两部分。控制器部分包含主存地址寄存器 MA、主存-Cache 地址变换机构、替换控制部件和 Cache 地址寄存器。整个 Cache 介于 CPU 与主存之间，而 CPU 不仅与 Cache 相连，与主存也保持通路。图中，Cache 存储体用于存放要访问的内容，即当前访问最多的程序代码和数据；主存-Cache 地址变换机构中存放与 Cache 中内容相关的高位地址，当访问 Cache 命中时，用来和地址总线上的低位地址一起形成访问 Cache 的地址；而置换控制器则按照一定的置换算法控制高速缓冲存储器中内容进行更新。

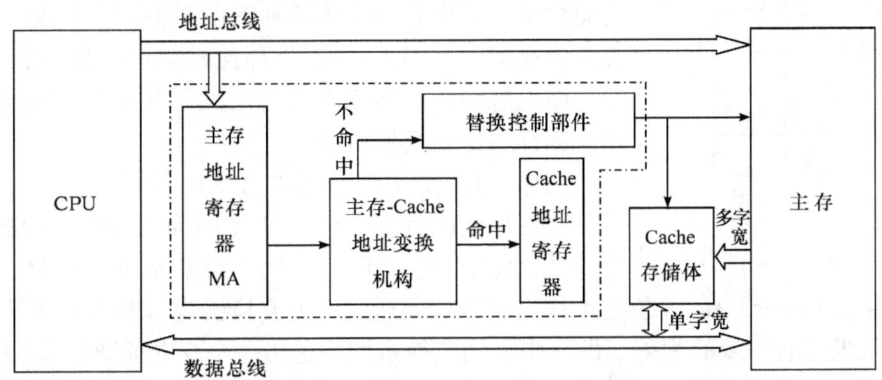

图 6-22　Cache 系统基本结构框图

设置 Cache 是利用了程序的局部性原理。在执行程序的某一段时间内，所访问的程序指令一般集中在一个局部区域内，于是便将当前即将访问的这部分从主存装入 Cache 中。当 CPU 访问主存时，同时将地址送往主存和 Cache，若所需访问的内容已在 Cache 中，则可直接从 Cache 中快速读取，即访问 Cache 命中；若访问区间的内容不在 Cache 中，即访问 Cache 未命中，则从主存中读取，并更新 Cache 内容，使 Cache 内容为当前活跃部分。

在主存-Cache 存储体系中，所有的程序和数据都在主存中，Cache 中只存放由主存调入的部分程序和数据，内容调入通常是以页为单位，如以 256 字节为一页，每次调入的就是 256 字节。Cache 和主存皆被划分为若干页，Cache 中的各页所在位置与主存中相应页的映像关系，决定于对高速缓存的管理策略。在较高命中率下，CPU 的读写操作主要在 CPU

和 Cache 之间进行。

CPU 访问存储器时送出访问主存单元的地址，由地址总线传送到 Cache 控制器中的主存地址寄存器(MA)，主存-Cache 地址变换机构从 MA 获取地址并判断该单元内容是否已经在 Cache 中，即判别是否命中。当命中时，则将访问地址变换成在 Cache 中的地址，然后访问 Cache。若地址变换机构判别所要访问的单元不在 Cache 中，则 CPU 转去访问主存，并将包含该存储单元的一页信息装入 Cache。若 Cache 已被装满，则需要在替换控制部件的控制下，用新页替换 Cache 原来的某页信息，采用的替换算法体现在替换控制部件中，由硬件逻辑完成。

6.5.2 地址映像方式

为了把信息装入 Cache 中，必须应用某种函数把主存地址映像到 Cache 中定位，称作地址映像。当信息按这种映像关系装入 Cache 后，执行程序时，应将主存地址变换为 Cache 地址，这个变换过程成为地址变换。Cache 容量小，而主存容量大，故 Cache 中的一页要与主存中的若干页相对应，即若干个主存地址将映像同一个 Cache 地址。根据这种页(或地址)的对应方法，常用的地址映像方式有全相联映像、直接相联映像和组相联映像 3 种。

1. 全相联映像方式

从主存中将信息调入 Cache 通常是以“页”为单位进行的。例如，假定以 256B 为一页，则每次调动的就是 256 字节。全相联映像是一种最灵活的映像方式，如图 6-23 所示。该方式允许主存中的每一个页面映像到 Cache 中的任何一个页面位置上，也允许采用某种置换算法从已占满的 Cache 中替换出任何一个旧页面。在这种地址空间随意安排的条件下，为了使之能对高速缓存准确寻址，必须将调入页的页地址编码全部存入地址变换机构中。

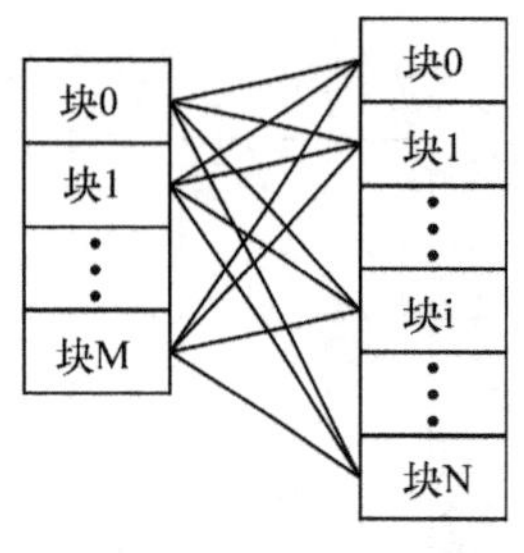

图 6-23 全相联映像方式

例如，假定缓冲存储器共 32KB，分为 128 页，每页 256 字节。主存地址为 24 位，寻址空间为 16MB，也按 256 字节为一页，共 2^{16} 页。当 CPU 送出 24 位地址寻址时，低 8 位页内地址直接送 Cache，高 16 位地址作为页号编码送到地址变换机构与调入页的各编码相比较。若比较发现有一致的编码，即命中，则变换机构将送出一个 7 位页地址指明这一页属于 Cache 中 128 页中的哪一页。由 7 位页地址与 8 位页内地址合成一个 15 位地址，选中 32KB Cache 的某一存储单元进行访问。显然，该地址变换机构中应有 128 个页号编码，且每个页号为 16 位长。由此可见，采用该方式查找十分费时，以致由于对变换机构工作速度要求很快而使成本过高，故该方法不实用。

2. 直接相联映像方式

直接相联映像方式如图 6-24 所示，与全相联映像方式相比，地址变换机构存储的信息量大大减少。该方法将 Cache 的全部存储单元划分成固定的页，主存先划分成段，段中再划分成与缓存中相同的页。规定缓存中各页只接收主存中相同页号内容的副本，即不同段中页号相同的内容只有一个能复制到缓存中。这种映像的限制使对高速缓存的寻址变得相当简单，在地址变换机构中只要存入地址的段号即可。例如，假定将 32KB 的 Cache 分成

128 页，每页 256 字节，则对于 16MB 的主存可分成 512 段，每段 128 页，每页 256 字节。这时地址变换机构中存储的信息只需 128×9 位，从而可大大节省存储空间和查找时间。该方法的缺点是不够灵活，因为主存中多个段的同一页面只能对应 Cache 中的唯一页面，即使 Cache 中别的页面空着也不能占用，因而，Cache 的存储空间得不到充分利用。

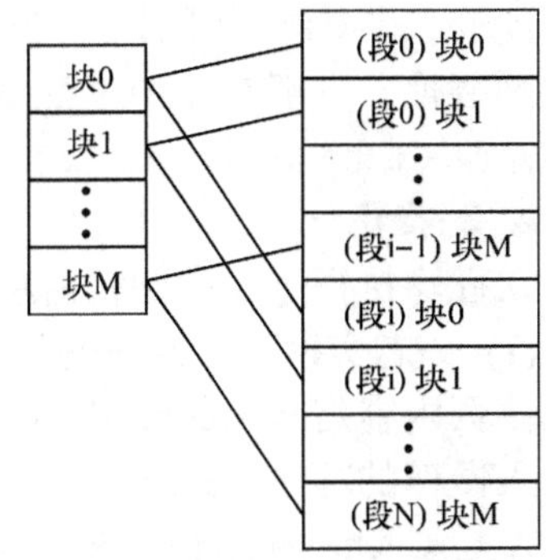

图 6-24　直接相联映像方式

3. 组相联映像方式

组相联映像方式是全相联映像方式与直接映像方式的折中方案。它将高速缓存和主存分成若干同样大小的组，每组包含若干个页面，组内采用全相联映像，而组与组之间采用直接映像。只要把图 6-17 中的块改成组，此图就变成组相联映像方式的示意图。

6.5.3　替换算法

当 Cache 内容刚更新时，访问命中率较高。随着程序执行，访问频繁地区将逐渐迁移，使命中率下降。当 CPU 访问 Cache 没命中时，需从主存调新页进入 Cache，若 Cache 中相应位置已被信息占满，那么就必须去掉旧页。这个过程由替换控制部件完成。替换应遵循一定的规则，这些规则称为替换策略或替换算法。常用的替换算法有两种；先进先出算法(FIFO)和近期最少使用算法(LRU)。

1. 先进先出算法(First In First Out，FIFO)

FIFO 算法按调入 Cache 的先后决定淘汰的顺序。在需要替换时，将最先调入 Cache 的页面内容予以淘汰。这种算法的优点是容易实现，系统开销少，只需利用主存中页面调度的历史信息。但该算法不一定合理，最先调入的主存页面，很可能也是经常使用的页面，如一个包含程序循环的页面。

2. 近期最少使用算法(Least Recently Used，LRU)

LRU 算法按 Cache 中各页面使用的频繁程度决定淘汰的顺序。当需要替换时，将在最近一段时间内使用最少的页面内容予以淘汰。这种算法的优点是充分利用了页面调度的历史信息，正确反映了程序的局部性。到目前为止最少使用的页面，很可能也是将来最少访问的页面。但是该算法实现复杂。为了记录 Cache 每组内各页的使用情况，对各组的各页要设置一个调用情况记录表，称为 LRU 目录。

6.5.4　Cache 的读/写过程

在了解 Cache 采取的地址映像方式与替换算法后，就可理解 Cache 相应的读/写过程。

1. 读操作

访存时，一方面将主存地址送往主存，启动读主存，同时将主存地址送 Cache，按所用的映像方式从中提取 Cache 地址，如页号和页内地址。从 Cache 页中读取内容，并将相应的 Cache 页号与主存地址中的主存页号进行比较；如果二者相同，访问 Cache 命中，将读出数据送往 CPU，不等主存读操作结束，就可继续下一次访存操作；如果页号不符合，或是按映像方式搜索完毕仍未找到相符的 Cache 页号，表明本次访问 Cache 失败，则从主存中读取，供 CPU 使用，并考虑是否需要更新 Cache 某页的内容。偶尔一次不命中，不一定立刻替换，一般在命中率变低时才考虑替换。如果替换，则以页为单位整页更新，并相应地修改 Cache 页号。

2. 写操作

在程序执行过程中，常需将信息写入主存，通常有以下两种写入方法。

(1) 标志交换法，或称写回法。先暂时只写入 Cache 有关单元，并用标志予以注明，直到该页内容需从 Cache 中替换出来时，才一次写入主存。这种方法不在快速写入 Cache 中插入慢速的写主存操作，可以保持程序运行快速性。但在写回主存前，主存中没有这些内容，与 Cache 内容不一致，有可能导致工作失误。

(2) 写直达法(Write-through)，即每次写入 Cache 时也同时写入主存，主存与 Cache 始终保持一致性。这种方式比较简单，能保持主存与 Cache 副本的一致性，但要插入慢速访主存操作，而且有些写入过程有可能是不必要的(如暂存中间结果的写入)。

6.6 虚拟存储器

虚拟存储器(Virtual Memory，VM)是为满足用户对存储空间不断增加的需求而提出的一种计算机存储器管理技术。它是建立在“主存-外存”这一物理层次结构基础之上，由辅助硬件及操作系统存储管理软件组成的一种存储体系。面向该存储体系，用户可以不受主存容量限制获得一个大的编程空间，运行比主存还要大的程序也就成为可能。

从用户界面看，用户编程使用的不是实际地址，而是比实际地址位数要长的地址。这种地址是面向程序的需要，而不必考虑所编的程序将来在主存中的实际位置，因而称为逻辑地址或虚地址。CPU 可以访问的虚地址空间，甚至可达到整个辅存容量。

在计算机系统实际运行中，所编程序和数据在操作系统管理下，先送入磁盘，然后操作系统将当前即需运行的部分调入内存，供 CPU 操作，其余暂不运行的部分留在磁盘中。随程序执行的需要，操作系统自动按一定替换算法进行调度，将当前暂不运行部分调回磁盘，将程序需要的模块由磁盘调入主存。

CPU 执行程序时，需将程序提供的虚地址变换为主存的实际地址(实地址或物理地址)。一般是先由存储管理部件判断该地址的内容是否在主存中，若已调入主存，则通过地址变换机制，将虚地址转换为实地址，然后访问主存的实际单元。若尚未调入主存，则通过缺页中断程序，以页为单位调入或实现主存内容调换。虚拟存储器与 6.5 节介绍的 Cache 有许多相似的地方，如地址变换、替换算法等，但也有很多不同的地方，见表 6-7。

表 6-7 Cache 与虚拟存储器的主要区别

存储系统	Cache	虚拟存储器
要达到的目标	提高(主存)速度	扩大(主存)容量
实现方法	全部硬件	软件为主，硬件为辅
两级存储器速度比	3～10 倍	约 10^5 倍
页(块)大小	1～16 个字	1～16KB
透明性	对系统和应用程序员	仅对应用程序员
不命中时处理方式	等待主存	任务切换

因此对操作系统编制者，就需要考虑这样一些问题：主存空间与磁盘空间如何分区管理、虚实之间如何映像、虚实地址如何转换、采取何种替换算法等。相应地可分为三种方式：页式、段式、段页式虚拟存储器。在高档微处理器中，已将有关的存储管理硬件集成在 CPU 芯片中，可支持操作系统选用上述三种方式之一。

6.6.1 页式虚拟存储器

将虚拟空间与主存空间都划分为若干大小相同的页，虚存的页称为虚页，主存的页称为实页。每页大小固定，常见的有 512B、1KB、2KB、4KB 等。这种划分是面向存储器物理结构的，有利于主存与辅存间的调度。用户编程时也将程序的逻辑空间分为若干(虚)页。相应的虚地址可分为两部分：高位段是虚页号，低位段是页内地址。

在主存中建立一种页表，提供虚实地址变换依据，并登记一些有关页面的控制信息。如果计算机采用多道程序工作方式，可分别为每个作业建立一个页表，硬件中设置一个页表基址寄存器，存放当前运行程序的页表的起始地址。

页表由以虚页号为序的若干行组成，每一行记录了与相应虚页的若干信息项。比如，有盘页号(块号)、控制位、实页号等。盘页号(块号)是该页在磁盘中的起始地址，表明该虚页在磁盘中的位置。控制位有若干位，例如，装入位(有效位)为“1”，表示该虚页已调入主存，为“0”表示该虚页不在主存；修改位指出对应的主存页是否被修改过；替换控制位为“1”，表示对应的主存页需要替换；读写保证位指明该页的读写允许权限，如只允许读出，或允许读和写等。页表中必不可少的是实页号。如果该虚页在主页中，该项登记对应的主存页号。

访问页式虚拟存储器时的虚、实地址转换过程，如图 6-25 所示。当 CPU 根据虚地址访存时，首先将虚页号与页表起始地址合成，形成访问页表对应行的地址，根据页表内容判断该虚页是否在主存中。若已调入主存，则从页表中读得对应的实页号，再将实页号与页内地址合成，从而得到对应的主存实地址。据此，可以访问实际的主存单元。

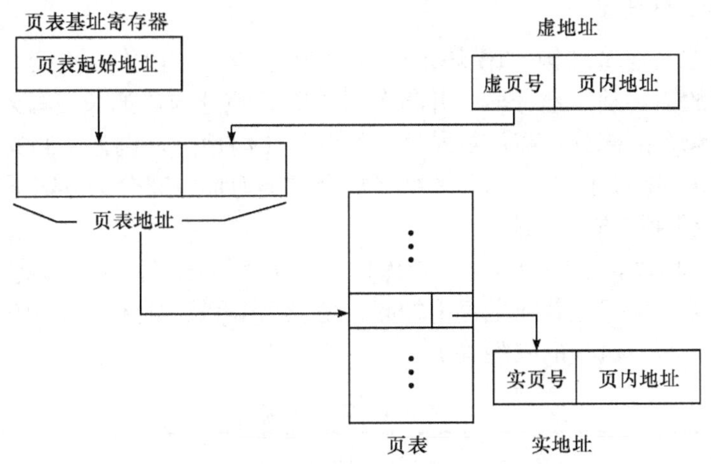

图 6-25　页式虚拟存储器地址转换

若该虚页尚未调入主存，则产生缺页中断，以中断方式将所需页内容调入主存。如果主存空间已满，则需在中断处理程序中执行替换算法，将可替换的主存页内容写入辅存，再将所需页调入主存。

页面调进的方法可分为预调和请调两种。预调是指不久即将用到的页面预先调进主存，在需要时就可立即访存。要预测哪些页面将要用到，是比较困难的。因此，较多使用的是请调方式，即发现当前 CPU 访问的页面不在主存时，才产生缺页中断(或称调页中断)，进行页面调进。这种方法比较容易实现，但在需要访存时插入至少一页的调进，有可能影响响应的速度。

页面调出的淘汰算法有先进先出算法(FIFO)、近期最少使用算法(LRU)等，其算法思路与 Cache 替换算法相似。此外，还有一种最优算法(OPT)，即事先预测主存中各页将被访问的先后顺序，将最后才被访问的页面内容调出。这种算法虽然合理，但不易实现，因为预测是很困难的。

当 CPU 按虚地址访存时，首先访问放于主存之中的页表，以进行虚实地址转换，这就增加了访问主存的次数，降低了有效的工作速度。为了将访问页表的时间降低到最低限度，许多计算机将页表分为快表与慢表两种。将当前最常用的页表信息存放在快表中，作为慢表局部内容的副本。快表很小，存储在一个快速小容量存储器(TLB)中。该存储器是一种按内容查找的联想存储器，可按虚页号名字并行查询，迅速找到对应的实页号。如果计算机采用多道程序工作方式，则慢表可有多个，但全机只有一个快表。采用快、慢表结构后，访问页表的过程与 Cache 工作原理相似，即根据虚页号同时访问快表与慢表，若该页号在快表中，就能迅速找到实页号并形成实地址。

页式虚拟存储器的主要优点有：主存储器的利用率比较高；页表相对简单；地址映像和变换速度比较快，只要建立虚页号和实页号之间的对应关系即可；对外存管理比较容易。

页式虚拟存储器的主要缺点有：程序的模块化不好，逻辑不清晰；页表很长，需要占用很大的存储空间。

6.6.2 段式虚拟存储器

将用户程序按其逻辑结构(如模块划分)分为若干段，各段大小可变。相应的段式虚拟存储器也随程序的需要动态地分段，并将各段的起始地址与段的长度写入段表之中。编程使用的虚地址就包含两部分：高位是段号，低位是段内地址。例如，80386 段号 16 位，段内地址(又称为偏移量)32 位。因此最多可将整个虚拟地址空间分为 64K 段，每段最大可达 4G，使用户有足够大的选择余地。

表 6-8 给出一种段表示例：段号；装入位（为 1 表示该段已调入主存）；段起点（如该段已在主存中，则该项登记其在主存中的起始地址）；段长(与页不同，段长可变)；其他控制位信息（如读、写、执行的权限等）。

表 6-8　段表示例

段号	装入位	段起点	段长	其他控制位
⋮	⋮	⋮	⋮	⋮

段式虚拟存储器的虚实地址变换与页式虚拟存储器相似，如图 6-26 所示。CPU 根据虚地址访存时，首先将段号与段表本身的起始合成，形成访问段表对应行的地址，根据段表内装入位判断该段是否已调入主存。若已调入主存，从段表读出该段在主存中的起始地址，与段内地址(偏移量)相加，得到对应的主存实地址。

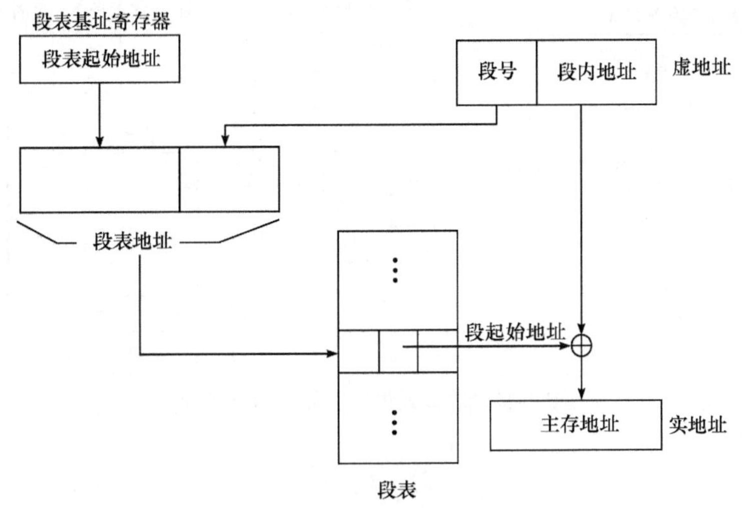

图 6-26 段式虚拟存储器地址转换

段式虚拟存储器的调进、调出替换算法，与页式虚拟存储器相似。

段式虚拟存储器的主要优点有：程序模块化好；便于实现信息保护；程序动态链接和调度比较容易。

段式虚拟存储器的主要缺点有：地址变换花费时间长；主存利用率低；对外存管理比较困难。

6.6.3 段页式虚拟存储器

为了综合段式和页式虚拟存储器的优点，许多计算机采用段页式虚拟存储器。段页式虚拟存储管理方式采用了用分段来组织其逻辑地址空间，用分页来管理物理存储空间结构的综合存储管理策略。这种虚拟存储管理方式把主存空间按页划分，程序按其逻辑结构分段，每段再分为若干大小与实页相同的页。相应地建立段表与页表，分级查表实现虚实地址的转换。以页为单位调进或调出主存，按段共享与保护程序及数据。

如果计算机采取单道程序工作方式，则虚地址包含段号、段内页号、页内地址三部分。如果采用多道程序工作方式，则虚地址包含基号、段号、段内页号、页内地址四部分，如图 6-27 所示，每道程序有自己的段表，这些段表的起始地址存放在段表基址寄存器。相应地，虚地址中每道用户程序有自己的基号(又称为用户标志号)，根据它选取相应的段表基址寄存器，从中获得自己的段表起始地址。将段表起始地址与虚地址中的段号合成，得到访问段表对应行的地址。从段表中取出该段的页表起始地址，与段内页号合成，形成访问页表对应行的地址。从页表中取出实页号，与页内地址拼装，形成访问主存单元的实地址。段页式虚拟存储器需要经过两级查表才能完成地址转换，费时较多。

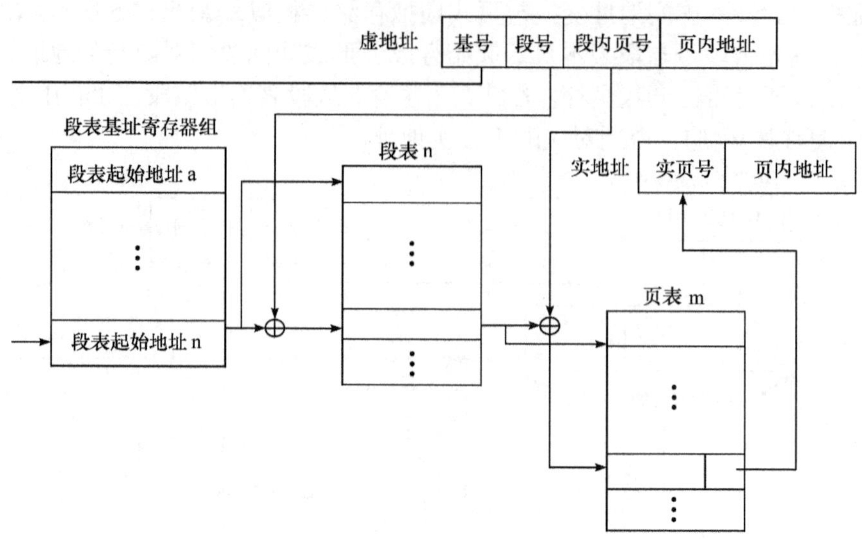

图 6-27　段页式虚拟存储器地址转换

习　题　6

1. 什么是 SRAM、DRAM、ROM、PROM、EPROM、E^2PROM？分别说明它们的特点和简单工作原理。

2. 用存储器件组成内存时，为什么总采用矩阵形式？试用一个具体例子进行说明。

3. 如果要访问一个存储容量为 64K×8 的存储器，就需要多少条数据线和地址线？

4. 某 SRAM 的单元中存放有一个数据如 88H，CPU 将它读取后，该单元的内容是什么？

5. DRAM 为什么要进行定时刷新？试简述刷新原理及过程。为了实现刷新，DRAM 芯片对外部电路有什么要求？

6. 什么是 FPM DRAM？什么是 SDRAM？什么是 DDR SDRAM？

7. PROM 和 EPROM 在写入信息之前，各单元的数据是什么？

8. 已知 RAM 的容量为

(1) 16K×8　　(2) 32K×8　　(3) 64K×8　　(4) 2K×8

如果 RAM 的起始地址为 5000H，则各 RAM 对应的末地址为多少？

9. 如果一个应用系统中 ROM 为 8KB，最后一个单元地址为 57FFH，RAM 紧接着 ROM 后面编址，RAM 为 16KB，求该系统中存储器的第一个地址和最后一个单元地址。

10. 如果存储器起始地址为 1200H，末地址为 19FFH，求该存储器的容量。

11. 存储器与 CPU 的接口主要由哪些部分组成？

12. 分别说明全译码法、部分译码法和线选法的主要优缺点。

13. 若某微机有 16 条地址线，现用 SRAM 2114(1K×4 位)存储芯片组成存储系统，问采用线选译码时，系统的存储容量最大为多少？需要多少个 2114 存储器芯片？

14. 设有一个具有 14 位地址和 8 位字长的存储器，问：

(1) 该存储器能存储多少字节的信息？

(2) 如果存储器由 1K×1 位静态 RAM 芯片组成，需要多少芯片？

(3) 需要多少位地址作芯片选择？

15. 用 1024×1 位的 RAM 芯片组成 16K×8 位的存储器，需要多少个芯片？分为多少组？共需多少根地址线？地址线如何分配？试画出与 CPU 的连接框图。

16. 某 8088 系统用 2764(8K×8 位)EPROM 芯片和 6264(8K×8 位)SRAM 芯片构成 16KB 的内存。其中，ROM 的地址范围为 0FE000H～0FFFFFH，RAM 的地址范围为 0F0000～0F1FFFH。试利用 74LS138 译码，画出存储器与 CPU 的连接图，并标出总线信号名称。

17. 使用 2732(4K×8 位)、6116(2K×8 位)和 74LS138 构成一个存储容量为 12KB ROM(00000H～02FFFH)、8KB RAM(03000H～04FFFH)的存储系统。系统地址总线为 20 位，数据总线为 8 位。试画出存储器与 CPU 的连接图。

18. 什么是 Cache？它能够极大地提高计算机的处理能力是基于什么原理？

19. Cache 与主存之间有几种地址映像方式？分别说出其功能特点。

20. 简述 Cache 的几种替换算法，你认为应该选用哪种算法最好？

21. 什么叫虚拟存储器？为什么要设虚拟存储器？

22. 简述虚拟存储器的三种方式。试说明各自的优缺点。

第 7 章　中 断 系 统

中断系统是指实现中断功能的软硬件的统称，是微型计算机系统的重要组成部分。微型计算机为了提高 CPU 的工作效率，使系统具有实时性能，设置了中断系统。

本章介绍中断系统的一些基本概念、8086 的中断系统、可编程中断控制器 8259A 的工作原理、工作方式、编程应用、DOS 和 BIOS 中断调用。

7.1　中断的基本概念

7.1.1　中断、中断源及中断系统

1. 中断

在 CPU 正常运行程序时，由于内部事件、外部事件或由程序预先安排的事件所引起的 CPU 暂时停止正在运行的程序(通常称为主程序)，而转去执行请求 CPU 服务的内部、外部事件或预先安排事件的服务程序(称为中断服务程序)，待服务程序处理完毕后又返回去继续执行被暂停的程序，这个过程称为中断。

2. 中断源

发出中断请求的外部设备或引起中断的内部原因称为中断源。

常见的中断源有以下几种：

(1) 故障中断，如电源掉电、内存奇偶校验错误等；

(2) 软件中断，如 CPU 执行某些指令或操作引起的中断等；

(3) 输入输出设备中断，如打印机、CRT、磁盘等；

(4) 实时时钟，如定时器提供的实时信号等。

3. 中断系统

中断系统的功能是指实现中断功能的软硬件系统。为了满足各种情况下的中断请求，中断系统应具有以下功能：

(1) 正确识别中断请求，实现中断响应、中断处理及中断返回。

当某一中断源发出中断请求时，CPU 能决定是否响应这一中断请求。若允许响应这个中断请求，CPU 能在保护断点后，将控制转移到相应的中断服务程序，中断处理完，CPU 能返回到原断点处继续执行原程序。

(2) 实现中断优先级排队。

首先赋予每个中断源的中断级别。当 CPU 响应中断时，应当首先响应级别最高的中断源的申请，体现中断优先权排队。

(3) 实现中断嵌套。

当 CPU 在处理某一级中断时，若有高一级的中断请求，中断系统应能安排 CPU 暂时

停止现行的中断处理，响应高一级的中断。

7.1.2 中断处理过程

尽管不同微型计算机的中断系统有所不同，但实现中断时的中断处理过程基本相同。一个完整的中断处理过程包括中断请求、中断判优、中断响应、中断处理和中断返回 5 个基本阶段。图 7-1 给出了中断处理过程的流程图。

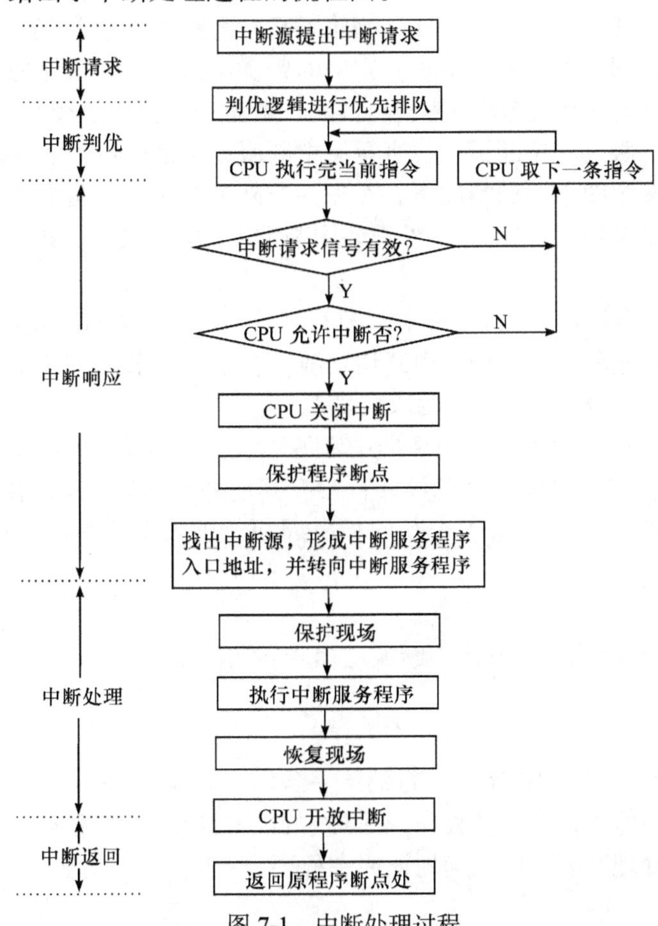

图 7-1　中断处理过程

1. 中断请求

中断请求是中断源向 CPU 发出的信号，作用是请求 CPU 为其服务。每个中断源向 CPU 发出的中断请求信号都是随机的，以一个电平信号加到 CPU 的中断请求输入端。

每一个中断源都有一个中断请求触发器，因为 CPU 是在现行指令周期结束时，才检测有无中断请求发出，故现行指令执行期间，必须把随机输入的中断请求信号锁存起来，并保持到 CPU 响应这个中断请求后才可以清除中断请求。这样才能保证 CPU 不会对同一中断请求造成多次响应，而且也为下一次中断请求做好准备。

中断源产生中断请求的条件，因中断源而异。例如，输入/输出设备是在它们需要和 CPU 传送数据时，由接口电路产生中断请求信号；软件中断请求条件则是某个事件发生等。

2. 中断判优

由于中断产生的随机性，可能出现两个或两个以上的中断源同时提出中断请求的情况。这时就必须要求设计者事先根据中断源的轻重缓急，给每个中断源确定一个中断级别——优先权。

在多个中断源同时发出中断请求时，CPU 能够识别出优先权级别最高的中断源，并首先响应它的中断请求。在它处理完毕后，再响应级别较低的中断源的请求。中断判优的另一作用是决定可否实现中断嵌套。当 CPU 响应了某一中断源的请求，正在进行中断服务时，若有一个优先权更高的中断源发出请求，则中断判优电路应允许该优先权更高的中断源向 CPU 提出中断请求，让 CPU 及时响应它。反之，若有一个优先权较低的中断源发出请求，则中断判优电路应屏蔽这一中断请求，直至原中断服务结束后再去响应该优先权较低的中断请求。因此在有多个中断源的情况下，在每一个外设的接口电路中都设置一个中断屏蔽触发器，只有当此触发器为“1”时，外设的中断请求才能被送到 CPU。

3. 中断响应

在 CPU 内部有一个中断允许触发器，只有当其为“1”(中断开放)时，CPU 才能响应中断；其为“0”(中断关闭)时，即使中断请求线上有中断请求，CPU 也不响应中断。可用开中断和关中断指令来设置中断允许触发器的状态。

中断优先权确定后，发出中断申请的中断源中优先权最高的中断请求就被送到 CPU 的中断请求引脚上。如果中断已经开放并且没有其他外设申请 DMA 传送，则 CPU 在当前指令执行结束时响应中断，进入中断的相应周期。进入中断周期后，中断响应过程如下所述。

1) 关中断

CPU 在进入中断周期后，发出中断响应信号 $\overline{\text{INTA}}$，同时内部自动关中断，以禁止接受其他的中断请求。

2) 保存断点

断点是按正常顺序(没有中断)应执行的下一条指令的地址。

保存断点即将当前正在执行的程序(主程序)的段地址 CS 和偏移地址 IP 以及标志 FR 压入堆栈，以备中断处理完后，能正确地返回主程序。

3) 中断识别

通过在中断响应周期中所读取的中断类型号，找到被响应中断源的中断服务程序入口地址，包括中断服务程序的段地址和偏移地址，再分别将它们装入 CPU 的 CS 和 IP 寄存器，一旦装入完毕，就进入中断服务程序并开始执行。

4. 中断处理

中断处理通常是由中断服务程序完成的。中断服务程序一般按下面的模式设计。

(1) 保护现场。一般是用入栈指令把中断服务程序中将要用到的寄存器内容压入堆栈，称为保护现场，以便返回到原程序时能正确运行。

(2) 执行中断服务程序。这是中断处理的核心部分，完成中断源要求完成的任务。

(3) 恢复现场。中断服务结束后，用出栈指令把保存现场时的有关寄存器内容恢复，并保证堆栈指针恢复到进入中断处理时的指向。

5. 中断返回

通常在中断返回前，要求执行一条开中断指令，以便让 CPU 能再次响应中断，然后执行中断返回指令，返回到原程序的中断断点处继续原程序的执行。

需要指出的是，如果要实现中断嵌套，则应在中断处理过程中保护现场后，首先执行开中断指令，方可在当前的中断处理中实现中断嵌套功能，并且在中断服务结束后，恢复现场之前，执行关中断指令，以保证恢复现场的正确执行。

7.1.3 中断嵌套

CPU 在执行某个中断服务程序时，接收到新的较高级中断请求，从而中断正在处理的中断，响应优先级别高的中断请求，在进入运行新的中断服务程序时，又出现了更高级的中断请求，……，如此一个中断请求尚未处理完，又转而处理新的中断请求，称为中断的多级嵌套或称为多级中断。图 7-2 所示为两级中断嵌套的示意图，CPU 中断正在执行着的低级别的中断服务程序，优先为级别高的中断服务，待优先级别高的中断服务结束后，再返回被中断的低级中断服务程序继续处理，直至中断全部处理完返回主程序。

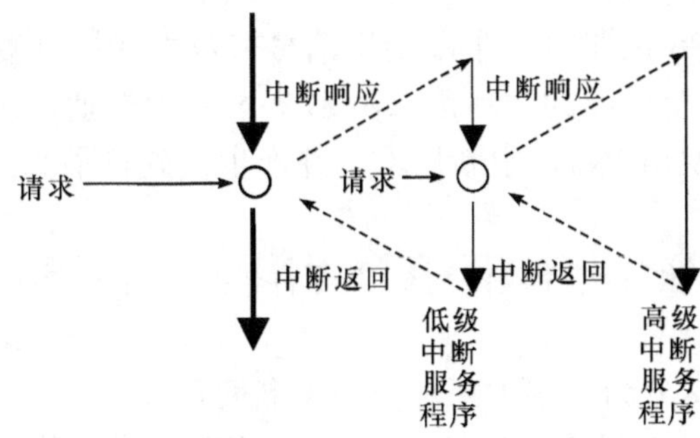

图 7-2　两级中断嵌套的示意图

实现多级中断需要注意的两个问题：

(1) 实现多重中断的重要条件是在中断服务执行过程中必须开放中断。

(2) 必须加入屏蔽本级和较低级的中断请求的环节，保证只有高级中断源才能中断低级的中断处理。

7.2　8086 的中断系统

7.2.1 8086 的中断类型

8086 具有强有力的中断系统，可以处理 256 种不同的中断。如果将这些中断进行分类，则可以分为两大类：外部中断和内部中断。

每个中断都有一个中断类型码(简称中断号)，CPU 根据中断向量的不同来识别不同的中断类型。中断分类如图 7-3 所示。

1. 外部中断

外部中断是由外部硬件请求产生的中断，所以又称为硬件中断。

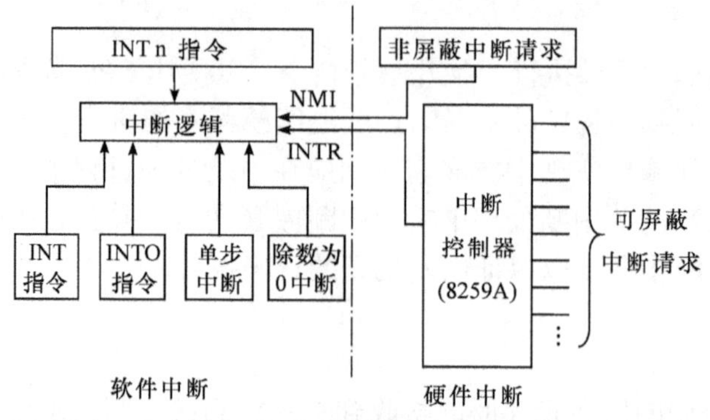

图 7-3　8086 的中断源类型

外部中断可以分为非屏蔽中断(NMI)和可屏蔽中断(INTR)。

(1) 非屏蔽中断。用户不能用软件屏蔽的中断。它是通过 8086 的 NMI 引脚进入的。非屏蔽中断不受中断允许标志 IF 的影响，当 NMI 线上一旦有请求时，CPU 便在执行完当前指令后，立即予以响应。所以，这种中断通常用来处理系统的重大故障，如系统的掉电处理、内存或 I/O 总线的奇偶错误等。

(2) 可屏蔽中断。8086 的 INTR 中断请求信号来自中断控制器 8259A，是电平触发方式，高电平有效。所以多个外设的中断请求由 8259A 集中管理，按预先的编程设置进行中断优先权排队，向 8086 发出 INTR 中断请求，并产生优先权最高的中断类型号。

2. 内部中断

内部中断是由指令的执行或者软件对标志寄存器中某个标志的设置产生的中断，所以又称为软件中断。

8086 CPU 内部中断又分为专用中断和指令中断两种。

(1) 专用中断。在中断向量表中，类型号 0～4 中除了类型号 2 的 NMI 非屏蔽中断外，其余均为专用的软件中断，它们通常是由某个标志位引起的中断。

① 0 型中断——除法出错中断。在执行除法指令时，若发现除数为 0 或商超出了寄存器所能表示的范围(双字/字的范围为–32768～+65535；字/字节的范围为–128～255)时，CPU 会立即产生一个类型号为 00H 的 0 型中断，转入相应的除法出错处理程序。由于 0 型中断没有相应的中断指令，也不是由外部硬件引起的，通常称为“自陷”中断。

② 1 型中断——单步中断。单步标志 TF=1 时，CPU 把程序的执行变为单步工作方式。单步方式能够通过逐条指令观察操作的“窗口”，为系统提供了一种方便的调试手段。如 DEBUG 中的跟踪命令，就是将 TF 标志位置 1，每执行一条指令后，就进入单步中断服务程序，显示寄存器等内容，从而跟踪程序的具体执行过程，调试程序。

中断响应时，由于 CPU 自动地把标志寄存器压入堆栈，然后清除 TF，因此当 CPU 进入单步中断程序时不再处于单步方式，而以正常方式工作。只有在单步处理结束时，从堆栈中弹出原来的标志时(TF=1)，才使 CPU 又返回到单步方式。

③ 3 型中断——断点中断(INT)。3 型中断和单步中断一样，也是 8086 提供的一种调试手段。它用于设置程序中的断点，故称为断点中断，用 INT 或 INT 3 指令表示。

INT 指令是一条单字节指令，因而它能够很方便地被插入到程序的任何地方。插入 INT 指令的地方便是断点。在断点处，停止正常的程序执行过程，进入断点中断服务程序，显示寄存器、存储单元等内容。相比之下，单步方式适用于规模较小的程序调试，而断点方式适用于较长程序的调试。

④ 4 型中断——溢出中断(INTO 指令)。溢出中断用 INTO 指令表示。若溢出标志 OF 为 1，那么当执行 INTO 指令时，立即产生一个 4 型中断，若标志 OF 为 0，则此指令不起作用。INTO 指令为程序员提供一种处理算术运算出现溢出时的处理手段。它通常和带符号数的加、减法指令配合使用。

(2) 指令中断——INT n 指令，其类型号就是给定的 n。它和 INT 和 INTO 一样，都是引起 CPU 中断响应的指令中断，所不同的是 INT 和 INTO 是单字节指令，而 INT n 是两字节指令，第二字节是类型号 n。INT n 主要是用于系统定义或用户自定义的软件中断。

系统的基本 I/O——BIOS 中断调用，如 INT 13H 的磁盘 I/O 调用、INT 10H 的屏幕显示调用、INT 16H 的键盘输入调用等，为用户提供直接与 I/O 设备打交道的功能，而不必了解设备硬件接口的具体细节。DOS 功能调用(INT 21H)则使得用户可以方便地实现对磁盘文件的存取管理、内存空间的申请或修改等操作。用户自定义的软件中断则是利用保留的中断类型号来扩充自己需要的中断功能。

对于 BIOS 功能调用和 DOS 功能调用这些系统定义的指令中断，在系统引导时就完成了装配，使用者只要遵从调用的格式，预置所需要的入口参数，直接用 INT n 指令完成调用；而用户自定义的软件中断调用，除了设计好中断服务程序外，还得把中断入口地址预置到中断向量表中，在需要调用时，用 INT n 指令实现。

8086 中上述中断的优先级别由最高到最低的顺序为：内部中断(单步中断除外)、非屏蔽中断、可屏蔽中断、单步中断。

7.2.2 中断向量和中断向量表

中断向量是中断服务程序的入口地址。它包括中断服务程序的段基址 CS 和偏移地址 IP(共占 4 字节地址)。因此，通过使用中断向量，可以找到中断服务程序的入口地址，从而实现程序的转移。每一个中断服务程序都有一个确定的入口地址，把系统中所有的中断向量集中起来放到存储器的某一区域内，这个存放中断向量的存储区就叫中断向量表或中断服务程序入口地址表，换言之，每一个中断服务程序与该表内的一个中断向量建立一一对应的关系，由于中断向量表的每一个向量的序号就是中断号，因此，中断向量表是中断号与该中断号相应的中断服务程序入口地址之间的连接表。PC 系列微机存储器的 0000～03FFH 共 1024 个地址单元作为中断向量存储区，每个中断向量需占用 4 字节的地址空间，所以可容纳 256 个中断向量，即可处理 256 个中断服务程序。每个中断向量的 2 个低字节用于存放相应中断服务程序入口地址的 IP 值，2 个高字节用于存放服务程序的 CS。各服务程序的段基址 CS 和偏移地址 IP 在中断向量表中按中断号顺序存放，如图 7-4 所示。

在 00H～FFH 的 256 个中断类型中，除了 00H～04H 规定为专用中断外，IBM-PC 机把类型号 05H～1FH 分配给主板(通过 8259A)和扩展槽上的基本外设的中断调用和基本 I/O——BIOS 中断调用，把类型号 20H～0FFH 的一些分配给 DOS 中断调用等，其中 40H～7FH 留给用户，作为开发使用的中断类型号。

每个类型号对应着一个中断向量，即中断入口地址 CS：IP，那么每个中断向量的长度为 4 字节，所以 256 个中断向量总共占有 4×256=1024 字节。

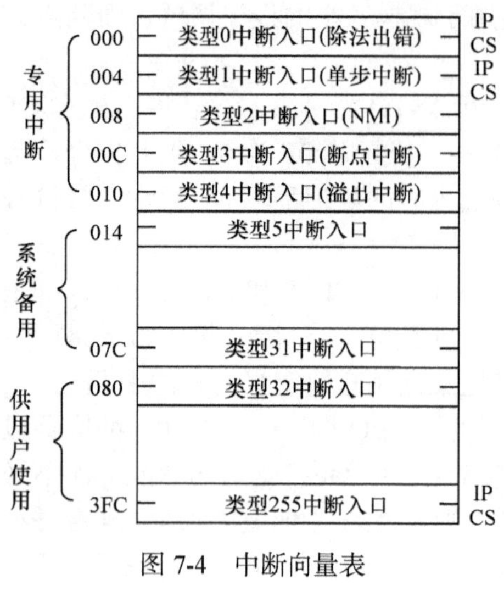

图 7-4　中断向量表

中断向量在表中的位置称为中断向量地址，中断向量地址与中断类型号的关系为

中断向量地址 = 中断类型号× 4

所以，CPU 在得到中断类型号后就可以得到中断向量地址，然后就能从中断向量表连续的 4 字节中取出中断向量，从而实现中断响应处理。

应该指出的是，中断类型号是固定不变的，一经系统分配指定后，就不再变化。中断类型号所对应的中断向量不是固定不变的，是可以改变的，即一个中断类型号所对应的中断服务程序不是唯一的，可以不同。也就是说，中断向量是可以修改的，这为用户使用系统中断资源带来很大方便。当然，对有些系统的专用中断，不允许用户随意修改。

7.2.3　中断向量的装入

中断向量并非常驻内存，而是开机上电时，由程序装入内存指定的中断向量表中。系统配置和使用的中断所对应的中断向量由系统软件负责装入。若系统中(如单板机)未配置系统软件，就要由用户自行装入中断向量。下面介绍几种填写中断向量表的方法。

例 7-1　用 MOV 指令写入中断向量。

假设中断向量号为 60H，中断服务程序的段基址是 SEG_INTR，偏移地址是 OFFSET_INTR，则填写中断向量表的程序段如下：

```
 ⋮
CLI                          ;关中断
CLD                          ;内存地址加 1
MOV   AX, 0
MOV   ES, AX                 ;给 ES 赋值为 0
MOV   DI, 60H*4              ;中断向量指针→DI
MOV   AX, OFFSET_INTR        ;中断服务程序偏移值→AX
STOSW                        ;AX→[DI][DI+1]中，然后 DI＋2
MOV   AX, SEG_INTR           ;中断服务程序的段基址→AX
STOSW                        ;AX→[DI+2][DI+3]
STI                          ;开中断
 ⋮
```

例 7-2　将中断服务程序的入口地址直接写入中断向量表。

```
 ⋮
MOV   AX, 00H
MOV   ES, AX
MOV   BX, 60H*4                  ;中断号×4→BX
MOV   AX, OFFSET_INTR            ;中断服务程序偏移值→AX
```

```
MOV   ES:[BX], AX              ;装入偏移地址
MOV   AX, SEG_INTR             ;中断服务程序的段基址→AX
MOV   ES:[BX+2], AX            ;装入段基址
  ⋮
```

7.2.4 8086 的中断响应过程

8086 CPU 对各种中断的响应过程是不同的，主要区别在于如何获得相应的中断类型号。

1. 内部中断响应过程

CPU 在执行内部中断时，没有中断响应周期。对于除法溢出、单步、断点和溢出中断，中断类型号是自动形成的，而对于 INT n 指令，其中断类型号由 INT n 指令中给定的 n 决定，获得中断类型号以后的处理过程顺序为：

(1) 将类型号乘 4，计算出中断向量的地址；

(2) CPU 的标志寄存器入栈，以保护各个标志位，此操作类似于 PUSHF 指令。

(3) 清除 IF 和 TF 标志，屏蔽新的 INTR 中断和单步中断。

(4) 保存断点，即把断点处的 IP 和 CS 值压入堆栈，先压入 CS 值，再压入 IP 值。

(5) 根据第一步计算出来的地址从中断向量表中取出中断服务程序的入口地址(段和偏移)，分别送至 CS 和 IP 中。

(6) 转入中断服务程序执行。

进入中断服务程序后，首先要保护在中断服务程序中要使用的寄存器内容，然后进行相应的中断处理，在中断返回前恢复保护的寄存器内容，最后执行中断返回指令 IRET。IRET 的执行将使 CPU 按次序恢复断点处的 IP、CS 和标志寄存器，从而使程序返回到断点处继续执行。

内部中断具有如下一些特点：

(1) 中断由 CPU 内部引起，中断类型号的获得与外部无关，CPU 不需要执行中断响应周期去获得中断类型号。

(2) 除单步中断处，内部中断无法用软件禁止，不受中断允许标志 IF 的影响。

(3) 内部中断何时发生是可以预测的，这有点类似于子程序调用。

2. 外部中断响应过程

(1) 非屏蔽中断响应。NMI 中断不受 IF 标志的影响，也不用外部接口给出中断类型号，CPU 响应 NMI 中断时也没有中断响应周期。CPU 会自动按中断类型号 2 来计算中断向量的地址，其后的中断处理过程和内部中断一样。

(2) 可屏蔽中断响应。当 INTR 信号有效时，如果中断允许标志 IF=1，则 CPU 就在当前指令执行完毕后，产生两个连续的中断响应总线周期。在第一个中断响应总线周期，CPU 将地址/数据总线置高阻，发出第一个中断响应信号 $\overline{\text{INTA}}$ 给 8259A 中断控制器，表示 CPU 响应此中断请求，禁止来自其他总线控制器的总线请求。在最大模式时，CPU 还要启动 LOCK 信号，通知总线仲裁器 8289，使系统中其他处理器不能访问总线。在第二个中断响应总线周期，CPU 送出第二个 $\overline{\text{INTA}}$ 信号，该信号通知 8259A 中断控制器将相应中断请求的中断类型号放到数据总线上供 CPU 读取。CPU 读取中断类型号 n 后的中断处理过程也和

内部中断一样，图 7-5 给出了 8086 对 INTR 的中断响应时序。

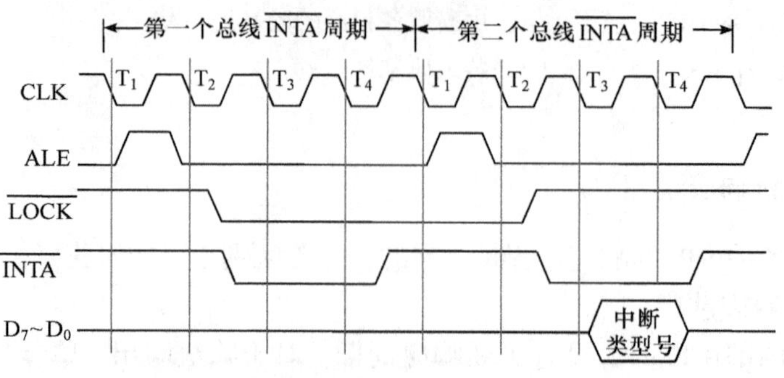

图 7-5　8086 对 INTR 的中断响应时序

以上所述的软件中断、单步中断、断点中断、非屏蔽中断和可屏蔽中断，它们的优先级是由 8086 CPU 识别中断的前后顺序来决定的。在当前指令执行完后，CPU 首先自动查询在指令执行过程中是否有除法出错中断、溢出中断和 INT n 中断发生，然后查询 NMI 和 INTR，最后查询单步中断。8086 中断响应和中断处理流程可以归纳为图 7-6。需要注意的是，当首次为 TF 标志位引起的中断时，CPU 进入中断响应过程，使得 TEMP=TF=1，但是由于 CPU 内部有专门的硬件开关，在进行“TEMP=1？”判断时，虽然此时 TEMP 为 1，但不会再次陷入 TF 单步中断。

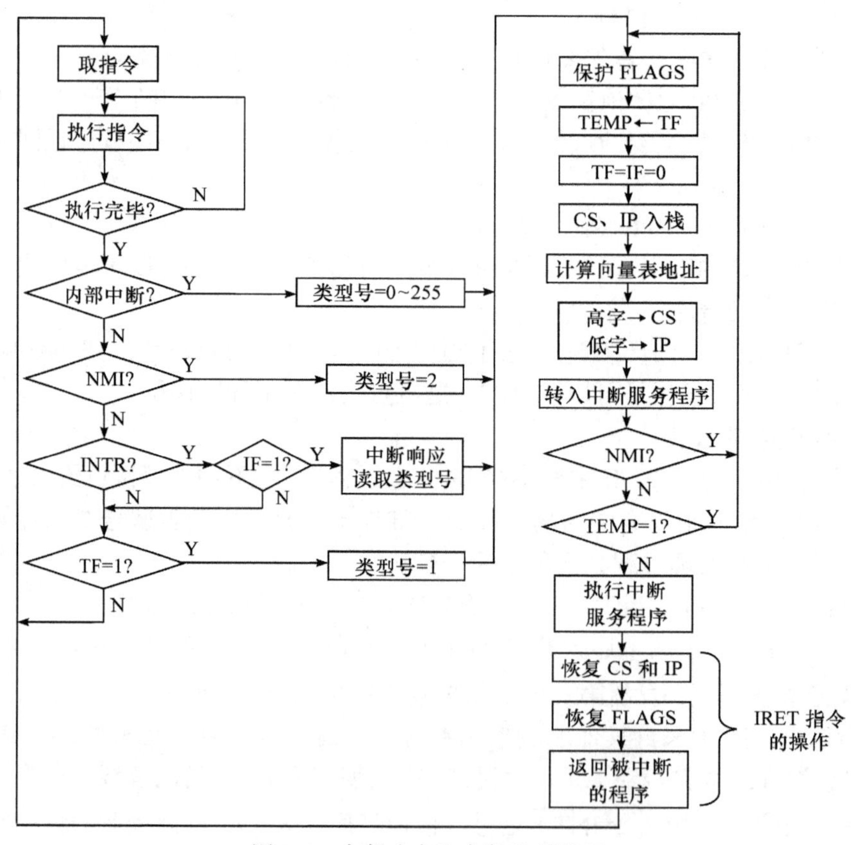

图 7-6　中断响应和中断处理流程

7.3　可编程中断控制器 8259A

可编程中断控制器 Intel 8259A 是为简化微机系统中断接口而设计的专用芯片。它具有如下主要功能：

(1) 可对多个中断源进行优先级排队和实现对多级中断的管理。

(2) 可以向 CPU 提供各外设中断源的中断类型号。

(3) 一片 8259A 可以管理 8 级外设中断，且可用多片 8259A 级联，形成对多于 8 级中断请求的管理，最多可采用 9 片 8259A 构成 64 级主从式中断管理系统。

(4) 可以通过编程初始化，使 8259A 工作在不同的工作方式。

7.3.1　8259A 的内部结构和引脚特性

1. 8259A 的内部结构

8259A 的内部结构如图 7-7 所示。

1) 中断请求寄存器(Interrupt Request Register，IRR)

8 位的锁存寄存器，用于保存外围设备送来的 IR_0～IR_7 中断请求信号。某一位为 1 表示相应引脚上有中断请求信号，该中断请求信号至少应保持到该请求被响应为止。中断响应后，该 IR 输入线上的请求信号应撤销。否则，在中断处理完结后，该 IR 线上的高电平可能又会引起一次中断服务。IRR 最多允许 8 个中断请求信号同时有效。

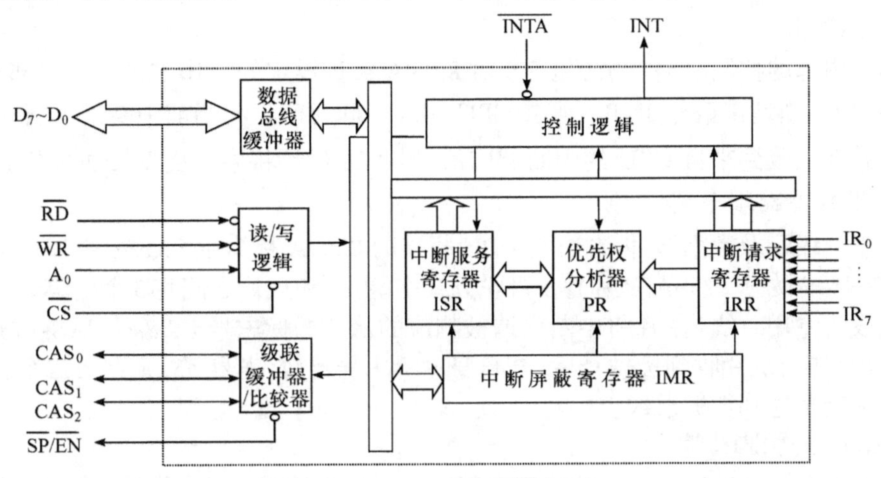

图 7-7　8259A 内部结构框图

2) 中断服务寄存器(In-Service Register，ISR)

8 位的寄存器(IS_0～IS_7 分别对应 IR_0～IR_7)，用于保存正在服务的中断源。在中断响应时，优先权分析器(判优电路)把发出中断请求的中断源中优先级最高的中断源所对应的位设置为 1，以表示该中断请求正在处理中。ISR 的某一位 IS_i 置 1 可阻止与它同级及更低优先级的请求被响应，但不阻止比它优先级高的中断请求被响应，即允许中断嵌套。所以，ISR 中可能有不止一位被置 1。当 8259A 收到“中断结束(End Of Interrupt，EOI)”命令时，

ISR 相应位会被清除。对自动 EOI 操作(Automatic EOI，AEOI)，ISR 寄存器中被置 1 的位在中断响应结束时自动复位。

3) 中断屏蔽寄存器(Interrupt Mask Register，IMR)

8 位寄存器，用于存放中断屏蔽字。IMR 中的 8 位分别与 IR_7～IR_0 相对应，其中为 1 的位所对应的中断请求输入将被屏蔽，为 0 的位所对应的中断请求输入不受影响。通过 IMR 可以有选择地屏蔽各级中断请求。

4) 优先权分析器(PR)

监测从 IRR、ISR 和 IMR 来的输入，识别各中断请求的优先级别，并确定是否应向 CPU 发出中断请求。在中断响应时，它要确定 ISR 寄存器哪一位应置 1，并将相应的中断类型号送给 CPU。在 EOI 命令时，它要决定 ISR 寄存器哪一位应复位。

5) 读/写逻辑

实现 CPU 对 8259A 的读/写操作。除 $\overline{INTA}$ 信号作读取中断类型号的特殊读操作之外，一般的读/写操作是由 $\overline{CS}$ 、$\overline{WR}$ 、$\overline{RD}$ 、A_0 等几个输入线控制的，通过 OUT 和 IN 指令，实现 8259A 接收 CPU 送来的初始化命令字(ICW)和操作命令字(OCW)，或者向 CPU 送出内部状态信息。

6) 数据总线缓冲器

8 位双向三态缓冲器，用作 CPU 与 8259A 之间的数据接口。由 CPU 写入 8259A 的控制命令字，或由 CPU 从 8259A 读取的状态字，或中断向量都要经过数据总线缓冲器进行交换。

7) 控制逻辑

8259A 内部的控制电路。根据 CPU 对 8259A 编程设定的工作方式产生内部控制信号，向 CPU 发出中断请求信号 INT，请求 CPU 响应，同时产生与当前中断请求服务有关的控制信号，并在接收到来自 CPU 的中断响应信号 $\overline{INTA}$ 后，将中断类型号送到数据线。

8) 级联缓冲器/比较器

用于多片级联及数据缓冲方式。与 CPU 相连的 8259A 称为主 8259A(主片)，与主 8259A 相连的 8259A 称为从 8259A(从片)。在级联方式中，主片和从片之间将 3 个引脚 CAS_0～CAS_2 相互连接成为专用总线。主片将中断申请被响应的从片的标志号 CAS_0～CAS_2 线送到从片，通知中断被响应。从片收到标志号后，与自身的标志号比较，若相符，则在第二个脉冲 $\overline{INTA}$ 到来时将中断号送到数据总线上。

2. 8259A 的引脚特性

如图 7-8 所示，8259A 是一个 28 引脚封装的双列直插式芯片。各引脚的功能说明如下：

1) 数据总线(8 条)

D_7～D_0：双向三态数据线。用于与 CPU 交换数据，如命令字、状态字和中断向量。

2) 中断信号线(10 条)

IR_0～IR_7：中断请求信号，输入。接收外设传给 8259A 的中断请求。

INT：中断请求信号，输出。用于向 CPU 发中断请求信号或由从 8259A 传给主 8259A。

$\overline{INTA}$ ：中断响应信号，输入。8259A 接到 CPU 的中断响应输出线 $\overline{INTA}$ 后，把中断类型号送上数据线。

3) 读写控制线(4 条)

$\overline{WR}$：写控制信号，输入，低电平有效。它来自 CPU，用于通知 8259A 从数据线上接收数据。

$\overline{RD}$：读控制信号，输入，低电平有效。它来自 CPU，用于通知 8259A 将某个内部寄存器的内容送到数据线上。

$\overline{CS}$：片选信号，输入，低电平有效。它来自地址译码器，用于选通 8259A 芯片。

A_0：地址线，输入。用于选择 8259A 的两个端口。

信号	引脚	引脚	信号
$\overline{CS}$	1	28	V_{CC}
$\overline{WR}$	2	27	A_0
$\overline{RD}$	3	26	$\overline{INTA}$
D_7	4	25	IR_7
D_6	5	24	IR_6
D_5	6	23	IR_5
D_4	7	22	IR_4
D_3	8	21	IR_3
D_2	9	20	IR_2
D_1	10	19	IR_1
D_0	11	18	IR_0
CAS_0	12	17	INT
CAS_1	13	16	$\overline{SP}/\overline{EN}$
GND	14	15	CAS_2

图 7-8 8259A 引脚信号

4) 级联信号线(4 条)

CAS_0～CAS_2：级联信号。当 8259A 作为主片时，用于输出从设备标志。当 8259A 作为从片时，用于接收主片送来的从设备标志。

$\overline{SP}/\overline{EN}$：从方式/使能缓冲信号。作为输入线起 $\overline{SP}$ 作用，用于识别 8259A 在系统中是作为主片还是从片工作：若 $\overline{SP}$ 为高电平，则为主片；若 $\overline{SP}$ 为低电平，则为从片。作为输出线起 $\overline{EN}$ 作用，允许数据总线缓冲器接收或发送数据，控制总线缓冲器的传送方向。

7.3.2 8259A 的工作过程

对于可编程芯片一般首先依据用户编程设置工作方式，即初始化后，才可使芯片进入工作状态，8259A 也不例外。8259A 按用户编程完成初始化后，便处于准备就绪状态，随时可以接收外部的中断请求信号。在单片 8259A 系统中，8259A 对外部中断响应及处理过程如下所述。

(1) 中断源通过 IR_0～IR_7 向 8259A 发中断请求，使得 8259A 的中断请求寄存器 IRR 的相应位置 1。

(2) IRR 中经中断屏蔽寄存器 IMR 允许后的置位位进入优先权判别器 PR，PR 将其中最高优先权的中断请求从 INT 输出，送至 CPU 的 INTR 端。

(3) 若 CPU 处于开中断状态，则在当前指令执行结束后启动中断响应总线操作，发出两个 $\overline{INTA}$ 负脉冲作为响应信号。

(4) 8259A 接收到第一个 $\overline{INTA}$ 负脉冲，完成如下工作：

① 使 ISR 相应位置 1，表示 CPU 已为该中断请求服务。

② 使 IRR 的相应位清 0。

(5) 8259A 接收到第二个 $\overline{INTA}$ 负脉冲，将中断类型号送上数据总线。中断类型号由用户编程和中断请求引脚 IR_i 的序号 i 共同决定(CPU 读取中断类型号，经响应过程后，进入中断服务程序，直到服务结束返回)。

(6) 若 8259A 工作在自动结束中断方式 AEOI，则 8259A 清除 ISR 的相应位，否则直至中断服务结束，发出 EOI 命令，才能使 ISR 中的相应位清 0。

7.3.3 8259A 的工作方式

8259A 有多种工作方式，这些工作方式可以通过初始化命令字(ICW_1～ICW_4)和操作命令字(OCW_1～OCW_4)来设置。

1. 中断屏蔽方式

(1) 普通屏蔽方式。利用操作命令字 OCW_1，使屏蔽寄存器 IMR 中的一位或数位置 1 来屏蔽一个或数个中断源的中断请求。若要开放某一个中断源的中断请求，则将 IMR 中相应的位置 0。

(2) 特殊屏蔽方式。在某些场合，执行某一个中断服务程序时，要求允许另一个优先级比它低的中断请求被响应，此时可采用特殊屏蔽方式。它可通过 OCW_3 的 D_6D_5=11 来设定，这种方式下优先级不起作用，若 IF=1，则可以响应任何一级未屏蔽的中断请求。

2. 中断嵌套方式

(1) 全嵌套方式。在此种方式下，中断优先级按 IR_0～IR_7 顺序进行排队，并且只允许中断级别高的中断源去中断级别低的中断服务程序，但不能相反。这是 8259A 最常用的方式。若在对 8259A 进行初始化以后，没有设置其他优先级方式，则自动按此方式工作。

(2) 特殊全嵌套方式。与全嵌套方式基本相同，所不同的是在特殊全嵌套方式下，当执行某一级中断服务程序时，可响应同级的中断请求，从而实现对同级中断请求的特殊嵌套(8259A 级联使用时，某从片的 8 个中断源对主片来说，可以认为是同级的)。特殊全嵌套方式用于多片级联。

3. 优先级控制方式

(1) 优先级自动循环方式。在这种方式下，优先级顺序不是固定不变的，一个设备得到中断服务后，其优先级自动降为最低。其初始的优先级顺序(从高到低)规定为 IR_0，IR_1，IR_2，…，IR_7。该方式用于系统中多个中断源优先级相等的场合。

(2) 优先级特殊循环方式。这种方式与优先级自动循环方式唯一的区别是，其初始的优先级不是固定 IR_0 为最高，然后开始循环，而是由程序指定 IR_0～IR_7 中任意一个 IR_i 为最低优先级，IR_{i+1} 则自动变为最高优先级，然后再按顺序自动循环，决定优先级。

4. 中断结束方式

(1) 自动中断结束方式。在中断服务程序中，中断返回之前，不需要发出中断结束命令就会自动清除该中断源所对应的 ISR 位(实际上在 CPU 发出第二个 $\overline{INTA}$ 信号时，8259 即自动清除 ISR 中的对应位)。这种方式用在多个中断不会嵌套的系统中。

(2) 非自动中断结束方式。在中断服务程序返回之前，必须发中断结束命令才能使 ISR 中的当前服务位清除。

7.3.4 8259A 的级联电路

图 7-9 给出多片 8259A 组成的级联中断系统图。因一块 8259A 最多只能管理 8 级中断，在多于 8 级中断的系统中，必须将多块 8259A 级联使用。从 8259A 的 IR_0～IR_7 直接与中断源相连，其 INT 与主 8259A 的 IR_0～IR_7 的某一端相连，根据需要可以选择从 8259A 的片数，因而级联中断系统最多可带 64 个中断源。$\overline{SP}/\overline{EN}$ 引脚的高低电平可区分 8259A 是主片还是从片，从片 $\overline{SP}/\overline{EN}$ 接低电平，主片 $\overline{SP}/\overline{EN}$ 接高电平。若 8259A 的 D_0～D_7 数据引脚通过驱动器接到 CPU 的数据总线上，则主 8259A 的 $\overline{SP}/\overline{EN}$ 引脚接到驱动器的输出信号允许 OE 端，作为驱动器输出数据的控制信号。主 8259A 的 CAS_0～CAS_2 和从 8259A 的 CAS_0～

CAS_2直接相连，构成 8259A 主从级联控制结构。主 8259A 的 CAS_0～CAS_2为输出端，用来发送选中从 8259A 的标志号；从 8259A 的 CAS_0～CAS_2为输入端，接收主控制器发来的标志号。

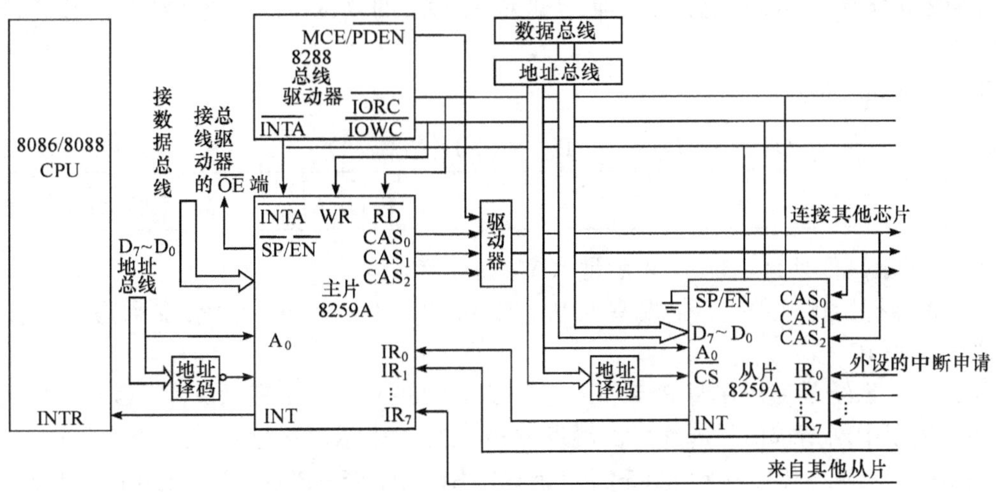

图 7-9　参与 8259A 组成的级联中断系统图

在级联时，主片通常设置为特殊全嵌套方式，从片设置为普通全嵌套方式。这样的好处在于：当从片的某个中断请求得到响应并进入中断服务期间后，来自该从片的“更高级”的中断请求仍能被主片响应。这是因为从片的所有中断请求都是通过同一个 IR_i 引入主片，对于主片来说，来自从片的所有中断请求都属于同级，而特殊全嵌套方式允许同级的中断请求进入，因此主片能响应来自从片的“更高级”的中断请求，从片可能出现中断嵌套。来自从片的任意中断的中断服务程序在结束之前，都应先向从片发出一个普通 EOI 命令，使其本身对应的 ISR 位复位，然后读出 ISR 的内容：如果为 0，则向主片发出一个特殊 EOI 命令，清除主片中与引入从片的 IR_i 对应的 ISR 位；如果从片 ISR 的内容不为 0，则说明从片中仍有中断服务尚未完成，此时，则不需要向主片发出特殊 EOI 命令。

7.3.5　8259A 的编程命令

8259A 有两类编程命令：初始化命令字(ICW)和操作命令字(OCW)。在 8259A 工作之前，由 CPU 向 8259A 送 2～4 字节的初始化命令字，使其处于准备就绪状态。然后进行工作方式编辑，由 CPU 向 8259A 送操作命令字，以规定 8259A 的工作方式。OCW 可以在 8259A 已初始化后的任何时候写入。

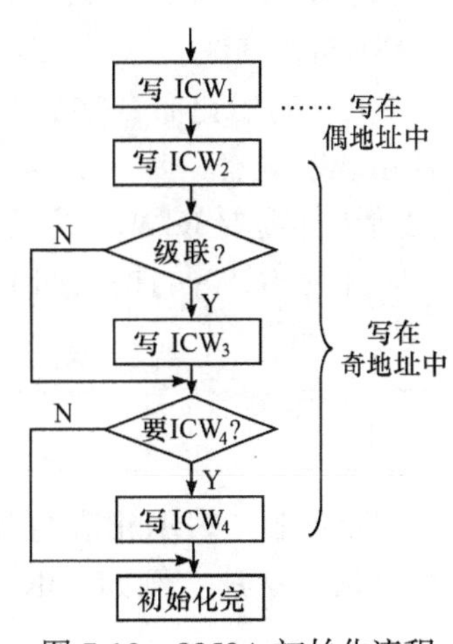

图 7-10　8259A 初始化流程

1. 初始化命令字

初始化命令字是由 8259A 初始化程序填写的，且在整个系统工作过程中保持不变。写入初始化命令字的过程如图 7-10 所示。注意：ICW_1 应写入 8259A 的偶地址端口(A_0=0)；ICW_2、ICW_3、ICW_4 应写入 8259A 的奇地址端口(A_0=1)。下面讨论 ICW

的格式和写入规则。

(1) 初始化命令字 ICW_1——芯片控制字。写 ICW_1 主要是：使 8259A 对中断请求信号边沿检测电路复位，使得中断请求信号由低变高时才能产生中断；清除中断屏蔽寄存器(IMR)，设置全嵌套方式。这两点实际上是对 8259A 的复位，并给出系统是单片还是多片 8259A 级联。

ICW_1 的格式如下：

A_0
0

D_7	D_6	D_5	D_4	D_3	D_2	D_1	D_0
			1	LTIM	ADI	SNGL	ICW_4

A_0=0 表示是偶地址。D_4=1 表示是 ICW_1 命令字。

D_0：表示初始化过程是否需要写 ICW_4。D_0=1 表示 8086/8088 系统，必须写 ICW_4；D_0=0 表示不需要写 ICW_4。

D_1：表示系统是使用单片 8259A，还是多片 8259A。D_1=1 表示单片，D_1=0 表示级联。

D_3：表示中断请求信号起作用的触发方式。D_3=1 表示电平触发，D_3=0 表示边沿触发。

D_2 和 D_7～D_5：只在 8080/8085 CPU 模式下用，80x86 CPU 模式下这几位不起作用。

(2) 初始化命令字 ICW_2——中断类型号命令字。该命令字是用来设定中断类型号，其格式如下：

A_0
1

D_7	D_6	D_5	D_4	D_3	D_2	D_1	D_0
T_7	T_6	T_5	T_4	T_3			

A_0=1 表示是奇地址。ICW_2 必须写入奇地址。

D_7～D_3：中断类型号的高 5 位，由用户给出。

D_2～D_0：中断类型号的低 3 位，由中断响应时自动填入。

8259A 管理的中断类型号的高 5 位由 D_7～D_3 确定，系统根据中断引入端 IR_7～IR_0 自动确定 D_2～D_0 的值。例如，写入 ICW_2 的内容为 40H，则 IR_0～IR_7 对应的 8 个中断类型号依次为：40H，41H，…，47H。可见，设定的 8 个中断类型号一定是连号的(末位必是 0H～7H 或 8H～FH)。

(3) 初始化命令字 ICW_3——主/从片初始化字。该命令字定义系统中主片、从片的级联。若系统中只有一片 8259A，则不需要 ICW_3；若有多片 8259A，则主片 8259A 和从片 8259A 初始化都需要 ICW_3。主片和从片的 ICW_3 格式是不同的。

主片 ICW_3 的格式如下：

A_0
1

D_7	D_6	D_5	D_4	D_3	D_2	D_1	D_0

D_7～D_0：表示相应的 IR_7～IR_0 中断请求线上有无从片。D_i=1 表示 IR_i 接一片从片，D_i=0 表示没有从片。例如，IR_5 中断请求线上级联有从片，则 ICW_3 为 00100000。

从片的 ICW_3 格式如下：

A_0		D_7	D_6	D_5	D_4	D_3	D_2	D_1	D_0
1		0	0	0	0	0	ID2	ID1	ID0

D_7～D_3：不起作用，常均取 0。

D_2～D_0：表示从片的识别码 ID_2～ID_0，它对应于主片的 IR_7～IR_0 级联的从片的编码。例如，主片的 IR_5 中断请求线上级联有从片，此从片的 ID_2～ID_0 为 101。

(4)初始化命令字 ICW_4——方式控制字。该命令字定义 8259A 是工作于 8080/8085 系统，还是工作于 80x86 系统，以及中断服务程序中是否需要输出 EOI 命令，以清除 ISR，允许其他中断。ICW_4 格式如下：

A_0		D_7	D_6	D_5	D_4	D_3	D_2	D_1	D_0
1		0	0	0	SFNM	BUF	M/S	AEOI	PM

D_0(PM)：定义 8259A 工作的系统。D_0=1 为 80x86 系统，D_0=0 为 8080/8085 系统。

D_1(AEOI)：表示是否采用自动结束中断方式，使 ISR 复位。若 D_1=0 表示非自动 EOI 方式，当 8259A 接收中断后将不再接收别的中断，直到中断服务程序送出 EOI 命令为止；若 D_1=1，表示中断响应结束后能自动使 ISR 复位，而不必发 EOI 命令。

D_2(M/S)：表示本片 8259A 是主片，还是从片。D_2=0 表示从片，D_2=1 表示主片。

D_3(BUF)：表示本片 8259A 和系统数据总线之间是否有缓冲器。D_3=1 表示有缓冲器，因此必须产生控制信号，以便中断时能打开缓冲器；D_3=0 表示没有缓冲器。

D_4(SFNM)：表示 8259A 是否处于多片中断控制系统中。D_4=1 表示是，其优先权顺序采用特殊的全嵌套方式；D_4=0 表示不是。

D_5～D_7：未用，一般均取 0。

综上所述，ICW_1 用偶地址端口(A_0=0)，ICW_2、ICW_3、ICW_4 均用奇地址端口(A_0=1)。为了区分它们，片内采用先进先出的堆栈技术。编程时一定要严格按照如图 7-10 所示的顺序完成初始化命令字的写入过程。

2. 操作命令字

在写完初始化命令字后，8259A 在其中断输入端 IR_0～IR_7 就可接收中断请求信号了。若不再写入任何操作命令字，8259A 便处于初始化设置的中断工作方式，这时中断源优先权是 IR_0 最高，IR_7 最低，且清除了所有的中断屏蔽。

若希望改变初始化的 8259A 中断控制方式，或为了屏蔽某些中断，或为了读出 8259A 的一些状态信息，则必须继续向 8259A 写入操作命令字。

8259A 的操作命令字有 3 个：OCW_1、OCW_2、OCW_3。写 OCW 顺序上没有严格的要求(不像写 ICW 那样)，但是端口地址必须按规定取值，即 OCW_1 必须送奇地址端口(A_0=1)，而 OCW_2、OCW_3 必须送偶地址端口(A_0=0)。OCW_2 和 OCW_3 通过命令字本身的 D_4、D_3 位来区分：D_4、D_3 为 00 表示是 OCW_2，D_4、D_3 为 01 表示是 OCW_3。

(1) 操作命令字 OCW_1——屏蔽操作命令字。OCW_1 的格式如下：

A_0		D_7	D_6	D_5	D_4	D_3	D_2	D_1	D_0
1									

该命令字用来设置或清除对中断源的屏蔽。若 OCW_1 的某位为“1”，则对应的中断源被屏蔽；若为“0”，则中断被开放。例如，OCW_1=80H，则 IR_7 中断被屏蔽。

利用 OCW_1 操作命令字，可以通过编程，在程序的任何地方实现对某些中断的屏蔽或开放，实际上也就改变了中断的优先级。

(2) 操作命令字 OCW_2——中断方式命令字。该命令字用来设置优先级是否进行循环，循环的方式及中断结束的方式。其格式如下：

A_0		D_7	D_6	D_5	D_4	D_3	D_2	D_1	D_0
0		R	SL	EOI	0	0	L_2	L_1	L_0

D_4、D_3 位是 OCW_2 的识别位，取 0、0。

D_7(R)：中断排队是否循环的标志。R=1 是优先级循环方式，R=0 是固定优先级方式。

D_6(SL)：选择 L_2、L_1、L_0 编码是否有效的标志。若 SL=1，则 L_2、L_1、L_0 选择有效；若 SL=0，则无效；即优先级仍为 IR_0 最高，IR_7 最低。

D_5(EOI)：中断结束命令。D_5=1 时，则使现行的 ISR 中最高优先级的相应位复位(一般 EOI 命令)，或者由 L_2、L_1、L_0 指定的 ISR 相应位复位(特殊 EOI 命令)。若写 OCW_2 中断结束命令，必须写在中断服务程序的返回指令 IRET 之前，以给出 EOI 标志，让 8259A 把为此中断服务的 ISR 中的相应位清 0。

D_2、D_1、D_0(L_2、L_1、L_0)：对应 8 个二进制编码。有两个作用：一是用在特殊 EOI 命令中，表示清除的是 ISR 的哪一位；二是用在特殊循环方式中，表示系统中最低优先级的编码。

(3) 操作命令字 OCW_3——状态操作命令字。该命令字可以用来设置查询方式，设置或撤销特殊屏蔽方式，以及用来读 8259A 的中断请求寄存器(IRR)、中断服务寄存器(ISR)的当前状态。其格式如下：

A_0		D_7	D_6	D_5	D_4	D_3	D_2	D_1	D_0
0		0	ESMM	SMM	0	1	P	RR	RIS

D_4、D_3 位是 OCW_3 的识别位，取 0 和 1。

D_1、D_0 位选择读 8259A 内部寄存器的状态。D_1、D_0 为 1.0 时，表示要读 IRR；D_1、D_0 为 1 和 1 时，表示要读 ISR。当 OCW_3 命令字送给 8259A，再对 8259A 用输入指令读出，CPU 便可得到 8259A 相应寄存器的内容。

D_2 位是查询方式位，当 P(D_2)=0 时，表示允许读 IRR 或 ISR，返回的数据为 IRR 或 ISR；当 P=1 时，将 8259A 设置成中断查询方式，通过读取指令，把读脉冲即($\overline{RD}$)作为中断响应 INTA 信号送到 8259A，并从返回的数据中查询到中断请求信息，其中读出的字节的低 3 位($D_2D_1D_0$)为当前正在请求的优先级最高的中断请求(IR)号，最高位(D_7)为 1 表示有中断请求，为 0 表示没有，其他位无意义。

D_6、D_5两位决定 8259A 是否工作于特殊屏蔽方式。D_6、D_5为 1、1 时，允许特殊屏蔽方式，D_6、D_5为 1、0 时，撤销特殊屏蔽方式，返回到正常屏蔽方式。

7.3.6　8259A 的编程举例

例 7-3　以 IBM PC/AT(80286)微机中的 8259A 为例说明其初始化编程方法。

1) 分析

在 286 以上的 PC 机中，共使用了两片 8259A(新型的 PC 机中已将中断控制器集成到了芯片组中，但功能上与 8259A 完全兼容)，两片级联使用，共可管理 15 级中断。各级中断的用途如表 7-1 所示。

表 7-1　IBM PC/AT 的中断源和类型号

中断向量地址指针	8259A 引脚	中断类型号	优先级	中断源
00020H	主片 IR_0	08H	0(最高)	定时器
00024H	主片 IR_1	09H	1	键盘
00028H	主片 IR_2	0AH	2	从片 8259A
001C0H	从片 IR_0	70H	3	时钟/日历钟
001C4H	从片 IR_1	71H	4	IRQ_9(保留)
001C8H	从片 IR_2	72H	5	IRQ_{10}(保留)
001CCH	从片 IR_3	73H	6	IRQ_{11}(保留)
001D0H	从片 IR_4	74H	7	IRQ_{12}(保留)
001D4H	从片 IR_5	75H	8	协处理器
001D8H	从片 IR_6	76H	9	硬盘控制器
001DCH	从片 IR_7	77H	10	IRQ_{15}(保留)

主片 8259A 的 IRQ_2(即 IR_2)中断请求端用于级联从片 8259A，所以相当于主片的 IRQ_2 又扩展了 8 个中断请求端 IRQ_8～IRQ_{15}。

主片 8259A 的端口地址为 20H、21H，中断类型号为 08H～0FH；从片 8259A 的端口地址为 A0H、A1H，中断类型号为 70H～77H。主片的 8 级中断已全被系统使用(其中 IRQ_2 被从片占用)，从片尚保留 5 级未用。其中，主片的 IRQ_0 用于定时器中断(08H)，IRQ_1 用于键盘中断(09H)。扩展的 IRQ_8 用于时钟/日历钟中断，IRQ_{13} 来自协处理器 80287。除上述中断请求信号外，所有其他的中断请求信号都来自 I/O 通道的扩展板。

2) 设计

(1) 8259A 初始化编程。

```
;主片 8259A 的初始化
        MOV   AL, 11H              ;写入 ICW1，设定边沿触发，级联方式
        OUT   20H, AL
```

```
            JMP    INTR1              ;延时，等待 8259A 操作结束，下同
INTR1:      MOV    AL, 08H            ;写入 ICW2，设定 IRQ0 的中断类型号为 08H
            OUT    21H, AL
            JMP    INTR2
INTR2:      MOV    AL, 04H            ;写入 ICW3，设定主片 IRQ2 级联方式
            OUT    21H, AL
            JMP    INTR3
INTR3:      MOV    AL, 15H            ;写入 ICW4，设定特殊全嵌套方式，一般 EOI 方式
            OUT    21H, AL
              ⋮
;从片 8259A 的初始化
MOV         AL, 11H                   ;写入 ICW1，设定边沿触发，级联方式
OUT         0A0H, AL
            JMP    INTR5
INTR5:      MOV    AL, 70H            ;写入 ICW2，设定从片 IR0，即 IRQ8 的中断类型号为 70H
            OUT    0A1H, AL
            JMP    INTR6
INTR6:      MOV    AL, 02H            ;写入 ICW3，设定从片级联到主片的 IRQ2
            OUT    0A1H, AL
            JMP    INTR7
INTR7:      MOV    AL, 01H            ;写入 ICW4，设定普通全嵌套方式，一般 EOI 方式
            OUT    0A1H, AL
              ⋮
```

(2) 级联工作编程。

当来自某个从片的中断请求进入服务时，主片的优先权控制逻辑不封锁这个从片，从而使来自从片的更高优先级的中断请求能被主片所识别，并向 CPU 发出中断请求信号。因此，中断服务程序结束时必须用软件来检查被服务的中断是否是该从片中唯一的中断请求。先向从片发出一个 EOI 命令，清除已完成服务的 ISR 位，然后再读出 ISR 的内容，检查它是否为 0。如果 ISR 的内容为 0，则向主片发一个 EOI 命令，清除与从片相对应的 ISR 位，否则就不向主片发 EOI 命令，继续进行从片的中断处理，直到 ISR 的内容为 0，再向主片发出 EOI 命令。程序段如下：

```
;读 ISR 的内容
MOV   AL, 0BH            ;写入 OCW3，读 ISR 命令
OUT   0A0H, AL
NOP                      ;延时，等待 8259A 操作结束
IN   AL, 0A0H            ;读出 ISR
  ⋮
;向从片发 EOI 命令
```

```
MOV   AL, 20H
OUT   0A0H, AL          ;写从片 EOI 命令
  ⋮
;向主片发 EOI 命令
MOV   AL, 20H
OUT   20H, AL           ;写主片 EOI 命令
  ⋮
```

7.4 中断调用

PC-DOS 中有两层内部子程序可供用户调用：BIOS 层子程序和 DOS 层子程序。这些子程序的入口都在中断向量表中，故用户可以通过执行中断指令 INT n 来达到调用各功能子程序的目的。

7.4.1 DOS 和 BIOS 中断的调用方法

PC-DOS 提供了大量的中断例行程序，其中 INT 21H 是一个极其重要而且庞大的中断例行程序。它是 PC-DOS 的内核。它提供了 100 多个功能子程序，可供系统软件和应用程序调用，故称为系统功能调用。

ROM-BIOS 是固化在只读存储器(ROM)中的一组独立于 PC-DOS 的输入/输出服务中断例行程序，称为基本输入/输出系统(BIOS)。它在系统硬件的上一个层次，直接对系统中的输入/输出设备进行设备级控制，并以软中断形式向上一级软件(如 DOS 内核的设备驱动程序)或用户程序提供输入/输出服务，供上层软件和用户程序调用。DOS 中断功能调用表见附录 3，BIOS 中断功能调用表见附录 4。

DOS 调用和 BIOS 调用采用统一的描述格式，包括服务的中断号、功能号、子功能号(如果有)、用途以及所使用的调用寄存器和返回寄存器等。

DOS 和 BIOS 中断的调用方法：

(1) 将入口参数送入指定的调用寄存器。如果没有入口参数，就不需要这一步。

(2) 将功能号送入 AH 寄存器，将子功能号送入 AL 寄存器。如果没有子功能号，不需要送 AL。

(3) 产生一个软中断 INT n，转入子程序入口。

(4) 通过 CPU 的返回寄存器返回中断处理结果——出口参数。如果没有返回值，也就不需要返回寄存器。

7.4.2 DOS 和 BIOS 中断调用举例

例 7-4 把系统日期设置为 2016 年 8 月 8 日。

分析：查附录 3 的 DOS 中断功能调用表，功能号 2BH 的功能调用可以置系统日期。程序段如下：

```
MOV   DL, 8          ;入口参数送入指定寄存器：把日子放入 DL 中
```

```
        MOV   DH, 8           ;把月份放入 DH 中
        MOV   CX, 2016        ;把年份放入 CX 中，CX 中的年份值是以 1980 为基准的偏移值
        SUB   CX, 1980        ;减去 1980 才为年份设定值
        MOV   AH, 2BH         ;设置日期功能号送入 AH 寄存器
        INT   21H             ;执行 DOS 调用
        CMP   AL, 0FFH        ;根据出口参数 AL=00H，设置成功；AL=0FFH，判断失败
        JE    ERROR           ;不成功，转错误处理
        ⋮                     ;成功，往下执行
ERROR: (略)
```

例 7-5 从键盘输入一个字符，并同时在显示屏上输出。当键入字符‘$’时，则停止操作。

分析：查附录 3 的 DOS 中断功能调用表，功能号为 01H 的功能调用可以输入一个字符，功能号为 02H 的功能调用可以显示输出一个字符。程序段如下：

```
DON1: MOV   AH, 01H                 ;置单字符输入
      INT   21H
      CMP   AL, '$'                 ;是结束字符吗
      JZ    DON2                    ;是，转向 DON2
      MOV   DL, AL
      MOV   AH, 02H                 ;显示输出字符
      INT   21H
      JMP   DON1
DON2: MOV   AH, 4CH   INT   21H     ;程序结束
```

例 7-6 “镜子”程序。“镜子”程序的功能是接收并显示键盘输入的一串字符，然后在下一行再将该串字符显示出来。

分析：查附录 3 的 DOS 中断功能调用表，功能号为 0AH 和 09H 的可以实现键盘输入和显示字符串。程序段如下：

```
DATA    SEGMENT
OBUF    DB        '>', 0DH, 0AH, '$'
IBUF    DB        0FFH, 0, 0FFH DUP(0)
DATA    ENDS
STACKS  SEGMENT
        DW        32 DUP(0)
STACKS ENDS
CODE    SEGMENT
        ASSUME    CS:CODE, SS:STACKS, DS:DATA
START:  MOV       AX, DATA
        MOV       DS, AX
        MOV       AX, STACKS
```

```
        MOV     SS, AX
        MOV     DX, OFFSET   OBUF        ;显示提示符“>”并回车换行
        MOV     AH, 09H
        INT     21H
        MOV     DX, OFFSET   IBUF        ;输入并显示字符串
        MOV     AH, 0AH
        INT     21H
        MOV     BL, IBUF+1               ;将“$”送入字符串后
        MOV     BH, 0
        MOV     IBUF[BX+2], '$'          ;串尾存'$'
        MOV     DL, 0AH                  ;换行
        MOV     AH, 2
        INT     21H
        MOV     DX, OFFSET IBUF+2        ;再显示输入的字符串
        MOV     AH, 09H
        INT     21H
        RET                              ;PSP 首址出栈→CS：IP
CODE ENDS                                ;结束用户程序
        END     START
```

例 7-7 打开某文件，并向其中写入内容。

分析：查附录 3 的 DOS 中断功能调用表，功能号为 3DH、0AH、40H、3EH 的可以实现打开文件、输入字符、写入文件、关闭文件的功能。程序段如下：

```
       LEA  DX, FILENAME
       MOV  AL, 1               ;置写方式
       MOV  AH, 3DH             ;打开文件
       INT  21H
DON1:  LEA  DX, FILEBUF         ;字符串输入
       MOV  AH, 0AH
       INT  21H
       MOV  CH, 0
       MOV  CL, FILEBUF+1       ;实际输入个数
       CMP  CL, 0
       JZ   DON2
       MOV  BX, 文件代码号
       LEA  DX, FILEBUF+2
       MOV  AH, 40H             ;写入文件
       INT  21H
DON2:  MOV  AH, 3EH             ;关闭文件
```

```
        MOV  BX, 文件代码号
        INT   21H
DON3:   INT 0                    ;程序结束
```

例 7-8 修改中断向量。假设原中断程序的中断类型号为 n，新中断程序的入口地址的段基址为 SEG_INTR，偏移地址为 OFFSET_INTR。

分析：查附录 3 的 DOS 中断功能调用表，功能号为 35H 的功能调用可以获取原中断向量，功能号为 25H 的功能调用可以设置新中断向量。程序段如下：

```
MOV     AH, 35H              ;取原中断向量
MOV     AL, n
INT     21H
MOV     OLD_OFF, BX
MOV     BX, ES
MOV     OLD_SEG, BX          ;保存原中断向量(ES:BX)
MOV     AL, n                ;中断类型号
MOV     AH, 25H              ;设置新中断向量(DS:DX)
MOV     DX, SEG_INTR
MOV     DS, DX               ;DS 指向新中断服务程序段基址
MOV     DX, OFFSET_INTR      ;DX 指向新中断服务程序偏移地址
INT     21H
  ⋮
MOV     AH, 25H              ;恢复原中断向量
MOV     AL, n
MOV     DX, OLD_SEG
MOV     DS, DX
MOV     DX, OLD_OFF
INT     21H
```

例 7-9 显示 1 个字符串‘Please input your name!’。

分析：查附录 4 的 BIOS 功能调用表，采用 INT 10H 功能调用可实现显示一个字符串的功能。功能调用的程序段如下：

```
DATA    SEGMENT
        MESSAGE DB 'Please input your name!', 0DH, 0AH, '$'
          ⋮
DATA    ENDS
CODE    SEGMENT
          ⋮
        MOV   AH, 0EH              ;打印机方式显示的功能号
        MOV   BH, 0                ;页号
        LEA   SI, MESSAGE          ;指向字符串
```

```
CHAR: MOV     AL, [SI]          ;字符送入 AL
      CMP   AL, ‘$’             ;是结束字符$吗
      JE   DONE                 ;是，退出
      INT   10H                 ;否，显示字符，且光标前进一位
      INC   SI                  ;指向下一字符
      JMP   CHAR                ;继续
DONE: (略)
          ⋮
CODE   ENDS
```

例 7-10 从打印机输出字符‘B’，并检查打印机状态。

分析：查附录 4 的 BIOS 功能调用表，打印机的 BIOS 调用采用 INT 17H 来实现。功能调用的程序段如下：

```
    MOV   AH, 00H               ;设置打印状态
    MOV   AL, 42H               ;AL← ‘B’
    MOV   DX, 0                 ;DX←第 0 号打印机
    INT    17H                  ;执行 BIOS 调用
    TEST   AH, 20H              ;测试打印机状态
    JNZ    DON                  ;纸用完，转相应处理
 ⋮
DON: 无纸处理(略)
```

习 题 7

1. 什么是中断？什么是中断系统？中断系统的功能有哪些？

2. 中断处理过程包括哪几个基本阶段？中断服务程序中为什么要保护现场和恢复现场？如何实现？

3. 什么是内部中断和外部中断？如何分类？

4. INTR 中断和 NMI 中断有什么区别？

5. 中断向量表的作用是什么？如何设置中断向量表？中断类型号为 15H 的中断向量存放在哪些存储器单元中？

6. 设某系统中 8259A 的两个端口地址分别为 24H 和 25H。试分别写出下列情况应向 8259A 写入的命令字：

(1) 读中断请求寄存器 IRR 的值。

(2) 读中断服务寄存器 ISR 的值。

(3) 读查询方式下的查询状态字。

(4) 发一般的中断结束命令 EOI。

7. 单片 8259A 能管理多少级可屏蔽中断？若用 3 片级联能管理多少级可屏蔽中断？

8. 8259A 有哪几种优先级控制方式？8259A 的中断请求有哪两种触发方式？对请求信号有什么要求？

9. 若 8096 系统使用一片 8259A，中断请求信号采用边沿触发方式。中断类型号为 08H～0FH，采用完全嵌套、中断非自动结束方式。8259A 在系统中的采用非缓冲方式连接，它的端口地址为 0FFFEH、

OFFFCH。试画出系统连接图及编写初始化 8259A 的程序段。

10. 下列为某中断源初始化中断向量表的程序段。试找出该中断服务程序的中断类型号和中断服务程序的入口地址。

```
MOV   AX, 00H
MOV   ES, AX
MOV   BX, 25H*4
MOV   AX, 2000H
MOV   ES: [BX], AX
MOV   AX, 1000H
MOV   ES: [BX+2], AX
```

11. 某系统内有 8 个 INTR 外中断源，用一片 8259A 管理 8 级中断源。设 8259A 占用地址 24H、25H，各中断源的类型码为 40H～47H，各级中断对应的服务程序入口地址 CS：IP 分别为 1000H:0000H、2000H:0000H、…、8000H:0000H。试写出初始化程序，并编程向中断向量表中置入各中断向量。

12. 编写程序段，实现如下功能：

(1) 使用 INT 21H 的 5H 号功能，打印一个字符‘A’。

(2) 使用 INT 17H 的 0H 号功能，把字符‘P’输出给 0 号打印机。

(3) 从通信接口 COM_1 接收一个字符，并放入内存。

(4) 通过通信接口 COM_1 向外发送 1 个字符。

13. 利用 DOS 系统功能调用，将键盘输入的小写字母转换为大写字母并输出显示，直到输入‘$’字符时停止输出。

14. 从内存单元 BUF 开始的缓冲区中有 7 个 8 位无符号数，依次为 53H、0D8H、67H、82H、0A6H、9EH、0F4H。编程找出它们的中间值并放入 RES 单元，且将结果以“(RES)=？”的格式显示在屏幕上。

15. 设某测试系统中，1 号端口为测试口，所得数据是 0～9 的十进制整数；2 号端口为显示口，对应于数字 0～9 的 LED 七段共阴显示码依次为 3FH、06H、5BH、4FH、66H、6DH、3DH、07H、7FH、6FH。编写一段查表送显的程序，要求先从测试口读入一个数据，再查表将相应的显示码从显示口送出，如此反复进行直至读入数据 0FFH 为止。

16. 编程实现以下操作：从键盘输入 4 个数字，分别作为两个 10～99 的十进制数。求它们的和，并把结果以三位十进制数的形式显示在屏幕上。要求输入回显的两个加数与送显的和之间适当分隔，以示区别。格式自行拟定。

17. 比较变量 x、y 的大小，使用十六进制的形式在屏幕上输出较大的值。若 $x=y$，则输出字符串“EQUAL”。

18. 试用子程序结构编写如下程序：从键盘输入一个二位十进制的月份数(1～12)，然后显示出相应的英文缩写名。

19. 在 ARRAY 数组中，保存着一个从大到小顺序排列的以字为单位的字符数组，数组长度存放于数组的第一个单元中。从键盘接收一个字符，在数组中查找该字符：若找到，则使 CF 为 1，并在 SI 中保存该字符在数组中的偏移地址；若找不到，则提示继续输入字符，直至在 ARRAY 数组中找到该字符为止。

20. 从键盘输入一串字符，并在显示屏上显示出来。要求用 DOS 中断的 09 功能。

21. 在磁盘中建立一个文件，并显示完成的结果。假设，BUF1 中存放正常信息，BUF2 中存放错误信息。

第 8 章　计数器/定时器与 DMA 控制器

计数器/定时器在计算机实时控制和处理系统中有着广泛的应用。它可以在多任务的分时系统中提供精确的定时信号以实现各任务的切换，如计算机实时控制系统中常需要定时对多个被控制对象进行采样、处理，或者对某一工作过程进行计数等。另外，微机中系统日历时钟的计时、动态存储器的刷新以及扬声器的工作也需要由计数器/定时器提供时钟信号。

直接存储器存取(Direct Memory Access，DMA)是指计算机的外部设备与存储器之间直接进行数据交换的一种输入输出方式。在这种方式下，DMA 控制器拥有总线控制权，控制数据不经过 CPU 干预，直接在存储器与外设之间进行传输。

本章在讨论计数器/定时器与 DMA 传送工作原理的基础上，分别介绍可编程计数器/定时器 8253 和 DMA 控制器 8237A 的功能、结构、工作方式、编程及应用。

8.1　计数器/定时器的工作原理

在计算机系统、工业控制领域，乃至日常生活中，都存在定时和计数问题。计数/定时技术是计算机控制系统中必须具有的接口技术之一。

8.1.1　微机系统中的定时

定时的本质就是计数，只不过这里的“数”的单位是时间单位。如果把一小片一小片计时单位累加起来，就可以获得一段时间。例如，以秒为单位来计数，计满 60 秒为 1 分钟，计满 60 分钟为 1 小时，计满 24 小时即为 1 天。因此，定时的本质就是计数。把计数作为定时的基础来讨论。

微机系统常常需要为处理器和外设提供时间标记，或对外部事件进行计数。例如，分时系统的程序切换，向外设定时周期性地发出控制信号，外部事件发生次数达到规定值后产生中断，以及统计外部事件发生的次数等，因此，需要解决系统的定时问题。

微机系统中的定时，可分为内部定时和外部定时两类。内部定时是计算机本身运行的时间基准或时序关系，计算机每个操作都是按照严格的时间节拍执行的。计算机内部定时，已由 CPU 硬件结构决定了，是固定的时序关系，无法更改。外部定时是外部设备实现某种功能时，本身所需要的一种时序关系，如打印机接口标准 Centronics 就规定了打印机与 CPU 之间传送信息应遵守的工作时序。由于外设或被控对象的任务不同，功能各异，无一定模式，往往需要用户根据 I/O 设备的要求进行安排。当然，用户在考虑外设和 CPU 连接时，不能脱离计算机的定时要求，即应以计算机的时序关系为依据，来设计外部定时机构，以满足计算机的时序要求，这称为时序配合。至于在一个过程控制或工艺流程或检测系统中，各个控制环节或控制单元之间的定时关系，完全取决于被处理、加工、制造和控制的对象的性质，因而可以按各自的规律独立进行设计。

8.1.2 外部定时方法

为获得所需要的定时，要求有准确而稳定的时间基准，产生这种时间基准通常采用两种方法——软件定时和硬件定时。

1. 软件定时

它是利用 CPU 内部定时机构，运用软件编程，循环执行一段程序而产生的等待延时。这是常用的一种定时方法，主要用于短时延时。这种方法的优点是不需要增加硬设备，只需编制相应的延时程序以备调用。缺点是 CPU 执行延时等待时间增加了 CPU 的时间开销，延时时间越长，这种等待开销越大，降低了 CPU 的效率，浪费 CPU 的资源。并且，软件延时的时间随主机频率不同而发生变化，即定时程序的通用性差。

2. 硬件定时

它是采用可编程通用的定时/计数器或单稳延时电路产生定时或延时。这种方法不占用 CPU 的时间，定时时间长，使用灵活。尤其是定时准确，定时时间不受主机频率影响，定时程序具有通用性，故得到广泛应用。目前，通用的定时/计数器集成芯片种类很多，如 Intel 8253/8254，Zilog 的 CTC 等。

8.1.3 可编程计数器/定时器的工作原理

可编程计数器/定时器的功能主要有：一是作为计数器，即在设置好计数初值后，便开始对外部触发脉冲作减 1 计数，减为 0 时，输出一个信号；二是作为定时器，即在设置好定时常数后，便对外部时钟信号作减 1 计数，并按定时常数不断地产生时钟周期整数倍的定时间隔。两者的差别是，作为计数器，在减到“0”以后，输出一个信号计数便结束；而作为定时器时，在减到“0”时，把定时常数自动重装，从而能连续重复减 1 计数，获得一个恒定的周期输出。从计数器/定时器内部机制来说，这两种情况的工作过程没有根本差别，主要都是基于计数器的减“1”。

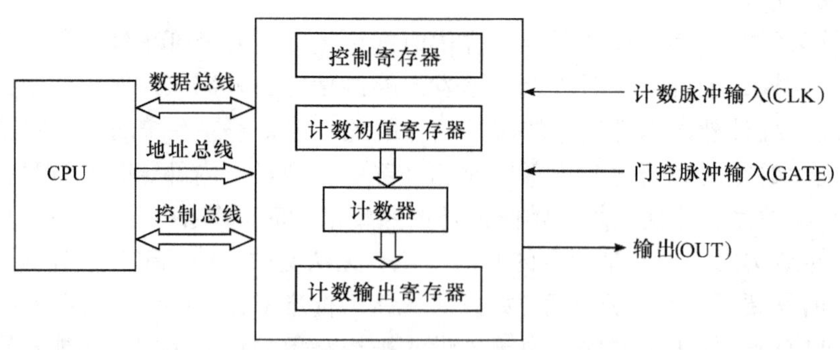

图 8-1 可编程计数器/定时器的基本结构以及与系统总线的连接

图 8-1 给出了可编程计数器/定时器的一般结构图，其内部主要有 3 个寄存器(控制寄存器、计数初值寄存器、计数输出寄存器)和 1 个计数器。3 个寄存器可以被 CPU 访问。

控制寄存器从数据总线缓冲器中接收控制字，以确定计数器/定时器的操作方式。

计数初值寄存器是用来存放计数器所需要的初始值。该值是由程序写入的，只要计数器/定时器不被复位或没有向该寄存器写入新的内容，原值将一直保持不变。

计数输出寄存器存放计数器中的内容。计数器中数值的变化，同时由计数输出寄存器反映。计数输出寄存器中某个时刻的计数值能被 CPU 读出，而且读出过程不会干扰计数器计数。

计数器实际是一个减法器。从结构上说，它并不直接和 CPU 有任何联系。计数器总是从计数初值寄存器获得计数初值，然后进行减“1”计数，最后减到“0”。

计数器有两个输入信号：一个是计数脉冲(CLK)信号，它决定了计数速率；另一个是门控制脉冲(GATE，简称“门控”)信号，作为对计数的控制信号，通常是由外设送来的。门控信号对计数的控制方法可以有多种；可以用 GATE=0 或 GATE=1，分别禁止或允许计数器工作；也可以利用 GATE 脉冲信号的上升沿或下降沿，启动或停止计数器工作，或者相反。

计数器有一个输出信号(OUT)。它能反映计数器的计数状态，并当计数到达“0”时，给出输出信号。OUT 输出信号可以提供给外设，启动一个操作，或者提供给 CPU，作中断请求信号或作查询的状态。

8.2 可编程计数器/定时器 8253

Intel 系列可编程计数器/定时器 8253 有几种芯片型号，外形引脚及功能都是兼容的，只是工作的最高计数速率有所差异，例如 8253(2.6MHz)、8253-5(5MHz)、8254(8MHz)、8254-5(5MHz)、8254-2(10MHz)。

8253 内部含有 3 个 16 位计数器，可以按照二进制计数或十进制计数(BCD 计数)。每个计数器都有 6 种工作方式，可以作为可编程控制器的事件计数器、分频器、频率发生器、脉冲发生器、实时钟等使用，并且可以产生准确的延时。

(1) 实时钟：如果某个计数器输入准确的时钟信号，并且设置了合适的工作方式及计数初值，则其输出就可以定时产生时钟中断，作为实时钟使用。

(2) 事件计数器：如果某个计数器输入连续的事件脉冲信号，并且设置了合适的工作方式及计数初值，则其输出就可以对事件进行计数，作为事件计数器使用。

(3) 频率及脉冲发生器：如果某个计数器输入连续的脉冲信号，并且设置了合适的工作方式及计数初值，则其输出就可以对输入的连续脉冲信号进行分频，改变频率，作为频率及脉冲发生器使用。

(4) 延时：如果某个计数器输入准确的时钟信号，并且设置了合适的工作方式及计数初值，则其输出就可以在延时时间到以后以某种方式通知外界。

8.2.1 8253 内部结构及引脚功能

1. 8253 的内部结构

8253 内部结构如图 8-2 所示。各部分基本功能如下所述。

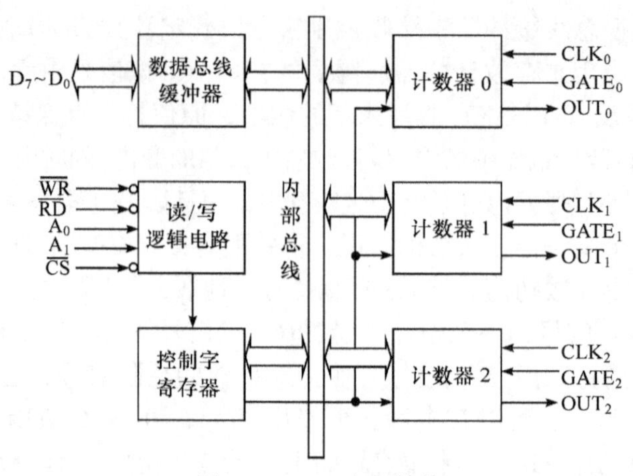

图 8-2　8253 内部结构

(1) 数据总线缓冲器：它是一个 8 位双向三态缓冲器，是 8253 与系统数据总线的连接部件。初始化编程时，CPU 写入 8253 的方式控制字和计数初值，以及 CPU 从计数器中读取的当前计数值均经由该部件传送。

(2) 读/写逻辑电路：该电路接受系统总线的输入信号($\overline{RD}$、$\overline{WR}$、A_0、A_1及$\overline{CS}$)，经组合后产生相应的控制信号，以选择读/写操作的端口及控制数据的传送方向。

(3) 控制字寄存器:该寄存器用于存放初始化编程时由 CPU 写入的 8253 工作方式控制字(CW)。对于 CPU 而言，该存储器的内容只能写入而不能读出。

(4) 计数器：8253 内部有三个独立的计数器。每个计数器均由 16 位计数初值寄存器、减 1 计数器和计数输出寄存器组成。在 8253 初始化时，CPU 将计数初值 CR 写入初值寄存器中，再由初值寄存器将该值送入减 1 计数器，每当计数器的时钟输入端 CLK 输入一个时钟脉冲后，减 1 计数器减 1，直至减到零时，由 OUT 端输出一个信号。在计数过程中，输出寄存器的值随着减 1 计数单元的结果而变化，CPU 随时可用控制命令将输出寄存器中记录的当前计数值锁定，并通过输入指令读取该值。

2. 8253 的引脚功能

8253 采用双列直插式封装，24 个引脚，其引脚如图 8-3 所示。各引脚功能如下所述。

(1) $D_7 \sim D_0$：双向三态数据总线，用于与系统总线相连，完成 8253 与 CPU 间数据传送。

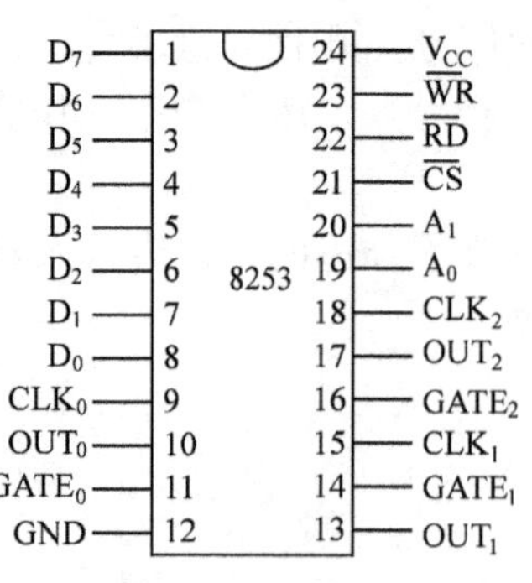

图 8-3　8253 引脚

(2) A_1、A_0：端口选择信号，由系统低位地址提供，用于对 8253 的控制寄存器和 3 个计数器进行寻址。

(3) $\overline{CS}$：片选信号，由系统地址译码产生，低电平有效。CPU 对 8253 的读/写操作必须在该信号有效时方可进行。

(4) $\overline{WR}$：写信号，由系统控制总线提供，低电平有效。有效时表明 CPU 正在向 8253 写入控制字或计数初值。

(5) $\overline{RD}$：读信号，由系统控制总线提供，低电平有效。有效时表明 CPU 正在读 8253 某一个计数器输出锁存器的当前值。

以上 3 个信号共同作用，控制数据的传输方向。各个寄存器的读/写情况如表 8-1 所示。

表 8-1　8253 计数器的选择与操作

$\overline{CS}$	$\overline{RD}$	$\overline{WR}$	A_1	A_0	功能
0	0	1	0	0	读计数器 0 当前值
0	0	1	0	1	读计数器 1 当前值
0	0	1	1	0	读计数器 2 当前值
0	1	0	0	0	设置计数器 0 的初始值
0	1	0	0	1	设置计数器 1 的初始值
0	1	0	1	0	设置计数器 2 的初始值
0	1	0	1	1	设置控制字

(6) CLK_1～CLK_0：计数器 0、计数器 1、计数器 2 的输入时钟脉冲信号可由外部提供，8253 各计数器对该脉冲信号进行计数，其大小直接影响计数的速率。若其为周期精确的时钟脉冲，则可使计数器产生准确的定时信号。

(7) $GATE_0$～$GATE_2$：计数器 0、计数器 1、计数器 2 的门控信号，该信号对计数器的具体控制作用由该计数器的工作方式决定(详见后述)。

(8) OUT_0～OUT_2：计数器 0、计数器 1、计数器 2 的输出信号。当计数器中减 1 计数单元回零后，OUT 端产生一定的输出信号，该信号的波形取决于计数器的工作方式。

8.2.2　8253 的工作方式及特点

8253 的每个计数器通道都有 6 种工作方式可供选用。区分这 6 种工作方式的主要标志有 3 点：一是输出波形不同；二是启动计数器的触发方式不同；三是计数过程中门控信号 GATE 对计数操作的控制不同。

1. 方式 0——低电平输出(GATE 信号上升沿继续计数)

方式 0 有如下 3 个特点，参见图 8-4 的时序波形。

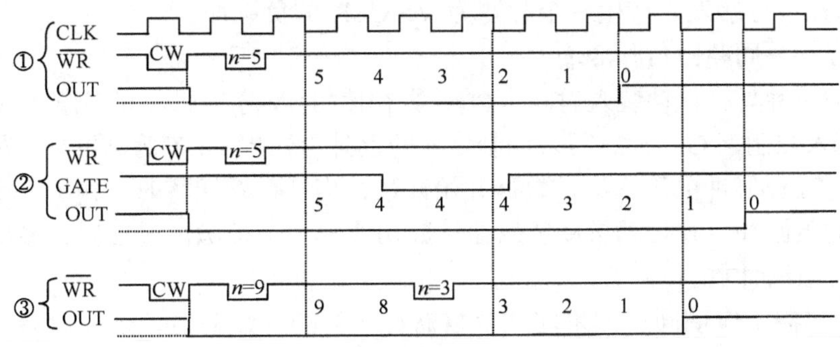

图 8-4　8253 的方式 0 时序波形

(1) 当向计数器写入控制字后，在写控制信号的上升沿 OUT 就变为低电平，但不计数。当写入计数初值 CR 后，在写控制信号上升沿之后第一个 CLK 脉冲的下降沿，将 CR 内容送入计数器的执行部件，并开始减一计数，OUT 在计数过程中一直保持低电平，当计数器减到零时，OUT 立即变成高电平。

(2) 门控信号(GATE)为高电平时，计数器工作；当 GATE 为低电平时，计数器停止工作，其计数值保持不变。如果门控信号再次变高时，计数器从中止处继续计数。

(3) 在计数器工作期间，如果重新写入新的计数初值，计数器将按新写入的计数初值重新工作。

2. 方式 1——低电平输出(GATE 信号上升沿重新计数)

方式 1 为可编程的单稳态工作方式，有如下特点，参见图 8-5。

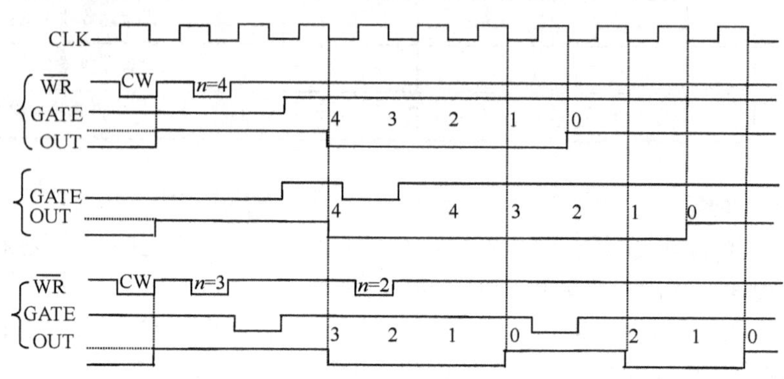

图 8-5 8253 的方式 1 时序波形

(1) 当向计数器写入控制字后，在写控制信号的上升沿输出端 OUT 就变成高电平。写入计数初值 CR 后，计数器并不立即开始工作，直到门控信号有效(即变为高电平)之后的一个时钟周期的下降沿才开始工作，使输出变成低电平，并在计数过程中保持低电平，直到计数值减到零后，输出才变高电平。

(2) 在计数器工作期间，当 GATE 又出现一个上升沿时，计数器重新装入原计数初值 CR 到计数器执行部件中，并重新开始计数，计数过程中，GATE 信号变为低电平不影响计数。

(3) 如果工作期间对计数器写入新的计数初值，则要等到门控信号再次出现上升沿后，才按新写入的计数初值开始工作。

(4) 由门控信号触发，产生一个脉宽为 $N\times$ CLK 的负脉冲。

3. 方式 2——周期性负脉冲输出

方式 2 是一种具有自动装入时间常数(计数初值)的 N 分频器。其工作特点如下：

(1) 当写入控制字 CW 时，写入控制信号的上升沿输出 OUT 为高电平。写入计数初值 CR 后第一个 CLK 脉冲的下降沿计数器开始计数，当计数器回零时，输出一个宽度等于时钟脉冲周期的负脉冲，并自动重新装入原计数初值。一个负脉冲过去后，输出又恢复高电平并重新进行减法计数。

(2) 在计数器工作期间，如果向此计数器写入新的计数初值，则计数器仍按原计数值计数，直到计数器回零并在输出一个时钟周期的负脉冲之后才按新写入的计数值计数。

(3) 门控信号 GATE 为高电平时允许计数。如在计数期间，门控信号变为低电平，则计数器停止计数，待 GATE 恢复高电平后，计数器将按原装入的计数值重新开始计数。工作时序如图 8-6 所示。

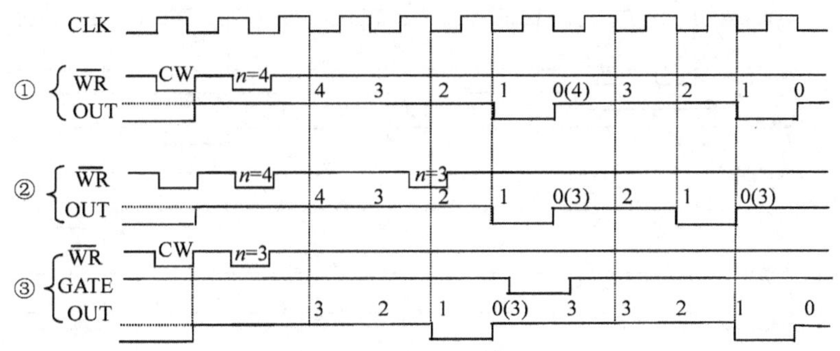

图 8-6　8253 的方式 2 时序波形

4. 方式 3——周期性方波输出

方式 3 与方式 2 基本相同，也具有自动装入时间常数(计数初值)的功能。8253 的方式 2 和方式 3 都是常用的工作方式，工作时序如图 8-7 所示。不同之处在于：

(1) 工作在方式 3，引脚 OUT 输出的不是一个时钟周期的负脉冲，而是占空比为 1∶1 或近似 1∶1 的方波；当计数初值为偶数时，输出在前一半的计数过程中为高电平，在后一半的计数过程中为低电平。

(2) 当计数初值为奇数时，在前一半加 1 的计数过程中输出为高电平，后一半减 1 的计数过程中为低电平。例如，计数初值设为 5，则在前 3 个时钟周期中引脚 OUT 输出高电平，而在后 2 个时钟周期中则输出低电平。

(3) 由于方式 3 输出的波形是方波，并且具有自动重装计数初值的功能。因此，8253 一旦计数开始，就会在输出端 OUT 输出连续不断的方波。输出端方波的频率 OUT 与输入端时钟的频率 CLK 及计数初值 C_i 三者之间的关系为 C_i=CLK/OUT。

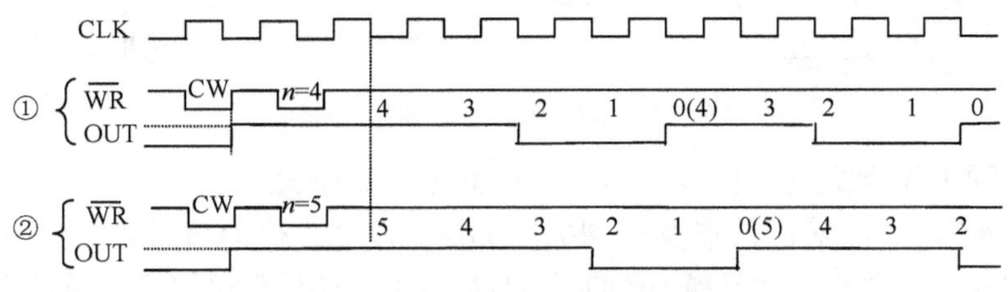

图 8-7　8253 的方式 3 时序波形

5. 方式 4——单次负脉冲输出(软件触发)

方式 4 是一种由软件启动的闸门式计数方式，即由写入计数初值来触发计数器开始工作。其特点是：

(1) 当向计数器写入控制字 CW 后，在写控制信号的上升沿，输出端 OUT 就开始变成高电平；当写完计数器初值后，计数器开始计数，计数完毕，计数回零结束，输出一个宽度为一个时钟脉冲的负脉冲，然后输出又恢复高电平，并一直保持高电平不变。

(2) 门控信号 GATE 为高电平时，允许计数器工作；门控信号 GATE 为低电平时，计数器停止工作，OUT 保持高电平。当 GATE 恢复高电平后，计数器又从原来的值继续作减 1 计数，工作时序如图 8-8 所示。

(3) 计数器工作期间，如向计数器写入新的计数初值，则在下一个 CLK 的下降沿按照新值重新计数，改变计数值是立即有效的。

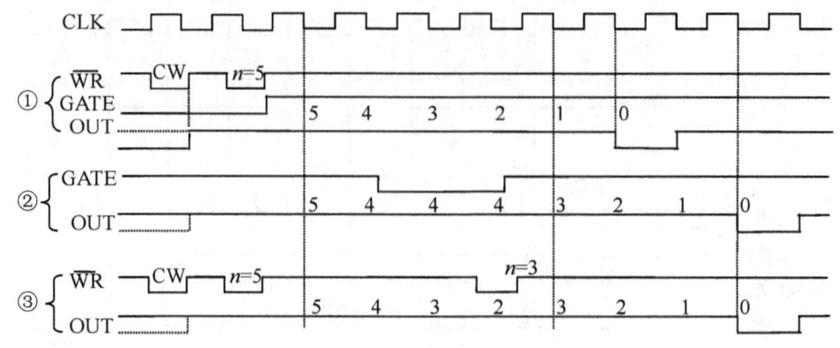

图 8-8　8253 的方式 4 时序波形

6. 方式 5——单次负脉冲输出(硬件触发)

方式 5 工作特点是由 GATE 上升沿触发计数器开始工作。

(1) 在方式 5 下，当写入计数初值后，计数器并不立即开始计数，而要由门控信号的上升沿启动计数。计数器计数回零后，将在输出一个时钟周期的负脉冲后恢复高电平。

(2) 在计数过程中(或者计数结束后)，如果门控再次出现上升沿，计数器将从原装入的计数初值重新计数。其他特点基本与方式 4 相同，工作时序如图 8-9 所示。

(3) 在计数过程中，若有初值改变，也需要 GATE 触发才能载入新计数值，按照新计数初值开始计数。计数过程中 GATE 信号变为低电平不影响计数。

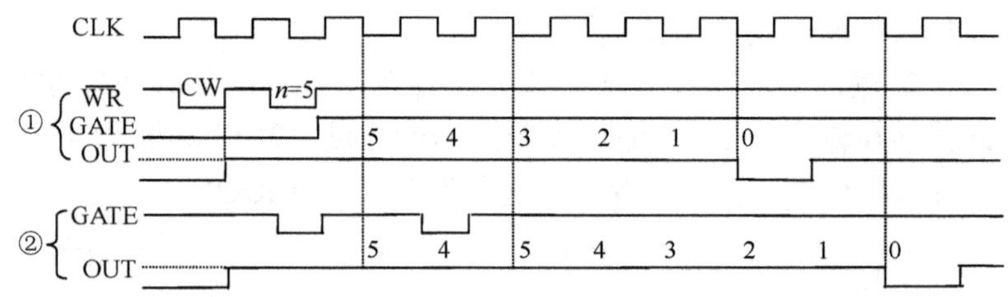

图 8-9　8253 的方式 5 时序波形

对以上 6 种工作方式进行比较分析，可以总结出以下几点：

(1) 方式 2、4、5 的输出波形是相同的，都是宽度为一个时钟周期的负脉冲。但方式 2 连续工作，方式 4 由软件(设置计数值)触发启动，而方式 5 由硬件触发脉冲触发启动。

(2) 方式 5 与方式 1 工作方式基本相同，但输出波形不同，方式 1 输出的是 n 个时钟周期的负脉冲(计数过程中输出为低)，而方式 5 输出的是 1 个时钟周期的负脉冲(计数过程中输出为高)。

(3) 在 6 种方式中，方式 0 在写入控制字后 OUT 输出为低电平，其他 5 种方式，都是在写入控制字后 OUT 输出为高电平。

(4) 任一种方式只有在写入计数值后才能开始计数，方式 0、2、3 和 4 都是在写入计数值后计数过程就开始了，而方式 1 和 5 需要外部触发启动才开始计数。

8.2.3　8253 编程

8253 是可编程序的计数器/定时器，使用时应先对其进行初始化编程，即设定方式控制字和计数初值。

1. 设定方式控制字

8253 的三个计数器无论哪一个被使用，都必须由 CPU 向其控制字端口中写入方式控制字，以确定其工作方式。方式控制字的格式如图 8-10 所示。

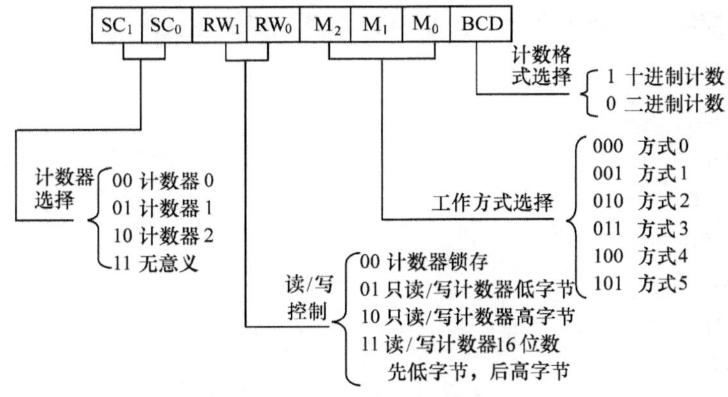

图 8-10　8253 的方式控制字

(1) SC_1、SC_0：用于选择计数器。8253 中的每个计数器有一个控制寄存器，SC_1、SC_0 用于指明要写入的控制字是写入哪一个计数器的控制寄存器。

(2) RW_1、RW_0：读/写控制位，用来控制计数器读/写的字节数和顺序。若要读 16 位计数值时，应先设置为“00”进行当前计数值锁存，然后再读取。

(3) M_2、M_1、M_0：用于选择计数器的工作方式。

(4) BCD：选择计数格式。BCD=1，BCD 码格式(十进制计数)；BCD=0，二进制格式。

2. 设定计数初值或定时常数

计数初值 C_i=输入 CLK 脉冲的个数/输出 OUT 的次数。

定时常数 T_i=输入 CLK 的频率/输出 OUT 的频率=CLK 的频率 × OUT 的周期。

计数初值或定时常数的设定应按照方式控制字最低位设定的计数格式写入。在各计数格式下，计数初值或定时常数的范围如下所述。

二进制计数：0000H～FFFFH。其中 0000H 最大，代表 65536。

BCD 计数：0000～9999。其中 0000 最大，代表 10000。

例 8-1　设 8253 计数器 0 工作于方式 3 下，计数初值为 6000(十进制格式)。试写出其初始化程序。(设 8253 计数器 0、计数器 1、计数器 2 及控制端口地址分别为 300H～303H。)

根据题目要求，8253 方式控制字应为 00110111，具体程序如下：

```
MOV   DX, 303H      ;设定控制端口
MOV   AL, 37H       ;写入控制字
OUT   DX, AL
MOV   DX, 300H      ;设计数器 0
MOV   AL, 0H        ;写计数初值低字节
OUT   DX, AL
MOV   AL, 60H       ;写计数初值高字节
OUT   DX, AL
```

例 8-2 假定 8253 的 4 个端口地址分别为 310H、312H、314H、316H，输入脉冲频率为 2MHz。试编写出用计数器 0 输出频率为 2kHz 方波的初始化程序。

分析：根据题目要求，采用计数器 0、工作方式 3、二进制计数。

计数初值 $N=(2\times10^6)/(2\times10^3)=1000$。

因此，方式控制字为 00110110B，即 36H。编写初始化程序如下：

```
MOV    DX, 316H
MOV    AL, 36H
OUT    DX, AL
MOV    AX, 1000
MOV    DX, 310H
OUT    DX, AL
MOV    AL, AH
OUT    DX, AL
```

8.2.4 8253 的应用举例

例 8-3 设系统为 8253 分配的端口地址为 70H～76H，其中 76H 为控制字寄存器端口地址，70H、72H、74H 分别为计数器 0、1、2 的端口地址。若输入脉冲频率为 2MHz，编写出用计数器 0 输出频率为 1Hz 方波的初始化程序。

分析：由于输入时钟频率为 2MHz，而输出方波频率为 1Hz，计算出计数器初值 $N=(2\times10^6)/1=2\times10^6$。此数超出 16 位计数器所能够表示的范围。为了解决这一问题，可先通过计数器 1 将 2MHz 的输入脉冲变成 2kHz 方波，然后用 OUT_1 输出的方波作为计数器 0 的输入时钟。计数器 1 的计数初值 $N=(2\times10^6)/(2\times10^3)=1000$，计数器 0 的计数初值 $M=(2\times10^3)/1=2\times10^3$。

初始化编程如下：

```
MOV    AL, 76H
OUT    76H, AL
MOV    AX, 1000
OUT    72H, AL
MOV    AL, AH
OUT    72H, AL
MOV    AL, 36H
OUT    76H, AL
MOV    AX, 2000
OUT    70H, AL
MOV    AL, AH
OUT    70H, AL
```

例 8-4 IBM PC/XT 系统板上 8253 的 3 个计数器的使用。

分析：IBM PC/XT 机中 8253 与系统总线的连接如图 8-11 所示。

在 PC/XT 机中，8253 的计数器 0 为方式 3，$GATE_0$ 固定为高电平，OUT_0 输出作为中断请求接到中断控制器 8259A 的 IRQ_0，用于系统报时时钟和磁盘驱动器的马达定时中断(约 55ms)。

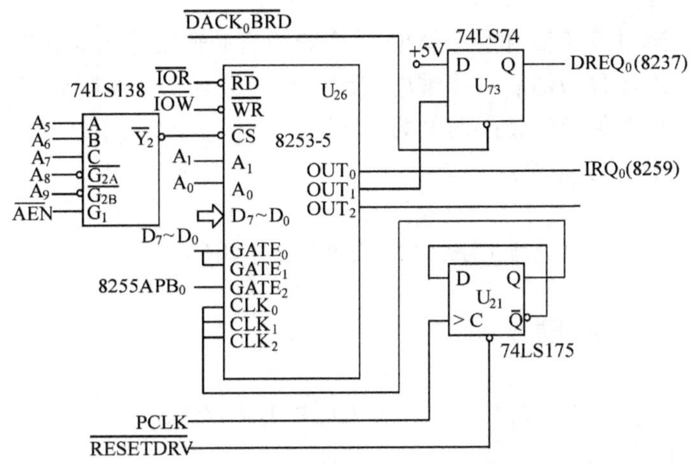

图 8-11　8253 与系统总线的连接

计数器 1 为方式 2，$GATE_1$ 固定为高电平，OUT_1 输出作为对 DMA 控制器 8237A 通道 0 的 DMA 请求 $DREQ_0$，用于定时(约 15us)启动刷新动态存储器(DRAM)。

计数器 2 为方式 3，1kHz 的方波输出。$GATE_2$ 由 8255A 的 PB_0 控制，OUT_2 输出经过与门，并滤掉高频份量后送到扬声器发声。与门控制信号为 8255A 的 PB_1。可用 PB_1、PB_0 同时为“高”的时间来控制发声时间。长声时间为 3s，短声时间为 0.5s。

例 8-5　8253 的 3 个计数器串级连接起来，为某 A/D 子系统提供可调用的启动采样频率信号。连接电路，如图 8-12 所示。设 8253 的计数器 0、1、2 分别工作在方式 2(分频器)、方式 1(单稳触发器)、方式 3(方波发生器)。3 个计数器的初始值分别为 L、M、N。系统时钟频率为 F。设 8253 的端口地址为 44H、45H、46H、47H。初始值 L、N 为二进制数，且小于 256；M 为 BCD 数，且大于 100。

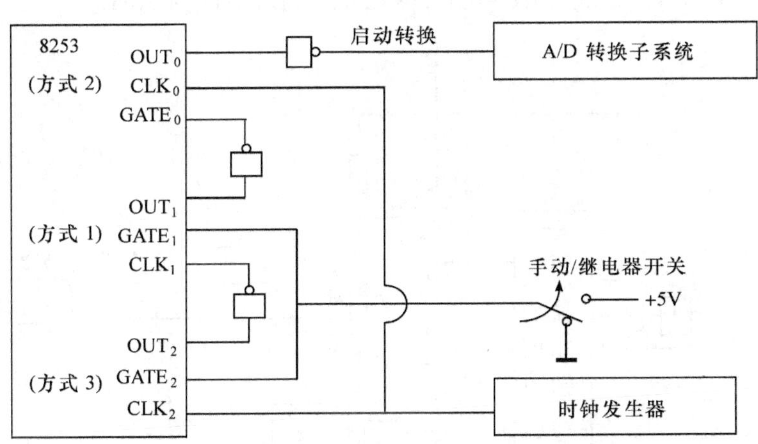

图 8-12　8253 的计数器串级连接应用电路

分析：由图可知，由于计数器 2 的输出作为计数器 1 的输入时钟，所以计数器 1 的

时钟 CLK_1 频率为 F/N。计数器 1 工作在方式 1，输出端 OUT_1 的脉冲周期为 MN/F，而计数器 0 工作在方式 2，它的输出 OUT_0 的脉冲频率为 F/L。此外，计数器 0 的门控信号 $GATE_0$，受到 OUT_1 的控制。

8253 的 OUT_0 经过反相器和某个 A/D 转换器的启动转换输入端相连。当编程对 3 个计数器设置好，并写入计数初值后，将继电器或手动开关合上，A/D 转换系统便按 F/L 的采样频率进行工作，每次采样的持续时间为 MN/F。

8253 的初始化程序段如下：

```
MOV   AL, 14H
OUT   47H, AL     ;设计数器 0 为方式 2，低 8 位二进制计数
MOV   AL, L
OUT   44H, AL     ;置初值 L
MOV   AL, 73H
OUT   47H, AL     ;设计数器 1 为方式 1，16 位 BCD 码数计数
MOV   AX, MH
OUT   45H, AL     ;置初值 M 低 8 位
MOV   AL, AH
OUT   45H, AL     ;置初值 M 高 8 位
MOV   AL, 96H
OUT   47H, AL     ;设计数器 2 为方式 3，低 8 位二进制数计数
MOV   AL, N
OUT   46H, AL     ;置初值 N
```

例 8-6 图 8-13 所示为一个自动计数系统。当工件从光源与光敏电阻之间通过时，CLK_0 端即可接收到一个脉冲信号，由计数器 0 计数。每当有 80 个工件通过后，由输出端 OUT_0 输出一个负脉冲作为中断请求信号通知 CPU。CPU 在处理该中断的中断服务程序中启动计数器 1，由 OUT_1 产生 2000Hz 的方波驱动蜂鸣器发声，提示工件已满 80 个，5s 后扬声器停止发声(设 8253 端口地址为 40H～43H，8255PA 端口地址为 80H)。

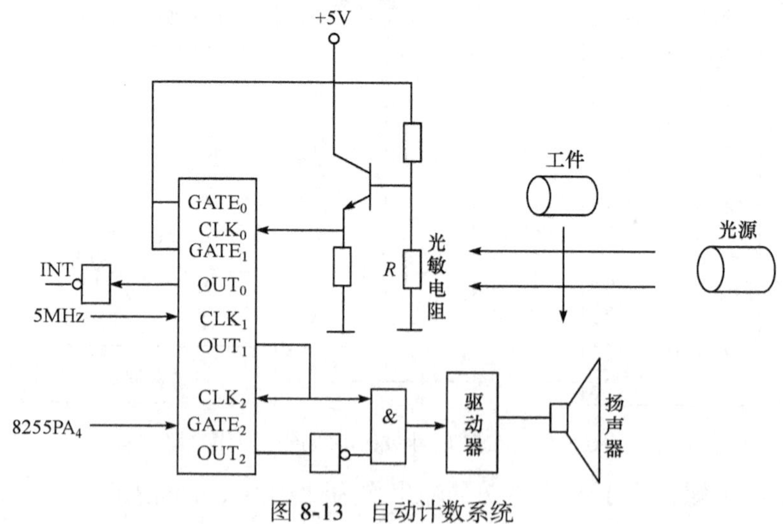

图 8-13　自动计数系统

分析：根据控制要求，将 8253 计数器 0 工作于方式 2，提供周期性负脉冲，计数初值 80，计数器 1 工作于方式 3，提供 2kHz 的方波，计数初值 $5\times10^6/2000=2500$，计数器 2 工作于方式 1，提供 5s 的延时信号，计数初值 $5\times2000=10000$。

程序清单如下：

```
        MOV    AL, 15H         ;初始化计数器 0 工作于方式 2
        OUT    43H, AL
        MOV    AL, 80H         ;计数器 0 计数初值设置为 80
        OUT    40H, AL
        MOV    AL, 77H         ;初始化计数器 1 工作于方式 3
        OUT    43H, AL
        MOV    AL, 0           ;计数器 1 计数初值设置为 2500
        OUT    41H, AL
        MOV    AL, 25H
        OUT    41H, AL
        MOV    AL, 0B3H        ;初始化计数器 2 工作于方式 1
        OUT    43H, AL
        XOR    AL, AL
        OUT    42H, AL         ;计数器 2 初值设置为 10000，实际写入 0000
        OUT    42H, AL
        STI                    ;开中断，载入中断向量表略
LOOP1：HLT
        JMP    LOOP1
;中断服务程序
        PUSH   AX              ;保存现场
        MOV    AL, 10H         ;置 GATE2=1
        OUT    80H, AL
        NOP                    ;短暂延时，确保 GATE1 被正确置 1
        NOP
        MOV    AL, 0           ;清除 GATE1=1
        OUT    80H, AL
        POP AX                 ;返回现场
        IRET                   ;中断返回
```

8.3 DMA 传送的基本原理

8.3.1 DMA 传送的特点

DMA 方式可以实现外部设备与存储器之间的数据高速传输。在一般的程序控制传送方式(包括查询与中断方式)下数据从存储器送到外设，或从外设送到存储器，都要经过 CPU 的累加器中转，再加上检查是否传送完毕及修改内存地址等操作都由程序控制，要花费不

少时间。采用 DMA 传送方式是让存储器与外设，或外设与外设之间直接交换数据，不需经过累加器，减少了中间环节，并且内存地址的修改，传送完毕的结束报告都由硬件完成，因此大大提高了传输速度。

DMA 传送主要用于需要高速大批量数据传送的系统中，以提高数据的吞吐量，如磁盘存取、图像处理、高速数据采集系统、同步通信中的收发信号等方面应用甚广。

DMA 传送方式的优点是以增加系统硬件的复杂性和成本为代价的。因为 DMA 方式和程序控制方式相比，是用硬件控制代替了软件控制。另外，DMA 传送期间 CPU 被挂起，部分或完全失去对系统总线的控制权，这可能会影响 CPU 对中断请求的及时响应与处理功能。因此，在一些小系统或速度要求不高、数据传输量不大的系统中，一般并不用 DMA 方式。

DMA 传送虽然脱离了 CPU 的控制，但并不是说 DMA 传送不需要进行控制和管理。通常是采用 DMA 控制器来取代 CPU，负责 DMA 传送的全过程控制。目前，DMA 控制器都是可编程的大规模集成芯片，且类型很多，如 Z-80DMA、Intel 8257、8237。由于 DMA 控制器是实现 DMA 传送的核心器件，对它的工作原理、外部特征及编程使用方法等方面的学习就成为掌握 DMA 技术的重要内容。

8.3.2 DMA 传送的机制

如图 8-14 所示，当外设准备好数据时，通过硬件提出 DMA 请求，进而向系统提出总线占有请求。在系统同意让出总线的情况下，高速外设就可以利用总线在硬件的控制下完成数据交换，速度非常快。具有这种功能的硬件是 DMA 控制器(DMAC)。

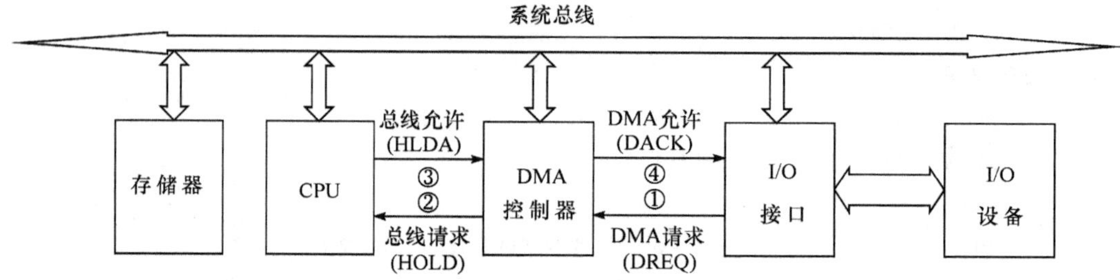

图 8-14　DMA 传送机制示意图

DMA 数据交换的根本是需要获得系统的总线控制权，DMAC 可以通过下面的方式获得总线控制权。

1. 周期挪用(Cycle Stealing)

在这种方式中，DMAC 在处理器不访问存储器或 I/O 端口时控制总线。这种方式不会影响处理器的工作，但是需要有复杂的机制来判断哪些周期可用，并且数据传送不规则、不连续。

2. 周期扩展(Cycle Extending)

当需要进行 DMA 数据传送时，DMAC 通过一定的方法延长系统标准总线周期的宽度。这样系统可以利用标准总线周期的时间完成自己的任务，而 DMAC 利用延长的时间完成 DMA 数据交换。这种方式会影响系统的其他工作。

3. CPU 停机(CPU Disusing)

CPU 停机是指在 DMA 操作期间，CPU 交出总线控制权，由 DMA 控制器接管总线，完成数据传送。这期间 CPU 不能使用总线，只能进行内部操作。

在上述三种方式中，“CPU 停机”是 DMA 占用总线最简单常用的方式。此时 DMA 控制器可以像 CPU 一样成为总线的主控部件，占用总线，完成数据传送。以数据输入过程为例，CPU 停机方式下 DMA 的工作过程如下所述。

(1) 当外设需要输入数据时，首先由 I/O 接口电路向 DMA 控制器发出 DMA 操作请求信号。

(2) DMA 控制器接收到外设的请求后，向 CPU 发出总线请求信号。

(3) 若 CPU 予以响应，将向 DMA 发回总线响应信号，同时出让总线的控制权，由 DMA 控制器接管总线。

(4) DMA 控制器接管总线后，向 I/O 端口发出 DMA 响应信号，并设置读写信号及存储器地址信号。

(5) 接口接到响应信号后，将数据送往数据总线，并撤销 DMA 请求信号。

(6) 存储器接收数据后，DMA 控制器进行地址修改和字节计数，并撤销总线请求信号，通知 CPU 归还总线控制权，以完成一次 DMA 操作。

8.3.3 DMA 传送的模式

获取总线控制权后，DMAC 可以有以下模式控制 DMA 的操作。

1. 单字节传送模式

每次 DMA 操作(包括数据传送或数据校验或数据检索操作)只操作一字节，即发出一次总线请求，DMAC 占用总线后，进入 DMA 周期只传送/校验/检索一个字节数据，便释放总线。在单字节模式下，只能一字节一字节地传送(或校验或检索)，每传送一字节 DMAC 必须重新向 CPU 申请占用总线。

一般是在 DMAC 中设置字数计数器，DMA 传送时，每传送一字节数据，计数器减 1，并释放总线，将控制权还给 CPU。

2. 数据块传送模式

在数据块传送的整个过程中，只要 DMA 传送一开始，DMAC 始终占用总线，直到数据传送结束或校验完毕或检索到“匹配字节”，才把总线控制权还给 CPU。即使在传送过程中 DMA 请求变得无效，DMAC 也不释放总线，只暂停传送/校验/检索，它将等待 DMA 请求重新变为有效后，而继续往下传送/校验/检索。这种模式的传送速度很快，由于在整个数据块的传送过程中一直占用总线，也不允许其他 DMA 通道参加竞争，因此可能会产生冲突。

3. 请求传送模式

DMAC 控制总线以后，每传送完一字节，都由 DMAC 检测外设是否有继续传送的要求。如果有，继续占用总线来传送数据；如果没有，释放总线，继续检测外设的传送要求，直到外设重新有利用 DMAC 传送数据的要求时，再申请总线。这种模式既不会影响传送速度，又充分兼顾 CPU 的工作，是经常使用的模式。

8.4 DMA 控制器 8237A

8237A 是 Intel 系列高性能可编程 DMA 控制器，它使用单一+5V 电源、单相时钟，是一个 40 引脚双列直插式的大规模集成电路芯片。其具有以下功能：

(1) 每片 8237A 内部有 4 个独立的 DMA 通道，每个通道可分别进行数据传送，一次传送最大达 64MB，能够实现存储器与外设间或存储器两个区域间的数据传送。

(2) 每个通道的 DMA 请求可以分别允许和禁止，具有不同的优先级，并且每个通道的优先级可以是固定的，也可以是循环的。

(3) 8237A 具有 4 种传送方式，即单字节传送方式、数据块传送方式、请求传送方式和级联方式。级联以后可以扩充 DMA 通道。

8.4.1 8237A 的内部结构及引脚功能

1. 8237A 的内部结构

8237A 的内部结构如图 8-15 所示，最主要的是 4 个独立的 DMA 通道(通道 0～通道 3)。每个通道有模式寄存器、基地址寄存器和当前地址寄存器、基本字节计数器和当前字节计数器、请求触发器和屏蔽触发器等。8237A 内部还包括 4 个通道公用的控制寄存器和状态寄存器等。此外，还有读/写逻辑和控制逻辑等。

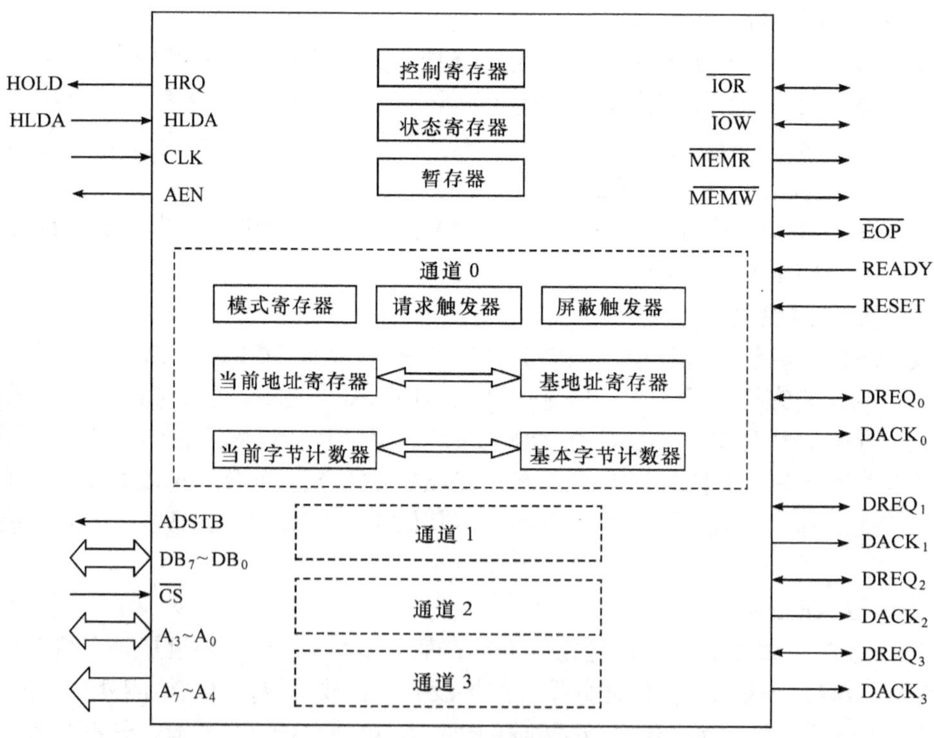

图 8-15 8237A 的内部结构与主要引脚

各寄存器功能如下所述。

(1) 模式寄存器：又称方式控制寄存器，用于在 CPU 对 8237A 初始化编程时设定 8237A 的工作方式、地址增减、是否自动预置、传输类型及通道选择。

(2) 基地址寄存器：用来保存 DMA 传送时本通道所用到的数据段地址初值。该初值是由 CPU 对 8237A 进行初始化编程时写入，但 CPU 不能通过输入指令读出基地址寄存器的值。

(3) 当前地址寄存器：用于保存 DMA 传送过程中现行地址值。初始时该寄存器的值与基地址寄存器相同，每次 DMA 传送后其内容自动增 1 或减 1。当前地址寄存器的值可由 CPU 通过两条输入指令连续读出，每次 8 位。若 8237A 编程设定为自动预置，则在每次 DMA 操作结束发出 EOP 信号后，当前地址寄存器将根据基地址寄存器的内容自动恢复为初始值。

(4) 基本字节计数器：用来保存整个 DMA 操作过程中要传送数据的字节数。这个寄存器的初值由 CPU 在编程时写入，并且该寄存器的内容也不能被 CPU 读出。

(5) 当前字节计数器：用来保存当前要传送的字节数。初始时该寄存器的值与基本字节计数器相同，每次 DMA 传送后此寄存器内容减 1。当它的值减为零时，将发出 EOP 信号，表明 DMA 操作结束。这个寄存器的值也可由 CPU 读出。在自动预置状态下，EOP 有效时当前字节数寄存器的值可根据基字节寄存器的内容自动恢复为起始状态。

此外，8237A 的数据线、地址线都有三态缓冲器，可以接管或释放总线。内部的优先权编码器单元可以对同时有 DMA 请求的通道进行优先权编码，确定优先权级别。各通道共用一个控制寄存器和状态寄存器。其中暂存寄存器在 8237A 完成存储器到存储器的传送时用于保存数据。完成传输后，暂存寄存器总是保存前一次存储器传送的最后一字节的内容。

2. 8237A 的引脚功能

8237A 的引脚如图 8-16 所示。由于它既是主控者，又是受控者，其外部引脚设置也具有特色，如它的 I/O 读/写线($\overline{IOR}$、$\overline{IOW}$)和部分地址线(A_0～A_3)都是双向的。另外，还设置了存储器读/写线($\overline{MEMR}$、$\overline{MEMW}$)和 16 位地址输出线(DB_7～DB_0、A_7～A_0)。这些都是其他 I/O 接口芯片所没有的。下面对各个引脚功能予以说明。

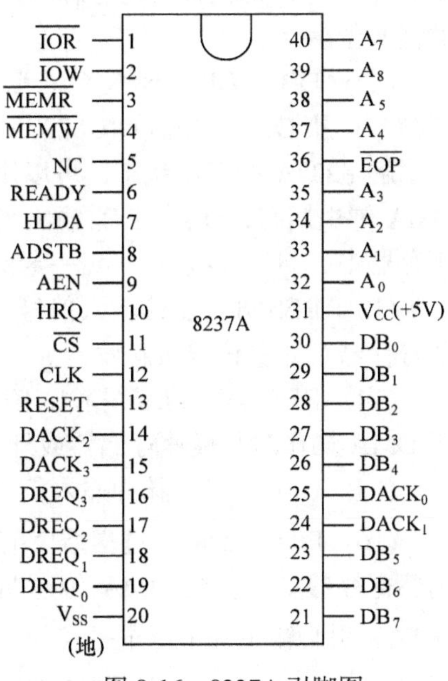

图 8-16　8237A 引脚图

(1) $DREQ_3$～$DREQ_0$：DMA 请求输入信号，通道 3～0 分别对应 $DREQ_3$～$DREQ_0$。当外设请求 DMA 服务时，由 I/O 接口向 8237A 发出 DREQ 请求信号，该信号一直保持有效，直到收到 DMA 响应信号 DACK 后信号才撤销。其有效电平由编程设定。在优先级固定的方式下，$DREQ_0$ 优先级最高，$DREQ_3$ 优先级最低。

(2) $DACK_3$～$DACK_0$：DMA 响应输出信号，是 8237A 对 DREQ 信号的响应，每个通道各有一个。当 8237A 接收到 DMA 响应信号 HLDA 后，开始

DMA 传送，相应的通道 DACK 信号输出有效，其有效电平由编程确定。

(3) HRQ：总线请求输出信号。当 8237A 的任一个未屏蔽通道接收到 DREQ 请求时，8237A 就向 CPU 输出 HRQ 信号，请求 CPU 出让总线的控制权。

(4) HLDA：总线响应信号，是 CPU 对 HRQ 信号的响应。CPU 接到 HRQ 信号后，将在现行总线周期结束后让出总线的控制权，使 HLDA 信号有效，通知 8237A 接收总线的控制权，用以完成 DMA 传送。

(5) $\overline{IOR}$：I/O 读信号，是低电平有效的双向三态信号。在 CPU 控制总线期间，它为输入信号，低电平有效，CPU 读取 8237A 内部寄存器的值；在 DMA 传送期间，它为输出信号，与 $\overline{MEMW}$ 相配合，控制数据由外设传送到存储器。

(6) $\overline{IOW}$：I/O 写信号，是低电平有效的双向三态信号。在 CPU 控制总线期间，它为输入信号，CPU 在 $\overline{IOW}$ 控制下对 8237A 内部寄存器进行编程。在 DMA 传送期间，它是输出信号，与 $\overline{MEMR}$ 配合将数据从存储器传送到外设接口中。

(7) $\overline{MEMR}$：存储器读信号，低电平有效的三态输出信号。该信号有效时，被选中的存储单元的内容将被送往数据总线。

(8) $\overline{MEMW}$：存储器写信号，低电平有效的三态输出信号。该信号有效时，数据总线上的内容写入选中的存储单元。

(9) $\overline{CS}$：片选输入信号，低电平有效。CPU 对 8237A 编程时把 8237A 视作输入/输出设备，此时该信号由地址总线高位经译码后产生。

(10) A_7～A_4：4 位单向三态地址线。只用于 DMA 传送时，输出要访问的存储单元地址低 8 位中的高 4 位。

(11) A_3～A_0：4 位双向三态地址线。CPU 对 8237A 进行编程时，它们是输入信号，用于寻址 8237A 的内部各寄存器。在 DMA 传送期间，这 4 条线输出要访问的存储单元地址的低 4 位。

(12) DB_7～DB_0：8 位双向三态数据总线，与系统的数据总线相连。CPU 可以用 I/O 读命令，从 DB_7～DB_0 读取 8237A 的状态寄存器和现行地址寄存器、字节计数器的内容，以了解 8237A 的工作状态；可以用 I/O 写命令通过 DB_7～DB_0 对各个寄存器进行编程。在 DMA 传送期间，DB_7～DB_0 输出当前地址寄存器中的高 8 位，由 ADSTB 信号锁存到外部锁存器中，与地址线 A_7～A_0 一起组成 16 位地址。

(13) RESET：复位输入信号，高电平有效。复位后 8237A 处于空闲状态，清零内部各寄存器，并置位屏蔽触发器。

(14) READY：准备好输入信号，高电平时表示存储器或外设已经准备好。该信号用于 DMA 操作时与慢速存储器或外部设备同步。

(15) CLK：时钟脉冲输入信号。该信号用以控制 8237A 内部操作及数据传输率。

(16) $\overline{EOP}$：DMA 过程结束信号。它是双向低电平有效信号，其有效时，可使 8237A 内部寄存器复位。在 DMA 传送期间，当任一通道当前字节数寄存器的值为 0 时，8237A 从 $\overline{EOP}$ 引脚输出一个低电平信号，表示 DMA 传输结束。另外，8237A 允许由外部送入一个有效的 $\overline{EOP}$ 信号，强制结束 DMA 传送过程。

(17) ADSTB：地址选通输出信号，高电平有效。此信号有效时，把 8237A 当前地址寄存器中的高 8 位地址锁存到 DMA 外部锁存器。

(18) AEN：地址允许输出信号，高电平有效。此信号有效时，把 8237A 的外部地址锁存器中的高 8 位地址送到地址总线 A_{15}～A_8 上，与芯片直接输出的低 8 位地址 A_7～A_0 共同组成内存单元的偏移地址。AEN 信号也使与 CPU 相连的地址锁存器无效。这样，保证了地址总线上的信号来自 8237A，而不是来自 CPU。

3. 8237A 的端口地址

8237A 有 4 根地址输入线 A_0～A_3，其片内有 16 个端口可供 CPU 访问，记作 DAM+0～DAM+15。在 PC 机中，8237A 占用的 I/O 端口地址为 00H～0FH，各寄存器的端口的地址分配如表 8-2 所示。

表 8-2 8237A 控制器的寄存器口地址

端口	通道	I/O 地址(Hex)	寄 存 器	
			读($\overline{IOR}$)	写($\overline{IOW}$)
DMA+0	0	00	当前地址寄存器	基地址与当前地址寄存器
DMA+1	0	01	当前字节计数器	基字节计数器与当前字节计数器
DMA+2	1	02	当前地址寄存器	基地址与当前地址寄存器
DMA+3	1	03	当前字节计数器	基字节计数器与当前字节计数器
DMA+4	2	04	当前地址寄存器	基地址与当前地址寄存器
DMA+5	2	05	当前字节计数器	基字节计数器与当前字节计数器
DMA+6	3	06	当前地址寄存器	基地址与当前地址寄存器
DMA+7	3	07	当前字节计数器	基字节计数器与当前字节计数器
DMA+8	公用	08	状态寄存器	命令寄存器
DMA+9		09	—	请求寄存器
DMA+10		0A	—	屏蔽寄存器(单个屏蔽位)
DMA+11		0B	—	方式控制寄存器
DMA+12		0C	—	清除先/后触发器命令*
DMA+13		0D	暂存寄存器	复位命令*
DMA+14		0E	—	清四个通道屏蔽寄存器命令*
DMA+15		0F	—	综合屏蔽命令寄存器

*为软命令。

8.4.2 8237A 的工作过程与工作方式

1. 8237A 的工作过程

8237A 是一种特殊的接口芯片，它可以作为普通的可编程接口芯片，接受系统的读/写操作，完成初始化；也可以作为总线主控模块，控制总线完成 DMA 操作。因此有两种工作周期即：空闲周期、有效周期。

当没有 DMA 请求时，8237A 就处于空闲周期 S_i，可以接受 CPU 的读写，同时在每一个时钟周期采样 DREQ，如果有效就脱离空闲周期进入有效周期，否则继续停留在空闲周期。

有效周期包括 S_0、S_1、S_2、S_3、S_4等几个状态，其中 S_1、S_2、S_3、S_4等 4 个状态完成 DMA 传送。

S_0：从空闲周期进入的首先是 S_0状态，此时 8237A 已经接受了外设提出的 DREQ，并且向 CPU 提出了 HRQ 信号，但尚未接收到 HLDA。一旦接受 HLDA 信号，立刻进入 S_1状态。

S_1：通过 DB_0～DB_7传送要访问的存储单元的高 8 位地址 A_8～A_{15}，另一方面产生有效的地址选通信号 ADSTB，利用其下降沿将出现在数据引脚的高 8 位地址锁存至外部地址锁存器。在大多数情况下，若这几位地址不需要变化，可以不进入该状态，直接进入 S_2。只有块传送跨越内存一个 256B 的数据块，需要改变 A_{15}～A_8时，才进入该状态。

S_2：8237A 向外输出 DMA 应答信号 DACK，修改低 8 位地址，开始使读/写信号有效。

S_3，S_W：根据初始化的要求产生相应的读写信号，完成外设与存储器之间的数据传送。若在此期间 READY 无效，会在 S_3之后插入 S_W状态。

S_4：完成一字节的数据传送。块传送方式时，8237A 继续占用总线，直到 $\overline{EOP}$ 信号有效。如果是单字节传送，则进入 S_i空闲周期。

8237A 内部各状态的转换流程可以参考图 8-17。另外，关于时序有以下几点说明：

(1) 8273A 的压缩时序。8237A 可以用两种时序工作：普通时序(每字节交换需要 S_2、S_3、S_4三个状态)、压缩时序(进行一字节数据交换只需要 S_2、S_4两个状态)。显然，压缩时序可以提高 DMA 数据传送的速度，一些高速的外设可以使用 8237A 的压缩时序。

(2) 扩展写。如果慢速外设使用普通时序尚不能满足要求，应该产生 READY 信号，由 8237A 根据 READY 的状态来插入 S_W状态，以延长 DMA 传送时间。为了使外设的 READY 信号尽早来到，8237A 可以采用扩展写，也就是说，提前使 $\overline{IOW}$ ($\overline{MEMW}$)与 $\overline{MEMR}$ ($\overline{IOR}$) 同时有效。

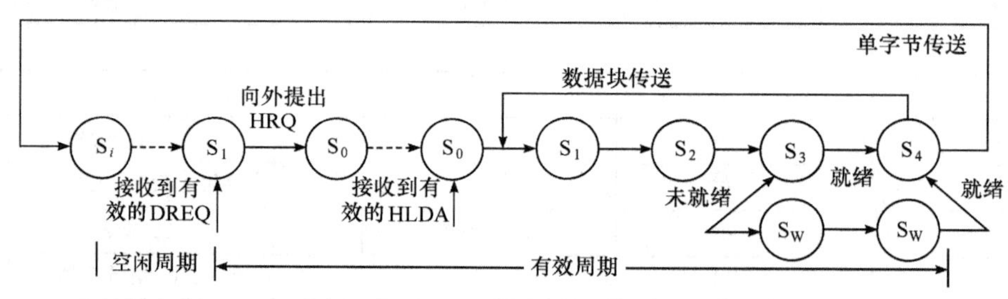

图 8-17 8237A 的内部状态转换流程

2. 8237A 的工作方式

(1) 通道的优先级问题。一片 8237A 有 4 个通道，它们的优先级可以由用户来设置。一种是固定优先级方式(通道 0～通道 4 的优先级依次降低)，另一种是循环优先级方式(通道优先级是循环的，某个通道完成 DMA 操作以后其优先级自动降为最低，重新排定各通道的优先级)。

(2) 工作模式。8237A 在有效周期内有 4 种工作模式：单字节传送模式、数据块传送模式、请求传送模式、级联模式。

① 单字节传送模式，一次仅传送一字节。传送后，HRQ 变为无效，8237A 释放系统

总线，将控制权交还 CPU。若字节数从 0 减为 FFFFH，则终结 DMA 传送。

② 数据块传送模式，一旦由 DREQ 有效启动了 DMA 传送后就连续占用总线传送数据，直到初始化所要求的字节全部传送完。

③ 请求传送模式，允许 8237A 连续占用总线传送数据，但如果出现字节数寄存器从 0 减为 FFFFH、外部送来有效的 $\overline{EOP}$ 信号迫使 DMA 操作停止或外部输入的 DREQ 无效等情况时，终止 DMA 传送。

④ 级联模式，指通过多个 8237A 连接扩充 DMA 通道，构成主从式 DMA 控制系统，其中 1 片为主片，其他为从片。1 片主 8237A 最多可挂接 4 片 8237A 从片。

(3) 操作类型。8237A 有三种操作类型：DMA 读、DMA 写、DMA 校验。

① DMA 读，用于把数据从存储器中读出，写入外设。

② DMA 写，用于将数据从外设中读出，写入存储器中。

③ DMA 校验，是一种空操作，并不是真正的 DMA 传送，只产生时序。地址信号、外设可以利用这样的时序进行校验。

另外，8237A 也可以完成存储器之间的数据传送，这时固定使用通道 0 来表示源存储器的地址，通道 1 来表示目的存储器的地址。这种 DMA 不能由硬件来启动(DMA 读、DMA 写可以由外设来启动)，必须设置通道 0 的软件启动命令。如果用户设置通道 0 的地址禁止改变，就可以实现以相同内容填充存储器的一段空间。

8.4.3　8237A 的编程

8237A 工作前应先由 CPU 对其进行初始化编程，即设定内部各寄存器的值。8237A 初始化编程包括两个方面：一是设定通道计数初始值，即设置基地址与当前地址寄存器、设置基字节数与当前字节计数寄存器；二是设置通道功能，即设置方式控制寄存器、设置屏蔽寄存器、设置命令寄存器等。以下介绍通道的功能寄存器的格式。

1. 方式控制寄存器

方式控制寄存器又称为模式寄存器，其低两位指定写入的通道号。原则上 4 个通道要写入 4 个方式控制字。它用于设置 DMA 的工作方式、地址改变方式、操作类型、自动预置，以及选择通道。其格式如图 8-18 所示。

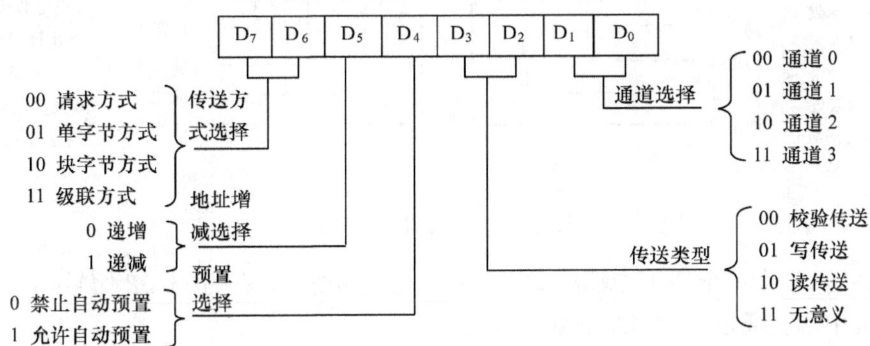

图 8-18　方式控制寄存器格式

D_4 位设置自动预置。所谓自动预置，是当完成一个 DMA 操作，出现 $\overline{EOP}$ 负脉冲时，则把基值(地址、字节计数)寄存器的内容装入当前(地址、字节计数)寄存器中，又从头开始同一操作。

D_5 位设置每传送一字节后存储器地址是加 1，还是减 1。

2. 命令寄存器

命令寄存器决定数据传输目标、通道的优先级方式、DACK 及 DREQ 的有效电平等。该寄存器只能写，不能读。各命令位的格式如图 8-19 所示。

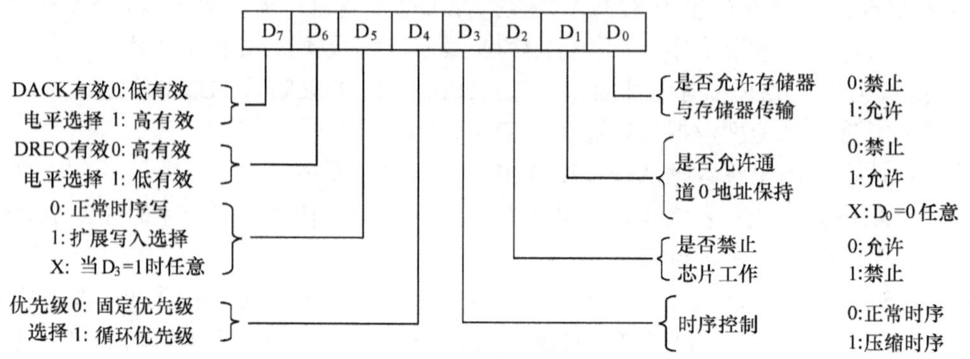

图 8-19　命令寄存器格式

例 8-7　编写初始化命令使 PC 机中的 8237A-5，按如下要求工作：禁止存储器到存储器传送，正常时序，滞后写入，固定优先级，允许 8237A-5 工作，DREQ 信号高电平有效，DACK 信号低电平有效。

命令字为 00000000B=00H。将命令写入命令口的程序段为：

```
MOV    AL, 00H        ;命令字
OUT    08H, AL        ;写入命令寄存器
```

3. 状态寄存器

存放 8237A 的状态，提供哪些通道已到终止计数，哪些通道由 DMA 请求等状态信息供 CPU 分析，该寄存器只能读出，不能写入，其格式如图 8-20 所示。

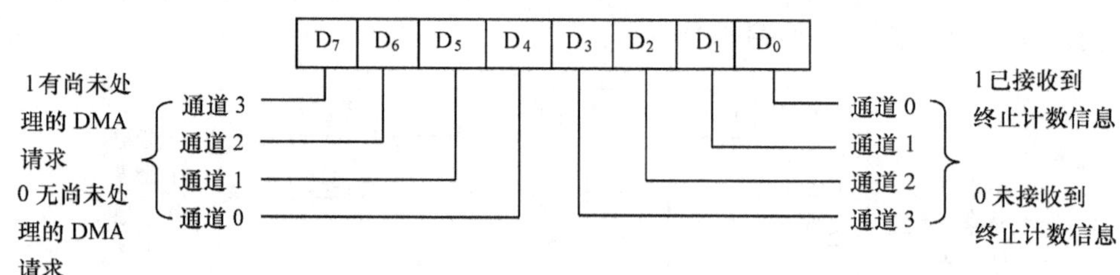

图 8-20　状态寄存器格式

D_0～D_3 位表示 4 个通道中哪些通道已到计数终止或出现外加 $\overline{EOP}$ 信号。D_4～D_7 位表示 4 个通道中哪些通道有 DMA 请求还未处理。

4. 请求寄存器

8237A 的每个通道都配备 1 个 DMA 请求触发器和 1 个 DMA 屏蔽触发器，它们分别用来设置 DMA 请求标志和屏蔽标志。在物理上，4 个请求触发器对应 1 个 DMA 请求寄存器，

4 个屏蔽触发器对应 1 个屏蔽寄存器。在 DMA 请求寄存器中写入请求字节，可以实现对某个通道 DMA 请求标志的设置。请求寄存器的格式如图 8-21 所示。

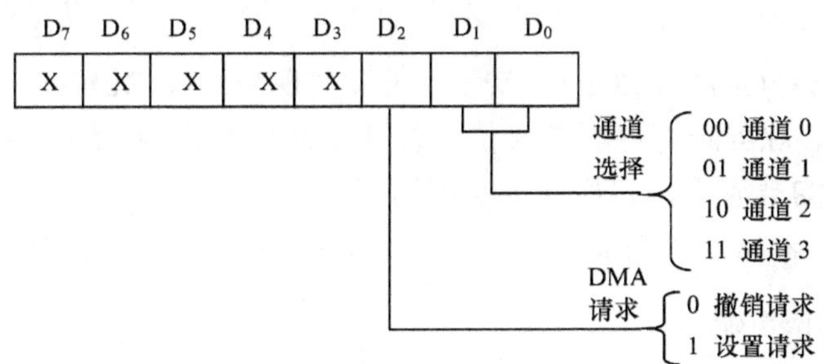

图 8-21 请求寄存器格式

5. 屏蔽寄存器

通过往屏蔽寄存器中写入屏蔽字节，可以实现对某个通道 DMA 屏蔽标志的设置。屏蔽寄存器的格式如图 8-22 所示。

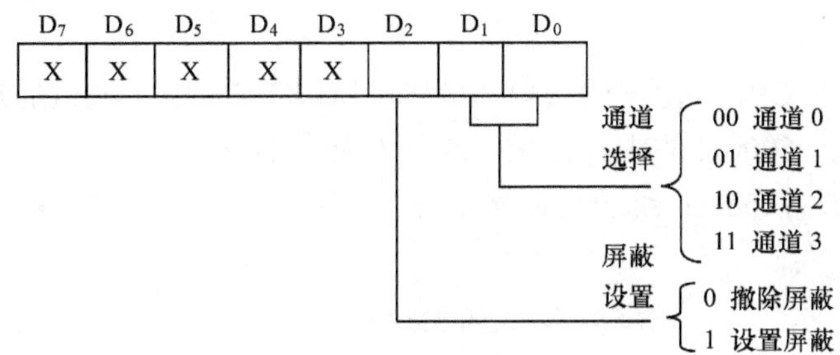

图 8-22 屏蔽寄存器格式

6. 综合屏蔽寄存器

8237A 还可以使用综合屏蔽命令设置 4 个通道的屏蔽触发器。综合屏蔽命令字节用 D_0～D_3 设置对应通道屏蔽与否。若 $D_i=1$，则设置通道 i 屏蔽；若 $D_i=0$，则清除通道 i 屏蔽($i=0$～3)，D_4～D_7 不用。这样，用综合屏蔽命令可以一次完成对 4 个通道的屏蔽设置。综合屏蔽寄存器的格式如图 8-23 所示。

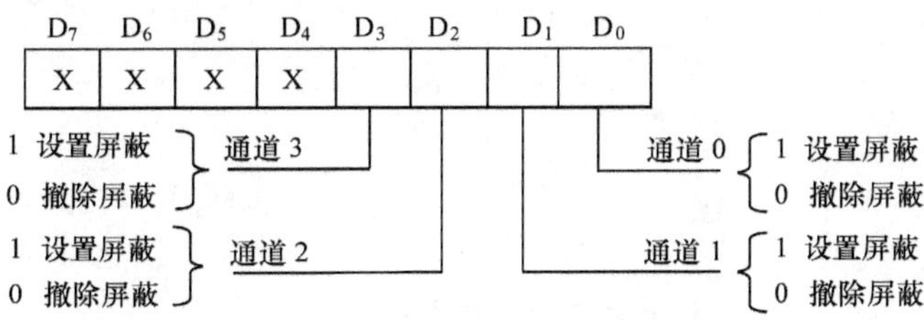

图 8-23 综合屏蔽寄存器格式

7. 软件命令

8237A 有三种软件命令，它们只需要向相应地址写入一个数据即可，而写入什么数据却无关紧要。

(1) 清除高/低触发器(F/L 触发器)。8237A 只有 8 位数据总线缓冲器，而通道类寄存器都是 16 位寄存器，需要分两次写入或读出。F/L 触发器为 1 时，读写高位字节，之后 F/L 触发器变为 0；F/L 触发器为 0 时，读写低位字节，之后变为 1。8237A 复位之后，F/L 触发器为 0。

(2) 软件复位命令(主清除命令)。该命令可以实现与硬件 RESET 信号有效完全相同的复位功能。复位时，除屏蔽寄存器被置位外，其余寄存器(包括命令、状态、请求、临时寄存器、F/L 触发器)均被清除，芯片处于空闲周期。

(3) 清屏蔽寄存器命令。该命令可以使 4 个通道都被允许响应 DMA 请求。

8.4.4 8237A 的应用举例

8237A 可编程控制器在控制 DMA 操作前，应先由 CPU 对其进行初始化编程，设定工作模式及参数等。其编程内容包括：输出总清除命令、设置基地址与当前地址寄存器、设置基字节数与当前字节数寄存器、写入模式寄存器、写入屏蔽寄存器、写入命令寄存器。若不使用软件请求，在完成上述编程后，由各通道的 DMA 请求信号 DREQ 启动 DMA 传送过程；若使用软件请求，需将请求寄存器的内容写入指定通道后，开始 DMA 传送过程。

例 8-8 在 8088 CPU 系统板上的 DMA 控制器 8237A 中，通过通道 1 将外设 50 字节的数据收入首地址为 6000H 的内存区域，编写初始化程序。

分析：工作方式字 55H；综合屏蔽控制字 02H；命令控制字 00H。

初始化程序如下：

```
MOV    AL, 04H            ;命令字，关闭 8237A
OUT    08H, AL            ;写入命令寄存器中
MOV    AL, 00H
OUT    0DH, AL            ;总清除，发复位命令
MOV    AL, 00H
OUT    02H, AL
MOV    AL, 60H
OUT    02H, AL
MOV    AL, 32H
OUT    03H, AL
MOV    AL, 00H
OUT    03H, AL
MOV    AL, 55H
OUT    0BH, AL            ;方式字写入方式寄存器
MOV    AL, 02H
OUT    0FH, AL            ;写入综合屏蔽命令字
MOV    AL, 00H
OUT    08H, AL            ;命令字写入控制寄存器
```

例 8-9 用 0 通道从磁盘输入 32KB 的数据块，传送到内存 08000H 开始的区域(增量传

送)，采用块传送方式，传送完不自动预置，外设的 DREQ 和 DACK 均为高电平有效。

设定 8237A 端口地址为 00H～0FH，初始化程序如下：

```
⋮
OUT    0DH, AL        ;写入总清除命令
MOV    AL, 00H
OUT    00H, AL        ;写入 0 通道基地址和当前地址寄存器的低 8 位
MOV    AL, 80H
OUT    00H, AL        ;写入 0 通道基地址和当前地址寄存器的高 8 位
MOV    AL, 00H
OUT    01H, AL        ;写入 0 通道基字节和当前字节寄存器的低 8 位
MOV    AL, 80H
OUT    01H, AL        ;写入 0 通道基字节和当前字节寄存器的高 8 位
MOV    AL, 84H
OUT    0BH, AL        ;写入模式控制字(块传送、地址增量、写传送、不自动预置)
MOV    AL, 00
OUT    0AH, AL        ;写入屏蔽寄存器(清除通道 0 的屏蔽)
MOV    AL, 0C0H       ;写入命令寄存器(DREQ、DACK 为高电平有效，固定优先级)
OUT    08H, AL
⋮
```

例 8-10 用 8237A 通道 0 对动态存储器进行刷新，每隔 15s 刷新一次，利用 8253 实现 15s 定时，试编出动态刷新程序。

```
⋮
MOV    AL, 0FFH       ;写入通道 0 计数初值为 FFFFH
OUT    01H, AL
OUT    01H, AL
MOV    AL, 58H        ;写入模式控制字(单字节、地址递增、读传送、自动预置)
OUT    0BH, AL
MOV    AL, 00H        ;写入命令寄存器
OUT    08H, AL
OUT    0AH, AL        ;写入屏蔽寄存器(清除通道 0 的屏蔽位)
MOV    AL, 54H        ;设 8253 计数器 1 为方式 2，只访问低位字节
OUT    43H, AL
MOV    AL, 18         ;设计数器 1 定时周期为 15s
OUT    41H, AL
⋮
```

例 8-11 对 IBM PC/XT 的 8237A 进行初始化和测试的程序段加注释说明。

在 IBM PC/XT 微型机中，8237A 占据 00H～0FH16 个端口地址。它的通道 0 用来对动态 RAM 刷新，通道 1 提供网络通信传输功能，通道 2 和通道 3 分别用来进行软盘驱动器

和硬盘驱动器与内存之间的数据传输。系统采用固定优先级。4 个 DMA 请求信号和应答信号中，只有 $DREQ_0$、$DACK_0$ 是和系统主板相连的，而 $DREQ_1$～$DREQ_3$ 和 $DACK_1$～$DACK_3$ 接到总线扩展槽，与对应的网络接口板、软盘接口板相关信号连接。

```
        ;对 8237A 进行初始化的程序段
        MOV   AL, 04
        OUT   08H, AL           ;发控制命令，关闭 8237A
        MOV   AL, 00
        OUT   0DH, AL           ;发复位(总清)命令
        MOV   DX, 0             ;取通道 0 地址寄存器的端口地址
        MOV   CX, 04
        MOV   AL, 0FFH
WRITE:  OUT   DX, AL            ;写地址低 8 位(先/后触发器在总清时已清除)
        OUT   DX, AL            ;写地址高 8 位，这样 16 位地址值为 0FFFFH
        INC   DX
        INC   DX
        LOOP  WRITE             ;使 4 个通道地址寄存器的值均为 0FFFFH
        MOV   AL, 58H           ;对通道 0 模式选择：单字节读传输，地址加 1
        OUT   0BH, AL           ;变化, 设置自动预置功能
        MOV   AL, 41H           ;对通道 1 模式选择：单字节校验传输, 地址加
        OUT   0BH, AL           ;1 变化，无自动预置
        MOV   AL, 42H           ;对通道 2 模式选择：同通道 1
        OUT   0BH, AL
        MOV   AL, 43H           ;对通道 3 模式选择：同通道 1
        OUT   0BH, AL
        MOV   AL, 00H           ;设置控制命令：DACK 为低电平有效, DREQ
        OUT   08H, AL           ;为高电平有效，固定优先级，启动工作
        MOV   AL, 00H
        OUT   0FH, AL           ;设置综合屏蔽命令：对 4 个通道清除屏蔽
```

此时，4 个通道开始工作。只有通道 0 真正进行传输，通道 1～3 为校验传输。校验传输是一种虚拟传输，并不真正进行传输，所以不修改地址，地址寄存器的值不变。

```
        ;对 8237A 通道 1～3 地址寄存器的值进行测试的程序段
        MOV   DX, 02            ;取通道 1 的地址寄存器端口地址
        MOV   CX, 03
READ:   IN    AL, DX            ;读地址低 8 位
        MOV   AH, AL
        IN    AL, , DX          ;读地址高 8 位
        CMP   AX, 0FFFFH        ;比较读取的值与写入的 0FFFFH 是否相等
        JNZ   HHH               ;若不等，则转 HHH
```

```
        INC     DX
        INC     DX
        LOOP    READ                ;对 3 个通道均测试
        ⋮                           ;后续处理
HHH:    HLT                         ;测试出错，停机等待
```

习　题　8

1. 微机系统中的外部定时有哪两种方法？其特点如何？

2. 8253 计数/定时器有哪些特点？

3. 8253 初始化编程包括哪两项内容？

4. 8253 有哪几种工作方式？区分不同工作方式的特点体现在哪几个方面？

5. 设 8253 芯片的计数器 0、计数器 2 和控制口地址分别为 04B0H、04B4H、04B6H。定义计数器 0 工作在方式 2，CLK_0 为 5MHz，要求输出 OUT_0 为 1kHz；定义计数器 2 用 OUT_0 作计数脉冲，计数值为 1000，计数器计到 0 时向 CPU 发出中断请求，CPU 响应这一中断请求后继续写入计数值 1000，开始重新计数，保持每一秒钟向 CPU 发出一次中断请求。试编写出对 8253 的初始化程序，并画出硬件连接图。

6. 将 8253 计数器 0 设为方式 3(方波发生器)，计数器 1 设为方式 2(分频器)。要求计数器 0 的输出脉冲作为计数器 1 的时钟输入，CLK_0 连接总线时钟 4.77MHz，定时器 1 输出 OUT_1 约为 40Hz。试编一段程序。

7. 某 8086 系统包含一片 8253 芯片，要求完成如下功能：

(1) 利用计数器 0 完成对外部事件计数功能，每计满 100 次向 CPU 发出中断请求；

(2) 利用计数器 1 产生频率为 1kHz 的方波(计数输入脉冲为 2.5MHz)；

(3) 利用计数器 2 输出 1s 定时信号。

设系统为 8253 分配的端口地址为 70H～76H，其中 76H 为控制字寄存器端口地址，70H、72H、74H 分别为计数器 0、1、2 的端口地址。

8. 什么是 DMA 传送方式？为什么 DMA 方式能实现高速传送？

9. 说明 DMA 控制器应具有什么功能。

10. 8237A 有哪些内部寄存器？各有什么功能？初始化编程要对哪些寄存器进行预置？

11. 分述 8237A 单字节传送、请求传送、块传送三种工作方式的传送过程。

12. 简要说明 8237A 的初始化步骤。

13. 假设利用 8237A 通道 1 在存储器的两个区域 BUF1 和 BUF2 间直接传送 100 个数据，采用连续传送方式，传送完毕后不进行自动预置。试写出初始化程序。

14. 设 8237A 的端口地址为 00H～0FH，通道 0 的页面寄存器地址为 87H，使通道 0 工作在成组方式，地址增变化，自动预置功能，把从内存 25000H 开始的 1024 字节传送给外设端口。DACK 为高电平有效，DREQ 为低电平有效，固定优先级，正常时序，不扩展写信号，非存储器到存储器传送。试设计 8237A 的初始化程序。

第 9 章　并行接口与串行接口

计算机与外部设备之间或计算机与计算机之间的信息交换或数据传输称为通信。计算机的通信有两种基本方式：并行通信和串行通信。在通信过程中，如果数据的所有位被同时传送出去，称为并行通信；如果数据被逐位顺序传送，则称为串行通信。计算机与外设的接口按照通信方式的不同，分为并行接口和串行接口两种。并行通信和串行通信指的是接口与外部设备一侧的通信方式，而接口与 CPU 之间的通信是并行的。并行接口与串行接口在与 CPU 连接的一侧是相似的，它们在结构和功能上的主要差别在于：串行接口在发送数据时需要实现并/串转换，在接收数据时需要进行串/并转换。

本章在讨论并行接口和串行接口基本概念的基础上，介绍可编程并行接口芯片 8255A 和可编程串行接口芯片 8251A 的功能、结构、工作方式、编程及应用。

9.1　并行接口概述

9.1.1　并行接口的特点

(1) 并行接口是在多根数据线上以数据字节或字为单位与 I/O 设备或被控对象传输数据，如并行打印机接口，键盘显示器接口，A/D、D /A 转换器接口等。

(2) 并行接口适用于近距离数据传输。并行通信是指两个功能模块之间有多条数据信号传送线路，这样功能模块之间可以一次同时传送多位数据，传送速度快。由于所需的数据传送线路较多，造价高，因而并行通信只适用于近距离、快速数据交换的场合。

由于各种 I/O 设备和被控对象多为并行数据线连接，用并行接口来组成应用系统很方便，故应用十分普遍。

(3) 在并行接口中，8 位或 16 位是同时传输的。因此，采用并行接口与外设交换数据时，即使是用到其中的一位，也是一次输入/输出 8 位或 16 位。

(4) 并行传送的信息不要求固定的格式，这与串行传送的信息有固定格式的要求不同。

9.1.2　并行接口的类型

从并行接口数据传送的方向看，可分为两种：一是单向传送(只作为输入口或只作为输出口)，另一种是双向传送(既可作为输入口，也可作为输出口)。

从并行接口的电路结构看，并行接口可分为硬接线接口和可编程接口。硬接线接口的工作方式和功能单一，只能完成数据的传送，如果系统中需要控制和状态信息，只能由用户定义，使用不方便。也就是说，采用该方式一旦完成硬件电路设计，则接口的工作方式就被固定了。此类接口常用数据锁存器、数据缓冲器等组成，用于 CPU 与外部设备之间不需要联络信号的并行数据传输，如开关量的读取、发光二极管的控制等。可编程接口可以用软件编程序的方法改变接口的工作方式及功能，具有广泛的适应性和很高的灵活性，在微机系统中得到广泛应用。

9.2 可编程并行接口 8255A

8255A 是 Intel 公司生产的可编程外围接口电路。它的改进型有 8258A 和 8255A-5。这两种改进型只是在某些时间参数上比 8255A 缩短了，使其能适应更高的工作效率，其他参数基本相同。在设计上没有什么差别，相互间可完全兼容。

8255A 具有 3 个 8 位的并行 I/O 口并有 3 种工作方式，各口的工作方式可通过程序进行设置，因而具有较高的灵活性和通用性，是目前使用最多的并行接口电路。

9.2.1 8255A 内部结构及引脚功能

1. 8255A 的内部结构

8255A 的内部结构如图 9-1 所示，它由以下 4 部分组成。

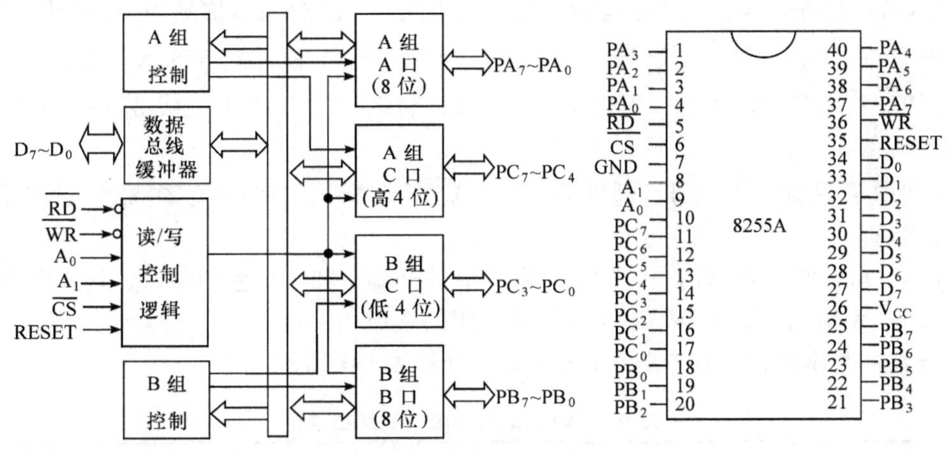

图 9-1 8255A 的内部结构及外部引脚图

(1) 数据总线缓冲器。这是一个三态双向 8 位缓冲器，它是 8255A 与 CPU 数据总线的接口。所有数据的发送与接收，以及 CPU 发出的命令字和从 8255A 来的状态信息都是通过该缓冲器传送的。

(2) 读/写控制逻辑。读/写控制逻辑由读信号 $\overline{RD}$，写信号 $\overline{WR}$、片选信号 $\overline{CS}$ 以及端口选择信号 A_1、A_0 等组成。读/写控制逻辑控制了总线的开放、关闭和信息传送的方向，以便把 CPU 的控制命令或输出数据送到相应的端口；或把外设的信息或输入数据从相应的端口送到 CPU。

(3) 输入/输出端口 A、B、C。8255A 包括 3 个 8 位输入输出端口(port)。每个端口都有一个数据输入寄存器和一个数据输出寄存器，输入时端口有三态缓冲器的功能，输出时端口有数据锁存器的功能。在实际应用中，C 口的 8 位可分为两个 4 位端口(方式 0 下)，也可以分为一个 5 位端口和一个 3 位端口(方式 2 下)来使用。

(4) A 组和 B 组控制电路。控制 A、B 和 C 三个端口的工作方式，A 组控制 A 口和 C

口的上半部(PC_4～PC_7)的工作方式和输入输出，B 组控制 B 口和 C 口的下半部(PC_0～PC_3)的工作方式和输入输出。A 组、B 组的命令寄存器还接收按位控制命令，以实现对 C 口的按位置位/复位操作。

2. 8255A 的引脚功能

8255A 芯片的引脚信号见图 9-1，除了电源和地信号以外，其他的可分成两组。

1) 与外设连接的引脚

8255A 与外设连接的有 24 条双向、三态数据引脚，分成三组，分别对应于 A、B、C 三个数据端口：PA_7～PA_0——A 口，PB_7～PB_0——B 口，PC_7～PC_0——C 口。

2) 与 CPU 连接的引脚

8255A 与 CPU 连接的有 8 条数据引脚，用来与系统数据总线相连；有 6 条输入控制引脚，用来接收 CPU 的地址信息和控制信息。

(1) D_7～D_0：双向、三态数据线。

(2) RESET：复位信号，高电平有效。复位时所有内部寄存器被清除，同时 3 个数据端口被自动设为输入口。

(3) $\overline{CS}$：片选信号，低电平有效。当译码电路往 8255A 的$\overline{CS}$端输出一个低电平时，8255A 被选中。只有当$\overline{CS}$有效时，读信号$\overline{RD}$和写信号$\overline{WR}$才对 8255A 有效。

(4) $\overline{RD}$：芯片读出信号，低电平有效。$\overline{RD}$有效时，CPU 可以从 8255A 中读取输入数据或状态信息。

(5) $\overline{WR}$：芯片写入信号，低电平有效。$\overline{WR}$有效时，CPU 可以往 8255A 中写入控制字或输出数据。

(6) A_1，A_0：端口选择信号，8255A 有 3 个数据端口和 1 个控制端口，共 4 个端口。内部有 A_1、A_0 为输入的 2-4 译码电路，选择对应的端口。

8255A 的基本操作及在 PC 系统的端口地址如表 9-1 所示。

表 9-1 8255A 基本操作与端口地址

$\overline{CS}$	A_1	A_0	$\overline{RD}$	$\overline{WR}$	操作	PC 端口
0	0	0	0	1	读 A 口数据	60H
0	0	1	0	1	读 B 口数据	61H
0	1	0	0	1	读 C 口数据	62H
0	0	0	1	0	写 A 口数据	60H
0	0	1	1	0	写 B 口数据	61H
0	1	0	1	0	写 C 口数据	62H
0	1	1	1	0	写控制字寄存器	63H
1	×	×	×	×	总线悬浮(三态)	
0	×	×	1	1	总线悬浮	
0	1	1	0	1	控制口不能读	63H

9.2.2 8255A 的编程

8255A 的编程包括初始化编程与动态编程：初始化编程设置所需要的数据端口及数据

交换使用的控制方式；动态编程需要及时传送数据，在传送数据过程中随时可以通过置位/复位数据端口的引脚使控制信号有效。初始化 8255A 可以使用控制字寄存器，控制字寄存器既可以接受方式控制字，也可以接受端口 C 的置位/复位控制字，二者写入时的差别在于控制字的 D_7 位不同。

1. 方式控制字

8255A 的方式控制字用来选定数据端口的传送方向、工作方式等。设置方式控制字的原则是：只设置使用通道的方式及方向。方式控制字的格式如图 9-2 所示。

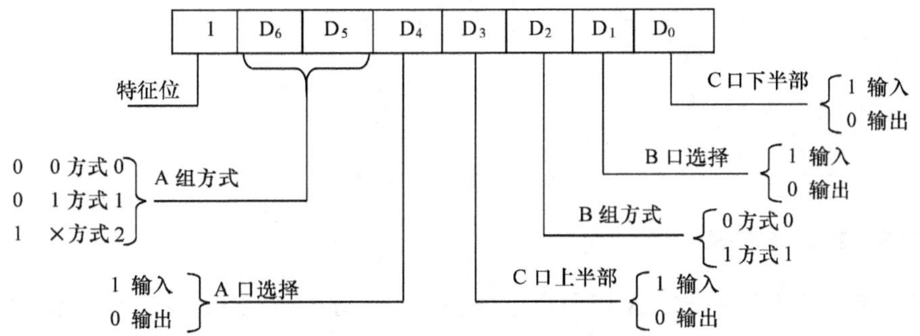

图 9-2 8255A 方式控制字格式

从方式控制字的格式可知，A 组有 3 种方式(方式 0、方式 1、方式 2)，而 B 组只有 2 种工作方式(方式 0、方式 1)。端口 C 分为 2 部分，上半部属 A 组，下半部属 B 组。所有 3 个并行端口，置 1 指定为输入，置 0 指定为输出。利用工作方式命令的不同代码组合，可以分别选择 A 组和 B 组的工作方式和各端口是输入还是输出。

例 9-1 要把 A 口指定为方式 1，输入，C 口上半部定为输出；B 口指定为方式 0，输出，C 口下半部指定为输入，则工作方式命令代码是 10110001B 或 B1H。设 8255A 控制字寄存器端口地址为 303H。

若将此命令代码写到 8255A 的命令寄存器，即实现了对 8255A 工作方式及端口功能的指定，或者说完成了对 8255A 的初始化。初始化的程序段为：

```
MOV    DX, 303H        ;8255A 命令口地址
MOV    AL, 0B1H        ;初始化命令
OUT    DX, AL          ;送到命令口
```

2. 端口 C 置位/复位控制字

用于指定 C 口的某一位(某一个引脚)输出高电平或低电平，格式如图 9-3 所示。

利用端口 C 置位/复位控制字可以使 C 口的 8 根线中的任意 1 根线置成高电平输出或低电平输出。

例 9-2 若要把 C 口的 PC_2 引脚置成高电平输出，则命令字应该为 00000101B 或 05H。

将该控制字的代码写入 8255A 的命令寄存器，就会使得从 C 口的 PC_2 引脚输出高电平，其程序段为：

```
MOV    DX, 303H        ;8255A 命令口地址
MOV    AL, 05H         ;使 PC2=1 的控制字
OUT    DX, AL          ;送到命令口
```

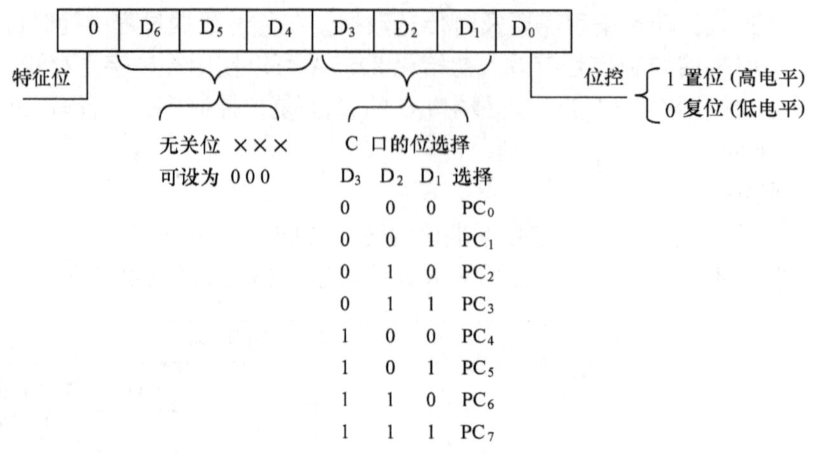

图 9-3　端口 C 置位/复位控制字格式

9.2.3　8255A 的工作方式

8255A 有三种工作方式，A 口可以选择方式 0、方式 1、方式 2 三种工作方式，B 口可以使用方式 0、方式 1，C 口只能使用方式 0。C 口在方式 1 和方式 2 时，大部分引脚被分配作专用的联络信号，且可以按位控制；在 CPU 读取 8255A 状态时，C 口又用作方式 1、方式 2 的状态口。这是使用 8255A 的难点所在，学习时要特别注意。3 个端口在哪一种方式下工作，由软件编程决定。

1. 工作方式 0

方式 0 又称为基本输入/输出方式。方式 0 的基本特点：

(1) A 口、C 口的高 4 位、B 口以及 C 口的低 4 位可分别定义为输入或输出，各端口互相独立，故共有 16 种不同的组合。例如，可定义 A 口和 C 口高 4 位为输入口，B 口和 C 口低 4 位为输出口，或 A 口为输入，B 口、C 口高 4 位、C 口低 4 位为输出等。

(2) 定义为输出的口均有锁存数据的能力，而定义为输入的口则无锁存能力。

(3) 在方式 0 下，C 口有按位进行置位和复位的能力。

方式 0 最适合用于无条件传送方式，由于传送数据的双方互相了解对方，所以既不需要发控制信号给对方，也不需要查询对方状态，故 CPU 只需直接执行输入输出指令便可将数据读入或写出。

方式 0 也能用于查询工作方式，由于没有规定固定的应答信号，这时常将 C 口的高 4 位(或低 4 位)定义为输入口，用来接收外设的状态信号。而将 C 口的另外 4 位定义为输出口，输出控制信息。此时的 A、B 口可用来传送数据。

2. 工作方式 1

这是一种选通的输入/输出工作方式。在这种工作方式下，选通信号与输入/输出数据一块传送，由选通信号对数据进行选通，其基本功能如下：

(1) 三个端口分为两组，即 A 组和 B 组。

(2) A 组包括 8 位数据端口 A 和 PC_7～PC_3 五位控制/状态端口，B 组为 8 位数据端口 B 和 PC_2～PC_0 三位状态控制端口。

(3) 每一个 8 位数据端口均可设置为输入/输出方式，且两种工作方式均可锁存。

(4) 控制/状态口除了指示两组数据口的状态及选通信号外，还可用做 I/O 口，如 PC_6 和 PC_7，用位控方式传送。

8255A 工作在方式 1 时，输入输出有着各自规定的联络信号和中断信号，为方便起见，下面分别以 A 口、B 口均作为输入或均作为输出来加以说明。

1) 方式 1 下 A 口、B 口均为输出

此时要利用 C 口的 6 条线作为选通控制信号线。其定义如图 9-4 所示。

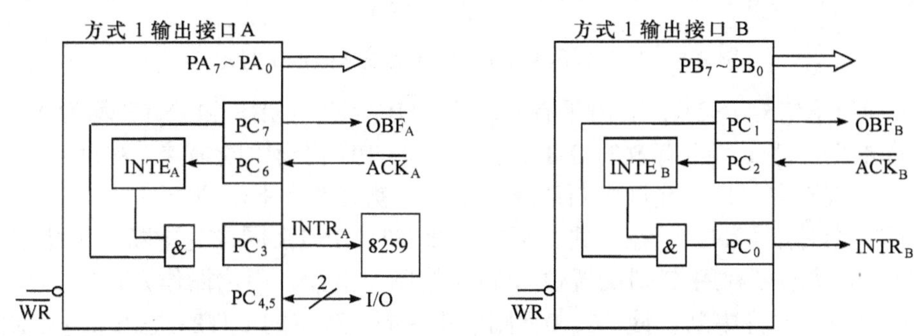

图 9-4 方式 1 下 A、B 口为输出的选通信号定义

所用到的 C 口的信号线是固定不变的，A 口使用 PC_3、PC_6 和 PC_7，而 B 口用 PC_0、PC_1 和 PC_2。C 口提供的信号功能如下：

(1) 输出缓冲器满信号 $\overline{OBF}$，低电平有效，由写信号 $\overline{WR}$ 的上升沿置成有效电平。该信号通知外设，在规定的端口上已有一个有效数据，外设可以从该端口读走数据。

(2) 外设响应信号 $\overline{ACK}$，低电平有效。有效时表示外设已从该端口取走数据。$\overline{ACK}$ 信号有效时还使 $\overline{OBF}$=1。

(3) 中断请求信号 INTR，高电平有效。当外设取走一个数据后，其 $\overline{ACK}$ 信号的上升沿产生有效的 INTR 信号，该信号用于通知 CPU 可以再输出下一个数据。INTR 的有效条件为 $\overline{OBF}$=1，$\overline{ACK}$=1，INTE=1。

(4) 中断允许状态 INTE。8255A 内部有一个内部中断触发器，当 INTE 为高电平，且 $\overline{OBF}$ 也变高时，产生有效的 INTR 信号。INTE 由 PC_6(端口 A)或 PC_2(端口 B)的置位/复位控制。

2) 方式 1 下 A 口、B 口均为输入

与方式 1 下两端口均为输出类似，要实现选通输入，同样要利用 C 口的信号线。其定义如图 9-5 所示。A 口使用了 C 口的 PC_3、PC_4 和 PC_5，B 口同样用了 PC_0、PC_1 和 PC_2。C 口各信号功能如下：

(1) 输入选通信号 $\overline{STB}$，低电平有效。它由外部设备提供，外设用 $\overline{STB}$ 信号将数据锁存于 8255A 的输入数据缓冲器中。

(2) 输入缓冲器满信号 IBF，高电平有效，由 $\overline{STB}$ 信号的上升沿使其置位，由 $\overline{RD}$ 读信号的上升沿使其复位。当 IBF 有效时，表示 8255A 的缓冲器中有一个数据尚未被 CPU 读走。外设可使用此信号来决定是否能送下一个数据。它可以看成是 $\overline{STB}$ 的应答信号。

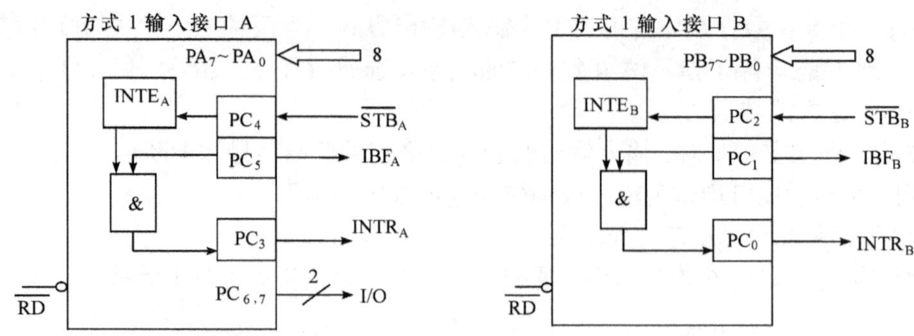

图 9-5　方式 1 下 A、B 口均匀为输入时的信号定义

(3) 中断请求信号 INTR，高电平有效。当 $\overline{STB}$ =1 并且 IBF 和 INTE 均为 1 时，INTR 会被置为高电平，从而产生有效的 INTR 信号，向 CPU 提出中断请求。也就是说，当外设将数据锁存于接口中，且又允许中断请求发生时，就会产生中断请求。

(4) 中断允许信号 INTE。在方式 1 下输入数据时，INTR 同样受中断允许状态 INTE 的控制。INTE 的状态可利用 C 口的置位/复位来控制。例如，用位操作方式使 PC_4=1，则 A 口的 $INTE_A$ 为 1，允许中断；使 PC_4=0，则禁止中断。B 口的 $INTE_B$ 是由 PC_2 控制的。

工作于方式 1 输入或者输出时，可以通过读 C 口数据获得该方式下的状态字，其状态字格式如图 9-6 所示。

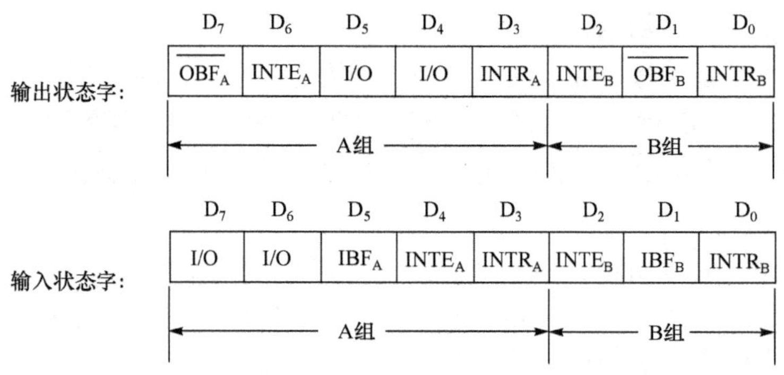

图 9-6　工作方式 1 输入或输出时 C 口状态字格式

需要注意的是：C 口状态字各位含义与相应外部引脚信号并不完全相同，如方式 1 输入状态字中的 D_4 和 D_2 位表示的是 $INTE_A$ 和 $INTE_B$，而这两位的外部引脚信号分别是 $\overline{STB_A}$ 和 $\overline{STB_B}$ 。

3. 工作方式 2

方式 2 又称为双向传输方式。只有 A 口可以工作在这种方式下。双向方式使外设能利用 8 位数据线与 CPU 进行双向通信，既能发送数据，也能接收数据，即此时 A 口既作为输入口，又作为输出口。其主要功能可概括如下：

(1) 工作方式 2 只适用于 A 口，B 口仍按方式 0 或方式 1 工作。

(2) A 口可工作于双向方式，C 口的 PC_7～PC_3 位作为 A 口的控制/状态信号端口，PC_2～PC_0 用于 B 组。

(3) A 口的输入/输出均有锁存功能。在方式 2 工作状态下，A 口既可工作于查询方式，又可工作于中断方式。

A 口工作于方式 2 下时的各信号定义如图 9-7 所示。图中省略了 B 口和 C 口的其他引线。当 A 口工作于方式 2 时，其控制信号 $\overline{\mathrm{OBF}}$ 、$\overline{\mathrm{ACK}}$ 、$\overline{\mathrm{STB}}$ 、IBF 及 INTR 的含义与方式 1 时相同。

在方式 2 下，A 口的数据输入或数据输出均可引起中断。由图 9-7 可见，输入或输出中断还受到中断允许状态 $\mathrm{INTE_2}$ 和 $\mathrm{INTE_1}$ 的影响。$\mathrm{INTE_2}$ 是由 $\mathrm{PC_4}$ 控制的，而 $\mathrm{INTE_1}$ 是由 $\mathrm{PC_6}$ 控制的。利用 C 口的按位操作，使 $\mathrm{PC_4}$ 或 $\mathrm{PC_6}$ 置位或复位，可以允许或禁止相应的中断请求。

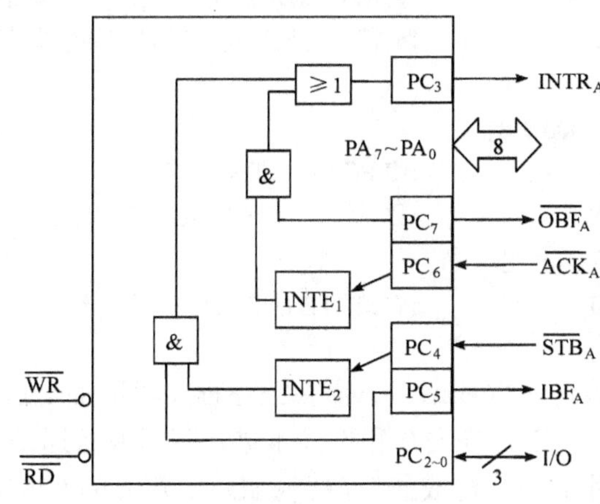

图 9-7　方式 2 下的信号定义

方式 2 下，读取 C 口的状态字格式如图 9-8 所示。

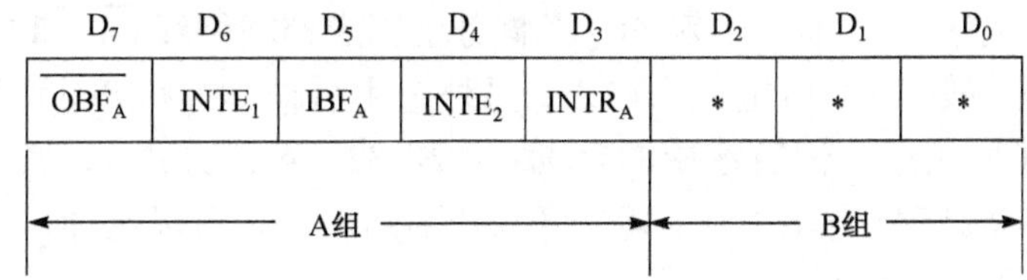

图 9-8　工作方式 2 输入或输出时 C 口状态字格式

9.2.4　8255A 的应用举例

例 9-3　应用 8255A 方式 0 连接打印机。

8255A 工作在方式 0 时，系统可以通过无条件、查询方式来给打印机传送数据，鉴于无条件方式工作不可靠，一般使用查询方式。用户可以任意定义 C 口中的某些位来充当所需的联络信号，但是须编写相应的软件来模拟这些控制联络信号的时序关系。

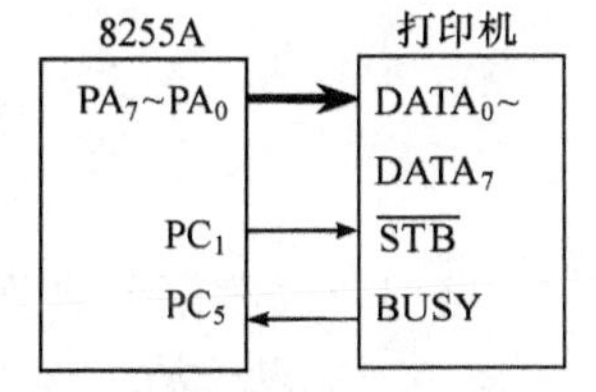

图 9-9　方式 0 的打印机接口

图 9-9 是 8255A 使用方式 0 连接打印机的硬件电路图，使用 8255A 的端口 A 作为 8 位数据端口，$\mathrm{PC_1}$ 引脚产生数据选通信号 $\overline{\mathrm{STB}}$ ，$\mathrm{PC_5}$ 接收打印机的忙状态信号 BUSY。假设 8255A 的 A 口、B 口、C 口、控制字寄存器的地址分别为 60H、61H、62H、63H。以下是打印机驱动程序中系统给打印机传送一个数据的部分程序段：

```
        ;初始化 8255A，使 A 口处于方式 0、输出，C 口处于高 4 位输入、低 4 位输出
        MOV   AL, 10001000B
        OUT   63H, AL
        MOV   AL, 00000011B
        OUT   63H, AL          ;使 PC1=1，STB 无效，撤销数据选通信号
WAIT:   IN    AL, 62H
        AND   AL, 00100000B
        JNZ   WAIT             ;查询 PC5(BUSY)的状态，忙则继续查询
        MOV   AL, CL           ;不忙则传送数据，被打印的数据存放在 CL 中
        OUT   60H, AL
        MOV   AL, 00000010B
        OUT   63H, AL          ;使 PC1=0，即 STB 有效
        CALL  DELAY            ;适当延时，产生一定宽度的低电平，确保数据正确写入打印机内
        MOV   AL, 00000011B
        OUT   63H, AL          ;撤销 STB 的有效低电平
          ⋮
```

如果需要给打印机传送一批数据，只需在上述程序段上加上适当的循环与判断即可。

例 9-4 应用 8255A 工作在方式 0 和方式 1 进行双机并行通信。

甲、乙两台微机采用 8255A 构成接口电路。此时，双方的 8255A 把对方视为 I/O 设备，只是 8255A 的工作方式不同，发送方采用方式 1 查询方式发送数据，接收方采用方式 0 查询方式接收数据。接口电路的连接如图 9-10 所示。甲机 8255A 是方式 1 发送，因此，把 PA 口指定为输出，发送数据，而 PC_7 和 PC_6 引脚分别固定作联络线 $\overline{OBF}$ 和 $\overline{ACK}$。乙机 8255A 是方式 0 接收数据，故把 PA 口定义为输入，另外选用引脚 PC_7 和 PC_0 作联络线。虽然两侧的 8255A 都设置了联络线，但有本质的差别：甲机 8255A 是方式 1，其联络线是固定的，不可替换；乙机的 8255A 是方式 0，其联络线是不固定的，可以选择，比如可选择 PC_4 和 PC_1、PC_5 和 PC_2 等任意组合。

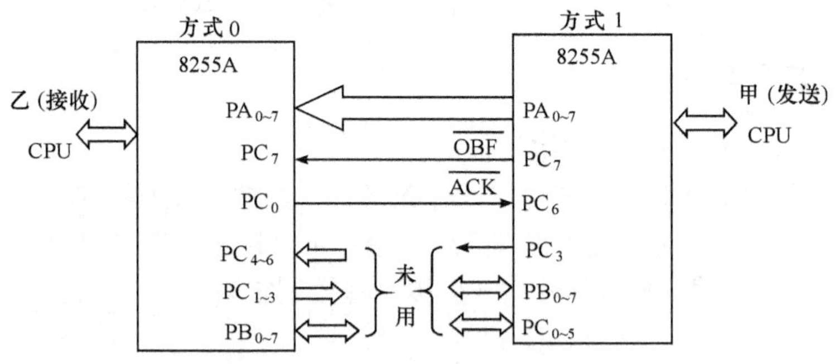

图 9-10 两种方式的并行传送接口电路

接口驱动程序包含发送和接收两个程序：

```
        ;发送方的发送程序
        MOV   AL, 10100000B        ;0A0H
        OUT   63H, AL              ;初始化 A 口为方式 1、输出
        MOV   AL, 0CH
```

```
        OUT    63H, AL              ;使 INTE=0，禁止中断
TEST1:  IN     AL, 62H
        AND    AL, 80H              ;查询 OBF(PC7) 是否为 1
        JZ     TEST1                ;为 1 则可以发送数据，否则继续查询
        MOV    AL, CL               ;发送存于 CL 中的数据
        OUT    60H, AL

        ;接收方的接收程序
        MOV    AL, 10011000B        ;98H
        OUT    63H, AL              ;初始化 A 口为方式 0、输入
        MOV    AL, 01H
        OUT    63H, AL              ;使 ACK 无效
RECEIVE: IN    AL, 62H
        TEST   AL, 80H              ;测试对方是否发送数据
        JNZ    RECEIVE              ;对方的 OBF 无效，没有发送数据
        IN     AL, 60H              ;接收对方发送的数据
        MOV    CL, A   L            ;存于 CL
        MOV    AL, 00H
        OUT    63H, AL              ;接收数据后发送方应答 ACK
        CALL   DELAY
        INC    AL
        OUT    63H, AL              ;延时，产生一定宽度的低电平以后撤销
            ⋮
```

例 9-5　图 9-11 为通过 8255A 实现 4×4 矩阵键盘的扫描及其显示电路。8255A 通过总线与 8086 CPU 连接，七段数码管为共阴极型，用于显示矩阵键盘中被按下键的编号。例

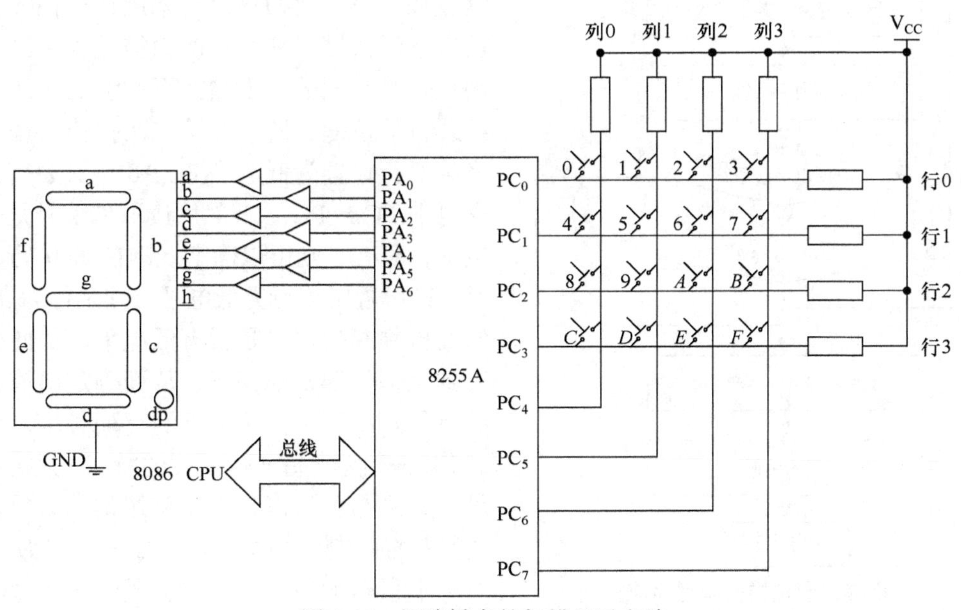

图 9-11　矩阵键盘的扫描显示电路

如，当矩阵键盘行 1 列 2 的键 6 被按下时，数码管上则显示数字“6”。试编写该电路的驱动控制程序。设 8255A 的端口地址为 80～83H。

分析：通过分析题意可知，该题可以分成两部分来实现，一部分是矩阵键盘的扫描控制程序，另一部分是七段数码管的显示控制电路。

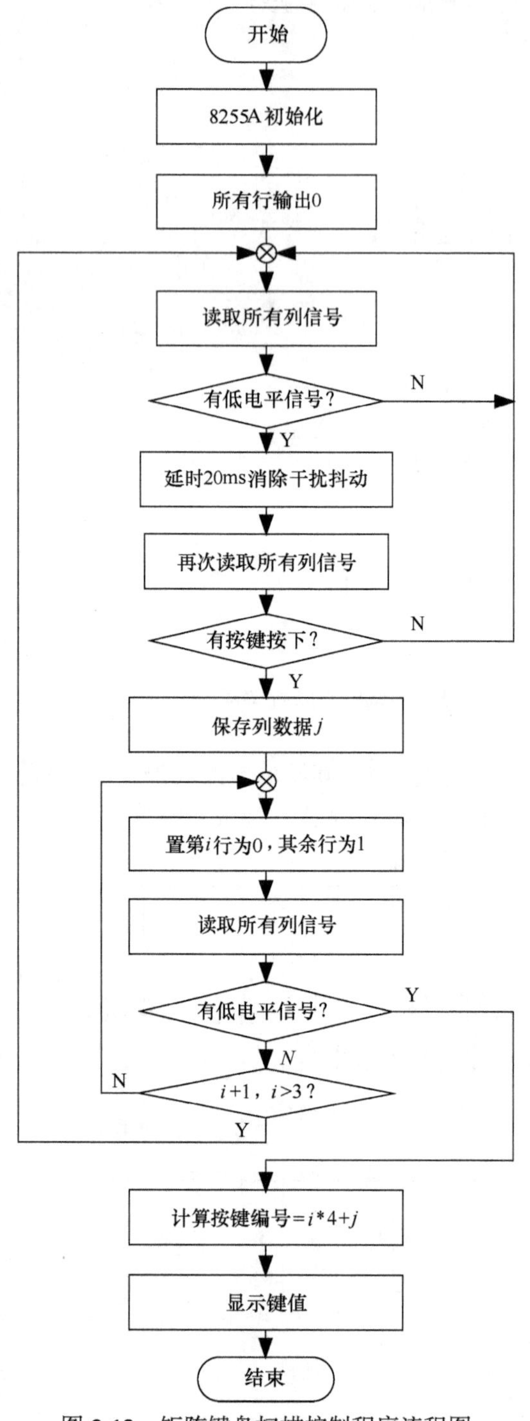

图 9-12　矩阵键盘扫描控制程序流程图

矩阵键盘通过在行和列的交叉点上设置一个按键，例如 4 行 4 列的矩阵可以实现 16 个按键的输入，但只需要 8 个 IO 引脚，从而减少了对外设端口的占用量，因此应用较广。矩阵键盘通常采用扫描方法识别按键，具体工作原理如下：首先控制程序判断是否有按键被按下，也就是第一次扫描过程。先使矩阵键盘的所有行都输出低电平，即图中 PC_0～PC_3 输出低电平，然后检测所有列中是否有低电平信号，即读取 PC_4～PC_7 是否有为 0 的输入引脚。若没有任何一个为低电平，则判断为没有键盘输入，返回继续扫描读取列信号。若有检测到低电平信号，则有可能是干扰信号或者机械按键抖动产生的，进行软件消除抖动处理，即延时 10～20ms 后，再次去读取列信号，判断是否有低电平信号。若没有，则可能是干扰信号或者键盘抖动，返回第一次扫描过程重新读取列信号；若低电平信号还在，则确认有按键按下。接着控制程序定位出被按下的键的具体编号，即第二次扫描过程。第二次扫描过程采用逐行扫描法定位被按下的按键。在第一次扫描过程中已经可以确定是第几列的按键被按下，但是无法确定是第几行的按键，所以在第二次扫描过程中，先将第 0 行设置为低电平(PC_0=0)，其余行设置为高电平(PC_1～PC_3=1)，然后读取列信号是否有低电平，若有，则可以确定该键在第 0 行；若没有，则设置第 1 行为低电平。其余行为高电平，然后再判断列信号是否有低电平，如此循环，直到全部行都扫描完毕，从而确定出该键所在的行号。找到了被按下键的行列号后，根据 4×4 矩阵键盘，每 4 位一行的特点，只需要将行号×4+列号就可以计算出该按键的编号。矩阵键盘扫描控制程序的流程图如图 9-12 所示。

七段数码管是由 7 个发光二极管组成的，

其顺序按顺时针分别为 a、b、c、d、e、f、g、h，有的数码管还有小数点 dp。图中采用的是共阴极数码管，要让某一个二极管点亮，只需要给它相应的输入引脚高电平就可以点亮。例如，要让七段数码管显示数字“1”，只需要给 b 和 c 引脚高电平，其他引脚低电平就可以了。根据该原理构造数码管的译码表如表 9-2 所示。将键盘的编号通过查表反查到相应的七段数码管的段码二进制数，然后通过 8255A 的 A 口输出就可以显示出被按下键的编码。

表 9-2　七段数码管译码表

显示字符	g	f	e	d	c	b	a	段码(H)
0	0	1	1	1	1	1	1	3F
1	0	0	0	0	1	1	0	06
2	1	0	1	1	0	1	1	5B
3	1	0	0	1	1	1	1	4F
4	1	1	0	0	1	1	0	66
5	1	1	0	1	1	0	1	6D
6	1	1	1	1	1	0	1	7D
7	0	0	0	0	1	1	1	07
8	1	1	1	1	1	1	1	7F
9	1	1	0	1	1	1	1	6F
A	1	1	1	0	1	1	1	77
B	1	1	1	1	1	0	0	7C
C	0	1	1	1	0	0	1	39
D	1	0	1	1	1	1	0	5E
E	1	1	1	1	0	0	1	79
F	1	1	1	0	0	0	1	71

由上可知，8255A 的 A 口应工作在方式 0，输出，C 口低 4 位输出，高四位输入，控制字为 10001000B。

参考程序：

```
DATA        SEGMENT
IO8255PA    EQU         80H
IO8255PC    EQU         82H
IO8255CTR   EQU         83H
LEDTABLE    DB          3FH, 06H, 5BH, 4FH, 66H, 6DH, 7DH, 07H, 7FH, 6FH, 77H, 7CH,
            DB          39H, 5EH, 79H, 71H               ;定义七段数码管译码表
DATA        ENDS
STACK1      SEGMENT     STACK                            ;自动初始化堆栈
            DW          128 DUP(0)
STACK1      ENDS
CODE        SEGMENT
            ASSUME      CS:CODE, DS:DATA, SS:STACK1
START:      MOV         AX, DATA
            MOV         DS, AX
```

```
        MOV     DX, IO8255CTR
        MOV     AL, 88H
        OUT     DX, AL                  ;设置 8255A 的工作方式
        MOV     DX, IO8255PA
        XOR     AL, AL
        OUT     DX, AL          ;初始化数码管，不显示任何字符
        MOV     DX, IO8255PC
SCAN1:  OUT     DX, AL          ;设置矩阵键盘所有行信号输出为 0
        IN      AL, DX          ;第一次扫描，读所有列信号放在 AL 的高 4 位中
        AND     AL, 0F0H        ;清除低 4 位的无效数据
        CMP     AL, 0F0H        ;判断高 4 位是否有低电平信号
        JZ      SCAN1           ;没有键盘输入，则重新读取所有列信号
        CALL    DELAY20MS       ;有检测到低电平信号，则延时 20ms 后再读一次
        IN      AL, DX
        AND     AL, 0F0H
        CMP     AL, 0F0H
        JZ      SCAN1           ;防干扰或抖动后处理
        MOV     CL, 4           ;计算列的信号脚为列号
AGAIN1: DEC     CL              ;如 AL=1011xxxxB，列号则为 2
        SHL     AL, 1
        JC      AGAIN1          ;CL 中存着列号
        MOV     AH, 0FEH        ;第二次扫描，初始化第 0 行为 0，其他为 1
        MOV     CH, 0           ;初始化行号为 0
AGAIN2: MOV     AL, AH
        OUT     DX, AL
        IN      AL, DX
        AND     AL, 0F0H
        CMP     AL, 0F0H
        JNZ     NEXT1           ;如果检测到列信号出现低电平，则 CH 就是该键行号
        ROL     AH, 1           ;如果没有检测到，则继续扫描下一行
        INC     CH
        CMP     CH, 4
        JE      SCAN1           ;全部行扫描完均未找到，则回到第一次扫描重新开始
        JMP     AGAIN2
NEXT1;  SHL     CH, 1           ;ch 中存着行号
        SHL     CH, 1           ;行号 × 4+列号=按键序号
        ADD     CL, CH          ;CL 中存着按键的序列号
        CALL    LEDDSP
        MOV     AH, 4CH
```

```
            INT         21H
;;;;;;;;;延时 20ms 子程序;;;;;;;;;
DELAY20MS   PROC        NEAR
            PUSH        BX
            PUSH        CX
            MOV         BX, 20
  LOOP1:    MOV         CX, 2801
  LOOP2:    LOOP        LOOP2
            DEC         BX
            JNZ         LOOP1
            POP         CX
            POP         BX
            RET
DELAY20MS   ENDP
;;;;;;;;;数码管显示子程序;;;;;;;;
  LEDDSP    PROC        NEAR
            PUSH        AX                  ;保存现场
            PUSH        BX
            PUSH        DX
            MOV         AL, CL
            LEA         BX, LEDTABLE
            XLAT                            ;换码后，数码管显示的段码存在 AL 中
            MOV         DX, IO8255PA
            OUT         DX, AL              ;输出显示
            CALL        DELAY20MS
            POP         DX                  ;恢复现场
            POP         BX
            POP         AX
            RET
  LEDDSP    ENDP
;;;;;;;;;;;;;;;;;;;;;;;;;;;;;;;;;;;
  CODE      ENDS
            END         START
```

9.3 串行通信的基本概念

串行通信是指两个功能模块只通过一条或两条数据线进行数据交换。发送方需要将数据分解成二进制位，一位一位地分时经过单条数据线传送。同时接收方需要一位一位

地从单条数据线上接收数据，并且将它们重新组装成一个数据。串行通信数据线路少，在远距离传送时比并行通信造价低。但是一个数据只有经过若干次转化后才可以传送完，速度较慢。

9.3.1 串行数据传送方式

在串行通信中，数据通常是在两个站(如终端和微机)之间进行传送，按照数据流的方向可分为 3 种基本的传送方式：全双工、半双工和单工。但单工目前已很少采用，下面仅介绍前两种方式。

1. 全双工

当数据的发送和接收分开，分别由两根不同的传输线传送时，通信双方都能在同一时刻进行发送和接收操作，这样的传送方式就是全双工(Full Duplex)制，如图 9-13 所示。

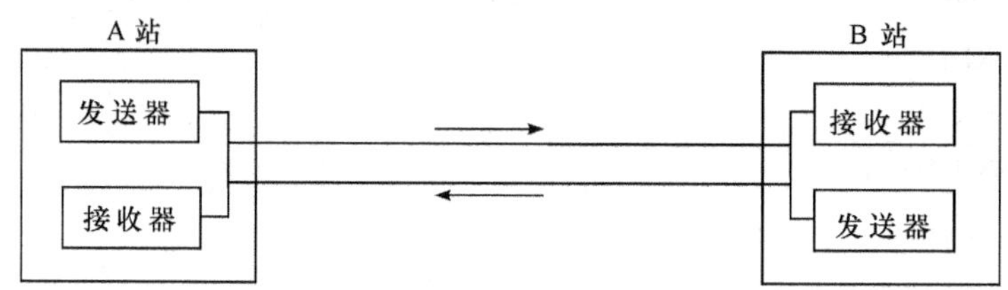

图 9-13　全双工方式示意图

在全双工方式下，通信系统的每一端都设置了发送器和接收器，因此能控制数据同时在两个方向上传送。全双工方式无须进行方向切换，因此没有切换操作所产生的时间延迟，这对那些不能有时间延误的交互式应用(如远程监测和控制系统)十分有利。

2. 半双工

若使用同一根传输线既作接收又作发送，虽然数据可以在两个方向上传送，但通信双方不能同时收发数据，这样的传送方式就是半双工(Half Duplex)制，如图 9-14 所示。采用半双工时，通信系统每一端的发送器和接收器通过收/发开关转接到通信线上，进行方向切换，因此会产生时间延迟。收/发开关实际上是由软件控制的电子开关。

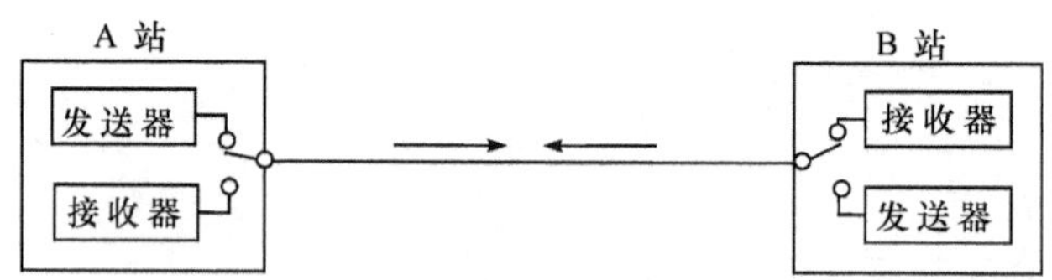

图 9-14　半双工方式示意图

目前，多数终端和串行接口都为半双工方式提供了换向能力，也为全双工方式提供了两条独立的引脚。在实际使用时，一般并不需要通信双方同时既发送又接收，像打印机这类的单向传送设备，半双工甚至单工就能胜任，也无须倒向。

9.3.2 波特率和发送/接收时钟

1. 波特率

在并行通信中，传输速度以每秒传输的字节(B/s)表示。在串行通信中，传输速率用波特率来表示。所谓波特率，是指单位时间内传送二进制数据的位数，单位为位/秒(b/s)。它是衡量串行数据速度快慢的重要指标。最常用的标准波特率是 110b/s、300b/s、600b/s、1200b/s、2400b/s、4800b/s、9600b/s、19200b/s。

通信线路上所传输的字符数据(代码)是逐位传送的，1 个字符由若干位组成。因此，每秒钟所传输的字符数(字符速率)和波特率是两种概念。在串行通信中，传输速率指的是波特率，而不是字符速率。两者的关系：在异步串行通信中，假如传送一个字符，包括 12 位(其中有 1 个起始位，8 个数据位，1 个偶校验位，2 个停止位)，其传输速率是 1200b/s。那么，每秒钟所能传送的字符是 1200/(1+8+1+2)=100 个。

2. 发送/接收时钟

在异步串行通信中，发送端需要用一定频率的时钟来决定发送每 1 位数据所占的时间长度(称为位宽度)，接收端也要用一定频率的时钟来测定每一位输入数据的位宽度。发送端使用的用于决定数据位宽度的时钟称为发送时钟，接收端使用的用于测定每一位输入数据位宽度的时钟称为接收时钟。由于发送/接收时钟决定了每一位数据的位宽度，所以发送/接收时钟频率的高低决定串行通信双方发送/接收字符数据的速度。

在异步通信中，总是根据数据传输的波特率来决定接收/发送时钟的频率。通常，接收/发送时钟的频率总是取波特率的 16 倍、32 倍或 64 倍，这有利于在位信号的中间对每位数据进行多次采样，以减少读数错误。

发送/接收时钟频率与波特率的关系如下：

$$\text{接收/发送时钟频率}=n\times\text{波特率}$$

$$\text{接收/发送波特率}=\frac{\text{接收/发送时钟频率}}{n}\quad (n=1,16,35,64)$$

式中，n 为波特率系数或波特率因子，取值为 1、16、32 或 64。但对下面将要介绍的可编程串行接口芯片 8251A 来说，n 不能取 32，只能取 1、16 或 64。

9.3.3 串行通信的基本方式

根据在串行通信中数据定时和同步的不同方式，串行通信的基本方式有两种，即异步通信(Asynchronous Communication)和同步通信(Synchronous Communication)。

1. 异步通信

异步通信方式为字符的同步传输技术。在异步通信中，传输的数据以字符(character)为单位。当发送一个字符代码时，字符前面要加一个“起始”信号，其长度为一位，极性为“0”，称空号(Space)状态。规定在线路不传送数据时全部为“1”，称传号(Mark)状态。字符后边要加一个“停止”信号，其长度为 1 位、1.5 位或 2 位，极性为“1”。字符本身的长度为 5～8 位数据，视传输的数据格式而定。例如，当传送的数字(或字符)用 ASCII 表示时，其长度为 7 位。在某些数据传输中，为了减少误码率，经常在数据之后还加一位“检验位”。由此可见，一个字符由起始位(0)开始，到停止位(1)结束，其长度为 8～12 位。起始位和停止位用来区分字符。传送时，字符可以连续发送，也可以单独随机发送，不发送字符时线路保持“1”状态。字符发送的顺序为先低位后高位。

综上所述，异步串行通信的格式如图 9-15 所示。

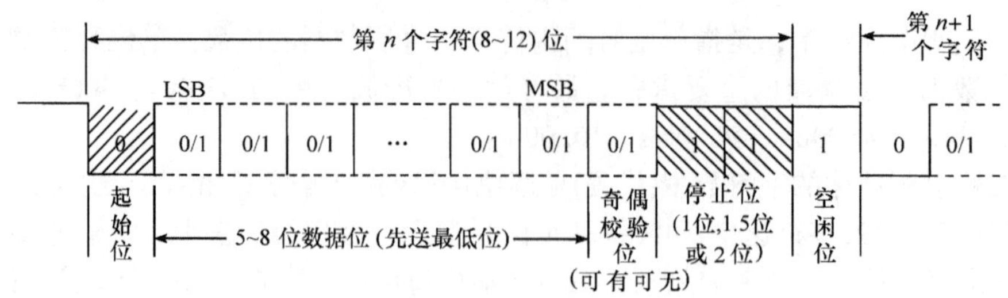

图 9-15　异步串行通信格式

异步串行通信的优点是收/发双方不需要严格的位同步。也就是说，在这种通信方式下，每个字符作为独立的信息单元，可以随机地出现在数据流中，而每个字符出现在数据流中的相对时间是随机的。然而一个字符一旦发送开始，就必须连着发出去。由此可见，在异步串行通信中，所谓“异步”是指字符与字符之间的“异步”，而在字符内部，仍然是同步发出。因此这种通信的效率比较低。

尽管如此，由于异步通信电路比较简单，其联络协议也不难实现，所以异步通信在串行通信中得到了广泛的应用。在后面讲的各种串行标准总线以及 PC 机中均采用这种通信方式。异步通信的速率通常在 1200b/s 以下。

2. 同步通信

同步通信的特点是不仅字符内部保持“同步”，而且字符与字符之间也是同步的。在这种通信方式下，收/发双方必须建立准确的位定时信号，也就是收/发时钟的频率必须严格一致。同步通信在数据格式上也与异步通信不同，每个字符不增加任何附加位，而是连续发送。但是在传送中，数据要分成组(帧)，一组含多个字符代码或多个独立的码元。为使收发双方建立和保持同步，在每组的开始和结束需加上规定的码元序列，作为标志序列。在发送数据之前，必须先发送此标志序列，接收端通过检测该标志序列实现同步。

标志序列的格式因传输规程不同而异。例如，在基本型传输规程中，利用国际 IA5 代码中的“SYN”控制系统，可实现收/发双方的同步。又如在高级数据联络规程(HDLC)中，按帧格式传送，利用帧标志符“01111110”来实现收发双方的同步。

同步通信方式适合于 2400b/s 以上的数据传输。由于不需加起始和停止符，因此传送效率比较高，但实现起来比较复杂。

9.3.4　信号调制与解调

计算机通信是一种数字信号的通信，要求传输线的频带很宽。在长距离通信时，通常借用电话线传输。电话线通频带为 30～3000Hz，由于频带不宽，用来传输数字信号的矩形波时会畸变失真，但用来传输频率为 1000～2000Hz 的模拟信号(正弦波)时，就会有较小的失真。

为此，在发送时需要把数字信号调制成模拟信号，送到通信链路上传输；接收时需要把从通信链路上接收的模拟信号解调成数字信号。在大多数情况下通信是双向的，把调制功能和解调功能合成一个装置——调制解调器(Modulation Demodulation，MODEM)。MODEM 也称为通信设备 DEC 或数传机。

MODEM 与计算机连接的方式分成内接式和外接式。内接式 MODEM 就如同一块接口卡一样，插在计算机内的扩充槽上。外接式 MODEM 则通过 RS-232 接口与计算机的串行接口相连。

MODEM 的调制方式有 3 种：

(1) 振幅调制(ASK)：以两种振幅的大小来区别数字信号“0”与“1”。

(2) 频率调制(FSK)：利用两个固定的频率来分别代表数字信号“0”与“1”。

(3) 相位调制(PSK)：利用相位的差异来区别信号，当相位差 180° 时代表位值的变化。

当波特率小于 300b/s 时，一般采用频率调制(FSK)方式，或者称为两态调频。它是把“0”和“1”数字信号分别调制成不同频率的两个音频信号。

9.3.5 串行接口的任务

串行接口是把串行通信的外设与系统总线相连的接口。串行接口的主要任务如下所述。

1. 进行串-并转换

串行传输，数据是一位一位依次顺序传输的，而计算机处理的数据是并行的。所以，当数据由数据总线送至串行接口时，要把并行数据转换为串行数据格式传输出去；接收的串行数据要转换成并行数据，然后送给计算机处理。因此，串-并转换是串行接口最主要的任务。

2. 实现串行数据格式化

在并行数据转换成串行数据后，串行接口要能实现不同通信方式下的数据格式化。

3. 可靠性检验

在发送串行数据时，接口电路要能自动生成供检测的信息，而在接收串行数据时，接口电路要能进行检测，以确定是否发生了传输错误。

4. 实施接口与通信设备之间的联络控制

串行接口是计算机与通信设备之间进行通信的连接电路。因此，应能提供符合通信标准的联络、控制信号线。

9.4 可编程串行接口 8251A

80x86 系列微处理器不含有串行通信接口，为了实现串行通信，需要采用 USART 器件来扩展串行口。微型计算机系列一般采用 8251A 协助处理器实现串行通信。

9.4.1 8251A 的基本性能

Intel 8251A 是高性能串行通信接口芯片，它既是一种通用的异步收发器(UART)，也是一种通用同步收发器(USRT)，能管理信号变化范围很大的串行数据通信，而且可以直接与多种微型计算机接口匹配。其基本性能有以下几点：

(1) 通过初始化编程，可以工作在同步通信或异步通信方式。同步方式下波特率为 0～64Kb/s；异步方式下波特率为 0～19.2Kb/s。

(2) 同步方式时，可设定为内同步或外同步两种做法。同步字符允许采用单同步字符和双同步字符，由用户选定。数据位可在 5～8 位进行选择。

(3) 异步方式时，数据位仍可在 5～8 位选用，用 1 位作为奇偶校验位或不设置奇偶位。此外，8251A 在异步方式下能自动为每个数据增加 1 位启动位及 1 位、1.5 位或 2 位停止位(由初始化选择)。

(4) 8251A 具有奇偶校验、帧校验和溢出校验三种字符数据的校验方式，校验位的插入、检查和出错标志的建立均由芯片自动完成。

(5) 8251A 能与 MODEM 直接相连，接收和发送的数据均可存放在各自的缓冲器中，以便实现全双工通信。

9.4.2 8251A 内部结构及引脚功能

1. 8251A 内部结构

8251A 的结构如图 9-16 所示。整个 8251A 可以分成 5 个主要部分：接收器、发送器、调制控制、读写控制以及数据总线缓冲器。而数据总线缓冲器由状态缓冲器、发送数据/命令缓冲器和接收数据缓冲器三部分组成。8251A 的内部由内部数据总线实现相互之间的通信。

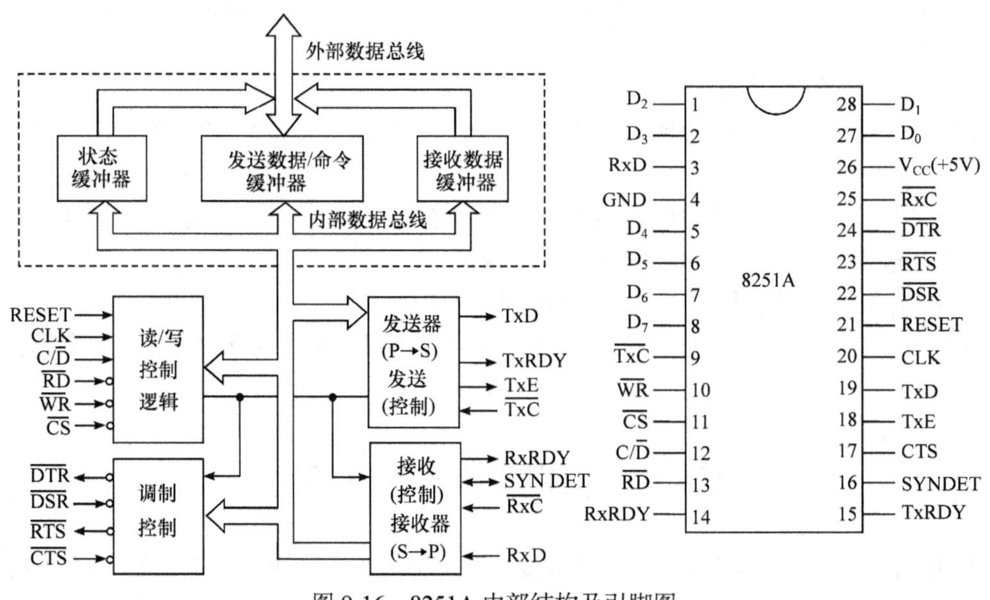

图 9-16 8251A 内部结构及引脚图

1) 接收器

接收器接收来自 RxD 脚上的串行数据，并按规定的格式把它转换为并行数据，存放在接收数据缓冲器中。当 8251A 工作于异步方式且允许接收和准备好接收数据时，它监视 RxD 线。在无字符传送时，RxD 线上为高电平(即 Mark)，当发现 RxD 线上出现低电平时，则认为它是起始位(即 Space)，就启动一个内部计数器，当计数到一个数据位宽度的一半(若时钟脉冲频率为波特率的 16 倍时，则为计数到第八个脉冲)时，又重新采样 RxD 线，若其仍然为低电平，则确认它为起始位，而不是噪声信号。此后，每隔 16 个脉冲，采样一次 RxD 线作为输入信号，送至移位寄存器，经过移位，又经过奇偶校验和去掉停止位后，就得到了变换为并行的数据，经过 8251A 的内部数据总线传送至接收数据缓冲器，同时发出

RxRDY 信号，告诉 CPU 字符已经可用。

在同步方式下，USART 监视 RxD 线，每出现一个数据位就把它移一位，然后把接收寄存器与含有同步字符(由程序给定)的寄存器相比较，看是否相等，若不等则 USART 重复上述过程。当找到同步字符后(若规定为两个同步字符，则必须出现在 RxD 线上的两个相邻字符与规定的同步字符相同)，则置 SYNDET 信号，表示已找到同步字符。

在找到同步字符后，利用时钟采样和移位 RxD 线上的数据位，且按规定的位数，把它送至接收数据缓冲器，同时发出 RxRDY 信号。

2) 发送器

发送器接收 CPU 送至的并行数据，加上起始位、奇偶校验位和停止位，然后由 TxD 脚发送。

在异步方式时，发送器加上起始位，检查并根据程序规定的检验要求(奇校验，还是偶校验)加上适当的校验位，最后根据程序的规定，加上 1 位或 1.5 位或 2 位停止位。

在同步方式时，发送器在数据发送前插入一个或两个同步字符(这些都在初始化时由程序给定)，而在数据中，除了奇偶校验位外，不再插入别的位。只有在 USART 工作于同步发送方式，而 CPU 来不及把新的字符送给它，则 USART 自动地在 TxD 线上插入同步字符，因为在同步方式时，在字符间是不允许存在间隙的。

不论在同步或异步工作方式下，只有当程序设置了 TxEN(Transmitter Enable，允许发送)和 $\overline{\text{CTS}}$ (Clear to Send，这是对调制器发出的请求发送的响应信号)有效时，才能发送。

另外，发送器的另一个功能是能发送中止符(BREAK)。中止符是由在通信线上的连续的 Space 符组成，它是用来在完全双工通信时中止发送终端的。只要 8251A 的命令寄存器的 bit3(SBRK)为“1”，则 USART 就始终发送中止符。

3) 数据总线缓冲器

状态寄存器、发送数据/命令缓冲器和接收数据缓冲器三部分组成数据总线缓冲器。它使高速的 CPU 与相对慢速的 8251A 达到同步。状态寄存器用于存放 8251 的状态字；发送数据/命令缓冲器用于存放 CPU 送来的待发送数据及命令控制字；接收数据缓冲器则用来存放 8251A 收到的数据。

4) 读/写控制和调制控制

读/写控制逻辑对 CPU 输出的控制信号进行译码以实现如表 9-3 所示的读/写功能。调制控制实现对 MODEM 的控制。

表 9-3　8251A 读/写操作

$\overline{\text{CS}}$	C/$\overline{\text{D}}$	$\overline{\text{RD}}$	$\overline{\text{WR}}$	功能
0	0	0	1	CPU 从 8251A 读数据
0	1	0	1	CPU 从 8251A 读状态
0	0	1	0	CPU 写数据到 8251A
0	1	1	0	CPU 写命令到 8251A
1	×	×	×	USART 总线浮空(无操作)

2. 8251A 的引脚功能

1) 与 CPU 的接口信号

(1) $DB_{7\sim0}$：三态双向数据总线。它可以连到 CPU 的数据总线。CPU 与 8251A 之间的命令信息、数据及状态信息都是通过这组数据总线传送的。

(2) CLK：由这个 CLK 输入产生 8251A 的内部时序。CLK 的频率在同步方式工作时，必须大于接收器和发送器输入时钟频率的 30 倍；在异步方式工作时，必须大于输入时钟的 4.5 倍。另外，规定 CLK 的周期要为 0.42～1.35μs。

(3) $\overline{CS}$：片选信号。它应由 CPU 的 IO/$\overline{M}$ 及地址信号经译码后供给。

(4) C/$\overline{D}$：控制/数据端。在 CPU 读操作时，若此端为高电平，由数据总线读入的是 8251A 的状态信息；此端为低电平，读入的是数据。在 CPU 写操作时，此端为高电平，CPU 通过数据总线输出的是命令信息；此端为低电平，输出的是数据。此端通常连到 CPU 地址总线的 A_0。

(5) TxRDY(Transmitter Ready)：发送准备好信号。只有当 USART 允许发送(即 $\overline{CTS}$ 是低电平和 TxEN 是“1”)，且发送命令/数据缓冲器为空时，此信号有效。它用以通知 CPU，8251A 已准备好接收一个数据。当 CPU 与 8251A 之间用查询方式(Polling)交换信息时，此信号可作为一个“状态”信号(Hand Shake)。在用中断方式交换信息时，此信号可作为 8251A 的一个中断请求信号。当 USART 从 CPU 接收了一个字符时，TxRDY 复位。

(6) TxE(Transmitter Empty)：发送器空信号。当它有效(高电平)时，表示发送器中的并行到串行转换器空。在同步方式工作时，若 CPU 来不及输出一个新的字符，则它变高，同时发送器在输出线上插入同步字符，以填补传送空隙。

(7) RxRDY(Receiver Ready)：接收器准备好信号。若命令寄存器的 RxE(Receive Enable)位置位，当 8251A 已经从它的串行输入端接收了一个字符，可以传送到 CPU 时，此信号有效。在查询方式时，此信号可作为一个“状态”信号；在中断方式时可作为一个中断请求信号。当 CPU 读了一个字符后，此信号复位。

(8) SYNDET(Synchronous Detect)：同步检测信号。它用于同步方式，究竟作为输入端，还是输出端，取决于 8251A 是工作于外同步，还是内同步方式。在 RESET 时，此信号复位。当工作于内同步方式时，这是一个输出端。在 8251A 已经检测到所要求的同步字符时，此信号为高，输出，以指示 USART 已达到同步。若 8251A 由程序规定为双字符同步时，此信号在第二个同步字符的最后一位的中间变高。当 CPU 执行一次读状态操作时，SYNDET 复位。

工作于外同步方式时，这是一个输入端从此端输入的一个正跳沿，使 8251A 在下一个 RxC 的下降沿开始收集字符。SYNDET 输入高电平至少应维持一个 RxC 周期，直至 RxC 出现下一个下降沿。

2) 与装置的接口信号

(1) $\overline{DTR}$ (Data Terminal Ready)：数据终端准备好。相对于 MODEM 而言，微型计算机和数据终端机一样被称为数据终端(Data Terminal Equipment，DTE)，而 MODEM 被称为数据通信装置(Data Communications Equipment，DCE)。$\overline{DTR}$ 是一个通用的输出信号，低电平有效。它能由命令字的 bit1 置“1”变为有效，用以表示 CPU 准备就绪。

(2) $\overline{\text{DSR}}$ (Data Set Ready)：数据装置准备好。这是一个通用的输入信号，低电平有效。用以表示调制器或外设已准备好。CPU 可通过读入状态字检测这个信号(状态字的 bit7)。$\overline{\text{DTR}}$ 与 $\overline{\text{DSR}}$ 是一组信号，通常用于接收器。

(3) $\overline{\text{RTS}}$ (Request To Send)：请求传送，这是一个输出信号，等效于 $\overline{\text{DTR}}$。这个信号用于通知调制器 CPU 准备好发送。可由命令字的 bit5 置“1”来使其有效(低电平有效)。

(4) $\overline{\text{CTS}}$ (Clear To Send)：准许传送，这是调制器对 USART 的 $\overline{\text{RTS}}$ 信号的响应，当其有效时(低电平)USART 发送数据。

(5) $\overline{\text{RxC}}$ (Receiver Clock)：接收器时钟，这个时钟控制 USART 接收字符的速度。

在同步方式，$\overline{\text{RxC}}$ 等于波特率，由调制解调器供给。

在异步方式，$\overline{\text{RxC}}$ 是波特率的 1、16 或 64 倍，由方式控制字预先选择。USART 在 $\overline{\text{RxC}}$ 的上升沿采样数据。

(6) RxD (Receiver Data)：接收器数据，字符在这条线上串行地被接收，在 USART 中转换为并行的字符。高电平表示 Mark，即“1”。

(7) $\overline{\text{TxC}}$ (Transmitter Clock)：发送器时钟，这个时钟控制 USART 发送字符的速度。时钟速度与波特率之间的关系同 $\overline{\text{RxC}}$。数据在 $\overline{\text{TxC}}$ 地下降沿由 USART 移位输出。

(8) TxD (Transmitter Data)：发送器数据。由 CPU 送来的并行字符在这条线上被串行地发送。高电平代表 Mark，即“1”。

9.4.3 8251A 的控制字和状态字

8251A 的工作方式需要初始化编程用两种控制字进行设置。这两种控制字为方式控制字和操作控制字。此外，还有一个供 CPU 查询的状态字。

1. 方式控制字

方式控制字用于约定双方通信的方式(同步/异步)及其数据格式(数据位和停止位长度、检验特性、同步字符特性)、传送速率(波特率因子)等参数。其格式如图 9-17 所示。

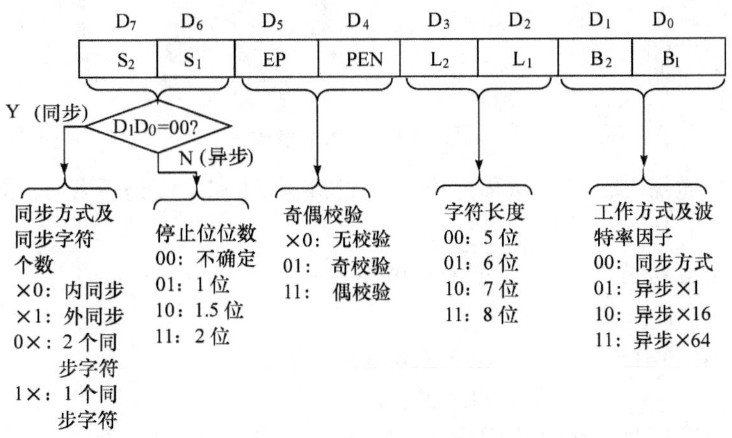

图 9-17 8251A 方式控制字格式

2. 操作控制字

操作控制字用于指定 8251A 进行某种操作(如发送、接收、内部复位和检测同步字符等)或处于某种工作状态(如 DTR)，以便接收或发送数据。其格式如图 9-18 所示。其中有些关键位(D_6、D_4、D_2 和 D_0)是经常要使用的。

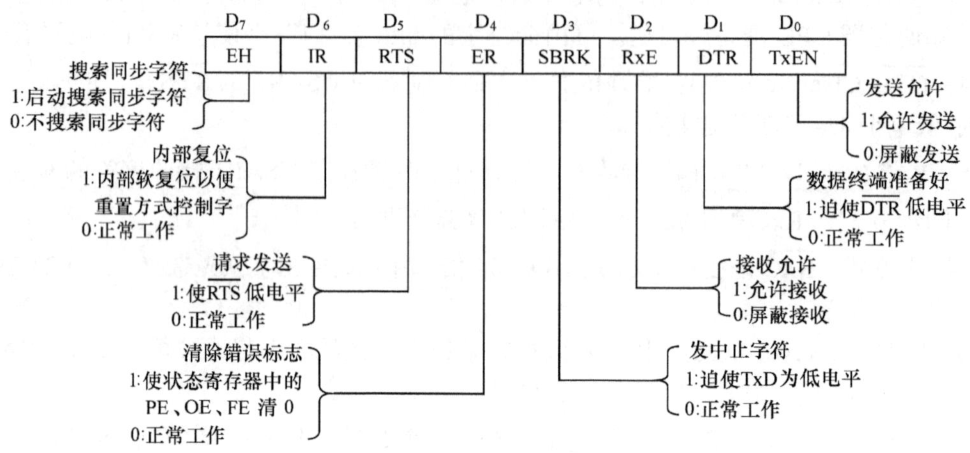

图 9-18　操作控制字格式

3. 状态字

状态字用于报告 8251A 何时才能开始发送或接收，以及接收数据有无错误。

状态字为 8 位，其格式如图 9-19 所示。其中有些状态字(D_0、D_1 和 D_3～D_5)是经常使用的关键位。状态字是 8251A 在执行命令过程中自动产生的，并存放在状态寄存器中，状态寄存器的某状态位置 1，表示有效。

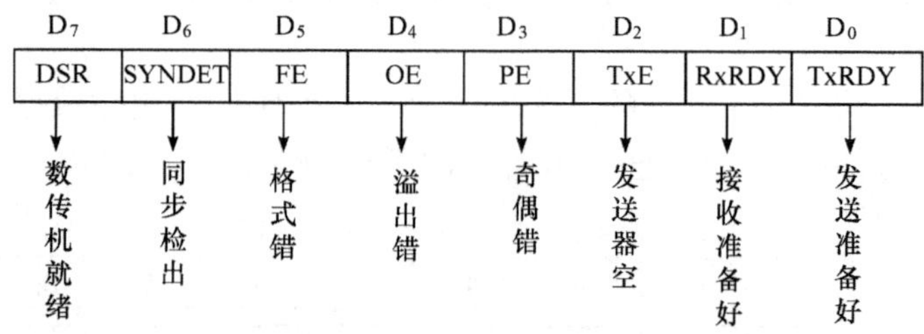

图 9-19　状态字格式

例 9-6　串行通信时，在发送程序中，需查状态字的 D_0 位是否置 1，即查 TxRDY=1？其程序段为：

```
L:   MOV   DX, 309H        ;8251A 状态口
     IN    AL, DX
     AND   AL, 01H         ;查发送器是否就绪
     JZ    L               ;未就绪，则等待
```

例 9-7　串行通信时，在接收程序中，需查状态字的 D_1 位是否置 1，即查 RxRDY=1？其程序段为：

```
L1:  MOV   DX, 309H        ;8251A 状态口
```

```
	IN	AL, DX
	AND	AL, 02H		;查接收器是否就绪
	JZ	L1		;未就绪，则等待
```

D_3～D_5 三位是错误状态信息。

D_3：奇偶错(Parity Error，PE)。接收器检测出奇偶错时，PE 置“1”。PE 有效并不禁止 8251A 工作。

D_4：溢出错(Overrun Error，OE)。当前一个字符尚未被 CPU 取走，后一个字符又到来，则 OE 置 1。OE 有效并不禁止 8251A 的操作，但是被溢出的字符丢掉了。

D_5：帧出错(Framing Error，FE)(只用于异步方式)。当接收器在一字符的后面没有检测到规定的停止位，则 FE 置 1。

以上 3 个错误状态位，均由工作命令字的 ER 位复位。

9.4.4 8251A 的初始化编程

8251A 是一个可编程的多功能通信接口。所以在具体使用时必须对它进行初始化编程，确定它的具体工作方式。例如，规定工作于同步，还是异步方式、传送的波特率、字符格式等。

初始化编程必须在系统复位以后，在 8251A 工作以前进行，即 8251A 不论工作于任何方式，都必须先经过初始化。

初始化编程的过程如图 9-20 所示。

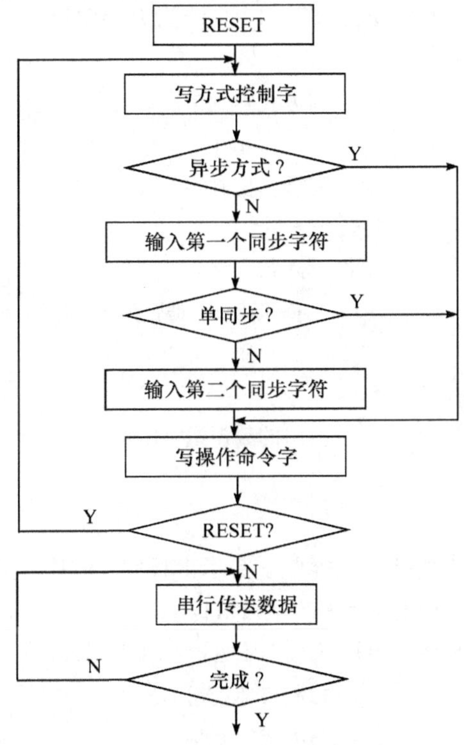

图 9-20 8251A 初始化编程的流程图

方式控制字必须跟在复位命令之后。复位命令可以软件设置也可以用硬件方法向RESET引脚输入信号。由于8251A的方式控制字和操作控制字写入同一个端口，要求一定要按先写方式控制字后写操作命令字的顺序，不能颠倒。

例 9-8 编写一段通过8251A采用查询方式接收数据的程序。将8251A定义为异步传送方式，波特率因子为64，采用偶校验，1位停止位，7位数据位。

设8251A数据口地址为04A0H，控制口地址为04A2H。

```
        MOV   DX, 04A2H
        MOV   AL, 7BH              ;写方式控制字
        OUT   DX, AL
        MOV   AL, 14H              ;写操作控制字, 无握手信号
        OUT   DX, AL
WAIT:   IN    AL, DX               ;读入状态字
        AND   AL, 02H
        JZ    WAIT                 ;检查 RxRDY 是否为 1
        MOV   DX, 04A0H
        IN    AL, DX               ;输入数据
```

例 9-9 编写使8251A发送数据的程序。将8251A定义为异步传送方式，波特率因子为64。采用偶校验，1位停止位，7位数据位。8251A与外设有握手信号，采用查询方式发送数据。

设8251A数据口地址为04A0H，控制口地址为04A2H。

```
        MOV   DX, 04A2H
        MOV   AL, 7BH              ;写方式控制字
        OUT   DX, AL
        MOV   AL, 31H              ;写操作控制字
        OUT   DX, AL
WAIT:   IN    AL, DX               ;读入状态字
        AND   AL, 01H              ;检查 TxRDY 是否为 1
        JZ    WAIT
        MOV   DX, 04A0H
        MOV   AL, 36H              ;输出的数据送 AL
        OUT   DX, AL
          ⋮
```

例 9-10 编写接收数据的初始化程序。要求8251A采用同步传送方式，2个同步字符，内同步，偶校验，7位数据位和同步字符为16H。

设8251A数据口地址为04A0H，控制口地址为04A2H。

```
MOV   DX, 04A2H                    ;控制口地址送 DX
MOV   AL, 38H                      ;写方式控制字
OUT   DX, AL
```

```
MOV   AL, 16H               ;同步字符送 AL
OUT   DX, AL
OUT   DX, AL                ;输入两个同步字符
MOV   AL, 96H               ;写操作控制字
OUT   DX, AL
  ⋮
```

9.4.5 8251A 应用举例

例 9-11 某系统中，8251 作为 8086 CPU 与 CRT 显示器之间的接口芯片。设 8251 的数据端口为 0FFF0H，方式字和命令字状态字的端口地址为 0FF2H。假设通信方式为异步方式，字符长度为 8 位，停止位为 1 位，不用奇偶校验，波特率因子为 64；设允许发送、允许接收和数据终端准备好；用查询方式将寄存器 CL 中的 ASCII 字符送 CRT 显示。试完成该异步通信程序。

分析：根据题意，方式控制字为 4FH(01001111B)；命令控制字为 27H(00100111B)。程序如下：

```
        MOV   DX, 0FFF2H
        MOV   AL, 00H
        OUT   DX, AL
        MOV   AL, 40H
        OUT   DX, AL
        NOP
        MOV   AL, 4FH
        OUT   DX, AL
        MOV   AL, 27H
        OUT   DX, AL
AGAIN:  MOV   DX, 0FFF2H
        IN    AL, DX
        AND   AL, 01H
        JZ    AGAIN
        MOV   AL, CL
        MOV   DX, 0FFF0H
        OUT   DX, AL
        RET
```

例 9-12 以两台微机之间进行双机串行通信的硬件连接和软件编程来说明 8251A 的实际应用。在 A、B 两台微机之间进行串行通信，A 机发送，B 机接收。要求把 A 机上开发的应用程序(其长度为 2DH)传送到 B 机。采用异步方式，字符长度为 8 位，2 个停止位，波特率因子为 64，无校验位，波特率为 4800。CPU 与 8251A 之间采用查询方式交换数据。端口地址分配：命令/状态口为 309H，数据口为 308H。

1. 分析

由于是近距离传输，可以不用 MODEM 而直接互连。同时采用查询方式，故收/发程序中只需检查发/收准备好的状态位是否置位，在准备好时就发送或接收一字节。

2. 设计

1) 硬件连接

根据以上分析结果，把两台微机都当作 DTE。它们之间只需 TxD、RxD 和 SG(信号地)三根线连接就能通信。采用 8251A 作为接口的主芯片再配置少量附加电路，如波特率发生器、RS-232C 与 TTL 电平转换电路、地址译码电路等就可构成一个串行通信接口，如图 9-21 所示。

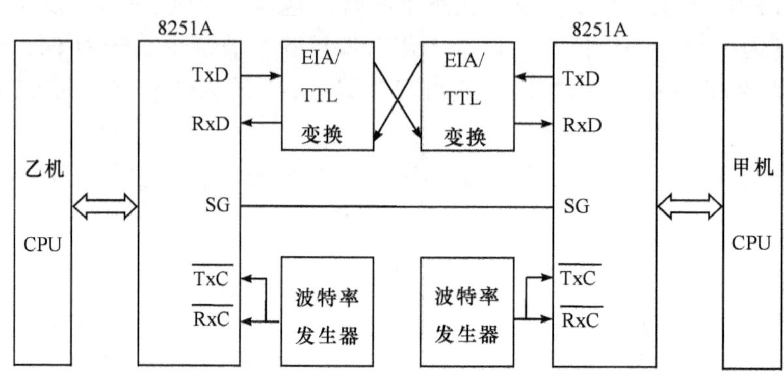

图 9-21　双机串行通信接口

2) 软件编程

接收和发送程序分开编写，每个程序段包括 8251A 初始化、状态查询和输入/输出等部分。

(1) 发送部分(略去 STACK 和 DATA 段)：

```
CSEG    SEGMENT
        ASSUME  CS:CSEG, DS:DSEG
TRA     PROC  FAR
START:  MOV   DX, 309H      ;控制口
        MOV   AL, 00H       ;空操作，向命令口送任意数
        OUT   DX, AL
        MOV   AL, 40H       ;内部复位(使 D6=1)
        OUT   DX, AL
        NOP
        MOV   AL, 0CFH      ;方式控制字(异步，2 位停止位，字符长度为 8 位，无校验位，波
                             特率因子为 64 位)
        OUT   DX, AL
        MOV   AL, 37H       ;操作控制字(RTS、ER、RxE、DTR、TxEN 均置 1)
        OUT   DX, AL
        MOV   CX, 2DH       ;传送字节数
```

```
        MOV   SI, 300H        ;发送区首址
L1:     MOV   DX, 309H        ;状态口
        IN    AL, DX          ;查状态位D0(TxRDY)=1?
        AND   AL, 01H
        JZ    L1              ;发送未准备好，则等待
        MOV   DX, 308H        ;数据口
        MOV   AL, [SI]        ;发送准备好，则从发送区取1字节发送
        OUT   DX, AL
        INC   SI              ;内存地址加1
        DEC   CX              ;字节数减1
        JNZ   L1              ;未发送完，继续
        MOV   AX, 4C00H       ;已送完，回DOS
        INT   21H
TRA     ENDP
CSEG    ENDS
        END   START
```

(2) 接收程序(略去 STACK 和 DATA 段)：

```
SCEG    SEGMENT
        ASSUME CS:REC, DS:SCEG
REC     PROC  FAR
BEGIN:  MOV   DX, 309H        ;控制口
        MOV   AL, 00H         ;空操作，向控制口写任意数
        OUT   DX, AL
        MOV   AL, 50H         ;内部复位(含D6=1)
        OUT   DX, AL
        NOP
        MOV   AL, 0CFH        ;方式控制字
        OUT   DX, AL
        MOV   AL, 14H         ;操作控制字(ER、RxE置1)
        OUT   DX, AL
        MOV   CX, 2DH         ;传送字节数
        MOV   DI, 400H        ;接收区首址
L2:     MOV   DX, 309         ;状态口
        IN    AL, DX
        TEST  AL, 38H         ;查错误
        JNZ   ERR             ;有错，则转出错处理
        AND   AL, 02H         ;查状态位D1(RxRDY)=1?
        JZ    L2              ;接收未准备好，则等待
```

```
        MOV   DX, 308H      ;数据口
        IN    AL, DX        ;接收准备好，则接收 1 字节
        MOV   [DI], AL      ;并存入接收区
        INC   DI            ;修改内存
        LOOP  L2            ;未接收完，继续
        JMP   STOP
ERR:    (略)
STOP    MOV   AX, 4C00H     ;已接收完，程序结束，退出
        INT   21H           ;返回 DOS
REC     ENDP
CSEG    ENDS
        END   BEGIN
```

习　题　9

1. 可编程并行接口芯片 8255A 面向 I/O 设备一侧的端口有几个？其中 C 口的使用有哪些点？

2. 试分别说明可编程并行接口芯片 8255A 的方式控制字和置位/复位字的作用及其格式中每位的含义是什么。

3. “由于 8255A 的端口 C 按位置位/复位控制字是对 C 口进行操作，所以可以写到 C 口”这句话对吗？为什么？

4. 如何对 8255A 进行初始化编程？

5. 可编程并行接口芯片 8255A 有哪几种工作方式？各自的特点何在？

6. 在方式 1 下输入和输出时，其专用联络信号是如何定义的？

7. 8255A 工作于方式 2，采用中断传送，CPU 如何区分是输入中断还是输出中断？

8. 设计一个利用 8255A 的 PC_5 输出占空比 1∶1 的方波电路，并相应编写程序。

9. 现有 4 种简单的外设：①一组 8 位开关；②一组 8 位 LED 指示灯；③一个按钮开关；④一个蜂鸣片。要求：

(1) 用 8255A 作为接口芯片，将这些外设构成一个简单的微机应用系统，画出接口连接图。

(2) 编制 3 种驱动程序，每个程序必须包括至少有两种外设共同作用的操作(例如，根据 8 位开关“ON”和“OFF”的状态来决定 8 个 LED 指示灯“亮”和“灭”。又如，当按下按钮开关时，才使蜂鸣片发声等)。

10. 串行传送的特点是什么？

11. 什么是串行传送的全双工和半双工？

12. 异步传输时，每个字符对应 1 位起始位、7 位信息位、1 位奇偶校验位和 1 位停止位，如果波特率为 9600b/s，则每秒钟能传输的最大字符数是多少？

13. 调制解调器(MODEM)在通信中的作用是什么？

14. 什么是波特率？发送时钟和接收时钟与波特率有什么关系？

15. 串行通信按信号格式分为哪两种？这两种格式有何不同？

16. 串行接口的基本功能有哪些？

17. 试简述 8251A 内部结构及工作过程。

18. 试说明 8251A 的方式控制字、操作控制字和状态字各位的含义及它们之间的关系。在对 8251A 进行初始化编程时，应按什么顺序向它的控制口写入控制字?

19. 某系统中使可编程串行接口芯片 8251A 工作在异步方式，7 位数字，不带校验位，2 位停止位，波特率因子为 16，允许发送也允许接收。若已知其控制口地址为 04A0H，试编写初始化程序。

20. 设 8251A 的控制口和状态口地址为 04A2H，数据输入/输出口地址为 04A0H(输出端口未用)，输入 100 个字符，并将字符放在 buffer 所指的内存缓冲区中。试写出这段的程序。

21. 在图 9-17 两台微机串行通信例子中，在不改变硬件的情况下，通信双方的约定改为 1 位停止位、奇校验、波特率因子为 16，其他参数不变。试编写出两机的初始化程序。

第 10 章　总　　线

总线和微处理器、存储器、输入输出接口构成计算机的硬件基础。微型计算机系统大都采用总线结构。这种结构的特点是采用一组公用的信号线作为微型计算机各主要部件之间的公共信息通道。这种公用的信号线就称为总线。采用总线结构可使计算机系统结构简化，可靠性提高，构成方便，易于扩充、升级。

总线是各部件联系的纽带，在接口技术中扮演着重要的角色。总线的性能直接关系到计算机系统的整体性能，而且任何系统的研制和外用模块的开发都必须依从所采用的总线的规范。随着微型计算机技术的发展，总线也不断地发展与更迭。

本章介绍总线的基本知识，具体介绍系统总线 ISA、EISA，局部总线 PCI 及 PCI Express 和外部总线 RS-232C、USB，简介外部总线 SCSI、AGP、IEEE 1394、IEEE 488、RS-485、CAN 等。

10.1　总线的概念

本节介绍总线的一些基本知识，包括总线标准、总线的组成、总线层次结构、总线分类、总线操作过程和总线的性能指标等。

10.1.1　总线标准与总线组成

1. 总线标准

总线标准是指芯片之间、插板之间及系统之间通过总线进行连接和传输信息时应遵守的一些协议与规范，包括硬件和软件两个方面，如总线工作时钟频率、总线信号线定义、总线系统结构、总线仲裁机构与配置结构、电气规范、机械规范和实施总线协议的驱动与管理程序。通常说的总线，实际上指的是总线标准。不同标准的总线必须在以下几方面作出规定。

(1) 物理特性：物理特性指总线物理连接的方式。包括总线的根数，总线的插头、插座的形状，引脚的排列方式等。

(2) 功能特性：功能特性描述总线中每一根线的功能。从功能上看，总线分为三组：数据总线、地址总线和控制总线。

(3) 电气特性：电气特性定义每一根线上信号的传送方向、有效电平范围。一般规定送入 CPU 的信号称为输入信号 IN，从 CPU 送出的信号称为输出信号 OUT。

(4) 时间特性：间特性定义了每根线在什么时间有效，也就是每根线的时序。确保 CPU 与各部件准确无误地使用总线。

2. 总线的组成

微型计算机的总线主要由数据总线、地址总线、控制总线和电源四部分组成。

(1) 数据总线：双向三态线，用于传送各种数据、状态、控制信息。数据线的位数即微机的字长，直接体现系统的数据处理能力。当系统的数据线、地址线数目较多时，常用数据线与低位的地址线分时复用。

(2) 地址总线：输出线，用于确定存储单元和 I/O 端口的地址。地址总线的多少直接体现系统寻址能力的大小。低位地址线常被用来与数据线分时复用，以减少信号线数目，提高总线利用率。

(3) 控制总线：包括时钟信号、中断信号、DMA 控制信号、仲裁信号等各种复杂的管理及控制信号线。控制总线是判断一种总线标准是否具有高性能的关键。

(4) 电源：提供总线接口卡以及部分外设上的电源，决定总线使用的电源种类。常用的总线电源种类有 3.3V、±5V、±12V 等。另外，还需要为数不少的地线，一方面供电源使用，另一方面可以消除杂散信号。

10.1.2 总线的层次与分类

1. 总线的层次结构

在微型计算机中，通常采用多种总线形式共存。如 386 系统板上常有 ISA 总线和 EISA 总线；486 主板上常有 ISA 总线和 VESA 总线；Pentium 主板上多有 ISA 总线和 PCI 总线；Pentium Ⅱ及 Pentium Ⅲ主板主要有 ISA 总线、PCI 总线以及 AGP 总线等。Pentium Ⅱ及 Pentium Ⅲ典型系统总线层次如图 10-1 所示。

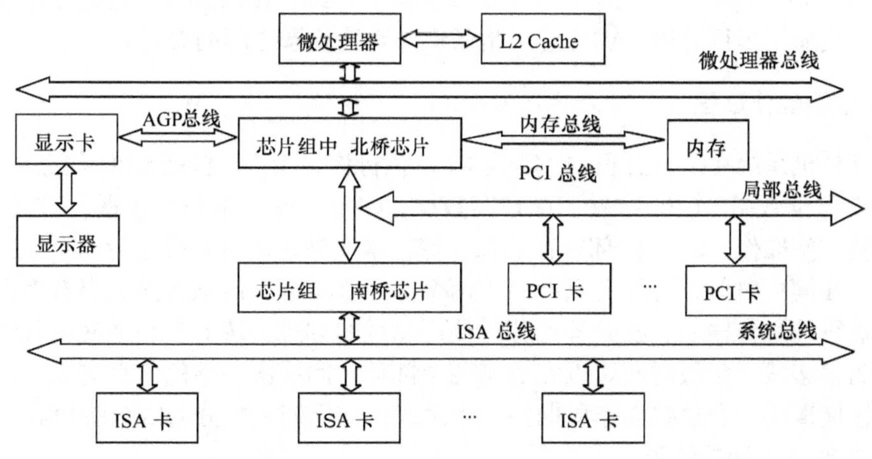

图 10-1 典型微机系统中的总线层次结构

现代微机系统中，总线的层次化结构发展十分迅速。层次化总线结构主要分三个层次：微处理器总线、局部总线(以 PCI 总线为主)、系统总线(如 ISA 总线)，如图 10-1 所示。在三级总线中，微处理器总线提供了系统原始的控制、命令等信号以及与系统中各功能部件传输代码的最高速度的通路，以印刷电路的形式分布在主板上微处理器周围。局部总线(PCI)和系统总线(ISA)均是作为输入/输出(I/O)设备接口与系统互连的扩展总线，其终端是两种不同的边缘接触型插座，PCI 与 ISA 型 I/O 接口模块(卡)插入这些插座上就实现了这些扩展模块与系统的互连。按照传统的概念，PCI 总线由于离微处理器较“近”，习惯称为“局部总线”，ISA 总线与微处理器之间隔着 PCI 总线，习惯称为系统总线。实际上，PCI 总线是为了适应高速 I/O 设备的需求而产生的一个总线层次，而 ISA 总线是为了延续老的低速 I/O 设备接口卡的寿命而保留的一个总线层次。由于 PCI 总线的高性能价比及跨平台特点，它将成为不同平台的 PC 机，乃至工作站的标准系统总线。

2. 总线的分类

按照总线的层次结构可以把总线分为四类。

(1) 微处理器总线。主要由微处理器芯片引脚信号组成的总线，用来连接 CPU 和控制芯片。主要有数据线、地址线和控制线。该总线负载能力较弱，不能挂接较多的器件。

(2) 系统总线。它是微机系统内部各部件(插板)之间进行连接和传输信息的一组信号线。例如，ISA 和 EISA 就是构成 IBM-PC x86 系列微机的系统总线，又称为标准总线。系统总线是微机系统所特有的总线，由于它用于插板之间连接，故也称为底板总线。

(3) 局部总线。局部总线是介于 CPU 总线和系统总线之间的一级总线。它有两侧，一侧直接面向 CPU 总线，另一侧面向系统总线，分别由桥接电路连接。由于局部总线离 CPU 更近，因此外部设备通过它与 CPU 之间的数据传输速率将大大加快。随着 PC 机技术的快速发展，PCI 总线逐渐成为系统性能提升的瓶颈，后来出现了 PCI Express、HyperTransport 及 InfiniBand 等高速总线。

(4) 外部总线。它是用来连接外部设备的总线，是系统之间或微机系统与外部设备之间进行通信的一组信号线，也称为通信总线，如 RS-232C/RS-485、USB、IEEE 1394、VXI 等。RS-232C/RS-485 是传统的串行通信总线标准，USB、IEEE 1394 是近几年发展的流行起来的新一代通用串行总线，VXI 总线是微机与智能仪器之间的总线。

10.1.3 总线的操作过程

微型计算机系统在运行过程中，需要 CPU 执行许多操作，包括 CPU 往存储器写数据、CPU 从存储器读数据、CPU 往输出端口写数据、CPU 从输入端口读数据、CPU 中断操作、直接存储器访问操作、CPU 内部寄存器操作等，本质都是通过总线进行信息交换，统称为总线操作。在同一时刻，总线上只能允许两个部件之间进行信息交换。当有多个部件都要使用总线进行信息传输时，必须采用分时使用总线的方式，轮流交替地使用总线，即将总线时间分为很多段，每段时间可以完成某两个部件之间一次完整的信息交换，通常称为一个数据传输周期或一个总线操作周期。一个总线操作周期一般分为四个阶段。

1. 总线请求和仲裁阶段

需要使用总线的主模块提出要求，由总线使用的仲裁机构确定，把下一个传输周期的总线使用权分配给哪一个请求源。

2. 寻址阶段

取得使用权的主模块，通过地址总线发出本次要访问的从模块的存储器地址，或 I/O 端口地址及有关命令，让参与本次传输的从模块被选中并开始启动。

3. 传输阶段

主模块和从模块进行数据交换，数据由源模块发出，经数据总线传送到目的模块。

4. 结束阶段

主、从模块的有关信息均从总线上撤除，让出总线，以便其他模块能继续使用。

为了确保这四个阶段正确推进，必须施加总线操作控制。当然，对于只有一个主模块的单处理器系统，实际上不存在总线的请求、分配和撤除问题，总线始终归它所有，所以数据传输周期只需要寻址和传输两个阶段。但对于包含 DMA 控制器或多个处理器的系统，则必须有某种总线管理机构来受理申请和分配总线控制权。

10.1.4 总线的性能指标

1. 总线宽度

总线宽度又称为总线位宽，指的是总线能同时传送数据的位数，如 16 位总线、32 位总线指的是总线具有 16 位数据和 32 数据传输能力。

2. 总线频率

总线工作频率是总线工作速度的一个重要参数，工作频率越高，速度越快。通常用 MHz 表示，如 33MHz、66MHz、100MHz、133MHz 等。

3. 总线带宽

总线带宽又称总线的最大数据传输速率，是指在一定时间内总线上可传送的数据总量，用每秒钟最大传送数据量来衡量。总线带宽越宽，传输率越高。总线带宽与总线宽度和总线频率关系为

$$总线带宽或最大数据传输率=(总线宽度/8\text{ 位})\times 总线频率$$

单位为 MB/s(总线频率以 MHz 为单位)，如 PCI 总线宽度为 64 位，总线频率 33MHz，则总线带宽(数据传输率)为

$$(64\text{ 位}/8\text{ 位})\times 33\text{MHz}=264\text{MB/s}$$

即每秒钟传输 264MB。

表 10-1 列举了几种微型计算机总线的性能参数。

表 10-1 几种微型计算机总线的性能参数

总线名称	适用机型	工业参考	总线宽度/bit	总线工作频率/MHz	最大传输速率/（MB/s）	信号线数目
PC/XT	8086 个人计算机	PC/XT	8	4	4	62
ISA	80286、386、486 系列 PC	Industry Standard Architecture	16	8	16	98
EISA	286、386、586 系列 PC	Extended Industry Standard Architecture	32	8.33	33.3	143
STD	Z-80、V20、V40、IBM 系列	STD Bus	8	2	2	56
MCA(32 位)	IBM PC 机与工作站	Microchannel Architecture	32	8	33	109

续表

总线名称	适用机型	工业参考	总线宽度/bit	总线工作频率/MHz	最大传输速率/（MB/s）	信号线数目
VL-BUS	1486、PC/AT兼容机	VESA Local Bus	32	33 40 50		90
PCI	Pentium 系列 PC、Power PC、Apha	Peripheral Component Interconnect	32 或 64	33	132 或 264(64 位)	120
SCSI	Pentium 系列 PC、工作站和小型机	Small Computer System Interface				50/68
1394	Pentium 系列 PC、工作站	Fire Wire		100～400	100～400	6/4
USB	Pentium 系列 PC	Universal Serial Bus		12	12	4
AGP	Pentium 系列 PC	Accelerated Graphics Port	64	66 以上	264 或更高	

10.2 系 统 总 线

微机自问世以来，从 8 位机到 16 位机、32 位机一直发展到 64 位机，为了适应数据宽度的增加和系统性能的提高，依次推出了很多种类的系统总线，包括 PC/XT 总线、ISA 总线、EISA 总线、MCA 总线、PC-104 总线、STD 总线及便携式计算机系统的 PCMCIA 系统总线等。本节主要介绍 ISA 总线。

10.2.1 ISA 总线

ISA(Industry Standard Architecture，工业标准体系结构)总线是 Intel 公司、IEEE 和 EISA 集团联合在 62 线的 PC 总线基础上经过扩展 36 根线而开发出的一种系统总线。该总线从诞生起，历经 286，386，486 和 Pentium 几代微机，甚至在 PC99 规范将其淘汰了的今天，仍然在部分 PentiumⅡ、Pentium Ⅲ微机中被保留下来。而在此期间，微机上的不少其他的系统总线都已经不见了踪影，这也说明了该总线的开发是很成功的。

ISA 总线共有 98 根线，均连接到了主板的 ISA 总线插槽上。这种总线插槽既可以支持 8 位插卡，也可支持 16 位插卡。ISA 插槽是长度为 138.5mm 的黑色插槽，如图 10-2 所示。图中绘制的插槽的尺寸，单位为 mm。

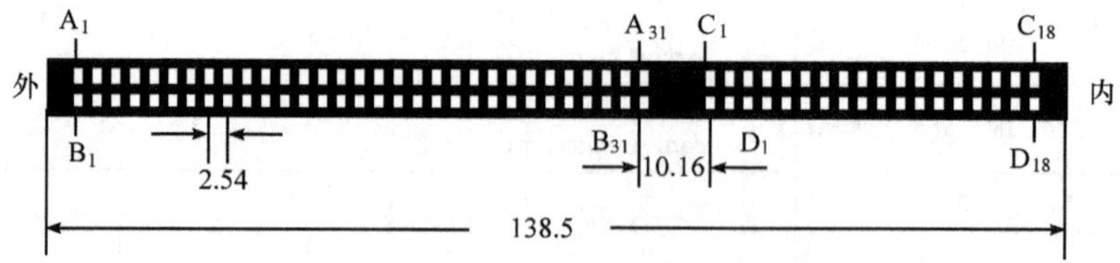

图 10-2　ISA 总线插槽示意图

ISA 总线的主要性能指标有：8/16 位数据线、最高工作频率为 8MHz、最大数据传输率 16MB/s、12 个外部中断请求输入端(15 个中断源中保留 3 个)、7 个 DMA 通道。24 位的地址线可直接寻址的内存容量为 16MB，可开放式的总线结构，允许多个 CPU 共享系统资源。

10.2.2 其他系统总线

1. EISA 总线

386、486、PS/2 等高性能微处理器的出现，对系统总线的数据位数和性能提出了更高的要求，Compaq、HP、AST、Epson、NEC 等 9 家公司联合起来，在 ISA 的基础上于 1988 年推出了 32 位微机扩展工业标准结构 EISA(Extended Industry Standard Architecture)总线。EISA 的设计原则是：EISA 结构要与 ISA 有良好的兼容性，以保护厂商和用户的软硬件投资，同时充分发挥和利用 32 位微处理器的功能，使之在图形技术、光存储器、分布处理、网络、数据处理等需要高速处理能力的地方发挥作用。

EISA 的主要性能特点是：开放式结构，EISA 和 ISA 兼容，现有的 ISA 扩充板可以用于 EISA 插槽上；32 位地址可直接寻址范围为 4GB；32 位数据宽度，工作频率为 8.33MHz，最大数据传输速率为 33.3MB/s。

由于要求 EISA 插槽既要与 ISA 插接板兼容，又与 ISA 插槽兼容，因此 EISA 插槽设计为双层引脚插槽。两层引脚之间由定位键限位。上层引脚与 ISA 插接板上的“金手指”对应。引脚为 A_1～A_{31}，B_1～B_{31}，C_1～C_{18}，D_1～D_{18}，这是 ISA 总线引脚。由于定位键的限位作用，ISA 插接板不会与下层引脚相碰。下层引脚是为了 EISA 板设计的，与 EISA 板上的“金手指”对应。引脚为 E_1～E_{31}，F_1～F_{31}，G_1～G_{19}，H_1～H_{19}。EISA 板插入时，板上的标准凹口会避开定位键，可插入槽底，使 EISA 板上的“金手指”分别与槽中的各组引脚连接。EISA 插槽示意如图 10-3 所示。

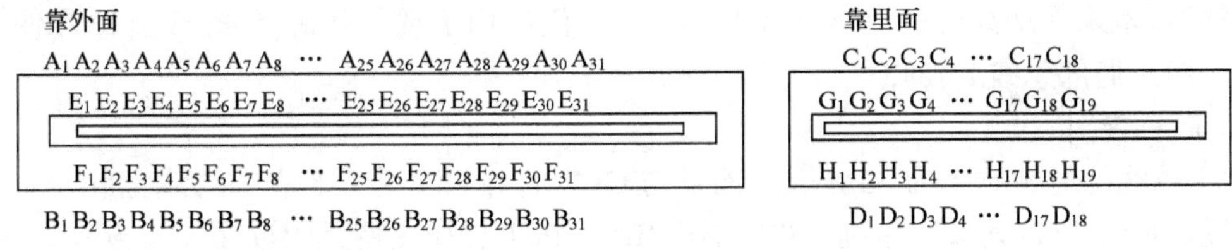

图 10-3　EISA 总线插槽示意图

因为该总线的性能限制了 Pentium 等先进处理器性能的发挥，现在这种总线已经在 PC 机中被更先进的 PCI 总线代替。

2. STD 总线

STD 总线是国际上流行的一种用于工业控制的标准微机总线，于 1987 年被批准为 IEEE-961 标准。

STD 总线采用公共母板结构，即其总线布置在一块母板(底板)上，板上安装若干个插座，插座对应引脚都是连到同一根总线信号线上。系统采用模块式结构，各种功能模块(如 CPU 模块、存储器模块、图形显示模块、A/D 模块、D/A 模块、开关量 I/O 模块等)都按标准的插件尺寸制造。各功能模块可插入任意插座，只要模块的信号、引脚都符合 STD 规范，就可以在 STD 总线上运行。因此，可以根据需要组成不同规模的微机系统。

STD 总线采用 56 线双列插座，插件尺寸为 165.1mm × 114.3mm，是 8 位微处理器总线标准。56 根按功能可分为 4 类：电源线(引脚 1～6，53～56)、数据总线(引脚 7～14)、地址总线(引脚 15～30)和控制总线(引脚 31～52)。

STD 总线是我国工业控制机领域中优先重点发展的标准微机总线之一，非常适合机电一体化和对传统工业进行设备改造。它具有如下特点：

(1) 高可靠性：产品的平均无故障间隔率高。

(2) 小板结构：便于按功能划分模块，提供较大的设计灵活性，且抗干扰、抗振动、抗断裂能力强。

(3) 适应性强：支持 Intel、Motorola、Zilog、NSC 等多家公司的 8/16 位微处理器。

(4) 采用开放式组态结构：开放式的灵活组态，使用户可根据自己的需要利用模块构筑系统，易于扩充和维护。

(5) 可应用于分散型控制系统中，进入工业网络。

10.3 局部总线

本节主要介绍 PCI 局部总线和高速总线 PCI Express 的特点、体系结构、接口信号及应用等。

10.3.1 PCI 局部总线

伴随着 Pentium 芯片的出现和发展，为了能充分应用 Pentium 微处理器的全部资源。Intel 公司于 1991 年下半年首先提出了 PCI 总线的概念，并联合 IBM、Compaq、AST、HP、DEC 等 100 多家公司共谋计算机总线发展，成立了 PCI 集团，1992 年推出一种新的总线——PCI(Peripheral Component Interconnect，外部设备互联)总线。PCI 是一种高性能的局部总线，有严格的规范来保证高度的可靠性和兼容性，广泛应用于现代微机(台式)工作站和便携机。

1. PCI 局部总线的特点

1) 高性能

PCI 总线的时钟频率为 33MHz，而且与 CPU 时钟频率无关。它的总线宽度为 32 位，可以升级到 64 位，其带宽达到 132～246MB/s。PCI 总线支持无限读写突发方式，这一点使得它比直接使用 CPU 总线的局部总线要快。设计良好的 PCI 控制器有多级缓冲。例如 CPU 要访问 PCI 总线的设备，它可以把一批数据快速写入缓冲器中，当这些数据还在不断写 PCI 设备的过程中，CPU 可以去执行其他的操作，这种并发工作提高了系统的整体性能。此外，PCI 总线的潜伏期短而且可以预测，一般为数微秒，这样也提高了响应速度，并且使扩展卡的设计更为方便。

2) 兼容性强

PCI 总线可以与 ISA、EISA、VL 总线兼容。由于 PCI 总线在 Pentium 微处理器与其他总线之间架起了一座桥梁，它也支持像 ISA、EISA 等这样的低速总线操作。

由于 PCI 指标与 CPU 指标以及时钟无关。严格来说，PCI 的插件是通用的，可以插到任何一个有 PCI 总线的系统。实际上由于卡上的 BIOS 本身与 CPU 及 OS 等有关，不一定能够完全通用，但至少对同一类型 CPU 的系统一般能够通用。

3) 可靠性和可操作性

PCI 扩展板的小型化和使用扩展卡允许超过电力符合预算的最大值。32 位和 64 位的扩展板和部件正反向兼容。排除缓冲和黏附逻辑，在局部总线的部件级满足负载和频率的需求，以提高扩展卡的可靠性和可操作性。

4) 低成本

用于连接 PCI 总线的管脚数很少，对于 PCI 外设来说，意味着设计可以紧密集成；加之 PCI 扩张卡的外形尺寸较短，这样就可节省费用。PCI 被设计成一种无须接合逻辑的总线，这意味着不再需要开发与 PCI 总线扩展卡相关的支持或缓冲芯片，从而降低了板级费用。PCI 可以在主板上与任何其他系统总线(如 ISA、EISA 或 MCA)相连接，制造商们无须再为其扩展卡生产多种版本，因此可实现大批量生产，降低生产成本。

5) 自动配置

PCI 提供了自动配置能力，用户可以安装一个新的添加卡，且不用设置 DIP 开关、跳线和选择中断。配置软件会自动选择未被使用的地址和中断，以解决可能出现的冲突问题。每个 PCI 设备都有 256 字节用来存放自动配置信息，当 PCI 插卡插入系统时，系统 BIOS 将能根据读到的关于扩展卡的信息，结合系统的实际情况为插卡分配存储地址、端口地址、中断和某些定时信息，从根本上免除了人工操作。

正因为 PCI 局部总线具有这么多突出的优点，所以一经推出便得到工业界的广泛支持和认可。目前，各种 PCI 总线产品已广泛用于个人计算机系统、网络服务器系统和工作站系统中。

2. PCI 总线的系统结构

在 PCI 总线系统中，可以做到高速外围设备与低速外围设备共存，PCI 总线与 ISA/EISA 总线共存，如图 10-4 所示。

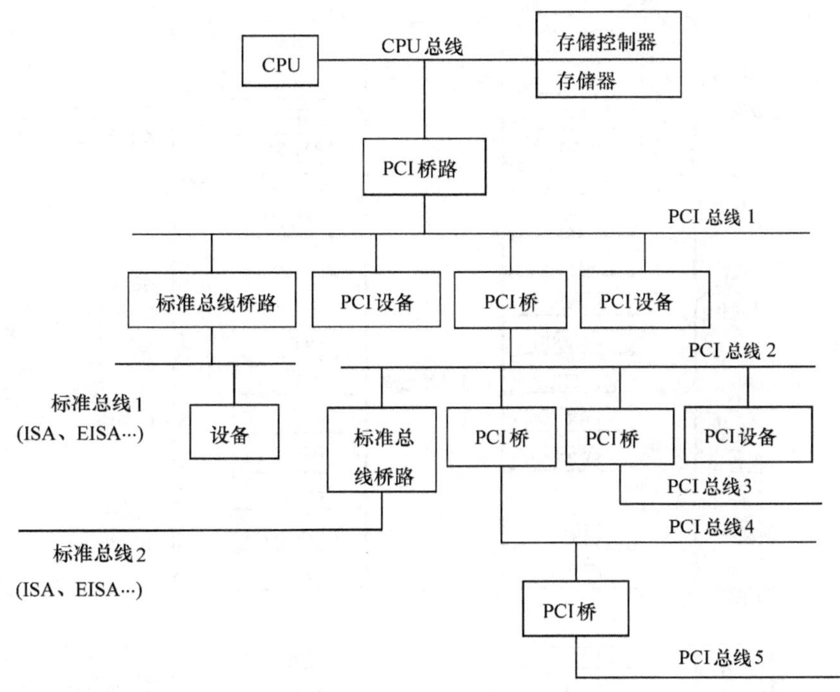

图 10-4　PCI 总线系统结构

驱动 PCI 总线所需的全部控制由 PCI 桥路实现。PCI 桥路实际上就是一个总线适配器，实现 CPU 总线与 PCI 总线之间的适配耦合。它提供了一个低延迟的访问通路，使 CPU 能直接访问通过它映射于存储器空间或 I/O 空间的 PCI 设备。它在与 CPU 总线的接口中引入了 FIFO 缓冲器，使 PCI 总线上的设备可与 CPU 并行工作。另外，它还可使 PCI 总线和 CPU 总线的操作互相分离，以免相互影响。

标准总线桥路的设置可将 PCI 局部总线转换为 ISA、EISA、MCA 等标准系统总线，从而可继续使用现有的 I/O 设备，以增加 PCI 总线的兼容性和选择范围。

如果需要把许多设备接到 PCI 总线上，而总线驱动能力又不足时，可以采用多 PCI 总线。图 10-4 采用 4 级 PCI 桥路，形成了五组 PCI 总线和 2 组标准总线，这些总线都可并发工作，每组总线上都可接若干设备。

3. PCI 总线的信号定义

PCI 总线的信号线包括两大类：必备的和可选的。PCI 接口要求的最少引脚数，对于只作为目标的从设备，必备信号为 47 条，对于主设备为 49 条。只用这些信号线即可完成寻址、数据处理、接口控制、总线仲裁及其他系统功能。图 10-5 所示按功能分组表示了这些信号，左边是必备的，右边是可选的。此外，还有若干电源线、地线和保留线等，这些也是完成总线操作和方便未来系统/用户功能扩展所必要的。PCI 总线由于采用了复用技术，要求的线数不多，可以节省成本。PCI 总线上的每一个信号不是与电源相邻就是与地相邻，采用这一措施的目的是最大限度减少噪音的干扰和信号的辐射。

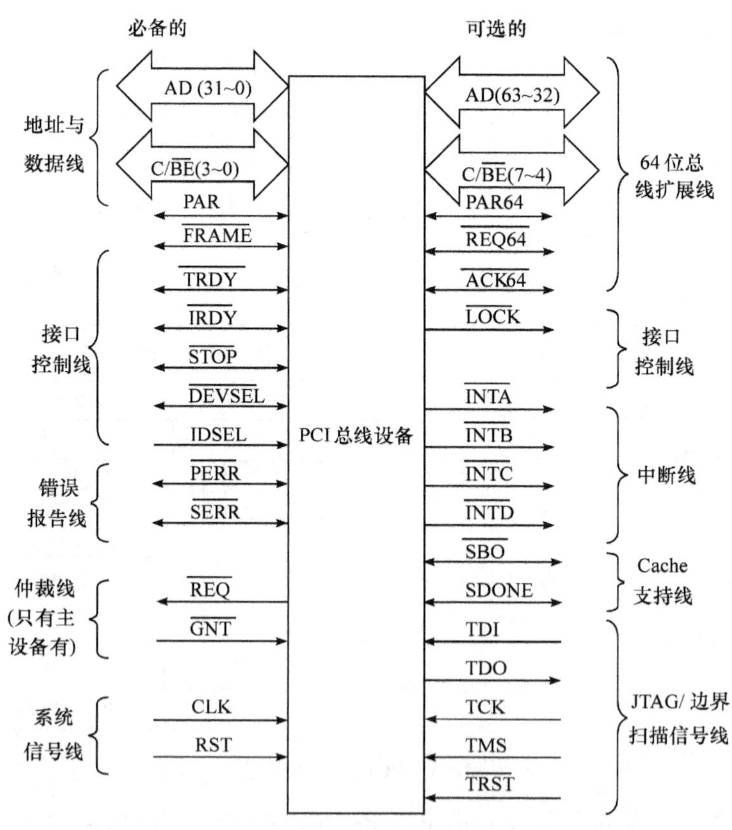

图 10-5 PCI 总线信号

PCI 局部总线的信号线共有 100 根，按功能分组可分为系统接口信号、地址与数据接口信号、接口控制信号、仲裁信号、错误报告信号、中断接口信号及其他接口信号等。

4. PCI 总线的应用

使用 PCI 总线不像 ISA 总线。在 ISA 总线系统中，I/O 卡与主机的数据传送可用 IN 和 OUT 指令，只要指明地址即可。而要设计一个 PCI 接口板，必须使用 PCI 总线 BIOS 中的程序以及 PCI 控制器(即 PCI 桥接器)，因为总线接口信号中没有像 ISA 那样直接提供存储器以及 I/O 读写控制信号，而是在 PCI BIOS 中为用户提供了访问 PCI 总线的总线函数，利用它可读取 PCI 配置内存中的内容，但要实现接口卡与主机的数据通信又必须使用 PCI 控制器，对 PCI 控制器进行适当编程才能实现处理器与 I/O 接口之间的数据通信。应用时不必关心 PCI 接口信号与处理器怎么连接，这些信号通过 PCI 桥接器与处理器相连，只要弄清怎样调用即可。

通过 INT 1AH 指令的 AH=0B1H 功能来得到 PCI 总线函数，其中包括 PCI 总线的总线和单元等信息，再据此对 PCI 总线控制器编程来实现数据传送功能。

PCI 局部总线不仅应用在低档至高档的台式系统上，而且也可应用在便携机，乃至服务器上。PCI 局部总线规范中规定了两种电源电压，定义了两种插接卡连接器，一种是 5V 信号环境，一种是 3.3V 信号环境。同时，为这两种信号环境规定了三种插接卡电气类型，分别是 5V 卡、3.3V 卡和通用卡。其中，通用卡是实现 5～3.3V 过渡时使用的。

PCI 总线元件和插件接口与处理器是相互独立的，这样有助于将其应用到新型处理器上，并适合于多种处理器体系结构的要求。同时，可使 PCI 局部总线根据 I/O 功能的需求而优化，总线的操作与处理器/存储器子系统并行工作，并适应图形、运动图像、SCSI 和硬盘驱动器等多种高性能外部设备。

为了适应高带宽 I/O 对局部总线带宽的进一步要求，PCI 局部总线可对 32 位数据/地址总线进行 64 位扩展，并提供了 32 位及 64 位 PCI 局部总线设备的向前和向后的兼容。PCI 的自动配置功能使其应用更为方便，由于该总线标准为其元件及插件分配了相应的配置寄存器，所以对于一个系统来说只要有嵌入的自动配置软件，就可以在加电时自动配置 PCI 总线上的设备，为用户提供了很大的方便。

PCI 总线是非常成功的一种通用 I/O 总线标准。但随着 PC 技术的快速发展，尤其是千兆网络以及各种高带宽设备的出现，即使是 Intel 公司后来推出的 PCI-X 和 PCI-X2.0 这两种性能明显提高的新一代 PCI 总线也已无力应付计算机系统内部大量高带宽并行读写的要求。因此，PCI 总线成为系统性能提升的瓶颈，后来出现了 PCI Express、HyperTransport 及 InfiniBand 等高速总线。

10.3.2 PCI Express 总线

2001 年，Intel 正式公布了旨在取代 PCI 总线的第 3 代 I/O 技术(3rd Generation I/O，3GIO)，该规范由 Intel 支持的 AWG(Arapahoe Working Group)负责制定。2002 年 4 月，AWG 正式宣布 3GIO 1.0 规范草稿制定完毕，并移交 PCI-SIG 进行审核，该规范最终被命名为 PCI Express。Express 是“高速”“特别快”的意思。2002 年 7 月，PCI-SIG 正式发布了 PCI Express 1.0 版规范。PCI Express 总线架构的适用途径非常广，如桌面电脑、笔记本电脑、企业级别的应用、通信和工业自动化等。PCI Express 总线可适应流媒体和即时通信的需要，还能支持更多的 I/O 设备。由于 PCI Express 总线技术海量的带宽，基本上可以满足图形处理器在很长一段时间内的需要。

1. PCI Express 总线的主要性能特点

1) 串行的点对点传输

PCI Express 采用了点对点串行连接，每个传输通道独享带宽，充分保障了各设备的带宽资源，提高数据传输速率。

2) 支持双向传输模式和数据分通道传输模式

在数据传输模式上，PCI Express 总线采用双通道传输模式，类似于全双工模式。数据分通道传输模式，即 PCI Express 总线的 X1、X2、X4、X8、X12、X16 和 X32 多通道连接，有非常强的伸缩特性，以满足不同系统设备对数据传输带宽不同的需求。X1 单向传输带宽即可达到 250MB/s，双向传输带宽更能够达到 500MB/s。

3) 采用基于数据包的协议

PCI Express 使用基于数据包的协议来编码事务。PCI Express 定义了各种类型的数据包，如存储器读/写、IO 读/写请求、配置读/写请求、消息请求和完成数据包等。数据包被串行发送和接收，并且可按字节拆开后通过多个可用的链路通道传输。

4) 采用分层结构

PCI Express 采用类似于网络通信中的 OSI 分层模式，各层使用专门的协议架构。PCI Express 包含三个协议层：事务层(Transaction Layer)、数据链路层(Data Link Layer)和物理层(Physical Layer)。

5) 支持热拔插和热交换

PCI Express 设备能够支持热拔插和热交换，支持的三种电压分别为+3.3V、3.3Vaux 及+12V。

6) 使用差动信号

PCI Express 工作模式是一种称为“电压差式传输”的方式。PCI Express 设备的各个端口使用差动驱动器和接收器。两条传输介质之间的正电压差表示“逻辑 1”，负电压差表示“逻辑 0”。没有电压差意味着驱动器处于第三状态——高阻态，此时为链路的低功率状态。

7) 与 PCI 兼容

在兼容性方面，PCI Express 在软件层面上兼容目前的 PCI 技术和设备(如应用模型、存储结构、软件接口等)与传统 PCI 总线保持一致。由此可见，PCI Express 最大的意义在于它的通用性，不仅可以让它用于南桥和其他设备的连接，也可以延伸到芯片组间的连接，甚至也可以用于连接图形芯片。这样，整个 I/O 系统将重新统一起来，将更进一步简化计算机系统，增加计算机的可移植性和模块化。

除了以上的主要性能特点，PCI Express 总线所支持的高级特征还包括电源管理、服务质量、数据完整性、错误处理机制等。

2. PCI Express 总线结构

PCI Express 总线结构如图 10-6 所示，其基本结构包括根联合体(Root Complex)、交换器(Switch)和端点设备(Endpoint)。

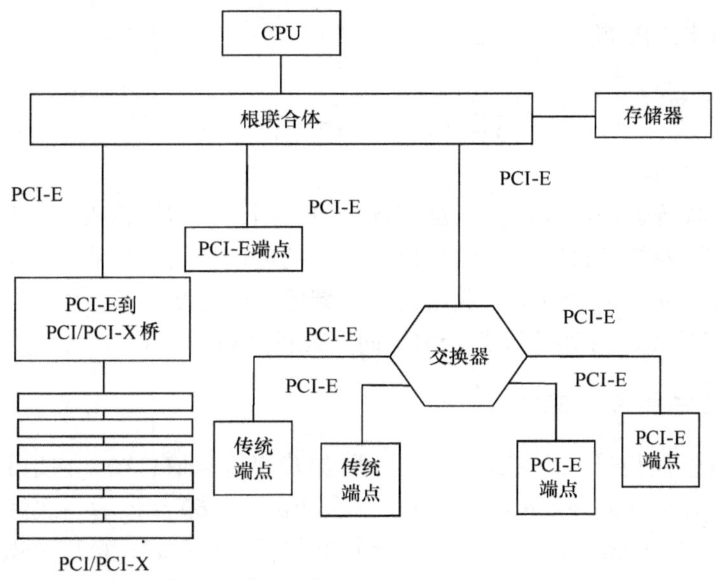

图 10-6　PCI Express 总线结构

PCI Express 总线的主要组件及其功能如下所述。

1) 根联合体

根联合体指的是连接 CPU 和存储子系统到 PCI Express 网络的器件，可支持一个或多个 PCI Express 端口。端口是连接 PCI Express 器件与物理链接的接口，它由差分接收器和差分发送器组成，其中接收数据包的端口是入端口，发送数据包的端口是出端口。根联合体集成多种控制器，可实现热拔插控制、电源管理控制、中断控制、出错检验和报警等中央资源管理。根联合体代表 CPU 产生事务请求，还可以代表 CPU 发起配置事务请求，生成存储器和 I/O 请求及锁定事务请求。

2) 交换器

交换器类似 PCI 桥，它的功能通常是以软件形式提供的，可看作是由两个或更多的逻辑 PCI 到 PCI 的连接桥(PCI-PCI Bridge)组成。每个连接桥与一个交换器端口连接，并实现组态类别的寄存器。组态和器件的自动配置软件可在启动时检测和初始化每一类别的寄存器。交换器利用基于存储器、I/O 或配置地址的路由方法转发数据包。交换器指向根联合体方向的端口是上游端口，其他背离根联合体的端口都是下游端口。交换器必须将任何入端口的所有事务类型转发至任意的出端口。

3) PCI-E 桥

PCI-E 桥是 PCI Express 结构和 PCI/PCI-X 层之间的连接转换电路。

4) 端点

端点可以作为请求者发起 PCI Express 事务，也可以作为结束者对 PCI Express 事务做出响应。端点可以是以太网器件、USB 器件或图形设备等。端点有 PCI Express 端点和传统端点两种。传统端点支持 I/O 事务，可以作为结束者支持锁定事务语义，也可以利用消息请求产生传统中断信号，还必须支持产生利用存储器写事务的信息信号中断(Message Signaled Interrupt，MSI)。PCI Express 端点不必支持 I/O 事务或锁定事务语义，但必须支持MSI风格的中断。

10.4 外部总线

外部总线又称为通信总线，用于微型计算机之间、微型计算机与外部设备、微型计算机与远程终端，以及微型计算机与测控仪器之间的通信。这类总线通常不是微型计算机系统所特有的总线，而是利用电子工业或其他领域已有的总线标准。本节主要介绍串行异步通信总线 RS-232C 和通用串行总线 USB，简介几种并行总线。

10.4.1 串行标准总线 RS-232C

RS-232C 是使用最早、应用最广泛的一种异步串行通信总线。它是美国电子工业协会(Electronic Industries Association，EIA)1962 年公布的，1969 年最后一次修订而成，其中 RS 是 Recommended Standard 的缩写，232 是该标准的标识，C 表示最后一次修订。

RS-232C 主要用来定义计算机系统的一些数据终端设备(DTE)如计算机和数据终端与数据通信设备(DCE)如调制解调器二者之间接口的电气特性。如 CRT、键盘、扫描仪等与 CPU 的通信大都采用 RS-232C 总线。由于 MCS-51 系列单片机本身有一个异步串行通信接口，因此该系列单片机使用 RS-232C 串行总线极为方便。

1. RS-232C 的信号定义

一个完全的 RS-232C 标准总线为 22 根信号线，采用标准的 25 芯 D 型插头和插座(DB-25)。在微型计算机的实际应用中，由于 286 以上微机仅使用 9 根通信信号线(不包括保护地)，因此采用 9 芯 D 型插头和插座(DB-9)，作为多功能 I/O 卡或主板上 COM1 和 COM2 串行口的连接器。DB-25 和 DB-9 两种连接器的引脚及信号分配如图 10-7 和图 10-8 所示。

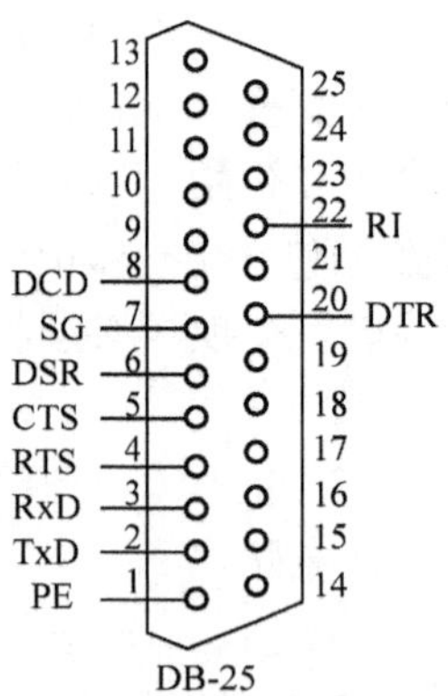

图 10-7 DB-25 型连接器

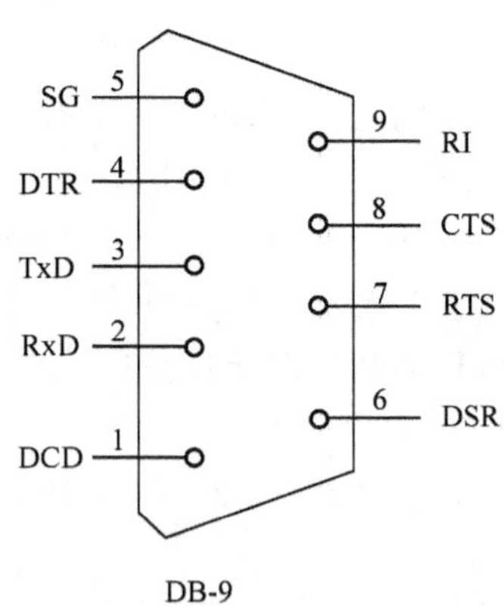

图 10-8 DB-9 型连接器

这些信号分为两类：一类是 DTE 与 DCE 交换的信息 TxD 和 RxD，另一类是为了正确无误地传输上述信息而设计的联络信号。下面介绍这两类信号。

1) 传送信息信号

(1) 发送数据 TxD(Transmitting Data)，由发送终端(DTE)向接收器(DCE)发送的信息，

按串行数据格式，即先低位后高位的顺序发出。正信号是一个空号(Space)(二进制 0)，负信号是一个传号(Mark)(二进制 1)。没有数据发送时，DTE 应将此条线置为传号状态，包括字符或文字之间的间隔也是这样。

(2) 接收数据 RxD(Receive Data)，用来接收 DTE 发送端(或调制解调器)输出的数据。收不到载波信号时(管脚 8 为负)，这条线会迫使信号进入传号状态。

2) 联络信号

(1) 请求传送信号 RTS(Request To Send)，这是 DTE 向 DCE 发出的联络信号。当 RTS 为 1 时，表示 DTE 请求向 DCE 发送数据。

(2) 清除发送 CTS(Clear To Send)，这是 DCE 向 DTE 发出的联络信号。当 CTS=1 时，表示本地 DCE 响应 DTE 向 DCE 发出的 RTS 信号，且本地 DCE 准备向远程 DCE 发送数据。

(3) 数据准备就绪 DSR(Data Set Ready)，这是 DTE 向 DCE 发送的联络信号。DSR 指出本地 DCE 的工作状态。当 DSR=1 时，表示 DCE 没有处于测试通话状态，这时 DCE 可以与远程 DCE 建立通道。

(4) 数据终端就绪信号 DTR(Data Terminal Ready)，这是 DTE 向 DCE 发送的联络信号。当 DTR=1 时，表示 DTE 处于就绪状态，本地 DCE 和远程 DCE 之间建立通信通道；DTR=0 时，迫使 DCE 终止通信工作。

(5) 数据载波检测信号 DCD(Data Carrier Detect)，这是 DCE 向 DTE 发出的状态信息。当 DCD=1 时，表示本地 DCE 接到远程 DCE 发来的载波信号。

(6) 振铃指示信号 RI(Ring Indication)，这是 DCE 向 DTE 发出的状态信息。当 RI=1 时，表示本地 DCE 收到远程 DCE 振铃信号。

2. RS-232C 信号线的连接和应用

在一般的串行通信接口中，并不是所有的信号线都一定要用。根据具体的应用场合，有下面几种连接方式。

1) 使用 MODEM 连接

在 15m 以上的远距离通信时，一般要加调制解调器(MODEM)，故所使用的信号线较多。此时，若在通信双方的 MODEM 之间采用专用电话线进行通信，则只要使用 2～8 号信号线进行联络与控制，如图 10-9(a)所示。若在双方 MODEM 之间采用普通电话交换线进行通信，则还要增加 RI(22 号线)和 DTR(20 号线)两个信号线进行联络，如图 10-9(b)所示。

2) 直接连接

当信号传输距离小于 15m，计算机和终端之间不使用 MODEM 或其他通信设备(DCE)而直接通过 RS-232C 接口连接时，一般只需要 5 根线采用交叉反馈连接，如图 10-10 所示。

在图 10-10 中，2→3 交叉线为最基本的连线，以保证全双工通信；20→6 用于交叉检测出对方“数据已就绪”的状态；4→5 线用于两端的通信联络，使两端能相互为反馈线，传送请求总是被允许的。由于是全双工通信，这根反馈线意味着任何时候都可以双向传送数据，不用再发“请求发送”。

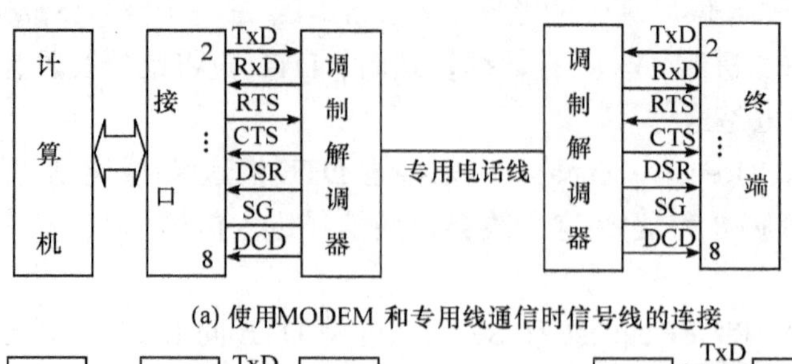

(a) 使用MODEM 和专用线通信时信号线的连接

(b) 使用 MODEM 和电话网通信时信号线的连接

图 10-9　使用 MODEM 时 RS-232C 信号线的连接

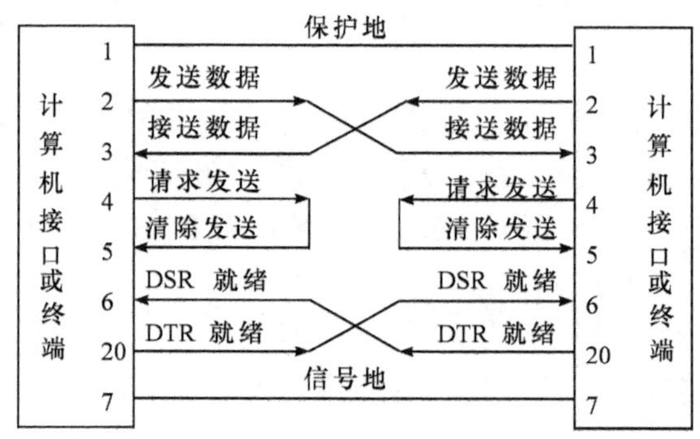

图 10-10　使用 RS-232C 的直接连接法

3) 三线连接法

这是一种最简单的 RS-232C 连线方式，只需 2、3 交叉连接线及信号地线，而将各自的 RTS 和 DTR 分别接到各自的 CTS 和 DSR 端，如图 10-11 所示。

在图 10-11(a)中，只要一方使其 RTS 和 DTR 为 1，那么它的 CTS、DSR 也就为 1，从而进入了发送和接收的就绪状态，这种接法常用于一方为主动设备，而另一方为被动设备的通信中。如计算机与打印机或绘图仪之间的通信。这样，被动的一方 RTS 与 DTR 常置 1，因而 CTS、DSR 也常置 1。因此，常使其处于接收就绪状态。只要主动一方命令线路就绪(DTR=1)，并发出发送请求(RTS=1)，即可立即向被动的一方传送信息。

图 10-11(b)为更简单的连接方法。如果如图 10-11(a)所示的连接方法在软件设计上还需要检测“清除发送”(CTS)和“数据设备就绪”(DSR)，那么如图 10-11(b)所示的连接方法则完全不需要检测上述信号，随时都有可发送和接收。这种连接方式无论在软件和硬件上都是最简单的。

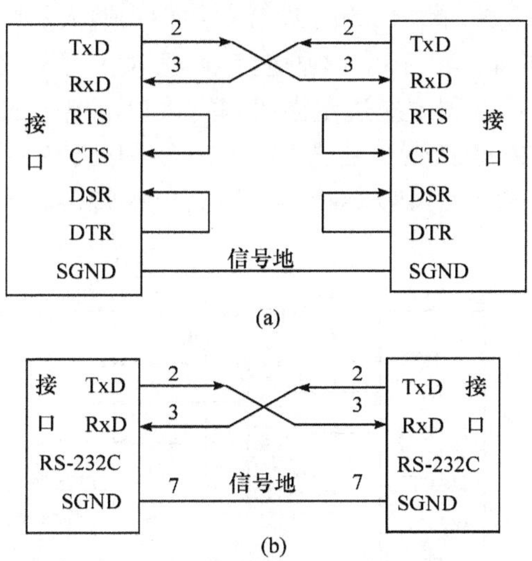

图 10-11　最简单的 RS-232C 连接方式

3. RS-232C 电气特性

由于 EIA-RS-232C 是在 TTL 电路出现之前研制的，所以它的电平不是+5V 和地。因此，必须了解其规定和与 TTL 电平转换的方法。

1) EIA-RS-232C 对电气特性、逻辑电平的规定

在 TXD 和 RXD 数据线上，使用负逻辑，逻辑 1(MARK)为−3～−15V，逻辑 0(SPACE)为+3～+15V。最高能承受±25V 的信号电平。

在 RTS、CTS、DSR、DTR、CD 等控制线上，信号有效(接通，ON 状态)为+3～+15V，信号无效(断开，OFF 状态)为−3～−15V。

实际工作时，要求保证电平在±(5～15V)。

2) EIA-RS-232C 与 TTL 转换

EIA-RS-232C 用正负电压来表示逻辑状态，与 TTL 以高低电平表示逻辑状态的规定不同。为了能够同计算机接口或终端的 TTL 器件连接，必须在 EIA-RS-232C 与 TTL 电路之间进行电平和逻辑关系转换。实现这种交换的方法可用分立元件，也可用集成电路芯片。

目前较广泛地使用集成电路转换器件，如 MC1488、SN75150 芯片可完成 TTL 电平到 EIA 电平转换；MC1489、SN75154 芯片可实现 EIA 电平到 TTL 电平转换；MAX232 芯片可完成 TTL-EIA 双向电平转换，图 10-12 示出了 MC1488 和 MC1489 的内部结构和引脚。

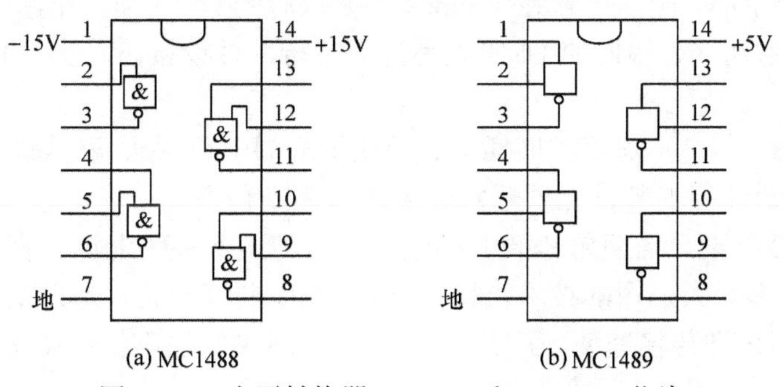

图 10-12　电平转换器 MC1488 和 MC1489 芯片

MC1488 的引脚 2、4、5、9、10 和 12、13 接 TTL 输入，引脚 3、6、8、11 输出端接 EIA-RS-232C。MC1489 的 1、4、10、13 脚接 EIA 输入，而 3、6、8、11 接 TTL 输出。具体连接方法如图 10-13 所示。图中左边是微机串行接口电路中的主芯片 UART，它是 TTL 器件；右边是 EIA-RS-232C 连接器，要求 EIA 电压。因此，RS-232C 所有的输出、输入信号都要分别经过 MC1488 和 MC1489 转换器，进行电平转换后才能送到连接器上去或从连接器上送进来。

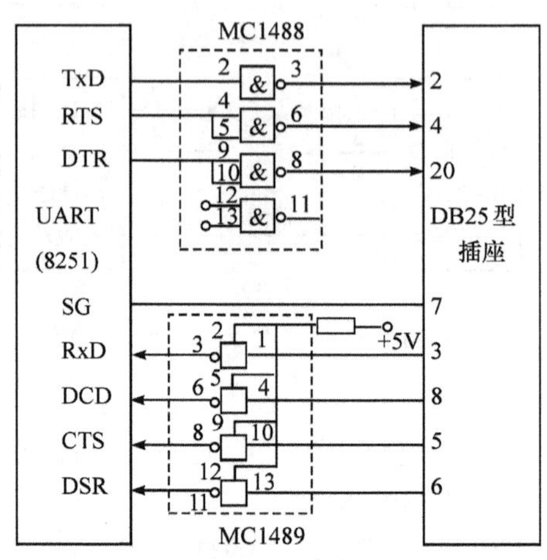

图 10-13　EIA-RS-232C 电平转换器连接图

由于 MC1488 要求使用±15V 高压电源，不太方便，现在有一种新型电平转换芯片 MAX232，可以实现 TTL 电平与 RS-232C 电平双向转换。MAX232 内部有电压倍增电路和转换电路，仅需+5V 电源便可工作，使用十分方便。

10.4.2　通用串行总线

通用串行总线(Universal Serial Bus，USB)是一种新型的外设接口标准，其基本思想是采用通用连接器、自动配置、热插拔技术和相应的软件，实现资源共享和外设的简单快速连接。USB 是以 Intel 公司为主，Compaq、IBM、DEC 及 NEC 等公司共同开发的，1996 年公布 USB 1.0 版本，最大传输速率 1.5Mb/s；1998 年公布 USB 1.1 版本，最大传输速率 12Mb/s；2000 年公布 USB 2.0 版本，最大传输速率 480Mb/s；2008 年公布 USB 3.0 版本，最大传输速率 5Gb/s。目前的最新版本是 2013 年公布的 USB 3.1，最大传输速率 10Gb/s。USB 高版本兼容低版本。由于微软在 Windows 98 以后的操作系统中内置了 USB 接口模块，加上 USB 设备日益增多，因此使 USB 成为目前流行的外设接口。使用 USB 有以下的技术优势：

(1) 使用 USB，用户不需要扩展插卡，无须了解 DIP 开关设置、跳线、中断 IRQ 设置、DMA 通道及 I/O 地址等细节，无须开发底层设备驱动程序。

(2) 连接 USB 外设只需简单地插上插座即可，甚至不关闭电源，真正即插即用。

(3) 得到 400 多家大公司的技术支持，开发 USB 电信产品、外设及软件。

(4) 传输波特率(即传输速率)为 1.5～12Mb/s(USB 3.1 速率达到 10Gb/s)，通过 Hub 最多

可连接 127 个外设。

下面以 USB 1.1 为例。

1. USB 的物理接口

USB 的物理接口特性包括电气特性和机械特性两部分。

1) 电气特性

USB 总线中的物理介质由一根 4 线的电缆组成，如图 10-14 所示。其中：两条用于提供设备工作所需的电源(V_{Bus}，GND)，其标称值为 5V；另外两条用于传输数据(D+，D–)。信号线的特性阻抗为 90Ω，而信号采用差模方式传输。利用这种差模传输方式，接收端的灵敏度不低于 200mV。

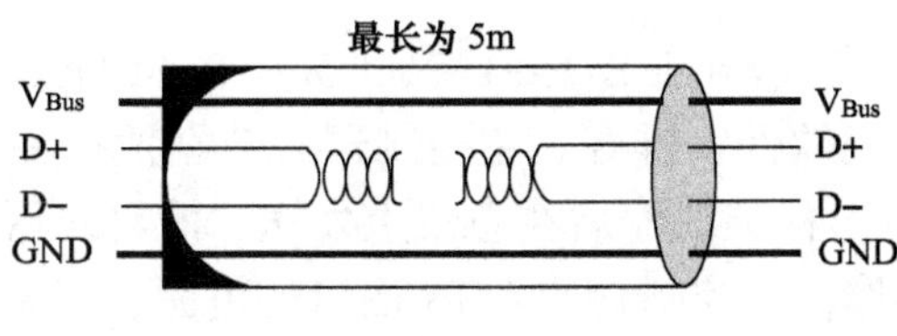

图 10-14 USB 电缆

USB 支持两种信号速率。USB 1.1 的最高速率是 12Mb/s，但它也可以工作在 1.5Mb/s 的较低速率，而这种较低的传送速率是依靠较少的 EMI 保护而实现的，利用一种对设备透明的方式来实现数据传送模式的切换，同一个 USB 系统可以同时支持这两种模式。1.5Mb/s 低速率方式用来支持数量有限的低带宽设备，如鼠标，这类设备不能太多，否则影响总线利用率。

时钟信号编码后是同差模数据信号一起在信号线上传输的。时钟信号的编码方式采用 NRZI(非归零)方式，为了保证有足够的跳变沿进行比特填充，接收器利用每一个分组前的 SYNC 域来同步它的比特恢复时钟。

可以允许 USB 使用不同长度的电缆，最长可达几米。为了提供可靠的输入电压和适当的终端阻抗，在电缆的每一端都有一个带偏压的终端。该终端可以发现任一端口上 USB 设备的“插入”和“拔除”操作，并能区分全速和低速设备。

2) 机械特性

每个 USB 设备都有“上行”和“下行”连接端口，这两种端口在机械方面并不是可以互换的，所以要尽量消除集线器上出现的非法环路连接。一条电缆拥有四根导线：一对具有 28AWG 规格的双绞信号线(数据线)和一对在允许的规格范围内的非双绞线(电源线)。为了便于区分，这四根导线分别选用不同的颜色：电源 V_{Bus} 为红色，电源地 GND 为黑色，D+数据线为绿色，D–数据线为白色。每个连接器都具有四个引脚，如标 8.2 所指示的信号。并且具有屏蔽的外壳、规定的坚固性和易于插拔的特性。其连接器有两种系列：A 系列和 B 系列，每种连接器包括插头和插座，如图 10-15 所示。

A 系列插座用于从 USB 主机或集线器的输出；B 系列插座用于 USB 集线器或设备的输入。A 插头一般是上行到主机系统的；B 插头一般是下行到 USB 设备的。上行下行不可以互换，以避免集线器间非法循环往复地连接。

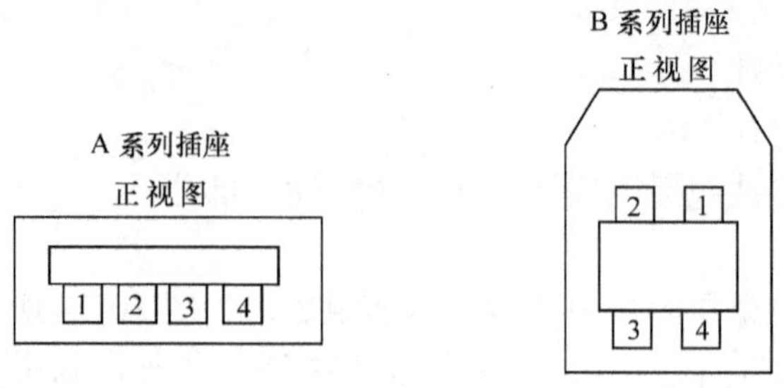

图 10-15　USB 连接器两种常见类型的正视图

2. USB 系统的组成和拓扑结构

1) USB 的硬件

(1) USB 主控制器/根集线器(USB Host Controller/Root Hub)。主控制器负责产生传输处理，这些传输已经由主机软件安排好。主控制器对数据执行一个并行到串行的转换，建立 USB 的传输处理，并传给根集线器后在总线上发送。根集线器为 USB 设备提供连接点，并执行下面的一些关键操作：①控制它的 USB 端口的电源；②激活和禁止端口；③识别与每一个端口相连的设备；④设置和报告与每一个端口相连的状态事件。根集线器由一个控制器和中继器组成。

(2) USB 集线器(USB Hub)。除了根集线器，USB 系统还支持附加的集线器，允许 USB 系统进行扩展。USB 集线器可以集成到一个设备的内部，如键盘和显示器，也可以作为单独的设备实现。总线供电的集线器由于受到总线提供功率的限制，所以最多只能支持四个 USB 端口。集线器也由控制器和中继器组成，控制器管理主机和集线器之间的通信及帧定时，中继器负责连接的建立和断开。Hub 和 Root Hub 是 USB 即插即用技术中的核心部分，完成 USB 设备的添加、删除和电源管理等功能。

(3) USB 设备。USB 设备分为 Hub 设备和功能设备两种。功能设备就是接在 Hub 上的外设，它能在总线上发送和接收数据或控制信息，是完成某项具体功能的硬件设备，如打印机和扫描仪等。USB 设备包含一些设备描述器，它们指出了该设备的属性和特征，用于配置设备和定位 USB 客户软件的驱动程序。USB 可以按高速设备或低速设备设计，高速设备最高传输率为 12Mb/s(在 USB 2.0 规范中，将其作为中速设备，高速设备的最高传输速率达到 480Mb/s。本书中所指的高速一般是指 12Mb/s 的传输速率)，低速设备的传输速率限制在 1.5Mb/s，功能也有所限制。

USB 外设本身包含一定数量独立的寄存器端口，能由 USB 设备驱动程序直接操作。这些端口称为端点(Endpoint)，不同的端口被赋予不同的端口号，系统为每个 USB 外设分配一个唯一的逻辑地址，通过该地址和端点号，主机软件可以和每个端点通信。数据传送发生在主机软件和 USB 设备的端点之间，把 USB 端点和主机软件的联合称为管道(Pipe)，它是从逻辑概念上来描述信息传输的通道。

2) USB 的软件

(1) USB 设备驱动程序。USB 设备驱动程序通过 I/O 请求包(IRPs)将请求发送给 USB 设备。这些 IRPs 初始化一个给定的传输，这个传输或者来自一个 USB 设备，或者是发送到 USB 设备。

(2) USB 驱动程序。USB 驱动程序在设备设置时读取描述器以获取 USB 设备的特征，并根据这些特征，在请求发生时组织数据传输。根据操作系统环境的不同，USB 驱动程序可以是捆绑在操作系统中，也可以是以可装载的设备驱动程序形式加入到操作系统中。

(3) USB 主控制器驱动程序。USB 主控制器驱动程序完成对 USB 交换的调度，并通过根 Hub 或其他的 Hub 完成对交换的初始化。

3) USB 的拓扑结构

USB 采用了一种层次化的新结构，该结构以集线器为 USB 设备提供连接点。USB 主控制器包含集线器，是系统中所有 USB 端口的起点。如图 10-16 所示为 USB 的层次拓扑结构，这种结构也可以看成是一级与一级的级联方式。由于 USB 不像其他总线一样采用存储转发的技术，因此不会对下级的设备引起延迟。级联中最多可以连接 127 个设备。

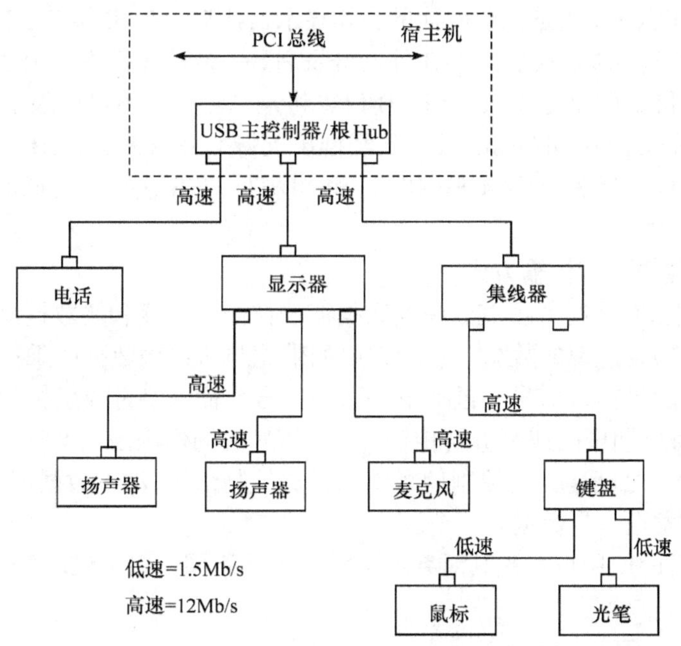

图 10-16　USB 的层次拓扑结构

对于 PC 机来说，USB 中的宿主就是一台带有 USB 主控制器/根 Hub 的主机，如采用 Intel 815EP 芯片组的 PC 机。USB 主控制器由硬件、软件和微代码组成。815EP 芯片组的 82801BA 中包含 2 个 USB 主控制器，每个主控制器包括一个带有 2 个分离的 USB 端口的根 Hub，所以总共可有 4 个 USB 端口。

3. 主机和 USB 设备的连接

一般说来，USB 需要主机硬件、操作系统和外设三个方面的支持才能工作。目前的主板一般都采用支持 USB 功能的控制芯片组，主板上也安装 USB 接口插座。Windows 98、Windows Me、Windows 2000 等操作系统都支持 USB 功能。目前已经有很多 USB 外设问世，如数字照相机、计算机电话、数字音箱、数字游戏杆、打印机、扫描仪、键盘、鼠标等。

主机和 USB 设备之间的连接拓扑结构是星形连接。USB 连接器分 A 系列和利用 A 系列连接器与主机实现连接的 B 系列。主机与要求全速传送的 USB 设备连接时，可利用级联方法延长连接距离，但最多只能支持五级。最长扩展连接距离不得超过 30m。一台计算机最多可以接 127 个 USB 设备，这只是理论数据，目前只做到 111 个 USB 设备同时工作。但这个数字已够大了，一般计算机连接的周边外设很少超过 10 个。

目前，计算机的机箱背部有许多各式各样的接口，但是这种情形在 USB 设备普及之后有所改变。假若全部改用 USB 外设，则大多数的接口、插孔可以省略。例如，使用 USB 键盘，则传统 AT、PS/2 规格的键盘插孔就可以省略；如使用 USB MODEM、USB 鼠标，则 COM 口可以省略；如果使用 USB 打印机、扫描仪，则 PRINTER 口可以省略；如果使用 USB 摇杆、USB 音箱、USB 麦克风等，则 Game 口及 Line_in/Out/MIC/Spc 等音源接孔也可以省略。

当然，有些接口 USB 还是无法取代的，如显示器接口、SCSI 接口、IEEE 1394 接口及电源线等，都是 USB 无法取代的。USB 外设普及后，一台计算机将使用 3～5 个 USB 周边设备，因此直接在机箱后设置 3～5 个 USB 口也将是趋势，而不再局限于现在的 USB×2。事实上，我国台湾的 ALi 公司与 SiS 公司已经推出支持 USB×3 及 USB×5 的南桥芯片组，因此一台计算机直接内建 3～5 个 USB 接口，将可满足 USB 使用者初期的需求，从而省去购买 USB Hub 的费用。

4. USB 数据流类型和传输方式

USB 数据流类型有实时数据流、中断数据流、控制信号流和块数据流 4 种。实时数据流用于传输连续的固定速率的数据，它所需要的带宽与所传输数据的采样率有关。中断数据流用于传输少量随机输入信号，包括事件通知信号、输入字符或坐标信号等，它们应该以不低于 USB 设备所期望的速率进行传输。控制信号流的作用是当 USB 设备加入系统时，USB 系统软件与设备之间建立起控制信号流来发送控制信号，注重数据不允许出错或丢失。块数据流通常用于发送大量数据。

根据 USB 设备的使用特点及其对系统资源需求的不同，在 USB 规范中规定了 4 种不同的数据传输方式。

1) 等时传输方式(Isochronous)

等时传输可以单向也可以双向，用来连接需要连续传输，且对数据的正确性要求不高而对时间极为敏感的外部设备。这种方式传输速率固定，连续不断地在主机与 USB 设备之间传输数据。传输中数据出错无须重传，而是继续传送新的数据。传送的最大数据包是 1024B/ms。视频设备、数字声音设备和数码相机采用这种方式。

2) 中断传输方式(Interrupt)

中断的传输是单向的，它用于不固定的、少量的，但须及时准确地处理数据传送。当设备需要主机为其服务时，向主机发送此类信息以通知主机。此方式主要用在键盘、鼠标及游戏手柄等外部设备上。

3) 控制传输方式(Control)

控制传输是双向的，它主要用于读取设备配置信息及设备状态、设置设备地址、设置设备属性、发送控制命令等。当 USB 设备收到这些命令数据后，将依据先进先出的原则按队列方式处理到达的数据。这个传输模式的数据量很小，且实时性要求不高。传输过程中若发生错误，则需重传。控制传输有 2～3 个阶段：Setup 阶段、Data 阶段(可有可无)和 Status 阶段。在 Setup 阶段，主机送命令给设备；在 Data 阶段，传输的是 Setup 阶段所设定的数据；在 Status 阶段，设备返回握手信号给主机。

4) 成批传输方式(Bulk)

成批传输可以是单向的，也可以是双向的。该方式用来传输数据量大，且要求正确无误，但对时效性要求不高的数据。在包的传输过程中，出现错误，则重传。通常打印机、扫描仪等外设以这种方式同主机连接。这类设备的运行时间长，而运行所需要或产生的数据在短时间内即可传送完毕，因此，在传输中的优先级很低。在需要保证时效性的操作出现时，成批传输将被暂停。

10.4.3 其他外部总线

1. SCSI 总线

SCSI(Small Computer System Interface，小型计算机系统接口)是系统级接口，也是一种双向并行设备总线。可用于连接各种 SCSI 接口标准的外部设备，不仅可用于连接硬盘驱动器，也可用于连接磁带驱动器、光盘驱动器、打印机和扫描仪等多种外设。为实现 SCSI 接口标准，这些外设都必须配相应的控制器。SCSI 常用在网络服务器和工作站上，也可以用在 PC 机上。它具有如下特点：

(1) SCSI 是一个通用的接口。SCSI 总线上的主机适配器和 SCSI 外设控制器的总数不超过 8 个，所接外设的种类包括磁盘、磁带、CD-ROM、可重写光盘、打印机、扫描仪以及其他通信设备等。

(2) SCSI 是一个多任务接口，具有总线仲裁等功能。因此，在 SCSI 总线上的适配器和控制器可以同时工作，或者在同一 SCSI 控制器控制下的多台外设可以同时工作。

(3) SCSI 的工作方式有两种，即同步数据传输和异步数据传输。在 SCSI-1 中，同步方式下的数据传输可以达到 4.0Mb/s，异步方式下的数据传输可达到 1.5Mb/s。在 SCSI-2 中，同步数据传输率可达 10.0Mb/s。

(4) SCSI 总线共有 18 条信号线和数据线，用 50 芯插座。使用差分驱动电路接收电路时，总线长度可达 25m；使用单端驱动电路和接收电路时，总线长度可达 6m。

(5) SCSI 总线上的设备没有主从之分，双方平等。启动设备(有能力启动一种操作的设备)和目标设备(有能力响应操作请求的设备)之间使用高级命令进行通信，而不涉及外设特有的物理特性，如磁盘、道、扇区。因此，当不同类型的磁盘、磁带、光盘等连接到计算机系统时，无须修改软、硬件。这样一来，适应范围广，系统集成简便。

2. AGP 加速图形端口总线

AGP(Accelerated Graphics Port，加速图形端口)是 Intel 公司为在 PC 机平台上提高视频带宽、解决 3D 图形数据的传输问题而提出的新型视频接口总线规范，解决了 PCI 总线系统设计对于超高速系统的瓶颈问题。AGP 总线规范的特点如下：

(1) 数据读写流水线操作。流水线化(Pipelining)是 AGP 提供的仅针对主存的增强协议。由于采用了流水线操作，从而减少了内存等待时间，提高了数据传输速度。

(2) 数据传输率大大提高。AGP 使用 66MHz PCI Revision 2.1 规范作为基线，使用了

32 位数据总线和双时钟技术的 66MHz 时钟。双时钟(2×)技术允许 AGP 在一个时钟周期内传输双倍的数据(一个时钟的上升沿和下降沿)，从而达到 133MHz 的操作速率，即 532MB/s 的突发数据传输率。如果使用 PCI 总线仅为 33MHz。

(3) 直接内存执行。AGP 允许 3D 纹理数据(数据量极大)不存入拥挤的帧缓冲区(即图形控制器内存)，而将其放入系统内存，从而释放帧缓冲区的带宽供其他功能使用。这种允许显示卡直接操作内存的技术称为直接内存执行 DIME(Direct Memory Excute)。

(4) 地址信号与数据信号分离。采用多路信号分离技术，并通过使用边带寻址总线来提高内存访问速度。

(5) 并行操作。允许在处理器访问内存的同时，显示卡访问 AGP 内存，显示带宽也不与其他设备共享，从而进一步提高了系统性能。

3. IEEE 1394 串行接口总线

IEEE 1394 是 Apple 公司于 1993 首先提出，用来取代 SCSI 高速串行“Fire Wire”的，后经过 IEEE 协会于 1995 年 12 月正式接纳成为一个工业标准，全称是 IEEE 1394 高性能串行总线标准(IEEE 1394 High Performance Serial BUS Standard)。从 Microsoft 和 Intel 等公司指定的 PC'97 系统设计指南开始，IEEE 1394 就和 USB 一起被作为外设的新接口标准加以推行。它具有以下特点：

(1) 通用性强。IEEE 1394 采用树形或菊花链结构，以级联方式在一个接口上最多可以连接 63 个不同种类的设备。

(2) 传输速率高。IEEE 1394a 支持 100Mb/s、200Mb/s 及 400Mb/s 的传输速率，IEEE 1394b 规范定义 800Mb/s、1.6Gb/s，甚至 3.2Gb/s 的高传输速率。

(3) 实时性好。IEEE 的高传输率加上同步传送方式，使 IEEE 1394 对数据的传送具有很好的实时性。

(4) 总线提供电源。IEEE 1394 总线的 6 芯电缆中有两条线是电源线，可以向被连接的设备提供 4～10V 和 1.5A 的电源。

(5) 系统中各设备之间的关系是平等的。任何两个带有 IEEE 1394 接口的设备可以直接连接而不需要通过 PC 机的控制。

(6) 连接方便。IEEE 1394 采用设备自动配置技术，允许热插拔和即插即用。

4. IEEE 488 总线

IEEE 488 是一种并行外部总线，又称为 GP-IB(General Purpose Interface Bus)。为了解决各种仪器仪表与各类计算机的接口时由于互相不兼容而带来的连接问题，HP 公司于 20 世纪 70 年代研制了 HP-IB 通用接口总线。1975 年，IEEE 以 IEEE 488 标准总线予以推荐，1977 年国际电工委员会 (IEC)也对该总线进行认可与推荐，定名为 IEC-IB。所以这种总线同时使用了 IEEE 488，IEC-IB (IEC 接口总线)，HP-IB (HP 接口总线)或 GP-IB (通用接口总线)多种名称。当用 IEEE 488 标准建立一个由计算机控制的测试系统时，无需复杂的控制电路，IEEE 488 系统以机架层叠式智能仪器为主要器件，构成开放式的积木测试系统。该总线标准是仪器仪表、测控系统与计算机互连的主流并行总线，得到广泛应用。由于该总线问世于 PC 机出现的初期，所以具有一定的局限性，如其数据线只有 8 位，传输速率最高 1MB/s，传输距离 20m(加驱动器可达 500m)。

1990 年 SCPI 规范被引入 IEEE 488 总线；1992 年修订 IEEE 488.2；1993 年 NI 公司提出 HS488 总线。

5. RS-485 总线

RS-485 总线是一种常见的串行总线标准，采用平衡发送与差分接收的方式，因此具有抑制共模干扰的能力。在一些要求通信距离为几十米到上千米时，RS-485 总线是一种应用最为广泛的总线。而且在多节点的工作系统中也有广泛的应用。

由于 RS-232C 接口标准出现较早，难免有不足之处，主要有以下四点：

(1) 接口的信号电平值较高，易损坏接口电路的芯片，又因为与 TTL 电平不兼容故需使用电平转换电路方能与 TTL 电路连接。

(2) 传输速率较低，在异步传输时，波特率为 20Kb/s。

(3) 接口使用一根信号线和一根信号返回线而构成共地的传输形式，这种共地传输容易产生共模干扰，所以抗噪声干扰性弱。

(4) 传输距离有限，最大传输距离标准值为 50 英尺①，实际上也只能用在 50 m 左右。

针对 RS-232C 的不足，于是就不断出现了一些新的接口标准，RS-485 就是其中之一，它具有以下特点：

(1) RS-485 的电气特性：逻辑“1”以两线间的电压差为+(2～6)V 表示；逻辑“0”以两线间的电压差为–(2～6)V 表示。接口信号电平比 RS-232C 降低了，就不易损坏接口电路的芯片，且该电平与 TTL 电平兼容，可方便与 TTL 电路连接。

(2) RS-485 的数据最高传输速率为 10Mb/s。

(3) RS-485 接口是采用平衡驱动器和差分接收器的组合，抗共模干能力增强，即抗噪声干扰性好。

(4) RS-485 接口的最大传输距离标准值为 4000 英尺，实际上可达 3000 m，另外 RS-232C 接口在总线上只允许连接 1 个收发器，即单站能力。而 RS-485 接口在总线上是允许连接多达 128 个收发器，即具有多站能力，这样用户可以利用单一的 RS-485 接口方便地建立起设备网络。

因 RS-485 接口具有良好的抗噪声干扰性，长的传输距离和多站能力等上述优点就使其成为首选的串行接口。因为 RS-485 接口组成的半双工网络，一般只需 2 根连线，所以 RS-485 接口均采用屏蔽双绞线传输。RS-485 接口连接器采用 DB-9 的 9 芯插头座，与智能终端 RS-485 接口采用 DB-9(孔)，与键盘连接的键盘接口 RS-485 采用 DB-9(针)。

总之，相对于 RS-232C，RS-485 总线具有 TTL 电平兼容性、高数据传输速率、高抗干扰性能、多站能力等特性，因此广泛应用于仪器仪表、测控领域。

6. CAN 总线

现场总线(Field bus)是近十几年来迅速发展起来的一种工业数据总线，它主要解决工业现场的智能化仪器仪表、控制器、执行机构等现场设备间的数字通信以及这些现场控制设备和高级控制系统之间的信息传递问题。由于现场总线简单、可靠、经济实用等一系列突出的优点，因而受到了许多标准团体和计算机厂商的高度重视。现场总线是当今自动化领

① 1 英尺=0.3048 米。

域技术发展的热点之一，被誉为自动化领域的计算机局域网。它的出现为分布式控制系统实现各节点之间实时、可靠的数据通信提供了强有力的技术支持。

CAN(Controller Area Network)属于现场总线的范畴，它是一种有效支持分布式控制或实时控制的串行通信网络。

较之目前许多 RS-485 基于 R 线构建的分布式控制系统而言，基于 CAN 总线的分布式控制系统在以下方面具有明显的优越性：

(1) CAN 控制器工作于多主方式，网络中的各节点都可根据总线访问优先权(取决于报文标识符)采用无损结构的逐位仲裁的方式竞争向总线发送数据，且 CAN 协议废除了站地址编码，而代之以对通信数据进行编码，这可使不同的节点同时接收到相同的数据，这些特点使得 CAN 总线构成的网络各节点之间的数据通信实时性强，并且容易构成冗余结构，从而提高系统的可靠性和系统的灵活性。而利用 RS-485 只能构成主从式结构系统，通信方式也只能以主站轮询的方式进行，系统的实时性、可靠性较差。

(2) CAN 总线通过 CAN 控制器接口芯片 82C250 的两个输出端 CANH 和 CANL 与物理总线相连，而 CANH 端的状态只能是高电平或悬浮状态，CANL 端只能是低电平或悬浮状态。这就保证不会出现像在 RS-485 网络中，当系统有错误，出现多节点同时向总线发送数据时导致总线呈现短路，从而损坏某些节点的现象。而且 CAN 节点在错误严重的情况下具有自动关闭输出功能，以使总线上其他节点的操作不受影响，从而保证不会出现像在网络中因个别节点出现问题，使得总线处于“死锁”状态。

(3) CAN 具有完善的通信协议，可由 CAN 控制器芯片及其接口芯片来实现，从而大大降低系统开发难度，缩短了开发周期，这些是仅有电气协议的 RS-485 所无法比拟的。

(4) 与其他现场总线比较而言，CAN 总线是具有通信速率高、容易实现、且性价比高等诸多特点的一种已形成国际标准的现场总线。

这些也是目前 CAN 总线应用于众多领域，具有强劲的市场竞争力的重要原因。

与一般的通信总线相比，CAN 总线的数据通信具有突出的可靠性、实时性和灵活性。由于其良好的性能及独特的设计，CAN 总线越来越受到人们的重视。它在汽车领域上的应用是最广泛的，世界上一些著名的汽车制造厂商，如 BENZ(奔驰)、BMW(宝马)、PORSCHE(保时捷)、ROLLS-ROYCE(劳斯莱斯)和 JAGUAR (美洲豹)等都采用了 CAN 总线来实现汽车内部控制系统与各检测和执行机构间的数据通信。同时，由于 CAN 总线本身的特点，其应用范围目前已不再局限于汽车行业，而向自动控制、航空航天、航海、过程工业、机械工业、纺织机械、农用机械、机器人、数控机床、医疗器械及传感器等领域发展。CAN 总线已经形成国际标准，并被公认为几种最有前途的现场总线之一。

CAN 总线典型的应用协议有 SAE J1939/ISO11783、CANOpen、CANaerospace、DeviceNet、NMEA 2000 等。

习　题　10

1. 什么是总线？微型计算机的总线由哪些部分组成？各部分的作用是什么？
2. 什么是总线标准？试简述总线标准 4 个特性的含义。

3. 微机系统中总线的层次结构是怎样的？试说明微机系统中系统总线和局部总线的概念。局部总线有什么特点？

4. 总线有哪些主要的性能参数？试比较 ISA 总线与 PCI 总线的性能参数。

5. ISA 和 EISA 总线的关联和不同点是什么？

6. 简述 ISA、EISA、PCI 总线的特点。

7. PCI 局部总线的信号线有多少根？可分为哪几组功能信号？

8. PCI Express 总线的主要性能特点有哪些？

9. 简述 PCI Express 总线的主要组件及其功能。

10. RS-232C 中最主要的接线是什么？其功能是什么？

11. RS-232C 在实际应用中有几种连接方式？它分别适用于什么工作要求？

12. EIA-RS-232C 电平和 TTL 电平有什么区别？如何将 EIA 电平与 TTL 电平接口？

13. MAX232 与 MC1488，MC1489 这两类芯片在使用中有什么区别？

14. USB 接口有什么特点？USB 如何扩展？最多可连接多少个 USB 设备？

15. USB 系统由哪些部分组成？

16. USB 的数据流类型有几种？

17. USB 有哪几种传输类型？各有什么特点？

18. SCSI 接口总线主要用来连接什么设备？它有哪些特点？

19. 为什么引入 AGP 接口总线？它有什么特点？

20. IEEE 1394 的主要特点是什么？试与 USB 作比较。

21. IEEE 488 总线在什么方向得到广泛运用？

22. RS-485 总线有什么特点？主要应用在什么场合？

23. CAN 总线有什么特点？与 RS-485 总线相比，有什么优缺点？

第 11 章　模拟量输入/输出通道接口

在各种微型计算机控制系统和智能化仪器中遇到的变量，大多是时间上和幅值上都连续变化的物理量，即模拟量。微型计算机不能直接接受和处理模拟量，而必须根据采样定理将模拟量离散化并保持，进而将其量化编码，微机才能接受并处理。量化、编码过程即模/数转换过程，完成这个转换功能的装置称为 A/D 转换器(Analog to Digital Converter，ADC)。由于各种执行机构所需要的控制信号一般是模拟电压或电流，而微机进行运算、逻辑判断等处理结果的数字量通常不能直接去控制执行部件，因此，需要把它们转换成模拟量，才能推动执行机构完成某个操作实现对过程或仪器、仪表设备等的控制。将数字量转换为模拟量的过程即数/模转换过程，完成这个转换功能的装置称为 D/A 转换器(Digital to Analog Converter，DAC)。

A/D 转换器和 D/A 转换器是微型计算机实时控制系统中不可缺少的输入/输出通道。本章主要介绍 D/A 和 A/D 的基本工作原理、典型的 D/A 和 A/D 转换芯片以及微处理器与 D/A 和 A/D 转换芯片的接口。

11.1　模拟量输入/输出通道的组成

模拟量的输入、输出通道是微型计算机与控制对象之间的重要接口，也是实现工业过程控制的重要组成部分。图 11-1 为微型计算机控制系统的结构框图。

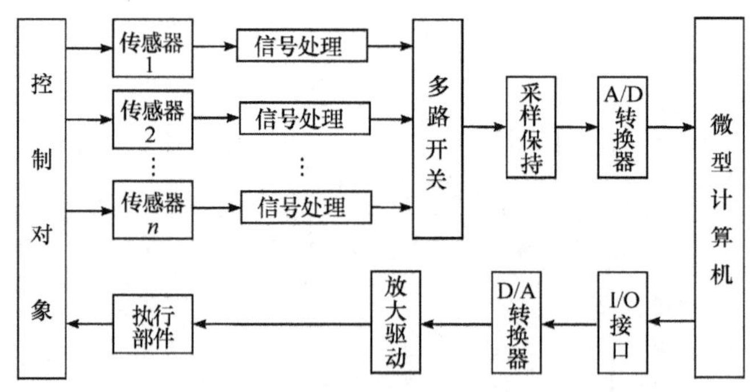

图 11-1　微型计算机控制系统的结构框图

11.1.1　模拟量输入通道

典型的模拟量输入通道由以下几部分组成。

1. 传感器

能够把生产过程中非电量的模拟量(如温度、压力、流量)转换成电量(电压或电流)的器件称为传感器。常用的传感器有温度传感器、压力传感器、流量传感器、振动传感器和位移传感器等。随着人工智能计算机的深入研究，传感器也向着智能传感器方向发展，能把图像、声音等通过智能传感器直接输入计算机，使计算机具有视觉和听觉等能力。

2. 信号处理环节

信号处理环节主要包括信号的放大及干扰信号的去除。它将传感器输出的信号进行放大或处理成与 A/D 转换器所要求输入的量程范围。另外，传感器通常都安装在现场，环境比较恶劣，其输出常叠加有高频干扰信号。因此，信号处理环节通常采用低通滤波电路，如 RC 滤波器，或由运算放大器构成的有源滤波电路等。

3. 多路转换开关

在生产过程中，要监测或控制的模拟量往往不止一个，尤其是数据采集系统中，需要采集的模拟量一般比较多，而且不少模拟量是缓慢变化的信号。对这类模拟信号的采集，可采用多路模拟开关,使多个模拟信号共用一个 A/D 转换器进行采样和转换,以降低成本。

4. 采样保持电路

在数据采样期间，保持输入信号不变的电路称为采样保持电路。由于输入模拟信号是连续变化的，而 A/D 转换器完成一次转换需要一定的时间，这段时间称为转换时间。不同的 A/D 转换芯片，其转换时间不同。对变化较快的模拟输入信号，如果不在转换期间保持输入信号不变，就可能引起转换误差。A/D 转换芯片的转换时间越长，对同样频率模拟信号的转换精度的影响就越大。所以，在 A/D 转换器前面要增加一级采样保持电路，以保证在转换过程中输入信号保持在其采样时的值不变。

5. A/D 转换器

这是模拟量输入通道的核心器件，它的作用是将输入的模拟信号转换成计算机能够识别的数字信号，以便计算机进行分析和处理。

11.1.2 模拟量输出通道

典型的模拟量输出通道由以下几部分组成。

1. D/A 转换器

这是模拟量输出通道的核心器件，其作用是把计算机输出的数字量转换成模拟量。

2. 锁存器

由于 D/A 转换需要一定的转换时间,在转换期间,输入待转换的数字量应该保持不变，而计算机输出的数据在数据总线上稳定的时间很短，因此在计算机与 D/A 转换器间必须用锁存器来保持数字量的稳定,若 D/A 转换芯片上已带有锁存器,则不必再额外增加锁存器。

3. 放大驱动电路

为了能驱动执行部件，可以采用功率放大器作为模拟量输出的驱动电路。

11.2 D/A 转换及其接口

D/A 转换器是接收数字量，输出一个与数字量成比例的电流或电压信号的接口。由于它接收、保持、转换的是数字信号，不存在随温度、时间的漂移问题，因此比输入模拟信号的电路抗干扰性好。D/A 转换器被广泛用于计算机函数发生器、计算机图形显示以及与

A/D 转换器相配合的控制系统等。

11.2.1 D/A 转换的基本原理

D/A 转换器由基准电压、数字开关控制、模拟转换、数字接口及运算放大器组成，其原理框图如图 11-2 所示。

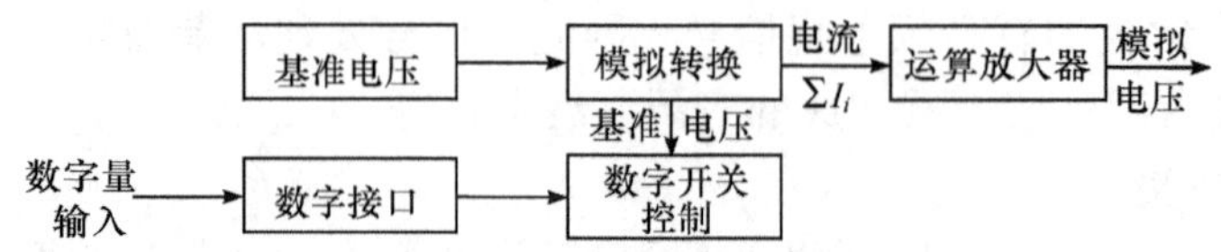

图 11-2 D/A 转换器的基本部件

在图 11-2 中，待转换的数字量经过数字接口去控制各相应的开关，以接通和断开各自的解码电阻，从而改变基准电压经电阻解码网络所产生的总电流 ΣI_i。该电流经放大器放大后，输出与数字量相对应的模拟电压。

D/A 转换器可分为并行 D/A 转换器和串行 D/A 转换器两种形式。并行 D/A 转换器的转换速度快，但电路相对复杂。随着电子技术的迅猛发展，电路复杂性已不成问题，因此并行 D/A 转换器应用十分广泛。这里仅介绍并行 D/A 转换器。

1. 权电阻式 D/A 转换器

在并行 D/A 转换器中，数字量由一位一位的数位构成，每一数位都有一个确定的权。为把一个数字量变为模拟量，必须把每一位的代码按其权值转换成对应的模拟量，再把每一位对应的模拟量相加，得到的总模拟量便对应于给定的数据。这就是权电阻式 D/A 转换器，如图 11-3 所示。

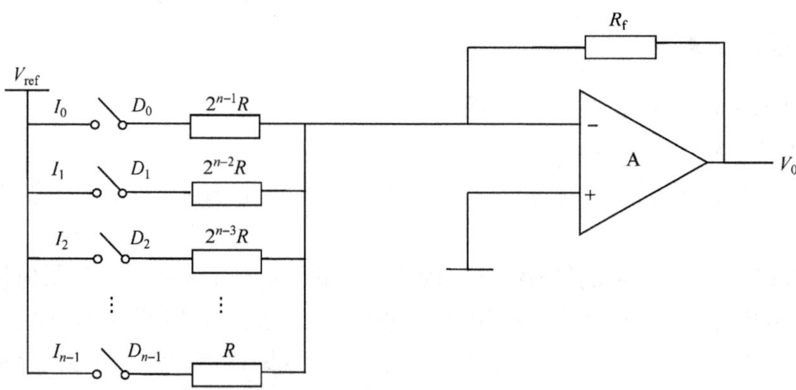

图 11-3 权电阻 D/A 转换原理

图 11-3 中，n 位二进制加权电阻式 D/A 转换器由四个部分组成，即 n 个模拟开关 D_i、加权电阻网络 R_i、参考电压 V_{ref} 和相加器件(运算放大器 A)。其中，D_i =1 表示合上，D_i =0 表示断开。

根据运算放大器的特性，可知 n 位数字量转换成模拟量的值 V_0 如下：

$$V_0/R_f = -(I_0+I_1+I_2+I_3+\cdots+I_{n-1})$$
$$= -V_{ref}(D_0/2^{n-1}R+ D_1/2^{n-2}R+ D_2/2^{n-3}R+\cdots+ D_{n-2}/2R+ D_{n-1}/R)$$

$$= -(V_{\mathrm{ref}}/R)(\ D_0/2^{n-1} + D_1/2^{n-2}+\cdots+ D_{n-2}/2+ D_{n-1})$$

$$V_0= -(V_{\mathrm{ref}}/R)(\ D_0/2^{n-1} + D_1/2^{n-2}+\cdots+ D_{n-2}/2+ D_{n\text{-}1})\ R_{\mathrm{f}}$$

$$V_0= -(R_{\mathrm{f}}/R) \times V_{\mathrm{ref}} \times \Sigma D_{n-i} \times 2^{-(i-1)} \quad (i=1, 2, \cdots, n, \quad D_i=1 \text{ 或 } 0)$$

这种权电阻式 D/A 转换器虽然简单直观，但当位数较多时，最高有效位 D_{n-1}，与最低有效位 D_0 对应的电阻相差太大，如果有一个 16 位 D/A 转换器，最高有效位(MSB)权电阻为 R=10kΩ 时，最低有效位(LSB)对应的电阻就达 10kΩ × 2^{15}=327.68MΩ。因此电阻跨度太大，不便于集成，实现起来困难。

2. T 型电阻网络式 D/A 转换器

T 型电阻网络式 D/A 转换器也称为 R-2R 电阻网络式 D/A 转换器，与权电阻式不同的是，在 T 型电阻网络式 D/A 转换器中，只有 R 和 $2R$ 两种电阻，因此易于实现，广泛应用于 D/A 变换中。T 型电阻网络式 D/A 转换器的原理如图 11-4 所示。

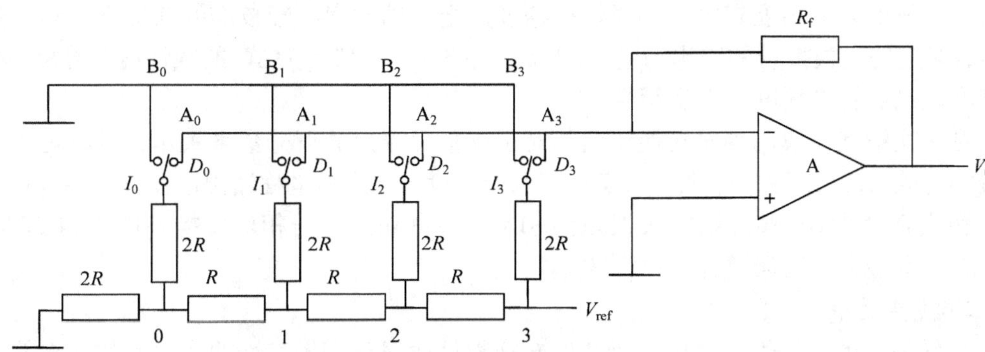

图 11-4　T 型电阻网络式 D/A 转换器

图 11-4 中，如果开关打到 B_i 端(B_0、B_1、B_2、B_3)，则相应的 D_i(D_0、D_1、D_2、D_3)为 0，否则为 1，对应的电流 I_i(I_0、I_1、I_2、I_3)就汇集到运算放大器的输入端，运放负端为虚地(输入阻抗无限大)。图中 0、1、2、3 点对地的电压值分别为 $V_{\mathrm{ref}}/8$、$V_{\mathrm{ref}}/4$、$V_{\mathrm{ref}}/2$、V_{ref}。当全部接向右边 A_i(A_0、A_1、A_2、A_3)时，根据并联电阻的特点可知，运算放大器负端输入的总电流 I 为

$$I_i = I_0+I_1+I_2+I_3$$

即总电流

$$I= (D_0/16+D_1/8+D_2/4+D_3/2) \times (V_{\mathrm{ref}}/\ R_{\mathrm{f}})$$

输出电压值

$$V_0= -I\ /\ R_{\mathrm{f}}= -(D_0/16+D_1/8+D_2/4+D_3/2) \times V_{\mathrm{ref}}$$

当二进制位数为 n 时，有

$$V_0= -(R_{\mathrm{f}}/2R) \times V_{\mathrm{ref}} \times \sum 2^{-(i-1)} \times D_{n-i} \quad (i=1, 2, \ \cdots, n, \quad D_i=1 \text{ 或 } 0)$$

11.2.2　D/A 转换器的性能参数

1. 分辨率

分辨率是指最小输出电压(对应于输入数字量最低位增 1 所引起的输出电压增量)和最大输出电压(对应于输入数字量所有有效位全为 1 时的输出电压)之比，即表示 DAC 所能分

辨的最小模拟信号的能力。对于一个 n 位的 DAC，分辨率为 $1/(2^n-1)$。

例如，4 位 DAC 的分辨率为 $1/(2^4-1)=1/15=6.67\%$(分辨率也常用百分比来表示)。8 位 DAC 的分辨率位 1/255=0.39%。显然，位数越多，分辨率越高。

2. 转换精度

转换精度与 D/A 转换芯片的结构、外部电路器件配置和电源误差有关。当这些因素造成较大的 D/A 转换误差，并超过一定程度时，D/A 转换就会产生错误。如果不考虑 D/A 转换的误差，DAC 转换精度就是分辨率的大小。因此，要获得高精度的 D/A 转换结果，首先要选择有足够高分辨率的 DAC。

D/A 转换精度分为绝对和相对转换精度，一般是用误差大小表示。DAC 的转换误差包括零点误差、漂移误差、增益误差、噪声和线性误差、微分线性误差等综合误差。

绝对转换精度是指满刻度数字量输入时，模拟量输出接近理论值的程度。它和标准电源的精度、权电阻的精度有关。相对转换精度是指在满刻度已经校准的前提下，整个刻度范围内，对应任一模拟量的输出与它的理论值之差。它反映了 DAC 的线性度。通常，相对转换精度比绝对转换精度更有实用性。

相对转换精度一般用绝对转换精度相对于满量程输出的百分数来表示，有时也用数字量的最小有效值(LSB)的几分之一来表示。例如，设 V_{FS} 为满量程输出电压 5V，n 位 DAC 的相对转换精度为±0.1%，则最大误差为 $\pm0.1\%V_{FS}=\pm5\text{mV}$；若相对转换精度为±1/2LSB，$\text{LSB}=1/2^n$，则最大相对误差为 $\pm1/2^{n+1}\ V_{FS}$。

3. 非线性误差

D/A 转换器的非线性误差定义为实际转换特性曲线与理想特性曲线之间的最大偏差，并以该偏差相对于满量程的百分数度量。转换器电路设计一般要求非线性误差不大于±1/2LSB。

4. 转换速率/建立时间

转换速率实际是由建立时间来反映的。建立时间是指数字量为满刻度值(各位全为 1)时，DAC 的模拟输出电压达到某个规定值(如 90%满量程或±1/2LSB 满量程)时所需要的时间。建立时间是 D/A 转换速率快慢的一个重要参数。很显然，建立时间越大，转换速率越低。不同型号 DAC 的建立时间一般从几毫微秒到几微秒不等。若输出形式是电流，DAC 的建立时间是很短的；若输出形式是电压，DAC 的建立时间主要是输出运算放大器所需要的响应时间。

DAC 除了上述主要性能参数外，影响 D/A 转换的环境因素主要是温度和电源电压的变化。在满刻度输出的条件下，温度每升高 1℃，输出变化的百分数为 DAC 的温度系数。由于工作温度也会对运算放大器和权电阻网络等产生影响，所以只有在一定的工作范围内才能保证额定精度指标。较好的 D/A 转换器的工作温度范围为−40～85℃。

11.2.3 8 位 D/A 转换器 DAC0832 及其接口

D/A 转换是微型机测控系统中典型的接口技术。现阶段 D/A 转换接口的设计主要是根据系统的要求，选择适用的 D/A 集成芯片，配置外围电路及器件，实现数字量到模拟量的转换。

DAC0832 是美国数据公司的 8 位 D/A 转换器，与微处理器完全兼容。器件采用先进的 CMOS 工艺，因此功耗低，输出漏电流误差较小。期间特殊的电路结构可与 TTL 逻辑输入电平兼容。

DAC0832 主要性能参数：分辨率 8 位；转换时间 1μs；参考电压±10V；单电源+5～+15V；功耗 20mW。

1. DAC0832 的内部结构

DAC0832 的内部结构如图 11-5 所示。DAC0832 内部有两个数据缓冲寄存器：8 位输入寄存器和 8 位 DAC 寄存器。其转换结果以一组差动电流 I_{OUT1} 和 I_{OUT2} 输出。8 位输入寄存器的输入端可直接与 CPU 的数据线相连接。两个数据缓冲寄存器的工作状态分别受 LE_1 和 LE_2 控制。当 LE_1=1 时，8 位输入寄存器的输出随输入而变化；当 LE_1=0 时，输入数据被锁存。同理，8 位 DAC 寄存器的工作状态受 LE_2 的控制。

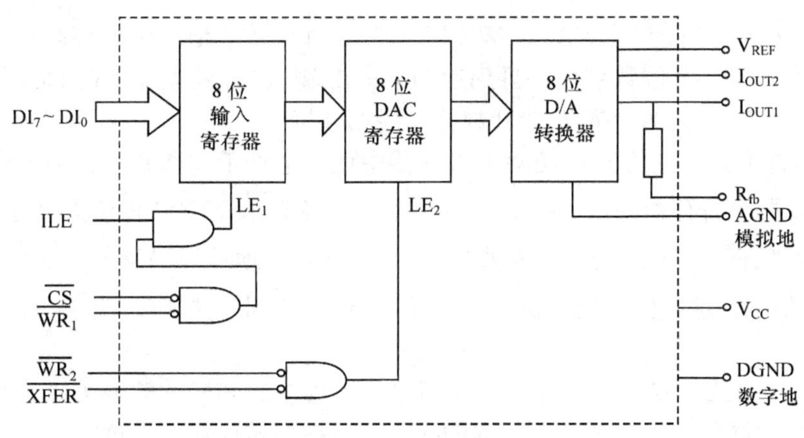

图 11-5　DAC0832 逻辑结构框图

2. DAC0832 的引脚特性

DAC0832 是 20 引脚的双列直插式芯片，各引脚定义如下：

DI_7～DI_0：8 位数字量输入信号，其中 DI_0 为最低位，为 DI_7 为最高位。

$\overline{CS}$：片选输入信号，低电平有效。

$\overline{WR_1}$：数据写入信号 1，低电平有效。

ILE：输入寄存器的允许信号，高电平有效。ILE 信号和 $\overline{CS}$、$\overline{WR_1}$ 共同控制选通输入寄存器。当 $\overline{CS}$、$\overline{WR_1}$ 均为低电平，而 ILE 为高电平时，LE_1=1，输入数据立即被送至 8 位输入寄存器的输入端。当上述三个控制信号中任一个无效时，LE_1 变低，输入寄存器将数据锁存，输出端呈保持状态。

$\overline{XFER}$：传送控制信号，低电平有效。用它来控制 $\overline{WR_2}$ 是否起作用，在控制多个 DAC0832 同时输出时特别有用。

$\overline{WR_2}$：数据写入信号 2，低电平有效。当 $\overline{XFER}$ 和 $\overline{WR_2}$ 同时有效时，输入寄存器中的数据被装入 DAC 寄存器，并同时启动一次 D/A 转换。

I_{OUT1}：电流输出 1。当 DAC 寄存器中全为 1 时，输出电流最大；当 DAC 寄存器中全为 0 时，输出电流最小。

I_{OUT2}：电流输出 2，它与 I_{OUT1} 的关系是：

$$I_{OUT1}+I_{OUT2}=\text{常数}$$

R_{fb}：内部反馈电阻引脚。该电阻在芯片内，R_{fb} 端可以直接接到外部运算放大器的输出端。这样，相当于将一个反馈电阻接在运算放大器的输出端和输入端。

V_{REF}：参考电压输入端，可接正电压，也可接负电压，范围为−10～+10V。

V_{CC}：芯片电源，+5～+15V，典型值为+15V。

AGND：模拟地，芯片模拟信号接地点。

DGND：数字地，芯片数字信号接地点。

3. DAC0832 的工作方式

改变 DAC0832 的有关控制信号的电平，可使 DAC0832 处于三种不同的工作方式：

(1) 直通方式。当 $\overline{CS}$、$\overline{WR_1}$、$\overline{WR_2}$、$\overline{XFER}$ 都接数字地，ILE 接高电平时，芯片即处于直通状态。此时，8 位数字量一旦到达 DI_7～DI_0 输入端，就立即进行 D/A 转换而输出。在此种方式下，DAC0809 不能直接和数据总线相连接。

(2) 单缓冲方式。此方式是使两个寄存器中任一个处于直通状态，另一个工作于受控锁存器状态或两个寄存器同步受控。一般的做法是将 $\overline{WR_2}$ 和 $\overline{XFER}$ 接数字地，使 DAC 寄存器处于直通状态。另外，把 ILE 接高电平，$\overline{CS}$ 接端口地址译码信号，$\overline{WR_1}$ 接 CPU 系统总线的 $\overline{IOW}$ 信号，这样便可通过执行一条输出指令，选中该端口，使 $\overline{CS}$ 和 $\overline{WR_1}$ 有效，启动 D/A 转换。

(3) 双缓冲方式。双缓冲方式的一大用途是数据接收和启动转换可以异步进行，即在对某数据转换的同时，能进行下一数据的接收，以提高转换速率。这时，可将 ILE 接高电平，$\overline{WR_1}$ 和 $\overline{WR_2}$ 接 CPU 的 $\overline{IOW}$，$\overline{CS}$ 和 $\overline{XFER}$ 分别接两个不同的 I/O 地址译码信号。执行输出指令时，$\overline{WR_1}$ 和 $\overline{WR_2}$ 均为低电平。这样，第一条输出指令，选中 $\overline{CS}$ 端口，把数据写入输入寄存器；再执行第二条输出指令，选中 $\overline{XFER}$ 端口，把输入寄存器的内容写入 DAC 寄存器，实现 D/A 转换。

4. DAC0832 与 CPU 的接口

D/A 转换器与微处理器间的信号连接包括三部分，即数据线、控制线和地址线。

微处理器的输出数据要传送给 D/A 转换器，首先要把数据总线上的输出信号连接到 D/A 转换芯片的数据输入端。若 D/A 芯片内带有锁存器，微处理器就把 D/A 芯片当作一个并行输出端口；若 D/A 芯片内无锁存器，微处理器就把 D/A 芯片当作一个并行输出的外设。二者之间还需增加并行输出的接口。这是因为微处理器要处理各种信息，其数据总线上的数据总是不断变化的，使得送给 D/A 转换器的数据在数据总线上停留时间很短，因而在一般情况下需要锁存器来保存微处理器送给 D/A 转换器的数据。

图 11-6 是 DAC0832 工作于双缓冲方式下与 8 位微处理器的连接图。

例 11-1 设 $\overline{CS}$ 的端口地址为 320H，$\overline{XFER}$ 的端口地址为 321H。编写数据通过 DAC0832 进行 D/A 转换输出的程序段。

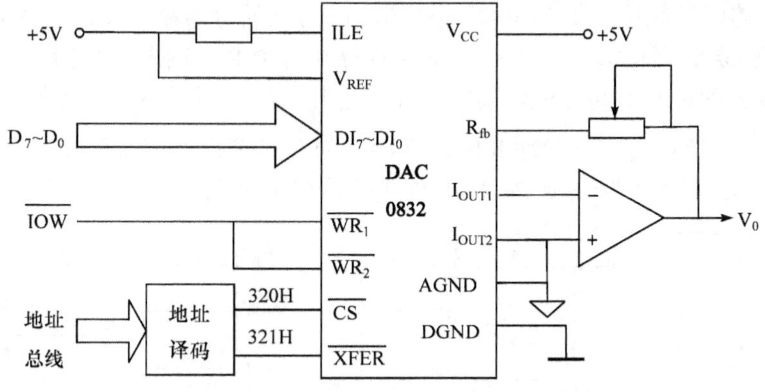

图 11-6　DAC 0832 与 8 位微处理器的连接图

```
MOV    DX, 320H          ;指向输入寄存器
MOV    AL, DATA          ;DATA 为被转换的数据
OUT    DX, AL            ;数据打入输入寄存器
INC    DX                ;指向 DAC 寄存器
OUT    DX, AL            ;选通 DAC 寄存器，启动 D/A 转换
```

CPU 执行第一条输出指令,将待转换的数据打入输入寄存器;再执行第二条输出指令，把输入寄存器的内容写入 DAC 寄存器，并启动 D/A 转换。执行第二条输出指令时，AL 中的数据为多少是无关紧要的，主要目的是使 $\overline{XFER}$ 有效。

11.2.4　12 位 D/A 转换器 DAC1210 及其接口

DAC1210 是美国国家半导体公司生产的 12 位 D/A 转换器芯片，是智能化仪表中常用的一种高性能的 D/A 转换器。DAC1210 是双列直插式 24 引脚芯片,输入与 TTL 电平兼容。它的电流建立时间为 1μs，单电源+5～+15V，模拟量参考电压为±25V，功耗 20mW。

DAC1210 的内部结构如图 11-7 所示。

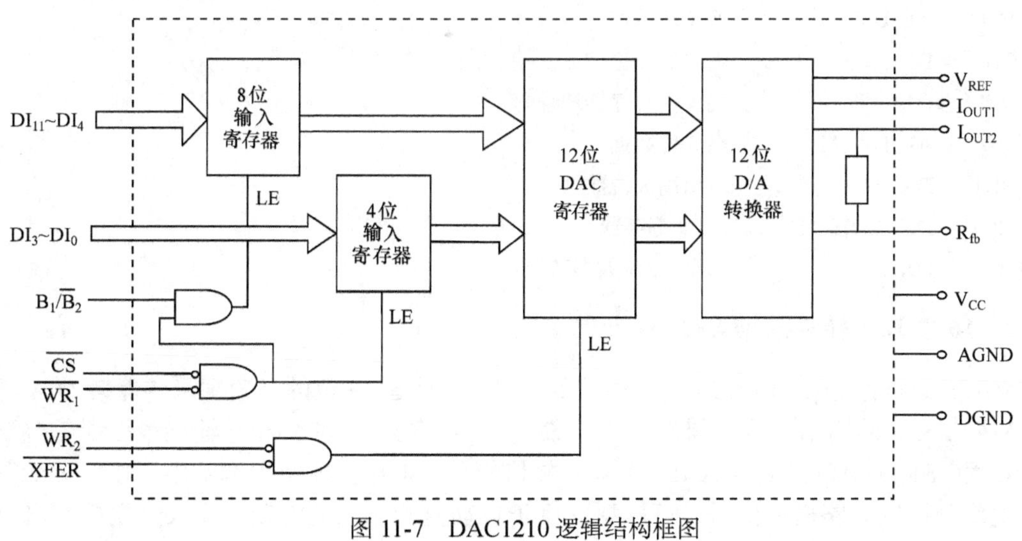

图 11-7　DAC1210 逻辑结构框图

DAC1210 的内部结构与 DAC0832 很相似，因为它的分辨率为 12 位，所以有 12 位 D/A 转换器和 12 位 DAC 寄存器，而将输入寄存器分为一个 8 位输入寄存器一个 4 位输入寄存器。这样，可以方便地与 8 位 CPU 连接。它在引脚设置上除了数据输入线增加到 12 条外，还增加了 $B_1/\overline{B_2}$，当它为 1 时选择 8 位寄存器，为 0 时选择 4 位寄存器。

图 11-8 为 DAC1210 与 IBM PC 标准总线的连接电路图。

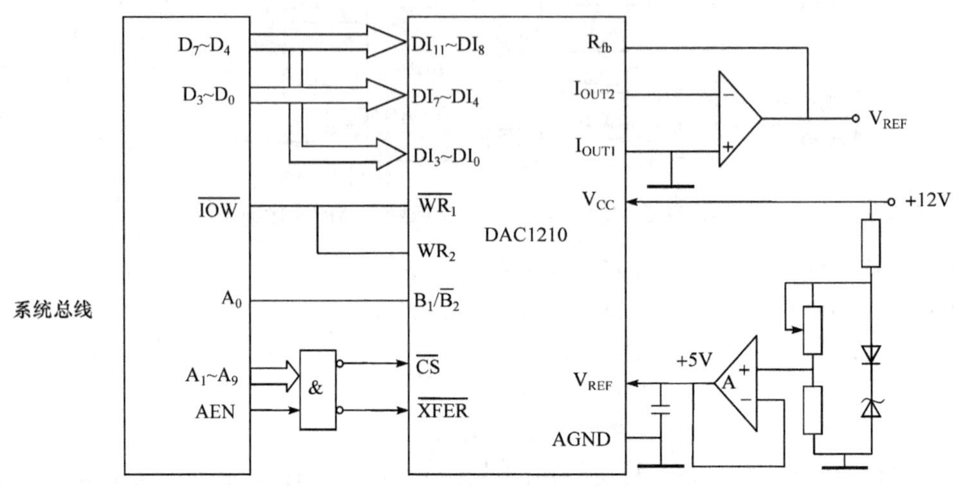

图 11-8　DAC1210 与系统总线的连接图

图 11-8 中的基准电压源由温度补偿的齐纳二极管构成。因为有一级运放，从而增加了驱动能力，且负载变化对电压没有直接影响，输出电压也可以调节。

例 11-2　编写一程序段，使 DAC1210 完成一次 D/A 转换。

设 $\overline{CS}$ 对应地址为 220H，$\overline{XFER}$ 对应地址为 222H，则地址为 220H 时选择 4 位输入寄存器；为 221H 时选择 8 位输入寄存器；为 222H 时选择 12 位 DAC 寄存器。待转换的数据已经放在 DATAH 和 DATAL2 个存储单元中，则可用下面的程序完成一次转换：

```
MOV   DX, 220H       ;低 4 位寄存器地址
MOV   AL, DATAL      ;低 4 位数据
OUT   DX, AL         ;输出低 4 位
INC   DX             ;高 8 位寄存器地址
MOV   AL, DATAH      ;高 8 位数据
OUT   DX, AL         ;输出高 8 位数据
MOV   DX, 222H       ;DAC 寄存器
OUT   DX, AL         ;启动 12 位数据转换
```

11.2.5　16 位 D/A 转换器 MAX5631 及其接口

MAX5631 是美国 MAXIM 公司生产的一种 32 通道 16 位的高速度采样保持 D/A 转换器。MAX5631 的输出电压范围为–4.5～9.2V，分辨率为 200μV/位，输出线性误差典型值为满量程(FSR)的 0.005%。MAX5631 具有接口简单、工作温度范围宽及串行接口灵活等特点，适用于控制多路模拟信号，可广泛应用于自动监测、工业控制程序及光电控制电路等

处理大量模拟数据输出的场合。

1. MAX5631 的内部结构

MAX5631 的内部逻辑结构框图如图 11-9 所示。MAX5631 内含一个 16 位 DAC、一个带内部时钟的时序控制器、一个片内 RAM 以及 32 路采样保持放大器。其中，DAC 电路由两部分组成。在 16 位 DAC 中，高 4 位可通过 15 个同值电阻组成的电阻网络来完成相应的转换，其余 12 位的转换则由一个 12 位 R-2R 梯形网络来完成。32 路带缓冲的采样保持电路通过内部保持电容来使输出压降维持在每秒钟 1mV 的范围内。

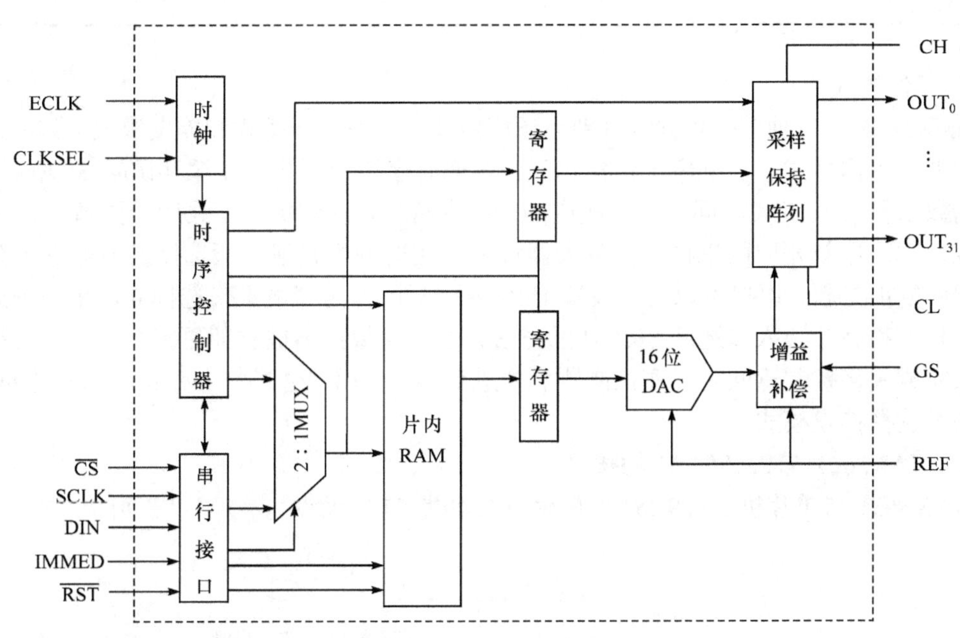

图 11-9 MAX5631 内部逻辑结构框图

2. MAX5631 的引脚特性

MAX5631 共有 64 个引脚，大致可分成以下几类。

(1) 输出类：该类引脚主要有 OUT_0～OUT_{31} 共 32 个输出端。

(2) 电源类：其中第 4 脚 V_{LDAC} 为 D/A 数模转换器的+5V 供电电源。第 9 脚 V_{LOGIC} 为+5V 逻辑电源，第 14 脚 V_{LSHA} 为+5V 采样保持电源。16 脚、32 脚、46 脚为负电源 V_{SS}，17 脚、39 脚、48 脚为正电源 V_{DD}。13 脚为数字地 DGND，15 脚、25 脚、40 脚、55 脚、62 脚为模拟地 AGND，63 脚为电压参考输入 V_{REF}。

(3) 控制类：其中第 5 脚 $\overline{RST}$ 为复位输入，6 脚 $\overline{CS}$ 为片选输入，10 脚 IMMED 为立即更新模式，18 脚、33 脚、49 脚为输出钳位电压低位 CL。31 脚、47 脚、64 脚为输出钳位电压高位 CH。

(4) 串行接口类：7 脚 DIN 为串行数据输入，8 脚 SCLK 为串行时钟输入。

(5) 时钟类：11 脚 ECLK 为外部时序时钟输入，12 脚 CLKSEL 为时钟选择输入。

3. MAX5631 的输入字及工作模式

1)输入字

MAX5631 的转换过程是先从串行数据端 DIN 送进要转换的 16 位数据 D_{15}～D_0，高位在前，低位在后。然后送进地址 A_4～A_0，这 5 位地址通过编码来选择输出通道号。紧接地址的后两位是控制字 C_1 和 C_0，其中 C_1 选择工作模式，C_0 选择外部时钟序列或内部时钟序列。C_1、C_0 之后补一位 0。表 11-1 显示输入字序列，一共 24 位。

表 11-1　输入字序列

数据																地址					控制		
D_{15}	D_{14}	D_{13}	D_{12}	D_{11}	D_{10}	D_9	D_8	D_7	D_6	D_5	D_4	D_3	D_2	D_1	D_0	A_4	A_3	A_2	A_1	A_0	C_1	C_0	0
MSB																							LSM

2) 工作模式

MAX5631 有三种工作模式，分别为顺序模式、立即更新模式和猝发模式。其中，顺序模式为默认工作模式。在顺序工作模式下，内部时序控制器按顺序循环访问 SRAM，并将对应的数字量装入 DAC，同时更新相应的采样保持器。立即更新模式用于更新单片 SRAM 的内容，同时更新相应的采样保持放大器输出。在这种模式下，所选择的通道输出会在顺序操作恢复前更新。用户可以通过设置 IMMED 或使 C_1 为高电平来选择立即更新模式。猝发模式是一种高速装入多地址 SRAM 的方法，但此时数据不被立即更新，而只有在数据猝发装入完成并将控制返回到时序控制器后才进行更新。用户通过将 IMMED 和 C_1 同时保持低电平可选择猝发模式。

4. MAX5631 与 AT89C51 的接口

MAX5631 与单片机 AT89C51 的硬件连接如图 11-10 所示。

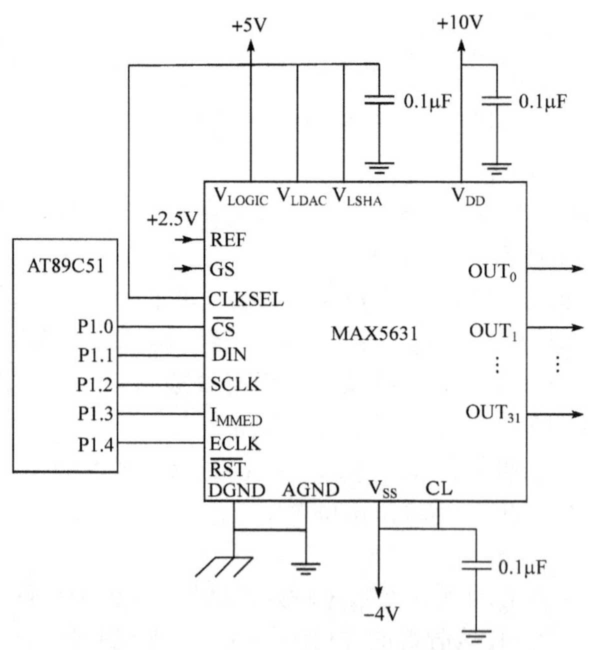

图 11-10　MAX5631 与 AT89C51 的硬件连接

片选 $\overline{CS}$ 可控制 MAX5631 是否被选中。$\overline{CS}$ 为低电平，MAX5631 被选中，所有的转换开始有效。DIN 为串行数据输入，SCLK 为外部时钟输入。IMMED 为模式选择，该脚为高

或者控制字 C_1 为高表示选择立即更新模式；IMMED 和 C_1 同时为低，表示选择猝发模式。在图中，这两种模式可通过 P1.3 的控制加以选择。如果已经固定选择了某一模式，也可以将该脚直接接地或接电源。CLKSEL 为时钟选择端，当 C_0 或者该脚为高电平时，系统选择外部时钟模式，此时内部时钟模式将被关闭。ECLK 为外部时钟模式控制引脚，可用于控制外部时钟。$\overline{\text{RST}}$ 为输入复位端。

11.3 A/D 转换及其接口

A/D 转换器是模拟信号源与计算机或其他数字系统之间联系的桥梁，它的任务是将连续变化的模拟信号转换为数字信号，以便计算机或数字系统进行处理、存储、控制和显示。在工业控制和数据采集及其他领域中，A/D 转换器是不可缺少的重要组成部分。

11.3.1 A/D 转换的基本原理

A/D 转换的全过程通常分为四步进行：采样、保持、量化、编码。

采样、保持由采样保持电路完成；量化、编码由 A/D 转换电路同时完成。A/D 转换器将模拟电压信号进行量化、编码，转换为 N 位二进制数字信号。

根据原理和特点的不同，ADC 可分类为直接 ADC 和间接 ADC。直接 ADC 是直接将模拟电压转换成数字代码，这类中较常用的有逐次逼近式 ADC、计数式 ADC、并行转换 ADC 等。间接 ADC 是将模拟电压先变成中间变量(如脉冲频率、脉冲周期等)，再将中间变量转换成数字代码，这类较常用的有单积分式 ADC、双积分式 ADC、V/F 转换式 ADC 等。单片集成 ADC 通常是逐次逼近式 ADC。下面讨论逐次逼近式 ADC 的工作原理。

逐次逼近式 A/D 转换器的工作原理类似天平称重。它的原理框图如图 11-11 所示。

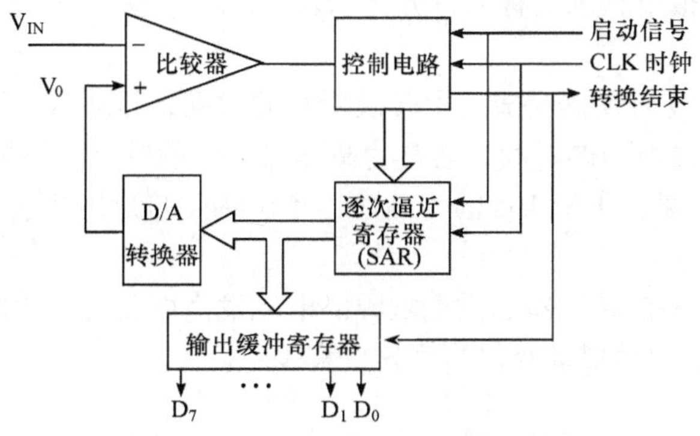

图 11-11　逐次逼近式 A/D 转换原理

当转换器收到启动信号之后，逐次逼近寄存器清 0，通过内部 D/A 转换器使输出电压 V_0 为 0，当启动信号结束后开始转换。

下面就 8 位 A/D 转换器为例说明转换过程。在第一个 CLK 周期，控制电路使逐次逼近寄存器最高位 D_7 置 1(即 10000000，相当于加一个最大砝码)，这组二进制数字经 D/A 转换后产生模拟电压 V_0。若输入电压 V_{IN} 大于 V_0，比较器输出为高，通过控制电路使 D_7=1 保留下来；若输入电压 V_{IN} 小于 V_0，比较器输出为低，通过控制电路使 D_7=0，这就完成了第一次比较。

在第二个 CLK 周期，控制电路使逐次逼近寄存器次高位 D_6 置 1(即 × 1000000，相当于加一个剩下的最大砝码)，这组数字经过 D/A 转换后产生模拟电压 V_0，同理比较 V_{IN} 和 V_0 决定 D_6=1 保留或清零。接下来再使 D_5 位置 1，…，重复上述过程，直至 D_0 位置 1(相当于加一个最小的砝码)，经比较决定 D_0=1 是否保留。经过 8 次比较后，逐次逼近寄存器中得到的值就是转换后的数字量。转换结束后，控制电路送出一个结束信号，该信号控制将逐次逼近寄存器中的数字量送入输出缓冲寄存器，从而得到数字量输出。

N 位 A/D 转换器完成一次数据转换需要进行 *N* 次比较，且一般需要 *N*+1 个 CLK 周期，若将转换结果送入输出缓冲寄存器这一节拍包括在内，则需 *N*+2 个 CLK 周期。

11.3.2 A/D 转换器的性能参数

1. 分辨率

A/D 转换的分辨率是能够分辨的最小量化信号的能力，即输出的数字量变化 1 所需入模拟电压的变化量，通常用位数来表示。对于一个实现 *n* 位转换的 ADC 来说，它能分辨的最小量化信号的能力为 2^n 位，即分辨率为 2^n 位。例如，对于一个 12 位的 ADC，分辨率为 2^{12}=4096 位。

2. 转换精度

转换精度分为绝对精度和相对精度。

(1) 绝对精度：是指满量程数字量输出时，模拟输入量的实际值与理论值之差的最大值。通常用数字量的最小有效值(LSB)的分数值来表示绝对精度。例如，±1LSB、±1/2LSB、±1/4LSB 等。

(2) 相对精度：是指在零点满量程校准后，任意数字输出所对应模拟输入量的实际值与理论值之差，用模拟电压满量程的百分比来表示。

3. 转换时间

转换时间是指 A/D 转换器完成一次转换所需的时间，即从启动信号开始到转换结束并得到稳定的数字输出量所需的时间，通常为微秒级。一般约定，转换时间大于 1ms 的为低速，1ms～1μs 的为中速，小于 1μs 的为高速，小于 1ns 的为超高速。

4. 电源灵敏度

电源灵敏度是指 A/D 转换器的供电电源的电压发生变化时产生的转换误差。一般用电源电压变化 1%时相当的模拟量变化的百分数来表示。

5. 量程

量程是指所能转换的模拟输入电压范围，分单极性、双极性两种类型。例如：

单极性量程为 0～+5V，0～+10V，0～+20V；

双极性量程为−5～+5V，−10～+10V。

6. 输出逻辑电平

多数 A/D 转换器的输出逻辑电平与 TTL 电平兼容。在考虑数字量输出与微处理器的数据总线接口时，应注意是否要三态逻辑输出，是否要对数据进行锁存等。

7. 工作温度范围

由于温度要对比较器、运算放大器、电阻网络等产生影响，故只在一定的温度范围内才能保证额定的精度指标。

11.3.3 8 位 A/D 转换器 ADC0809 及其接口

ADC0809 是美国国家半导体公司生产的逐次逼近型 8 位 A/D 转换器芯片。片内有 8 路模拟开关，可输入 8 个模拟量。单极性量程为 0～+5V。外接 CLK 为 640kHz 时，典型的转换速度为 100μs。片内带有三态输出缓冲器，数据输出端可直接与数据总线相连。其性能价格比有明显的优势，是广泛使用的芯片之一，可应用于对精度和采样速度要求不高的场合或一般的工业控制领域。

1. ADC0809 的内部结构

ADC0809 的内部结构如图 11-12 所示，分为三部分：①8 路模拟开关、地址锁存、3-8 译码；②8 位 A/D 转换；③三态输出缓冲器。其中，A/D 转换部分由 8 位 DAC、比较器、逐次逼近寄存器和控制逻辑组成，而 DAC 由 256R 电阻 T 型网络和树状开关组成，其组成结构如图 11-13(以 2 位 D/A 转换的 4R 电阻网络和树状开关为例)所示。

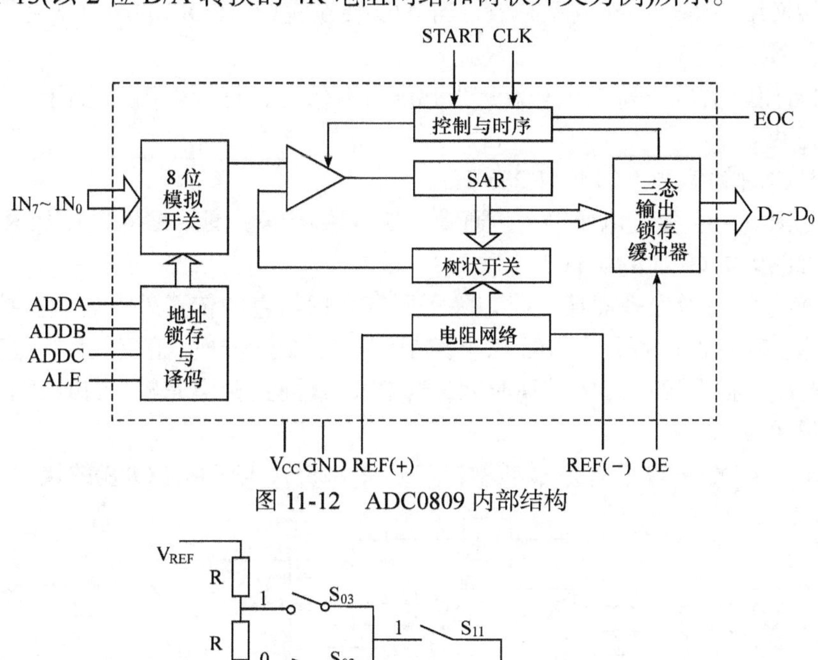

图 11-12 ADC0809 内部结构

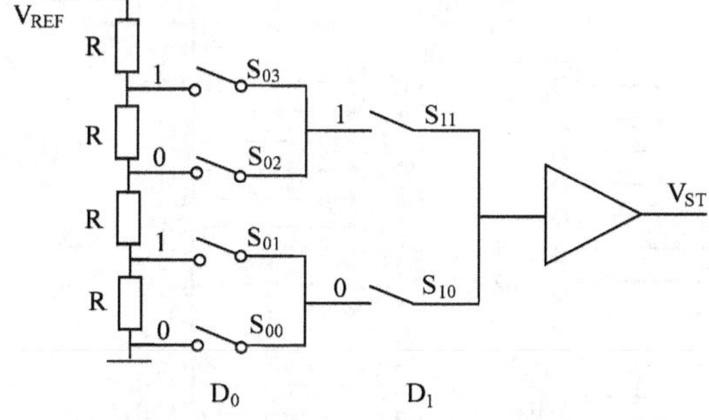

图 11-13 4R 电阻网络与相应树状开关

树状开关的通和断取决于二进制数值 0 和 1。每一位二进制数控制 1 列开关。当数据为 0，对应列中“0”开关闭合；相反，当数据为 1，对应列中“1”开关闭合。所以，树状开关构成的 D/A 转换输出 V_{ST} 电压的大小完全取决于输入的数字量。

V_{ST} 送到比较器的输入端，与输入模拟信号 V_{IN} 进行比较，根据比较器输出的“0”或“1”来确定逐次逼近寄存器的输出二进制数值，以便对树状开关进行控制。

转换完成后，逐次逼近寄存器的数值送入三态输出缓冲器。当输出允许信号 OE 为高电平时，三态输出缓冲器中的数字量放到数据总线上，供 CPU 读取。

START 和 EOC 分别为启动信号和变换结束信号，EOC 还可以作申请中断或供查询。

ADC0809 通过引脚 IN_7～IN_0 可输入 8 路模拟输入电压。ALE 将 3 位地址信号 ADDA、ADDB、ADDC 进行锁存，然后经 3-8 译码器选通 8 路中的 1 路进行 A/D 转换。

2. ADC0809 的引脚特性

ADC0809 是 28 引脚的双列直插式芯片，各引脚定义如下所述。

IN_7～IN_0：8 通道模拟量输入信号。

ADDC、ADDB、ADDA：通道号选择信号，其中 ADDA 是 LSB 位。

ALE：通道号锁存控制端。当它为高电平时，将 ADDA、ADDB、ADDC 锁存。

D_7～D_0：结果数据输出端。其中 D_7 为最高有效位。

START：启动 A/D 转换信号，高电平有效，给出一个 START 信号后，转换开始。

EOC：转换结束信号，高电平有效，当 A/D 转换完毕，EOC 的高电平可用作中断请求信号或查询信号。

OE：输出使能信号，高电平有效，当此信号有效时，打开输出三态门，将转换后的结果送至数据总线。

CLK：外接时钟信号。CLK<1.28MHz。

REF(+)、REF(–)：参考电压输入。通常将 REF(–)接模拟地，参考电压从 REF(+)引入。

3. ADC0809 与 CPU 的接口

A/D 转换芯片与微处理器接口时，除了要有数据信息的传送外，还应有控制信号和状态信号的联系。其工作过程是：CPU 送出控制信号至 A/D 转换器的启动端，使 A/D 转换器开始转换；A/D 转换需要一定的转换时间，当 CPU 查询到转换完成，CPU 执行输入指令将 A/D 转换的结果读入。

图 11-14 为 ADC0809 芯片通过通用接口芯片 8255A 与 CPU(8088)的接口。ADC0809

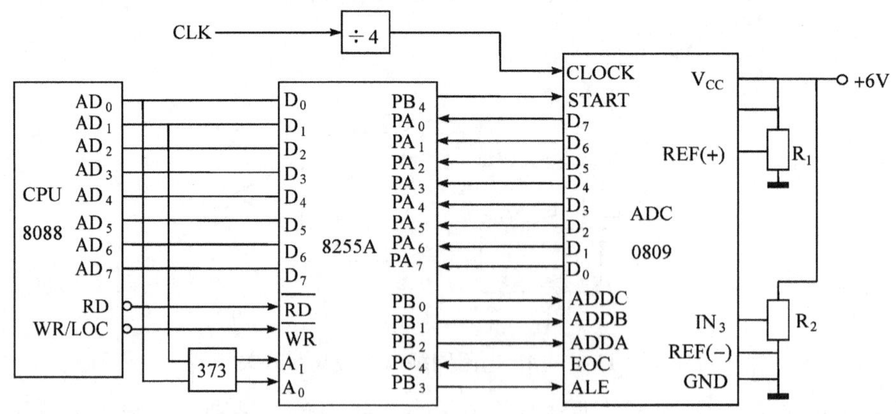

图 11-14　ADC0809 与 CPU 的接口

的输出数据通过 8255A 的 PA 口输入给 CPU，而地址锁存信号 ALE 和地址译码输入信号 ADDA、ADDB、ADDC 由 8255A 的 PB 口的 PB_3～PB_0 提供。A/D 转换的状态信息 EOC 则由 PC_4 输入。

例 11-3 编写实现图 11-12 A/D 转换的程序。

对以上电路进行 A/D 转换的编程前，需先确定数据的输入方式，以便选择 8255A 的工作方式。例如，在本例中，假定以查询方式读取 A/D 转换后的结果，则 8255A 可设定 A 口为输入，B 口为输出，均为方式 0，PC_4 为输入。

```
        ORG    1000H
START:  MOV    AL, 98H       ;8255A 初始化，方式 0，A 口输入，B 口输出
        MOV    DX, 0FFH      ;8255A 控制字端口地址
        OUT    DX, AL        ;送 8255A 方式字
        MOV    AL, 0BH       ;送 IN3 输入端和地址锁存信号
        MOV    DL, 0FDH      ;8255A 的 B 口地址
        OUT    DX, AL        ;送 IN3 通道地址
        MOV    AL, 1BH       ;START←PB4=0
        OUT    DX, AL        ;启动 A/D 转换
        MOV    AL, 0BH
        OUT    DX, AL        ;START←PB4=1
        MOV    DL, 0FEH      ;8255A 的 C 口地址
TEST:   IN     AL, DX        ;读 C 口状态
        AND    AL, 10H       ;检测 EOC 状态
        JZ     TEST          ;如果未转换完，再测试；如果转换完，则继续
        MOV    DL, 0FCH      ;8255A 的 A 口地址
        IN     AL, DX        ;读转换结果
        HLT
```

11.3.4 12 位 A/D 转换器 AD574A 及其接口

AD574A 是美国模拟器件公司生产的 12 位逐次逼近型的 A/D 转换芯片，转换时间为 25～35μs。片内有数据输出寄存器，并有三态输出的控制逻辑。其运行方式灵活，可进行 12 位转换，也可作 8 位转换；转换结果可直接 12 位输出，也可先输出高 8 位，后输出低 4 位。可直接与 8 位或 16 位的 CPU 接口。输入可设置为单极性，也可设为双极性。片内有时钟电路，无需外部时钟。

1. AD574A 的内部结构和控制逻辑

(1) 内部结构。AD574A 的逻辑结构框图如图 11-15 所示。

(2) 引脚特性。AD574A 共有 28 个引脚，各主要引脚的含义如下所述：

DB_{11}～DB_0：输出数据线。DB_{11} 为最高位，DB_0 为最低位。

$\overline{CS}$：片选信号，低电平有效。

CE：芯片使能信号，高电平有效。

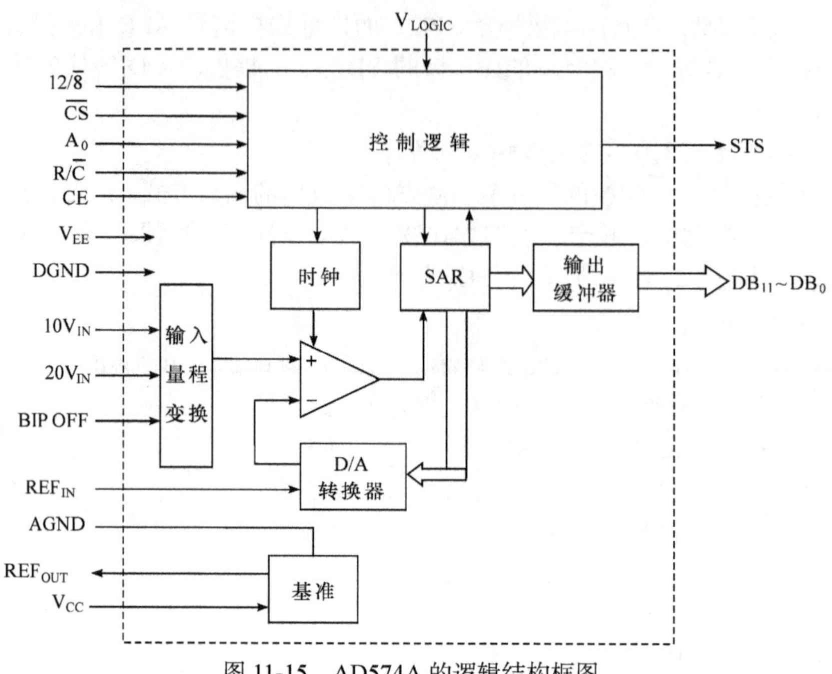

图 11-15　AD574A 的逻辑结构框图

$R/\overline{C}$：读/启动转换控制信号。该引脚为低电平时，表示启动转换；高电平时，表示可输出数据。

$12/\overline{8}$：数据模式选择信号。当它为高电平时，12 位数据一次输出；低电平时，12 位数据分两次输出。

A_0：字节地址短周期信号，用于选择转换数据的长度。$12/\overline{8}$接数字地时，A_0用于控制读出数据格式。

STS：转换状态输出信号。转换过程中呈现高电平，转换一结束，立即返回到低电平。

$10V_{IN}$：此引脚的模拟量输入范围是 0～+10V。如果接成双极性工作方式，可以是 −5～+5V。

$20V_{IN}$：此引脚的模拟量输入范围是 0～+20V。如果接成双极性工作方式，可以是 −10～+10V。

BIP OFF：此引脚的连接方式与模拟量是单极性，还是双极性有关。

REF_{IN}：参考电压输入端。

REF_{OUT}：参考电压输出端。

(3) 控制逻辑。AD574 A 片内的控制逻辑电路，能根据 CPU 给出的控制信号进行转换或读出等操作。只有在 CE=1 同时 $\overline{CS}$=0 时才能进行一次有效的操作；当 CE 和 $\overline{CS}$ 同时有效，而 $R/\overline{C}$ 为低电平时启动转换，$R/\overline{C}$ 为高电平时读出数据。至于是 12 位数据转换，还是 8 位转换，则由 A_0 来选择。若 $12/\overline{8}$端接+5V，则并行输 $\overline{CS}$ 出 12 位数字；若 $12/\overline{8}$端接数字地，则由 A_0 来控制是读出高 8 位，还是低 4 位。控制信号的逻辑功能见表 11-2。

表 11-2　AD574A 控制信号逻辑功能

CE	$\overline{CS}$	$R/\overline{C}$	$12/\overline{8}$	A_0	功　能
0	×	×	×	×	禁止
×	1	×	×	×	禁止
1	0	0	×	0	启动 12 位转换
1	0	0	×	1	启动 8 位转换
1	0	1	+5V	×	输出数据格式为并行 12 位
1	0	1	数字地	0	输出数据是 8 位最高有效位
1	0	1	数字地	1	输出数据是 4 位最低有效位

2. AD574A 的输入连接与校准

AD574A 有单极性、双极性两种模拟电压输入连接方式，分别如图 11-16(a)、(b)所示。AD574A 在单极性输入连接时，模拟输入电压范围是 0～+10V 或 0～+20V。可调电阻 R_1 可以对偏值进行校准(若不需校准，BIP OFF 可直接接模拟地)。可调电阻 R_2 可以对满量程进行校准(若不需校准，R_2 可用一个 50Ω±1%的固定电阻代替)。AD574A 的额定偏值为 1/2LSB，因此，在作偏值校准时，用 1/2LSB(设满量程为+10V 时，1/2LSB 为 1.22mV)的输入电压，调整 R_1 得到从 000000000000 到 000000000001 的跳变点，在作满量程校准时，施加一个低于满量程 1.5LSB 的输入电压，调整 R_2 得到从 111111111110 到 111111111111 的跳变点。

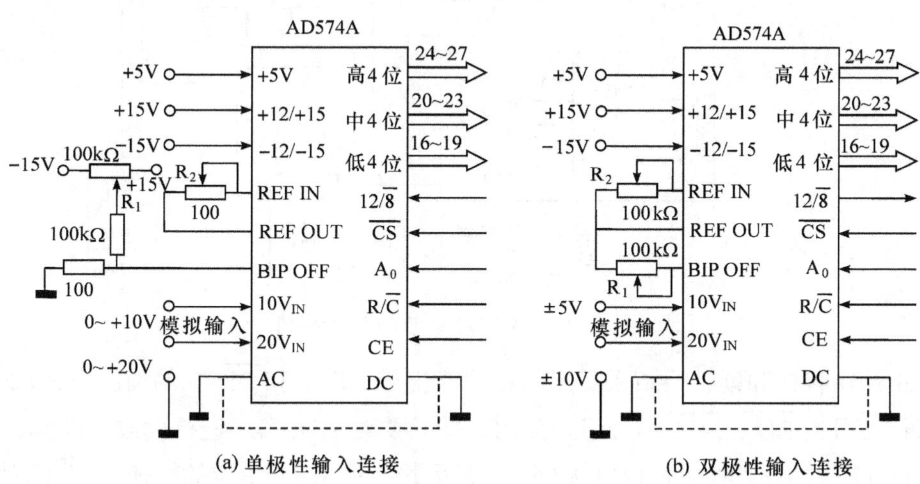

图 11-16　AD574A 输入连接

AD574A 在双极性输入连接时，模拟输入可为±5～±10V。双极性输入校准，类似于单极性的校准。首先用一个高于负满量程 1/2LSB 的输入电压，调整 R_1 产生从 000000000000 到 000000000001 的跳变点，然后用一个低于正满量程 1.5LSB 的输入电压，调整 R_2 产生从 111111111110 到 111111111111 的跳变点。

3. AD574A 与 CPU 的接口

A/D 转换器与 CPU 接口主要有两部分：一部分是 CPU 与 A/D 转换器之间的控制信号，如对 A/D 转换的启动信号，读转换数据的控制命令，A/D 转换结束对 CPU 作中断请求或供 CPU 作查询的信号等；另一部分是 A/D 转换器的数据输出线与 CPU 数据总线的连接。

AD574A 不同的工作模式，其接口电路也将作相应的变化。图 11-17 为 AD574A 与 CPU(8088)的接口，采用双极性输入连接方式，模拟量输入范围为±10V，由采样保持器输入。图中 U_1 采用 74LS245 芯片(8 位同相三态收发器)，由于 8088 的 AD_7～AD_0 是数据线与低 8 位地址线分时复用的，U_1 即作为 AD574A 转换后数字量的输入缓冲器，也作为地址和控制命令输出的驱动器。$12/\overline{8}$ 接+5V。A/D 转换后的 12 位数据，并行输出，高 4 位经 U_2，低 8 位经 U_3，分两次通过 U_1 读入。因此 U_2、U_3 选用单方向的 8 位同相三态缓冲器 74LS244，且将 U_2 输入端的高 4 位接地，使读入 CPU 的 A/D 转换后数字量的范围为 0000～0FFFH，同时为保证 CPU 能分两次正确读入 AD574A 转换后的结果，U_2、U_3 必须用不同的端口地址去选通。

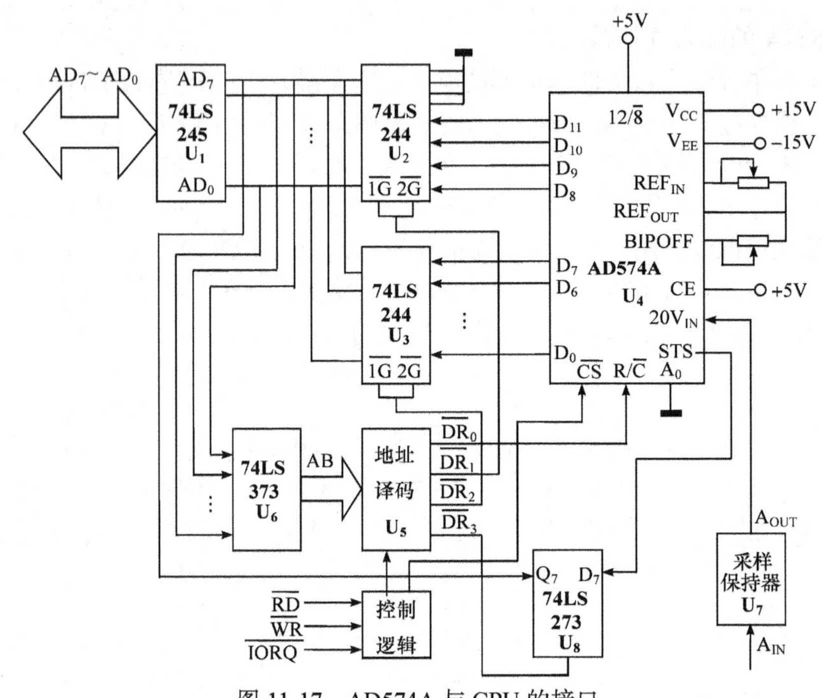

图 11-17　AD574A 与 CPU 的接口

启动 A/D 转换和读转换结果都必须在使能信号 CE=1 和 $\overline{CS}$=0 的情况下，故 CE 端接+5V，而 $\overline{CS}$ 可由 $\overline{RD}$、$\overline{WR}$ 信号组合控制，即只要对 AD574A 进行读或写操作，$\overline{CS}$ 都有效。图 11-17 中 A_0 接地，而 $12/\overline{8}$ 接+5V，表示此芯片用于 12 位的转换。$R/\overline{C}$ 信号可由地址译码器的输出 DR_0 控制，只要对 DR_0 地址端口进行一次写操作，便可使 $R/\overline{C}$ 由高变低，启动一次 A/D 转换。AD574A 的工作状态由 STS 信号输出，可将 STS 信号经 U_8 和 U_1 读至 AD_7，以查询 A/D 是否转换完毕，可否读入数据。

读入转换结果时，只要分别对 $\overline{DR_1}$ 和 $\overline{DR_2}$ 地址端口进行读操作，此时 $R/\overline{C}$=1，即 AD574A 处于读状态，便可将转换后的 12 位数据分别按高位字节和低位字节读至 CPU 中。

例 11-4　写出在查询方式下 AD574 A 的转换程序，转换结果保留在 BX 寄存器中。

```
START: MOV    DX, DR0
       OUT    DX, AL          ;使 R/C̄=0，启动 A/D 转换
       MOV    DX, DR3
```

```
TEST: IN    AL, DX      ;读 STS 状态
      AND   AL, 80H
      JNZ   TEST        ;未转换完，再测试
      MOV   DX, DR1
      IN    AL, DX      ;转换完，读入高 4 位
      MOV   BH, AL      ;BH←高 4 位
      MOV   DX, DR2
      IN    AL, DX      ;读入低 8 位
      MOV   BL, AL      ;BL←低 8 位
      HLT
```

11.3.5 16 位 A/D 转换器 AD7701 及其接口

AD7701 是美国 Analog Devices 公司生产的单片 16 位 A/D 转换器。该芯片采用Σ-Δ采样技术和线性兼容 CMOS 工艺集成技术，片内内置自校准控制电路和串行输出接口，方便与微控制器接口。它具有功耗低、精度高、抗干扰能力强、工作温度范围宽等特点，适合于要求精度较高的仪器仪表、秤重计量、遥控检测、参数检测、数据采集和其他微控制应用系统。

AD7701 主要功能特性：单片 16 位 A/D 转换电路、内置自校准电路、片内有可编程低通滤波器(转折频率 0.1～10Hz)、灵活的串行接口、0～+2.5V 或±2.5V 模拟输入电压范围、4kSPS 输出速率、线性误差 0.0015%、超低功耗。

1. AD7701 的内部结构

AD7701 的内部逻辑结构框图如图 11-18 所示。从图中可知，AD7701 由校准 SRAM、校准微控制器、模拟调制器、6 极点高斯低通滤波器、时钟发生器和串行接口逻辑电路组成。

2. AD7701 的引脚特性

AD7701 共有 20 个引脚，各引脚的定义如下所述。

MODE(引脚 1)：串行接口工作方式选择。接+5V 电源电压，工作于同步内部时钟通信方式；接−5V 电源电压，工作于异步通信方式；接数字地，工作于同步外时钟通信方式。

CLK_{IN}、CLK_{OUT}(引脚 2，引脚 3)：使用内部主时钟时，此两引脚接晶振；使用外部时钟时，则由 CLK_{IN} 端输入时钟信号。

SC_1、SC_2、CAL(引脚 4，引脚 17，引脚 13)：系统校准及校准选择端。

DGND(引脚 5)：数字地。

DV_{SS}、AV_{SS}(引脚 6，引脚 7)：数字、模拟负电源，接−5V。

AGND(引脚 8)：模拟地。

A_{IN}(引脚 9)：模拟电压输入端。

V_{REF}(引脚 10)：参考电压输入端。

$\overline{SLEEP}$ (引脚 11)：睡眠方式选择端，接低电平处于睡眠方式，此时功耗仅为 10μW。

BP/$\overline{UP}$ (引脚 12)：单双极性选择端，接高电平为双极性输入，接低电平为单极性输入。

AV_{DD}、DV_{DD}(引脚 14，引脚 15)：模拟、数字正电源，接+5V。

$\overline{CS}$ (引脚 16)：片选端，此引脚为低电平时，串行口发送数据。

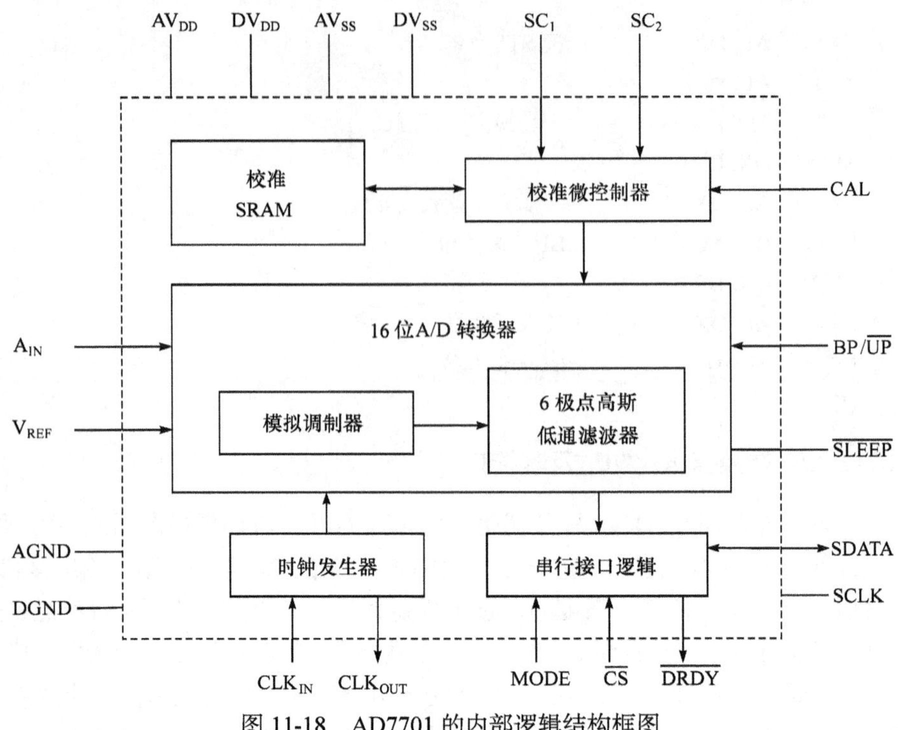

图 11-18　AD7701 的内部逻辑结构框图

$\overline{DRDY}$ (引脚 18)：数据准备端，在数据寄存器内数据准备好时为低电平，而数据传送完毕后为高电平。

SCLK(引脚 19)：串行时钟端。在同步外部时钟或异步通信时为时钟输入端，在同步内部时钟工作方式时为时钟输出端。

SDATA(引脚 20)：串行数据输出端，由 MODE 引脚决定输出模式。

3. AD7701 与 AT89C51 的接口

AT89C51 是 ATMEL 公司生产的兼容 MCS-51 结构系统的 FLASH 型单片机，硬件和指令完全兼容 C51 系列单片机。MCS-51 单片机的串行口有 4 种通信方式，即方式 0、1、2、3，我们选择工作方式 0。AT89C51 的串行通信口在方式 0 下作为同步移位寄存器使用，RXD 端作为移位数据的输入输出口，TXD 端作为移位时钟脉冲控制端，移位数据的发送和接收以 8 位为一帧，低位在前，高位在后。AT89C51 与 AD7701 的接口电路如图 11-19 所示。

图 11-19 中的 MC1403 是一片精密的稳压电路，可以提供 2.5V±25mV 的稳压精度。AT89C51 首先通过 P3.4 查询 $\overline{DRDY}$，当 AD7701 的串行数据寄存器中的数据准备好时，由 P3.3 选通 $\overline{CS}$ 端。单片机对 AD7701 的输出数据的读取有一定的要求，当单片机给 AD7701 的 $\overline{CS}$ 端第一个下降沿时，AD7701 开始发送第一帧 A/D 转换数据(高 8 位)；当给 $\overline{CS}$ 端第二个下降沿时，AD7701 输出第二帧 A/D 转换数据(低 8 位)。AT89C51 的 RXD 串行数据接收端从 AD7701 的串行数据输出端 SDATA 读取数据。由于串行口选择为异步通信模式，串行口的 SCLK 需要外部时钟，把单片机 ALE 端输出的时钟经过 CD4040 分频后送至 AD7701 的 SCLK 端口。AD7701 的片内主时钟由一个 4MHz 的晶振提供。

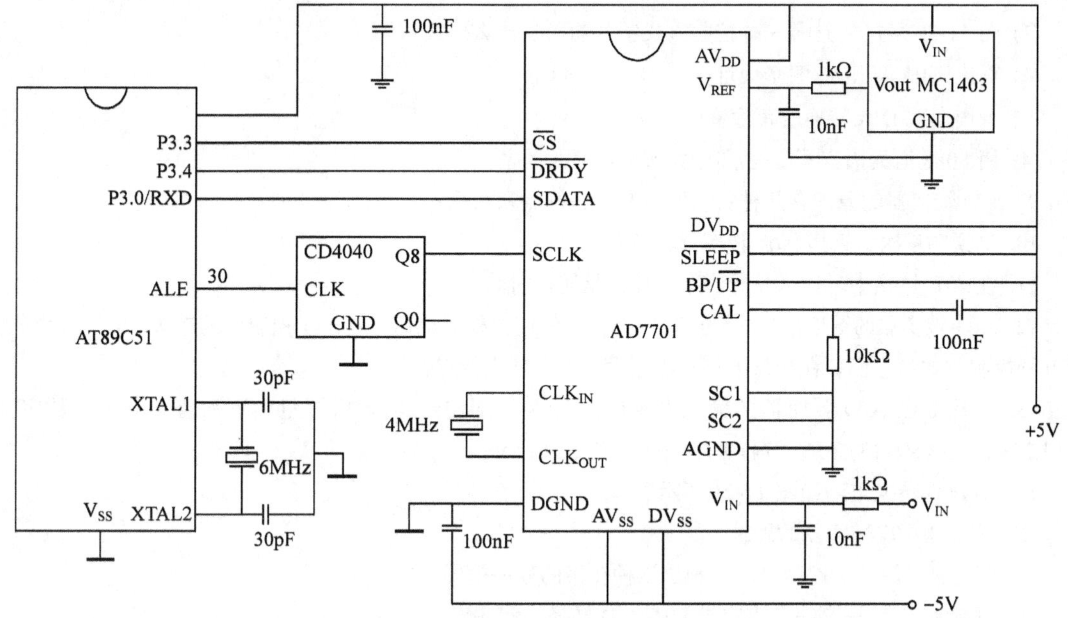

图 11-19　AT89C51 与 AD7701 的接口电路

习　题　11

1. 一个完整的微机控制系统的输入通道和输出通道应包括哪几个环节？

2. D/A 转换器和 A/D 转换器在微型计算机的应用系统中起什么作用？

3. 说明 D/A 转换器的工作原理。

4. 在 D/A 转换中，什么是分辨率？什么是相对转换精度？

5. DAC0832 与 CPU 有几种连接方式？它们与 CPU 的硬件接口有何不同？

6. 利用DAC0832设计一个电路和相应的程序，完成一个锯齿波发生器的功能，使锯齿波呈负向增长，并且锯齿波周期可调。D/A 转换器端口号为 66H。

7. 用 DAC0832 组成一个输出±10V 的 D/A 转换电路，并写出产生一个三角波的程序。

8. 某控制系统模拟量输出通道如图 11-20 所示。

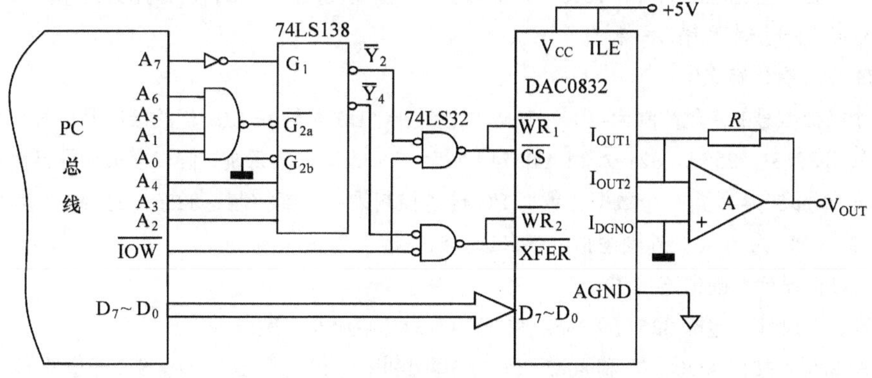

图 11-20　DAC0832 与 PC 机连接图

(1) 图 11-20 采用的是哪一种控制方式？其输出是什么形式？

(2) 写出图中 $\overline{Y_2}$ 和 $\overline{Y_4}$ 两个地址。

(3) 画出实现 D/A 转换的程序框图。

(4) 用 8086 汇编语言写出完成上述 D/A 转换的程序。

9. A/D 转换器的原理有几种？它们各有什么特点和用途？

10. 试说明逐次逼近型 A/D 转换器转换原理。

11. 在 A/D 转换中，什么是分辨率？什么是转换时间？

12. A/D 转换器的结束信号(设为 EOC)有什么作用？根据该信号在 I/O 控制中的连接方式，A/D 转换有几种控制方式？它们各在接口电路和程序设计上有什么特点？

13. 设某 8 位 A/D 转换器的输入电压位 0～+5V，求出当输入模拟量为下列值时输出的数字量：(1) 1.25V；(2) 2V；(3) 2.5V；(4) 3.75V；(5) 4V；(6) 5V。

14. 某 A/D 转换电路如图 11-21 所示。

(1) 试写出 A/D 转换器的地址。

(2) 该电路采用什么控制方式？画出该种转换的程序框图。

(3) 用 8086 汇编语言编写出完成上述 A/D 转换的程序。

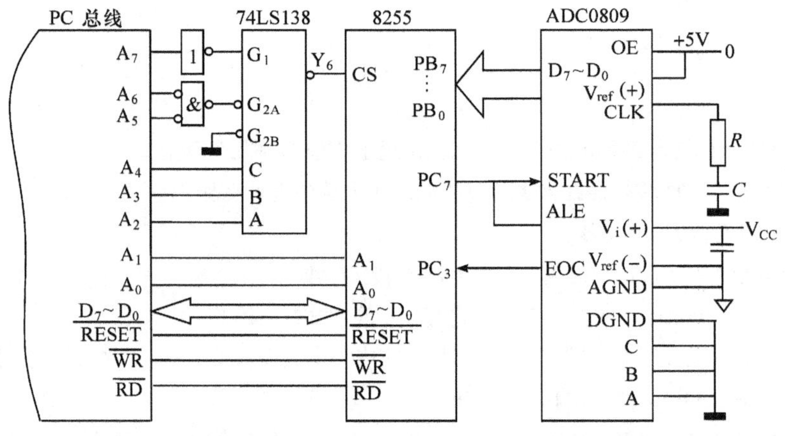

图 11-21 A/D 转换电路图

15. 设被测温度变化范围为 0～1200℃，如果要求误差不超过 0.4℃，应选用分辨率为多少位的 A/D 转换器(设 ADC 的分辨率和精度一样)?

16. AD574A 有何特点?

17. 一个模拟信号的变化范围为-10～+10V。试设计出 AD574 与 16 位微机的接口电路图及相应的程序。

18. 试利用 8253、8255A、8259A 和 AD574A 设计一个数据采集系统，假设模拟信号已满足 A/D 转换的要求。要求每隔 50μs 采集一个数据，数据 I/O 传送控制采用中断控制，8255A 的 INTR 信号(方式 1)接 8259A 的 IR2，CPU 为 8088。外围逻辑电路自选。试完成下列各题：

(1) 进行硬件设计，画出连接图。

(2) 进行软件设计，包括 8253、8255A 和 8259A 的初始化及中断服务。

19. 利用 8255A 接口 ADC0809 和 8086 CPU，编写出利用查询方式，连续转换 8 个通道的模拟量的程序。

第 12 章　人机交互设备及其接口

外围设备是计算机系统的重要组成部分，是用于计算机系统中，除主机以外，直接或间接与 CPU 进行信息交换并改变信息形态的装置。微型计算机的外设种类繁多，千差万别，外设方便了计算机对各种各样的自然信息进行处理，也提供了人机交互的手段，是对计算机功能的拓展。

人机交互设备是指实现人与计算机之间建立联系、交流信息的输入/输出设备。这些设备的输入/输出是以计算机为中心的，人机交互接口是计算机同人机交互设备之间实现信息传输的控制电路。人机接口电路通常要完成两个任务：一是信息形式的转换，把外界信息转换成计算机能接收和处理的信息，或把计算机处理后的信息转换成外设能显现的形式；二是计算机与人机交互设备之间的速度匹配，也就是完成信息速率与传输速率的匹配控制。

本章重点分析键盘、鼠标、显示器、打印机等几种常见的人机交互设备的工作原理以及它们与计算机之间的接口，网络接入设备的工作原理。简单介绍扫描仪、触摸屏、数码相机、语音交互系统的工作原理。

12.1　键盘及其接口

键盘是微机系统中最基本的人机交互输入设备。人们通过键盘上的按键直接向计算机输入各种数据、命令及指令，从而使计算机完成不同的运算及控制任务。

12.1.1　键盘的工作原理

1. 键盘的类型

键盘由排列成矩阵形式的按键和扫描电路组成。组成键盘的按键有电容式、机械式、导电橡胶式、薄膜式等多种，但其本质都是一个控制电路接通或断开的键开关。

根据键盘功能的不同，通常把键盘分为两种基本类型：

(1) 编码键盘。这种键盘内部能自动检测被按下的键，并提供与被按键功能对应的键码(如 ASCII)，以并行或串行方式送给 CPU。它使用方便、接口简单，但硬件电路复杂，价格较高。

(2) 非编码键盘。这种键盘只简单地提供按键的行列位置(位置码或扫描码)，而按键的识别和键码的确定与输入等功能均由软件完成。目前，微机系统中为了降低成本，大多采用非编码键盘。

实际使用中的某些键盘往往介于两种类型之间，即它们可以完成编码键盘的部分功能，但又不能完全属于编码键盘。

2. 键盘的功能

在键盘中，为了检测哪个键被按下，通过用硬件方法或软硬件相结合的方法，达到如下功能：

(1) 识别键盘矩阵中的被按键；

(2) 清除按键时产生的抖动干扰；

(3) 防止按键操作的串键错误；

(4) 产生被按键相应的键码。

3. 键盘的工作原理

如何识别被按键是键盘要解决的首要问题，非编码键盘常用的方法有逐行扫描法和行列扫描法两种。

逐行扫描法的基本思想是，程序对键盘进行逐行扫描，通过检测到的列输出状态来确定闭合键。为此，需要设置输入口、输出口各一个。该方法在微机系统中被广泛使用。

行列扫描法的基本思想是，通过行列颠倒扫描来识别闭合键。在扫描每一行时，读列线，然后依次向列线扫描输出，读行线。为此，需要提供两个可编程的双向输入/输出端口。

假定采用逐行扫描法，“0”为有效信号，则键盘工作原理可归纳如下：

(1) 检查是否有键按下，其方法是输出扫描码，使所有行线为 0。然后读入列线状态，检查是否有列线为 0。若有，则表明有行线和列线接通，意味着有键按下。

(2) 去抖动。当有键按下时，延时 20ms 左右，待抖动消失后，在稳定状态下进行被按键识别。

(3) 被按键识别。从第 0 行第 0 列开始，顺序对所有按键编号。通过逐行扫描确定被按键的编号。具体定位方法为：从第 0 行开始，每扫描一行时，令该行对应的行线为 0，其余行线为 1，然后读入列线状态，检查是否有列线为 0。若无，则行号加 1，顺序扫描下一行；若有，则查出状态为 0 的列号，由该列号和正在扫描的行号即可确定被按键的编号。

(4) 产生键码。根据扫描得到的键编号查找键盘编码表，获得与被按键功能对应的键码。然后根据键码转去执行相应子程序。

至于键码产生后如何实现对应的键功能，则已不属于键盘接口的任务，而应由微机操作系统或应用程序去完成。

例 12-1 假定有一个 3×4 的矩阵键盘通过并行接口芯片 8255A 与微机相连。8255A 的 A 口定义为输出口，与键盘行线相连；B 口定义为输入口，与键盘列线相连。接口硬件连接框图如图 12-1 所示。

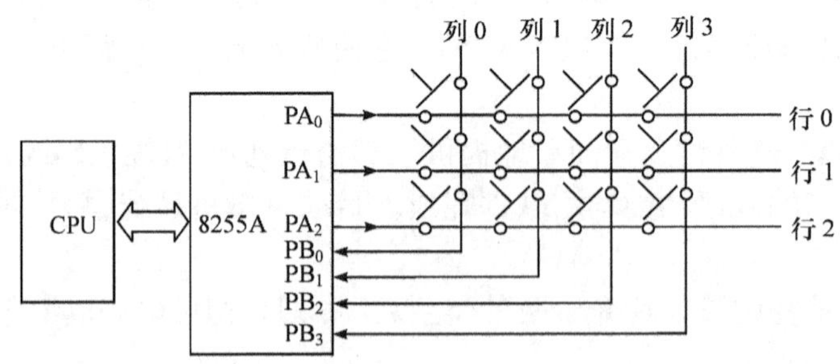

图 12-1 非编码键盘接口硬件框图

设 8255A 的 A 口地址为 40H，B 口地址为 41H，控制寄存器地址为 43H，则实现接口有关功能的程序段如下：

```
        ;8255A 初始化
        MOV   AL, 82H              ;方式 0，A 口输出，B 口输入
        OUT   43H, AL
        ;检查是否有键按下
BEGIN:  MOV   AL, 0
        OUT   40H, AL
WAIT:   IN    AL, 41H
        AND   AL, 0FH
        CMP   AL, 0FH
        JZ    WAIT
        ;延时去抖动
        MOV   CX, 7FFH
L0:     LOOP  L0
        ;识别被按下的键
ST:     MOV   BL, 3                ;行数送 BL
        MOV   BH, 4                ;列数送 BH
        MOV   AL, 0FEH             ;扫描码，0 行为 0
        MOV   CL, 0FH              ;列线屏蔽码送 CL
        MOV   CH, 0FFH             ;置键号初值为-1
L1:     OUT   40H, AL              ;扫描一行
        ROL   AL, 1
        MOV   AH, AL               ;修改扫描码并送 AH 保存
        IN    AL, 41H
        AND   AL, CL
        CMP   AL, CL               ;读入列线值，检查是否有列线为 0
        JNZ   L2                   ;有列线为 0 时转去找该列线
        ADD   CH, BH               ;否则，指向该行末列键号
        MOV   AL, AH               ;取回扫描码
        DEC   BL
        JNZ   L1                   ;行数减 1，未完转下一行
        JMP   BEGIN
L2:     INC   CH                   ;键号加 1，指向本行首列键号
        RCR   AL
        JC    L2                   ;该列非 0，检查下一列
        MOV   AL, CH               ;该列为 0，键号送 AL
        JMP   KEYTABLE             ;转查找键盘编码表子程序，获取与键功能对应的键码
```

12.1.2 微机键盘及键盘接口

1. 微机键盘的特点

微机常用的键盘有 83 键(PC/XT)、84 键(PC/AT)、101 键和 102 键(386、486 机)、104 键(Pentium)、105 键、108 键、109 键等多种。目前市场上占主流的是 104 键和 108 键的键盘。无论键数多少，均具有如下特点：

(1) 键盘由单片机、译码器和 16 行 × 8 列的键开关矩阵三大部分组成。

(2) 按键采用电容开关，即按键时的上下动作使电容量发生变化，从而实现开关接通或断开的目的。

(3) 它是一种由单片机扫描、编码的智能化键盘。尽管它使用的单片机能够自动地识别键的按下与释放，自动生成相应的扫描码(即行列位置码)，并以串行方式发往主机，具有编码键盘的绝大部分功能。但是，它不能直接提供与键功能对应的键值或键码，必须由主机在键处理程序中将键盘提供的扫描码转换为反映键功能的 ASCII 码。因此，严格地说仍属于非编码键盘。

(4) 键盘通常通过设在主板上的键盘接口连到主机上，使用者通过键盘输入的数据是在主机的 BIOS 程序的控制下，传送到主机的 CPU 中进行处理的。

2. PC 键盘与 PC 接口

PC 系列机采用的是由单片机(8048、8035 或 8044 等)扫描、编码的智能化键盘，它是一个与主机箱分开的独立装置，通过电缆与主机箱相连，如图 12-2 所示。图中左边虚框是键盘部分，内部主要由 Intel 8048 单片机、译码器和键盘矩阵三大部分组成。其中 Intel 8048 单片机作为键盘控制器，主要承担键盘扫描、去除抖动及生成扫描码等功能。扫描缓冲器可缓冲存放 20 个键扫描码。当多键滚按时，若干按键的扫描码便被放入缓冲队列，然后按“先进先出”的原则从缓冲区取出扫描码送往接口，以免高速按键时主机来不及进行中断响应和处理。扫描方式采用行/列扫描法。键盘矩阵为 16 × 8 矩阵格式，因此来自 8048 的内部计数器以约 10kHz 的频率不断循环计数，并将计数的结果送到键盘矩阵的行、列译码器。只要没有键按下，计数器就一直计数，单片机不断地对键盘进行周期性的行、列扫描。同时，读回扫描信号线结果，判断是否有键被按下，当有一个键被按下时，计数器停止计数，并生成键盘扫描码，通过串行方式输出到主机。在 8048 检测到键被按下后，还要继续对键盘扫描检测，以判断该键是否已释放。当检测到释放时，生成“释放扫描码”，以便和“按下扫描码”相区别。送出“释放扫描码”的目的是为识别组合键和上、下挡键提供条件。

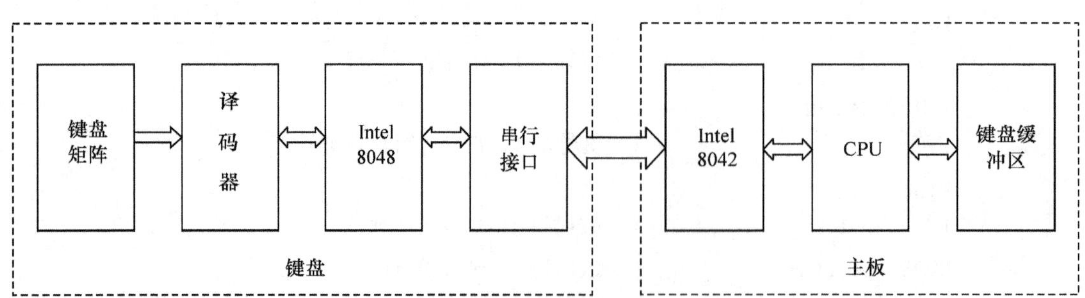

图 12-2 键盘接口示意图

除了扫描按键和向主机中的键盘接口发送扫描码外，键盘还要通过键盘接口向系统发送一些命令，或接收、执行由系统通过接口发来的命令。系统可以在任何时候发送命令，键盘接收到这些命令后，将在 20ms 内做出响应。

PC 扩展键盘接口采用单片微处理器 8042 作为键盘控制器。Intel 8042 芯片由一组面向系统的端口寄存器、控制寄存器，以及面向键盘的输入、输出、测试和控制的 CPU、ROM、8 BYTE RAM 组成。键盘控制器是键盘接口的核心器件，其任务是负责接收来自键盘的按键扫描码数据，对接收的数据进行奇偶校验并进行串/并转换，控制和检测传送数据的时间，将收到的按键行列位置扫描码转换为系统扫描码，以及接收、执行并向键盘转发系统命令，请求主机进行代码处理。当 Intel 8042 收到键盘扫描码后，将其转换成系统扫描码放到 Intel 8042 内部的并行输出缓冲器中，引发硬件中断请求 IRQ，系统调用 INT 09H 中断程序进行键盘代码处理。当系统需要从键盘缓冲区取键码数据时，一般由 BIOS 提供的 INT 16H 中断程序或 DOS 提供的系统功能调用 INT 21H 中断程序完成。

3. 键盘与主机之间的通信方式

主机与键盘的通信，实际上是键盘接口与键盘的通信。主机与键盘联络，是通过 PC 键盘插头联络的。在连接键盘与主机的电缆中，有用的信号线只有 4 条，即电源线、地线、双向时钟线和双向数据线。键盘和系统通过时钟线和数据线进行半双工通信。时钟线的主要用于传送同步脉冲，数据线主要用于传送二进制位串数据，时钟线和数据线的另一个作用是提供当前通信状态。时钟线和数据线与主机的键盘控制器 8042 的键盘数据线及键盘时钟线相连。在 8042 的控制下，键盘上的处理器 8048 随时检测 PC 机输出的数据线和时钟线，一旦都为高，则发时钟信号，键盘与主机之间开始以串行方式进行数据传送。如果时钟线处于低电平状态，表明线路禁止传输。因此主机通过设置数据线和时钟线的状态，控制键盘收发数据。

(1) 键盘向主机发送数据。

当有键被按下或键盘需要向系统回送命令时，键盘进入发送状态。键盘发送数据时，数据线和时钟线都由键盘控制。发送前，首先检查数据线和时钟线的状态，若 8042 的时钟线为低，则表明禁止键盘输出数据，此时键盘将要发送的数据压入键盘内部的队列缓冲器；若时钟线为高电平，数据线为低电平，则表示主机系统请求发送，键盘准备接收；只有当时钟线和数据线均为高电平时，键盘才可发送。在发送过程中，键盘要同时不断地测试时钟线状态。当时钟线长时间出现低电平状态时，键盘立即停止发送。

在 8042 的控制下，键盘与主机系统间以串行方式进行通信，通信格式符合异步串行协议，每帧数据由 1 个起始位、8 个数据位、1 个奇校验位和 1 个停止位组成。键盘首先检测时钟线和数据线的状态，当两者均为高电平时，开始传送数据，依次传送起始位、8 位数据位、校验位和停止位。每传送一位，时钟线同步地产生一个脉冲，若一帧数据发送完毕，主机就将时钟线置成低电平并保持一段时间，禁止键盘继续发送数据，以便检验该数据的正确性，并产生中断，进行代码转换和执行相应的操作。如果检验出错，就向键盘传送命令，要求重送。

(2) 主机向键盘发送数据。

开机自检时以及在某些特殊情况下，主机会向键盘发送一些键盘命令和参数，一条命令或参数占用一字节。主机通过键盘接口向键盘发送数据时，同样首先要检测时钟信号线状态，即检查键盘是否正在发送数据。如果检测到键盘正在发送数据，要接着判断是否已接收到第 10 个二进制位。如果主机已经接收到第 10 位，就等待接收完毕；如果接收的位少于 10 位，则系统可强迫时钟线为低电平，放弃本次接收的数据位，准备发送。系统强制时钟线为低电平的时间至少要持续 60ms，随后将时钟线置为高电平。8048 检测到这一状态后，开始接收键盘命令，在接收键盘命令或参数时，时钟脉冲由 8048 产生。主机在时钟线上每接收一个负脉冲的下降沿，就在数据线上输出一位数据，8048 可在该负脉冲的上升沿采样数据线，依次接收到 8 位数据位、1 位校验位和一位停止位后发送一个负脉冲，表示接收完毕。如果接收正确，在时钟线和数据线都成为高电平后，8048 向主机发送一个 ACK 信号，否则要求重新发送。主机收到重新发送的信号后，把刚才输出过的数据重新发送一次。如果持续三次，键盘仍不能确认接收，主机就放弃传送这个数据，转去执行后面的程序或显示错误信息。

4. PC 机键盘接口标准

目前键盘与主机的接口可分为 5 芯接口(即俗称大口)、PS/2 接口(即俗称小口)和 USB 接口。

早期的台式机键盘都使用 5 芯接口，1＃脚为键盘时钟信号，2＃脚为键盘数据信号，在主板上的键盘接口电路可按照这两个脚的信号同步地串行接收数据。当主机 CPU 读键盘扫描码时，键盘时钟信号变低，禁止键盘输出下一个扫描码。当主机 CPU 将扫描码取走后，键盘时钟信号自动变高，通知键盘可以传输下一个数据。

目前大多数键盘使用 PS/2 接口，这种接口最先由 IBM 公司于 1987 年在 PS/2 系统中实现，所以也称为 PS/2 接口，此称呼并不表示这种接口只能用在 PS/2 系统中。

USB 接口是最新的接口，目前新一代的主板已经内置了 USB 接口。USB 中的 2＃和 4＃脚用于双向传送数据。USB 接口具有热插拔功能，最快传输速率可达 12Mb/s。USB 接口允许一次连接多达 127 个外设，打破了各种接口连接的限制，它将成为流行趋势。

12.2　鼠标器及其接口

鼠标器是控制显示器光标移动的输入设备。它具有快速定位功能，在多种软件的支持下可用于屏幕编辑、菜单选择和图形绘制，是计算机图形界面交互的必备标准工具。

12.2.1　鼠标器的工作原理

根据内部测量位移部件的不同，鼠标器可分为机械式、光机式和光电式三大类。尽管结构不同，但从控制光标移动的原理上讲三者基本相同，都是把鼠标器的移动距离和方向变为脉冲信号送给计算机，计算机再把脉冲信号转换成显示器光标的坐标数据，从而达到指示位置的目的。下面简单介绍机械式及光电式鼠标。

1. 机械式鼠标

机械式鼠标的结构最为简单，由鼠标底部的胶质小球带动 X 方向滚轴和 Y 方向滚轴，在滚轴的末端有译码轮，译码轮附有金属导电片与电刷直接接触。鼠标的移动带动小球的滚动，再通过摩擦作用使两个滚轴带动译码轮旋转，接触译码轮的电刷随即产生与二维空间位移相关的脉冲信号。由于电刷直接接触译码轮和鼠标小球与桌面直接摩擦，所以精度有限，电刷和译码轮的磨损也较为厉害，直接影响机械鼠标的寿命。因此，机械式鼠标已基本被光电式鼠标取而代之。

2. 光电式鼠标

光电式鼠标是利用发光二极管(LED)发出来的光投射到鼠标板上，其反射光经过光学透镜聚焦投射到光敏管上。由于鼠标板在 X、Y 方向皆印有间隔相同的网络，当鼠标器在该板上移动时，反射的光有强弱之分，在光敏管中就变成强弱不同的电流，经放大、整形变成表示位移的脉冲序列。鼠标的运动方向是由相位相差 90°的两组脉冲序列求得的。

随着鼠标技术的发展，出现了激光鼠标。激光鼠标可以适应更复杂的使用环境，使鼠标的适应能力更强，移动得更加精准。由于激光是一种高质量的光源，具有方向性好、单色性好、能量集中等特点，它可以将发射的光线反射后毫无偏差地被感应器接收到，所以具有更高的敏感度，不会受到使用表面材质的制约，即使是光电鼠标不能正常使用的玻璃及高反光的漆质介质上也可正常使用。激光鼠标还具有耗电量低的特点，一般情况下耗电量为普通光学鼠标的 1/2 左右。所以激光鼠标将成为今后鼠标的主流技术。

随着便携式计算机的出现，还出现了跟踪球或操作杆作为控制显示器光标的工具。跟踪球的工作原理与光机式鼠标完全相同，只不过是用手代替了摩擦平板。操作杆本身不能产生表示位置的脉冲序列，只能产生运动方向信号，但可以通过软件定时查询方式产生脉冲序列，达到移动光标的目的。

从外形上看，鼠标有长方形、圆形等不同形状，其上都有 2 个或 3 个控制按键，其含义可由软件定义。

12.2.2 鼠标器的技术指标

1. 分辨率

分辨率是衡量鼠标器性能的最重要参数，一般以 dpi(像素点/英寸)为单位。分辨率越高，必须移动鼠标器到目的地的距离越短。目前我们使用的产品的分辨率多为 400dpi 以上，甚至更高。高分辨率的鼠标通常用于制图和精确计算机绘图等。

2. 采样率

鼠标器的采样率可以认为是 Windows 操作系统确认鼠标器位置的速率。一般情况下，PS/2 接口的鼠标器默认接口采样率为 60 次/秒，采用 USB 接口的鼠标器采样率为 120 次/秒。

3. 扫描次数

扫描次数是光电鼠标器特有的指标，是指每秒钟鼠标器的光学接收器将接收到的光反射信号转换为电信号的次数。次数越多，鼠标器在高速移动时屏幕指针就越不会由于无法判别光反射信号而乱飘。

12.2.3 鼠标器接口

将鼠标器连接到计算机所用的插头取决于接口的类型。串行接口、专用主板鼠标器端口(PS/2)、USB 接口三种基本接口可用于鼠标器的连接。

1. 串行接口

鼠标器可通过一根 9 芯或 25 芯电缆与计算机串行接口相连，如果微机提供多个串行接口，则一般将其连接到串行接口 1。目前该连接市面上已比较少见，已接近淘汰。

2. 专用主板鼠标器端口(PS/2)

多数新计算机的主板上都有一个内置的专用鼠标口(PS/2)。PS/2 鼠标是目前市场上的主流产品，作为替代 COM 鼠标的接班人，目前市场份额已经相当大，而且种类繁多，造型多样。

3. USB 接口

随着 USB 接口的普及，现在采用 USB 口的鼠标越来越多。与前两种接口相比，USB 接口的鼠标具有连接方便、热插拔、即插即用等一系列优点。

衡量鼠标器性能的一个重要参数是分辨率，一般以像素点/厘米(d/cm)为单位，表示鼠标移动 1cm 时所经历的像素点数。分辨率越高，可使鼠标移动到目的地的距离越短。一般鼠标的分辨率为 59～79d/cm。目前已有产品达到 118～157d/cm 或更高分辨率。

4. 红外接口

最早应用的无线鼠标通信技术，通过红外发射和接收装置与主机传输数据。由于红外线发射频率低，发射角度小，且与接收器间不能有任何障碍物，实用性不佳，理论传输距离在 2m 以内。

5. 无线接口

无线技术根据不同的用途和频段被分为不同的类别，对于当前主流无线鼠标而言，一般采用 27MHz、2.4G 和蓝牙技术实现与主机的无线通信。

27MHz Radio Frequence 指的是使用 27MHz ISM(工业、科学、医学)无线频率带的一项技术。这类无线鼠标产品仅支持单向传输、功耗较大、无线安全级别较低、有效传输距离较短。理论传输距离在 2m 左右。

2.4G 无线网络技术使用的是 2.4～2.485GHz ISM 无线频段，该频段在全球大多数国家均属于免授权免费使用。它解决了 27MHz 功率大、传输距离短、同类产品容易出现互相干扰等缺点。2.4GHz 为双向传输模式，单向传输速率可达 2Mb/s，接收端和发射端之间不需要连续工作，大大降低功耗。为了避免互相干扰的现象，2.4GHz 采用了自动调频技术。理论传输距离在 10m 左右。其不足之处在于 2.4GHz 无线设备的发射端和接收端有一对一的 ID 码，因此不同的发射端必须配以 ID 码一致的接收端才能使用，不同产品之间不能通用。

蓝牙是较早采用 2.4GHz 频段的无线技术，但该技术在普通 2.4GHz 无线技术上增加了自适应调频技术，实现全双工传输模式，并实现 1600 次/秒的自动调频。此外，该技术能够使蓝牙设备的接收端和传输端两者以 1MHz 为间隔，在其划分的 79 个子频段上互相配对。理论传输距离在 10m 左右。目前，微软、罗技最高端的蓝牙键鼠产品均支持蓝牙 2.0 规范，其中包括微软多媒体娱乐套装 8000 和罗技 diNovo Edge 键盘。

12.3　液晶显示器及其接口

液晶显示器(Liquid Crystal Display，LCD)是利用液晶材料的电光效应的显示器。它具有很多优异特性，如低压、微功耗、无电磁辐射、平板型结构、被动型显示、易于彩色化、使用寿命长、重量轻等，目前已经在平面显示领域中占据重要的地位，几乎是笔记本电脑和掌上型电脑的必备部分，而且台式机也开始大量使用液晶显示器。

12.3.1　液晶显示器的工作原理

液晶是一种固体与液体的中间状态物质，是既具有液体的流动性又具有光学特性的有机化合物。如果把它加热则会呈现透明的液体状态，把它冷却则会出现结晶颗粒的浑浊固体状态。液晶分子是在形状、介电常数、折射率及电导率上具有各向异性的物质，如果对之施加电场，其分子排列会发生改变，从而影响液晶整体的光学折射特点，造成某些部分的视觉变化，达到显示的目的。液晶显示器即是以液晶材料为基本组件做成的。

常用的液晶显示器有两种：动态散射型 LCD 和扭曲向列型 LCD。

动态散射型 LCD 使用介电各向异性为负的向列型液晶。它是将液晶材料充满在两片玻璃之间，在玻璃片的内表面再喷镀两个透明电极。在未加驱动信号之前，液晶分子排列整齐而透明；当液晶屏上加上驱动电压以后，液晶层内分子排列被打乱，引起光在各个方向的散射，因此液晶屏显得十分明亮，变成乳白色，产生显示效果。这种类型的 LCD 属于电流型，需要数十到数百微安的电流。

扭曲向列型 LCD 使用介电各向异性为正的向列型液晶，其结构如图 12-3 所示。

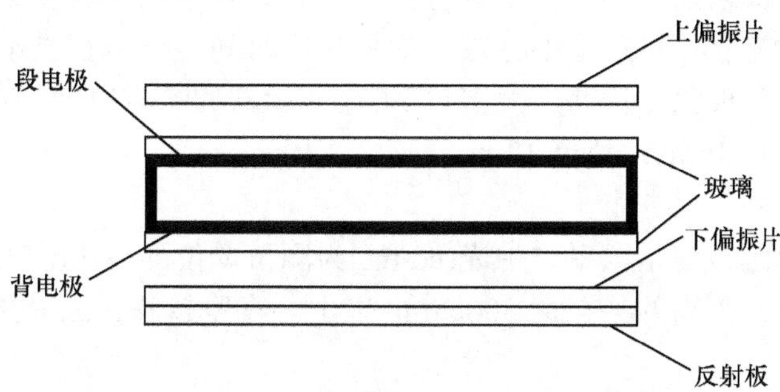

图 12-3　扭曲向列型 LCD 的基本结构

它利用光学上的偏振原理产生显示效果。上下两层玻璃，中间夹入液晶层，两片玻璃的内表面上镀有一层透明而导电的薄膜以做电极用，四周进行密封，形成一个厚度仅为数微米的扁平液晶盒。由于在两层玻璃内表面分别涂有偏振轴成 90°的涂层，液晶层的液晶分子连续成 90°方向扭转排列，因而具有旋光特性，这种旋光特性在外加电场的作用下会减弱或消失。这样的液晶盒上下放有两片偏振片，上偏振片位于透明电极的外侧，下偏振片下面加一层反射板。当自然光经过一片偏振片后变成为一种偏振光。偏振光只能通过平行于偏振方向的介质，不能通过垂直于偏振方向的介质。由于所用液晶材料具有旋光特性，因此当偏振光通过液晶层时，偏振面旋转 90°。若使两偏振片的偏振方向互相垂直，在不加电压时，光可以通过液晶层和两片偏振片到达反射板，液晶盒呈透明状态；当对电极施加高于阈值的电压时，液晶分子轴排列变得十分整齐，不发生扭转，因偏振光轴互相垂直，光线不能通过该部分，显示器显示出白底黑字。如果两偏振片的偏振方向互相平行，则在未加电压时，因液晶旋光 90°，显示器不透光，为黑色；加上高于阈值的电压以后，液晶的旋光特性消失，显示部分变为透明，因此显示出黑底白字。这种 LCD 属于电压型，只需要数微安的工作电流。这种 LCD 显示器就是常用的液晶显示器。

12.3.2 液晶显示器的性能指标

1. 分辨率

分辨率是指屏幕上水平和垂直方向所能显示的点数的多少。LCD 是通过液晶像素实现显示的，但由于液晶像素的数目和位置都是固定不变的，所以液晶只有在标准分辨率下才能实现最佳显示效果，而在非标准的分辨率下画面会变得模糊不清。LCD 显示器的真实分辨率根据 LCD 的面板尺寸定，15 英寸的 LCD 分辨率一般为 1024×768，17 英寸的 LCD 一般为 1280×1024。

2. 可视角度

可视角度是指以屏幕中心线(垂直于屏幕)为轴，左右或上下可看到图像的角度。LCD 显示器由于依靠背光照明，所以可视角度受到影响。在超出一定角度范围观看就会产生色彩失真现象。15 英寸液晶显示器的水平可视角度一般在 120°或以上，而垂直可视角度则比水平可视角度要小。很多 LCD 显示器都配备了可调节或旋转底座，这样可略微弥补可视角度的限制。

3. 响应时间

响应时间是指各像素点对输入信号反应的速度，即像素由暗转亮或由亮转暗的速度，其单位是毫秒(ms)，响应时间是越小越好。如果响应时间过长，在显示动态影像时，就会产生较严重的“拖尾”现象。目前，大多数 LCD 显示器的响应速度都在 25ms 左右，也有一些产品反应速度达到 16ms，甚至 12ms。

4. 亮度

液晶显示器的画面亮度是以平方烛光(cd/m^2)为测量单位的。一般 LCD 显示器都有显示 200cd/m^2 的亮度能力，更高的甚至达 300cd/m^2 以上。亮度越高，画面更为亮丽。

5. 对比度

对比度是指 LCD 显示器可以显示的最高亮度和最低亮度的比值。对比度是直接体现该液晶显示器能否表现丰富的色阶的参数。对比度越高，还原的画面层次感就越好。液晶显示器的对比度普遍在 150：1 到 500：1，对比度应该在 300：1 或更高才比较合适，如果这个比值太低，色彩会显得不自然。

只有亮度与对比度搭配得恰到好处，才能够呈现美观的画质。一般来说，品质较佳的 LCD 显示器能够自动调节图像，使亮度和对比度达到最佳。

12.3.3 液晶显示器的驱动方式

液晶显示驱动器通过对其输出到液晶显示器件电极上的电位信号进行相位、峰值、频率等参数的调制来建立交流驱动电场，以实现液晶显示器件的显示效果。采用交流驱动，是因为液晶显示器在使用时要在两个电极上加电压，而当液晶上所加直流电压的时间增长后，会使液晶体产生电解和电极老化，影响液晶对电压的响应速度，使图像质量变劣，大大降低液晶的使用寿命。因此，必须建立交流驱动电场，并要求在这个交流电场中的直流分量越小越好，通常要求的直流分量小于 50mV。所以，现在液晶显示驱动器的驱动方式多属交流电压驱动，即实时驱动时要加极性交替变化的交流电压。

液晶显示像素上交流电场的强弱用交流电场的有效值表示，当有效值大于液晶的阈值电压时，像素产生电光效应，呈显示态；当有效值小于阈值电压时，像素不产生电光效应而呈不显示态；当有效值在阈值电压附近时，液晶将呈现较弱的电光效应，这将影响液晶显示器件的显示对比度。因此液晶显示驱动器要能够控制驱动输出的电压幅值，以实现对显示对比度的控制。

液晶显示器的驱动方式由电极引线的选择方式确定。在选择液晶显示器后，用户无法改变驱动方式。最常使用的液晶显示器的驱动方式有两种：静态驱动和动态驱动。

静态驱动法是指在像素前后电极上施加驱动电压时呈显示状态，不施加驱动电压时呈非显示状态的一种直接驱动方法。静态驱动多用于段式驱动，即段电极和背电极做成段数码形式。背电极连在一起作为公共电极引线，段电极每段都需加驱动信号，所以每段要有一根引线，如果段数多，引线也多。这种驱动方式多用于显示位数不多的场合。如果段电极、背电极上所加的电压相位相同时，两电极的相对电压为零，该段不显示；反之，当两个电极上的电压相位相反时，两电极的相对电压为两倍幅值方波电压，该段呈黑色显示。

当液晶显示器件上显示像素众多时，如点阵型液晶显示器件，若使用上述静态驱动结构将会产生庞大的硬件驱动电路及众多的引脚。为了解决这个问题，采用了动态驱动的方式。动态驱动也称为时间分割驱动或多路驱动。动态驱动方式适用于多位字符显示和点阵式显示。其基本原理是在液晶显示器件上把水平一组显示像素的背电极连在一起引出，称为行电极，又称为公共极，而把纵向一组显示像素的段电极连在一起，称为列电极。每个液晶显示像素都由其所在的行与列的位置唯一确定。在驱动方式上采用了循环地给每行电极施加选通脉冲，同时所有列电极给出该行像素的选通或非选通的驱动脉冲，从而实现某行所有显示像素的驱动。这种行扫描是逐行进行的，循环周期很短，使得液晶显示屏上呈现稳定的图像效果。在一帧中每一行的选择时间是均等的。假设一帧的扫描行数为 N，扫描一帧的时间为 1，那么一行所占有的选择时间为一帧时间的 $1/N$，该值被称为占空比系数。常用的动态驱动有 1/2，1/3 和 1/4 占空比驱动，由于对矩阵各点的驱动要采用分时的方法，因此又称为 2 分时、3 分时和 4 分时动态驱动。

12.3.4 液晶显示器接口

液晶显示器接口是指液晶显示器和主机之间的接口。以下主要介绍 D-Sub 接口、DVI 数字输入接口、HDMI 数字输入接口及最新的 DisplayPort 接口。

1. D-Sub 接口

D-Sub 接口也称为 VGA 接口，接口为 D 字形，共 15 针分 3 排，每排 5 针，用于传送模拟信号。D-Sub 有着成熟的制造工艺、广泛的使用范围，它是模拟信号传输中最常见的一种接口。D-Sub 接口的工作原理是将显存内以数字格式存储的图像(帧)信号经过模拟调制成模拟高频信号，然后再输出到显示设备成像。CRT 显示器因为设计制造上的原因，只能接收模拟信号输入，所以都采用这一接口。虽然液晶显示器可以直接接收数字信号，但很多低端产品为了与 D-Sub 接口的显卡相匹配，因而采用 D-Sub 接口。D-Sub 接口连接模拟显示设备时，信号被直接送到相应的处理电路，驱动控制显像管生成图像。而当 D-Sub 接口连接数字显示设备时(如液晶显示器)，首先要在计算机的显卡中经过 D/A 转换，将数字信号转换为模拟信号，然后传输到显示设备中，而在数字显示设备中，又要经 A/D 转换将模拟信号转换成数字信号后显示。经过两次转换后，不可避免地造成了一些信息的丢失，对图像质量也有一定影响。

2. DVI 数字输入接口

DVI(Digital Visual Interface，数字视频接口)是 1999 年由 Silicon Image、Intel、Compaq、IBM、HP、NEC、Fujitsu 等公司共同组成的 DDWG(Digital Display Working Group，数字显示工作组)推出的接口标准。该标准不仅对接口的物理方式、电气指标、编码方式、时钟方式、数据格式以及传输方式等进行了严格的定义，以保证计算机生成图像的完整再现，而且还增加了一个插拔检测信号，从而真正实现了“即插即用”。DVI 接口免去了计算机与显示器之间 D/A、A/D 的烦琐转换，降低了图像细节的损失，从 D-Sub 到 DVI 可以说是显示信号传输的一次大进步。DVI 接口传输速度高达 8Gb/s，适合传输无压缩、高清晰度视频信号，现在很多液晶显示器都采用该接口。

一个 DVI 显示系统包括一个传送器和一个接收器。传送器是信号的来源，可以内置在显卡芯片中，也可以以附加芯片的形式出现在显卡 PCB 上；而接收器则是显示器上的一块电路，它可以接收数字信号，将其解码并传递到数字显示电路中，通过以上过程，显卡发出的信号成为显示器上的图像。

DVI 接口有 DVI-A、DVI-D 和 DVI-I 三种规格，以对应不同的使用要求。DVI-A 接口和普通的 D-Sub 接口在输出信号方面没有什么不同，都是模拟信号，只是接口形式不同而已。DVI-D 接口只能传输数字信号。DVI-I 接口既能传输模拟信号，又能传输数字信号。如果显卡的 DVI 输出用 DVI-I 接口，则可以通过一个转接头实现 D-Sub 输出。

DVI 接口与 D-Sub 接口相比，主要具备两大优势：一是速度快，DVI 传输的是数字信号，信息的传输无须在转换信号上耗费时间；二是画面更加清晰，不需要经过两次模拟信号和数字信号之间的转换，所以不会出现图像失真的情况。但是在实际应用中，DVI 也有它的一些不足，如传输线缆只有在 5 m 以内才能保证信号不缺失；接口的体积过大，不利于输出设备的小型化、轻薄化；只能传输视频信号等。

3. HDMI 数字输入接口

HDMI(High Definition Multimedia Interface，高清晰度多媒体接口)是 2002 年由 Hitachi、Panasonic、Philips、Silicon Image、Sony、Thomson、Toshiba 共 7 家公司成立的 HDMI 组织制定的专用于数字视频/音频传输标准，是首个支持在单线缆上传输不经过压缩的全数字高清晰度视频、多声道音频及智能格式与控制命令数据的数字接口。2002 年底，HDMI 1.0 标准颁布，到 2006 年底已经颁布了 1.3 版本，其主要变化在于进一步加大带宽，以便传输更高分辨率和色深。最新发布的 HDMI 1.3 所提供的带宽为 10.2Gb/s。

与 DVI 相比，HDMI 可以传输数字音频信号。HDMI 所传输的视频信号和 8 声道音频信号都是未经压缩的，而且无须在信号传送前进行数/模或者模/数转换，可以保证最高质量的影音信号传送。此外，HDMI 的设备具有“即插即用”的特点，信号源和显示设备之间会自动选择最合适的视频/音频格式。HDMI 的最大传输距离可达 15m，封装后的 HDMI 接口非常小巧，有利于一些外围设备的机身小型化。HDMI 全面兼容 DVI 标准，一旦 HDMI 接口的设备检测到连接设备的接口信号传输指令中有不包含 HDMI 指定的特殊标示符，就认定这个设备是 DVI 接口的设备，完全按照 DVI 的规范去传输数字视频信号。

一般情况下，HDMI 连接由一对信号源和接收器组成，有时一个系统中也可以包含多个 HDMI 输入或者输出设备。HDMI 数据线和接收器包括三个不同的数据信息通道和一个时钟通道，这些通道支持视频、音频数据和附加信息。视频、音频数据和附加信息通过三个数据信息通道传送到接收器上，而视频的像素时钟则通过时钟通道传送，接收器接收这个频率参数之后，再还原另外三个数据信息通道传递过来的信息。

HDMI 已成为国际上先进的多媒体接口标准，为越来越多的厂商所采用。HDMI 接口代表了数字传输技术的发展方向，影响越来越大。作为新一代的数字接口，HDMI 已经广泛应用于各种数码产品上，不管是平板电视、DVD 碟机、高清播放机，还是投影仪、数码摄像机、液晶显示器，以及蓝光 DVD 和 HD DVD，都出现了 HDMI 接口。

4. DisplayPort 接口

随着显示器逐步转向更高性能的平面与微电子技术，也就越来越需要一个可扩展的数字接口解决方案来扩展接口性能。这种可升级的显示接口应当能满足商业及企业用户以及普通消费者的各种需求。DisplayPort 就是这样的最新一代显示接口，满足了显示器更高的色深、刷新率、显示分辨率及更多高级应用的需求。

2006 年 5 月，VESA(视频电子标准组织)正式发布了 DisplayPort 1.0 标准，这是一种针对所有显示设备的开放标准。戴尔日本公司在 2007 年便推出第一款支持 DisplayPort 接口的 30 英寸大屏幕液晶显示器产品。2008 年，VESA 宣布 DisplayPort 已经更新到 1.1 版本。

DisplayPort 的主要特点如下：

(1) 高带宽。DisplayPort 利用了工作速率为 2.5 Gb/s 的 PCI Express 的电气层，可获得四条通道总共多达 10.8Gb/s 的带宽。充足的带宽保证今后大尺寸显示设备对更高分辨率的需求。

(2) 最大程度整合周边设备。DisplayPort 1.0 规格支持单通道、单向、四线路连接，足以传送未经压缩的视频和相关音频信号。同时还支持传输带宽为 1 Mb/s 的辅助通道，最高延迟仅为 500 μs，可以直接作为语音、视频等低带宽数据的传输通道，也可用于无延迟的设备控制。

(3) 支持内部和外部接口。DisplayPort 除实现设备与设备之间的连接外，还可用作设备内部的接口，甚至是芯片与芯片之间的数据接口。

(4) 内容保护技术更可靠。DisplayPort 可以通过 128 位高速加密引擎，采用标准密钥交换方法，实现对 HD 视频数据的复制保护。

(5) 可简化相关产品的设计，节省大量的费用和空间。

(6) 具备高度的可扩展特性，可以在今后不断加入更多新内容。

相对于目前最先进的 HDMI 接口来说，DisplayPort 有着更多的优势和更大的传输带宽，并且从可扩展性和外围设备兼容性方面要远远强于 HDMI 接口。DisplayPort 接口将会是未来显示设备的主要接口标准，将取代现今的 D-Sub 与 DVI，甚至 HDMI。

12.4 打印机及其接口

打印机是计算机系统中主要的输出设备之一，利用它可以打印字符、数字、图形和表格等。由于打印输出结果能永久性保留，故又称为硬复制输出设备。当前流行的打印机种类很多，按打印原理可分为击打式打印机和非击打式打印机两大类。击打式打印机利用机械作用使印字机构与色带和纸相撞击而打印字符和图形，例如针式打印机。非击打式打印机利用电、磁、光、喷墨等物理或化学方法印刷出文字和图形，例如喷墨打印机、激光打印机等。

12.4.1 打印机工作原理

1. 针式打印机

针式打印机是以行列点阵的形式来打印字符或图形的，所以也称为点阵式打印机。点阵式打印机的特点是打印速度较快，结构可靠，价格低廉且功能灵活，便于扩充，在小型和微型计算机系统中得到广泛应用。

针式打印机的结构主要由带动打印头的步进电机、走纸步进电机、色带及接口控制电路组成，打印机控制原理图如图 12-4 所示。

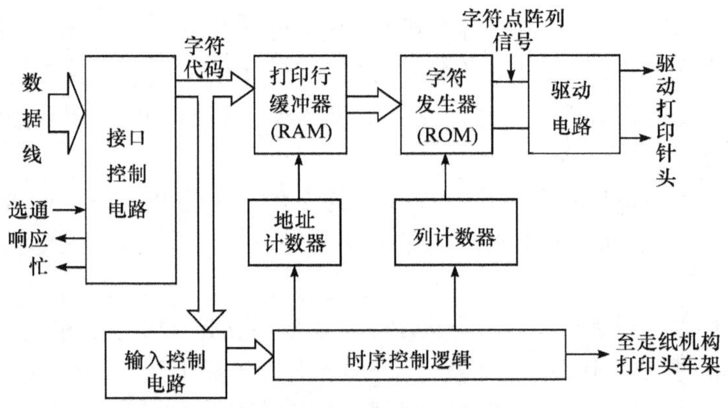

图 12-4 针式打印机控制原理图

针式打印机的打印头是由一列打印针组成的，打印头有 9 针、16 针、24 针等几种，打印针排成一个垂直列。打印时，打印头横向移动，打印针每次一列地纵向打印字符点阵，当一行字符点阵打印完毕，走纸到下一行，打印头回到行首准备打印下一行。

针式打印机分为字符和图形两种打印机，其中 16 针、24 针一般都属于可打印图形的打印机，具有图形打印功能的打印机才能打印汉字。

接口控制电路的功能是接收计算机送来的打印数据并向计算机报告打印机状态。

计算机送来的数据有打印字符和控制字符两种，打印字符直接送至打印缓冲器，控制数据则送至控制电路，用于产生相应的打印控制信号。

字符打印过程如下：

主机检查打印机状态：若打印机处于“忙”，则主机等待；若处于“不忙”，则主机输出数据同时发送“选通信号”。“选通信号”用于将主机输出的数据送入打印机缓冲存储器，并向主机返回一个“响应信号”，通知主机可发送下一个数据。如此重复传送数据，直至打印机缓冲器满时，接口电路回答“忙”信号，则主机停止发送数据，打印机进入打印阶段。

打印机开始打印时，先在缓冲存储器中取一个ASCII码，作为字符发生器的高位地址，列计数器作为字符发生器的低位地址，从字符发生器取出字符的一列点阵信息，送至驱动电路，驱动打印针头，打印出该字符一列的点。每打印一列，列计数器加 1，字符发生器依据列计数器的值，依次取出字符点阵各列信息。打印完一个字符后，地址计数器加 1，再取出下一个字符打印。打印头在打印时序电路控制下，自左至右边打边移动，一行打印完后，发出走纸命令，然后打印头返回到最左端，这样开始重复输入新一行数据。

图形打印时，主机发送的打印数据本身已经是点阵数据，因此可将缓冲存储器中的点阵数据直接送到驱动器，控制打印头的动作。

2. 喷墨打印机

喷墨打印机的印字原理是使墨水在压力的作用下，从孔径或狭缝尺寸很小的喷嘴喷出，成为飞行速度很高的微小墨滴在纸上形成文字或图形。喷墨打印机的喷墨方式有连续式和随机式两种。

1) 连续式喷墨打印机

连续式喷墨打印机只有一个喷嘴，利用墨水泵对墨水加以固定压力，使之连续不断地喷射。这种连续喷射的墨水流，在自然状态下飞行到纸面上会形成墨迹或产生溅射现象。为进行记录，需利用由打印信息控制的振荡器激励射流形成墨滴，并对其大小和间距进行控制。同时，还需要对墨滴进行充电，形成带电荷和不带电荷的两种墨粒子。利用偏转电场来改变墨粒子的前进方向，使需要打印的墨粒子飞行到纸面上，形成图案。这种喷墨系统能生成高速墨滴，实现高速打印，其缺点是必须有墨水加压机构，并需要对不参与记录的墨粒子设回收装置，结构比较复杂。早年的喷墨打印机以及当前输出大幅面的喷墨打印机，都是采用连续式喷墨技术。

2) 随机式喷墨打印机

随机喷墨方式比较简单，墨滴只在需要打印时才喷出，因此不需要墨水回收装置。这种系统的墨滴喷射速度低于连续式，但由于机构简单，而且可靠性较高，所以目前各种型号的喷墨打印机普遍采用该技术。为提高打印速度，随机式打印头都采用单列、双列或多列小孔式喷嘴，一次扫描喷墨即可印出所需打印的字符或图像。为实现按需喷墨，可以采用不同的驱动方式，大致有两种最流行的技术方案：一种是压电式，另一种是热喷墨式。

压电喷墨技术是晶体材料、电子、精密机械等方面的高精尖技术结合在一起形成的喷墨打印技术。这种喷墨系统主要由压电晶体、墨水管道和喷嘴三部分组成。

当电压作用于多层压电晶体时，它会出现线性位移，产生振荡及变形，使墨水腔收缩或扩张，将墨水从喷嘴口挤压喷出。将打印信号脉冲加到压电晶体上，即可控制墨水的喷射。由于墨水在管道中的水平面低于喷嘴的最低位置，处于较小的负压力状态，并且因毛细管作用，所以在不需要喷射时墨水能够保持在喷嘴内，不致于溢出。

与热喷墨技术相比，压电技术具有对墨滴控制能力强的特点，能够以更高的频率喷射出小而圆的高速墨滴，而且墨点位置准确，从而实现更高的分辨率。另外，由于喷墨过程通过多层压电晶体的振荡来实现，不存在因加热而腐蚀喷嘴的问题，所以打印头的寿命较长。

这种喷头一般都与墨盒分离，更换墨盒时不用更换打印头，这既可以降低墨盒的成本，也减少了打印头制造的复杂程度，并有利于提高打印质量。

热喷墨方式是靠电能产生的热，使喷头中的一部分墨水气化，形成气泡，依靠气泡的膨胀将墨水喷到纸上。因此，也称为气泡式。喷头结构与压电式相似，不同的是，它在喷头的管壁上设置了加热电极，当信号作用其上时，迅速产生热量，使喷嘴底部的一薄层墨水汽化，产生气泡，随着气泡的增大，墨水从喷嘴射出，并在喷嘴的尖端形成墨滴，小墨滴克服墨水的表面张力喷向纸面，形成墨点。当加热电极冷却时，气泡自行熄灭，气泡破碎时产生的吸引力就把新的墨从墨盒中吸到喷头，等待下一次工作。

采用热喷墨技术的主要优点：可以利用半导体工艺技术进行生产，制作成本低。但由于加热电极处于高温环境，易被腐蚀，寿命相对较短，同时墨水本身在高温下也易发生化学变化，性质不稳定，所以打出的色彩真实性就会受到一定程度的影响。另一方面由于墨水是通过气泡喷出的，墨水微粒的方向性与体积大小不好掌握，打印线条边缘容易参差不齐，一定程度地影响了打印质量，这都是它的不足之处。这种喷头通常都与墨盒做在一起，更换墨盒时同时更换打印头，有的墨盒采用喷头与墨水盒分离结构，这样也可以只更换墨水盒。

目前，市场上见到的喷墨打印机多是随机式喷墨打印机，佳能(Canon)和惠普(HP)两家公司采用气泡式，爱普生(EPSON)公司采用压电式。气泡式喷墨打印机(Bubble Jet，BJ)是目前应用最为广泛的喷墨打印机。

3. 激光打印机

激光打印机是一种光、机、电一体，高度自动化的输出设备。它使用激光技术和电子成像技术实现打印，原理类似于复印机，是一种高精度、高速度、低噪声的非击打式打印机。激光打印机的工作原理如图 12-5 所示，它主要由激光扫描系统、电子成像系统和电路控制系统 3 部分组成。

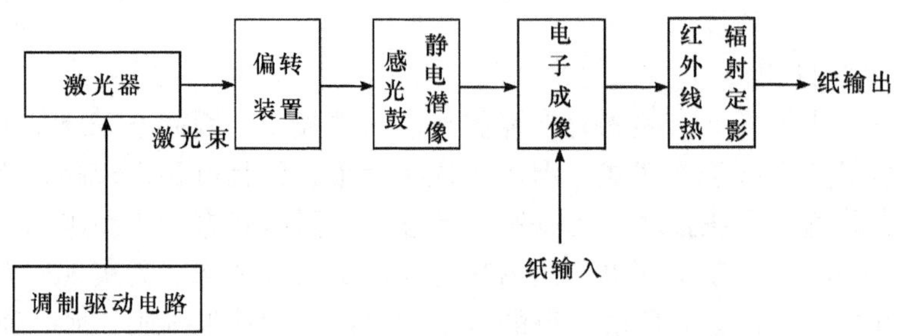

图 12-5 激光打印机的工作原理图

激光扫描系统主要作用是使激光器产生的激光经调制后，变成载有字符或图形信息的激光束，该激光束经扫描偏转装置在感光鼓上扫描，形成“静电潜像”。

电子成像系统使带有“静电潜像”的感光鼓接触带有相同极性电荷的干墨粉，鼓面原被激光照射的部分，将吸附墨粉，便显影出图像。该图像转印到纸上，经红外线热辐射定影后，使墨分子渗透到纸纤维中固定。

电路控制系统包括激光扫描控制、电子成像系统和输纸系统控制、缓冲存储器和接口控制等。控制系统完成接收和处理主机的各种命令和数据并向主机报告打印机状态。

由于激光束的扫描速度可以很高，而且打印输出是随感光鼓转动连续进行的，所以打印速度较快，是逐页输出的，因而激光打印机也常称为页式打印设备。

激光打印机具有高精度、高速度、低噪声和功能强的优点，备受人们的青睐，是目前最吸引人的打印机。

12.4.2 打印机接口

不管哪种打印机，差别主要体现在内部结构、打印原理和控制电路的功能上。如按它们的外部接口特性分，无非是两大类：串行打印机和并行打印机。串行打印机采用 RS-232-C 串行接口标准或 USB 接口；并行打印机采用 Centronics 并行接口标准。这里只讨论并行打印机的接口方法。

1. 并行打印机接口标准

并行打印机通常都是采用 Centronics 并行接口标准。下面介绍该标准信号线的定义及数据传送时序。

1) 信号线的定义

Centronics 标准定义了 36 芯插头座，其中数据线 8 根、控制输入线 4 根、状态输出线 5 根、+5V 电源线 1 根、地线 15 根、另有 3 根空闲。主要引线的名称、脚号及功能如表 12-1 所示。表中的"入""出"方向是相对打印机而言的："入"线为控制信号线，"出"线为状态信号线。控制线和状态线名称上有"非"号的为低电平有效，否则为高电平有效。

表 12-1 Centronics 标准接口信号说明

信号	名称	方向	功能说明
$DATA_0$～$DATA_7$	数据	入	8 位并行数据，高电平表示 1，低电平表示 0
$\overline{\text{STROBE}}$	选通脉冲	入	低电平时将数据送入打印机接口，脉冲宽度大于 0.5μs
$\overline{\text{SLCT IN}}$	选择输入	入	低电平有效，表示数据可输入打印机
$\overline{\text{AUTO REED XT}}$	自动走纸	入	低电平有效，打印完一行后自动走纸
$\overline{\text{INIT}}$	初始化命令	入	低电平有效，初始化打印机控制器和数据缓冲区
$\overline{\text{ACKNLG}}$	应答	出	低电平有效，表示打印机已收到数据
BUSY	忙碌	出	高电平有效，表示打印机不能接收新的数据。当打印机处于打印状态，或者数据缓冲区满，或者脱机，或者有故障时，发 BUSY 信号
PE	纸用完	出	高电平有效，表示无打印纸
SLCT	选择状态	出	高电平表示联机状态，低电平表示脱机状态
$\overline{\text{ERROR}}$	出错	出	当打印机处于出错、脱机或缺纸状态时，该信号变为低电平
GND	地	出	

2) 数据传送时序

在 Centronics 标准定义的信号线中，最主要的是 8 根并行数据线，2 根握手联络信号线 $\overline{\text{STROBE}}$、$\overline{\text{ACK}}$ 和 1 根状态线 BUSY。接口数据传送时序如图 12-6 所示。

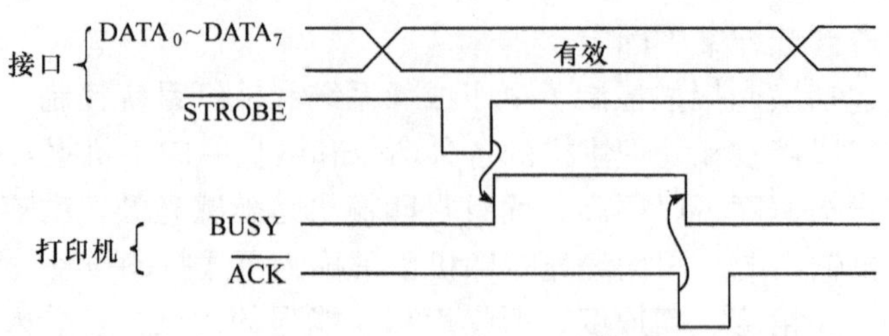

图 12-6　并行打印机接口数据传送时序

当 CPU 通过接口要求打印机打印数据时，首先查看忙信号 BUSY，当 BUSY＝0(不忙)时，将数据通过数据总线送往接口。待数据在与打印机连接的数据引脚上稳定后，CPU 再发出一个选通脉冲，即$\overline{\text{STROBE}}$有效，将送到打印机的数据线上的数据存入打印机内部的数据输入寄存器中。$\overline{\text{STROBE}}$的上升沿将打印机的 BUSY 置为高电平(忙)，表示打印机正在处理输入数据，暂不能接收新的数据。等到输入数据处理完毕，打印机可接收下一个数据时，便送出$\overline{\text{ACK}}$响应信号，表示打印机准备就绪。同时在$\overline{\text{ACK}}$脉冲的前沿(也可以选择后沿)使 BUSY 由“高”变“低”，即撤销“忙”状态。至此一个数据传送结束。

2. 并行接口逻辑及编程应用

主机并行接口内部有 3 个寄存器，分别对应 3 个端口地址，即数据口、控制口和状态口，主机可以分别对它们进行读写操作，如图 12-7 所示。

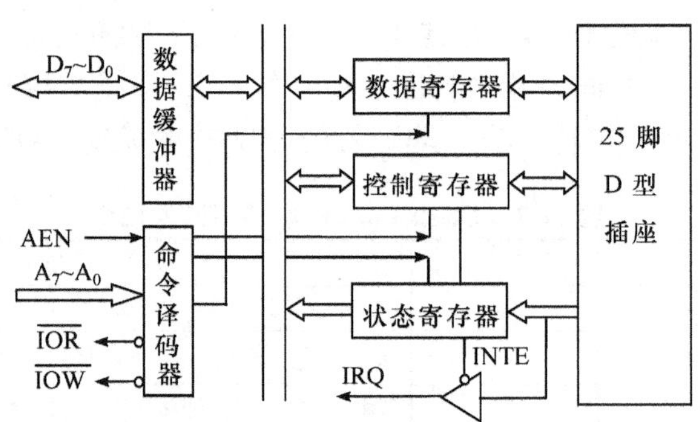

图 12-7　并行接口逻辑框图

其中，控制寄存器的格式如图 12-8 所示，对控制寄存器可进行读/写操作。

状态寄存器格式如图 12-9 所示。

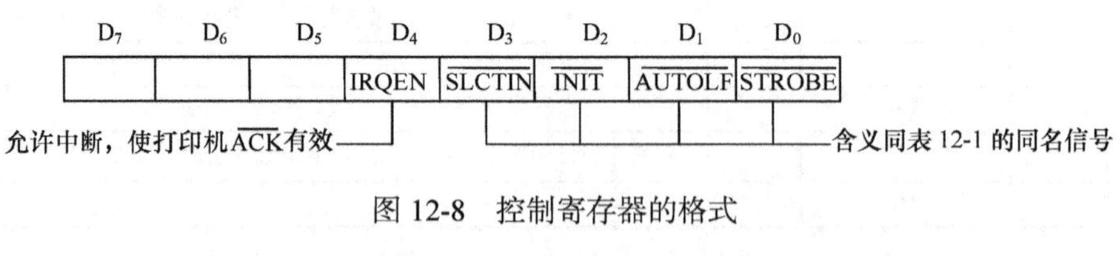

图 12-8　控制寄存器的格式

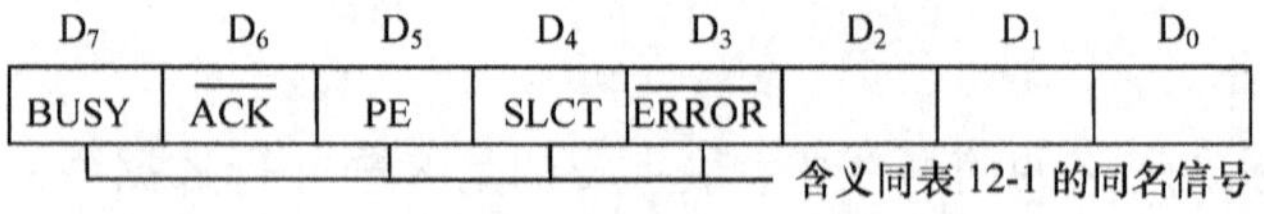

图 12-9　状态寄存器格式

例 12-2　设 3 个端口的地址分别为数据口 378H、状态口 379H、控制口 37AH。试对 3 个端口编程，实现将 AL 的字符送打印机输出。

```
        MOV    DX, 0378H
        OUT    DX, AL          ;将打印字符送数据口
        INC    DX
WAIT:   IN     AL, DX          ;读状态
        TEST   AL, 80H         ;检测 BUSY 位
        JNZ    N-OUT           ;不忙，则输出选通
        JMP    WAIT            ;忙，则等待
N-OUT:  MOV    AL, 0DH
        INC    DX
        OUT    DX, AL
        MOV    AL, 0CH
        OUT    DX, AL          ;在控制口写入，使选通有效
```

12.5　网络接入设备

12.5.1　一般局域网适配器——网卡

1. 网卡概述

作为网络硬件来说，网卡是最基本、应用最广泛的一种网络设备。“网卡”是“网络接口卡”(Network Interface Card)的简称，它的标准是由 IEEE 来定义的。网卡是物理上连接计算机与网络的硬件，是计算机与局域网通信介质间的直接接口。在局域网中，微机只有通过网卡才能与网络连接和通信。网卡是局域网中最基本的部件之一。网卡通常插在微机主板的扩展槽中或集成到主板上，通过它尾部的接口与网络线缆相连。每种网卡的设计都是针对一种特定的网络，如以太网、令牌环网、FDDI 网、ARCNENT 网等。

2. 网卡工作原理及组成

1) 网卡组成

以以太网卡为例说明网卡的组成结构，如图 12-10 所示。以太网卡主要由局域网管理

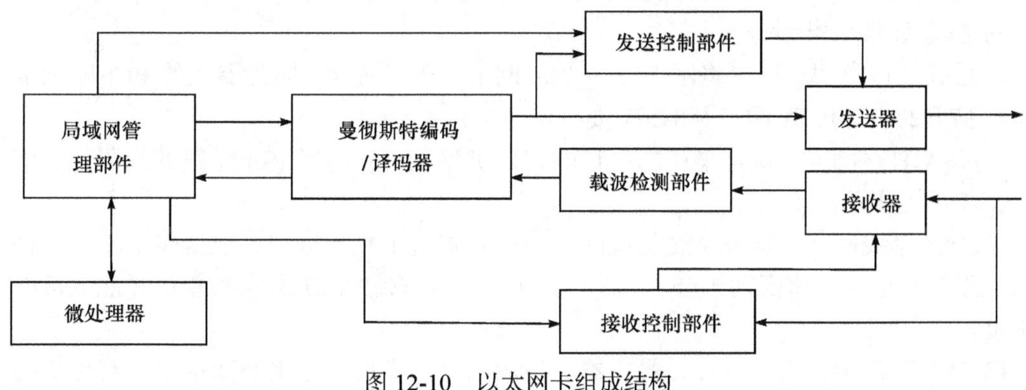

图 12-10　以太网卡组成结构

部件、微处理器、曼彻斯特编码/译码器、发送器和发送控制部件、接收器和接收控制部件、载波检测部件等组成。

局域网管理部件负责执行所有的规程和数据处理。网卡上的微处理器是网卡的核心，包括微处理器芯片、RAM 芯片和 ROM 芯片。微处理器主要控制网卡上的数据操作、数据传输、接收和碰撞检测等。数据经曼彻斯特编码器编码后交给发送器发送。当从网络上接收到曼彻斯特编码后，接收器将数据传给曼彻斯特译码器译码。发送器和发送控制部件负责帧的发送，而接收器和接收控制部件负责帧的接收。

2) 工作原理

网卡作为其宿主机和网络之间的桥梁，在两者之间起着适配和信息交换控制的作用，所以又称为网络适配器或网络接口控制器。计算机之间进行相互通信时，数据是以帧的方式进行传输的。可以把帧看作是一种数据包，在数据包中不仅包含有数据信息，而且还包含有数据的发送地、接收地信息和数据校验信息。一块网卡包括 OSI 模型的两个层——物理层和数据链路层。物理层定义了数据传送与接收所需要的电与光信号、线路状态、时钟基准、数据编码和电路等，并向数据链路层设备提供标准接口。数据链路层则提供寻址机构、数据帧的构建、数据差错检查、传送控制、向网络层提供标准的数据接口等功能。

网卡的主要工作原理是将计算机的数据封装为帧，并通过网线或电磁波将数据发送到网络上。发送数据时，网卡首先侦听介质上是否有载波，如果有则认为其他站点正在传送信息，继续侦听介质。一旦通信介质没有被其他站点占用，则开始进行帧数据发送，同时继续侦听通信介质，以检测冲突。在发送数据期间，如果检测到冲突，则立即停止该次发送，并向介质发送一个“阻塞”信号，告知其他站点已经发生冲突，从而丢弃那些受到损坏的帧数据，并等待一段随机时间后，再进行新的发送。如果重传多次后仍发生冲突，就放弃发送。

接收时，网卡浏览介质上传输的每个帧，如果其长度小于 64 字节，则认为是冲突碎片。如果接收到的帧不是冲突碎片，网卡分析该数据块中的目标地址信息，如果目标地址是本地地址，则对帧进行完整性校验。如果帧长度过长或未能通过 CRC 校验，则认为该帧发生了畸变。通过校验的帧被认为是有效的，网卡将它接收下来进行本地处理。

3. 网卡的分类

随着计算机网络技术的飞速发展，为了满足各种应用环境和层次的需求，出现了许多不同类型的网卡。依据不同的分类方法，网卡的分类有很多种。

1) 按总线接口类型分

按总线接口类型，可以将网卡分为 ISA 网卡、PCI 网卡、服务器上的 PCI-X 网卡、笔记本电脑上的 PCMCIA 网卡及 USB 接口网卡。

(1) ISA 总线网卡。这是早期的一种的接口类型网卡。由于 ISA 总线的局限性，市面上这种接口的网卡已经少见了。

(2) PCI 总线网卡。这种总线类型的网卡在台式机上相当普遍，也是较主流的一种网卡接口类型。它的 I/O 速度远比 ISA 总线型的网卡快。多数 PCI 网卡都能较好地支持即插即用功能。

(3) PCI-X 网卡。这是一种在服务器上使用的网卡类型，它比 PCI 接口具有更快的数据传输速度。PCI-X 总线接口的网卡一般为 32 位总线宽度，也有的是用 64 位数据宽度的。

(4) USB 接口网卡。USB 的传输速率远远大于传统的并行口和串行口，设备安装简单并且支持热插拔。USB 这种通用接口技术在网卡中也得到广泛的应用。USB 网卡是一种外置式网卡。

(5) PCMCIA 网卡。这种类型的网卡是笔记本电脑专用的。PCMCIA 总线分为两类：一类为 16 位的 PCMCIA，另一类为 32 位的 CardBus。CardBus 是一种用于笔记本电脑的高性能 PC 卡总线接口标准，可以提供更快的传输速率，可以独立于主 CPU，与计算机内存间直接交换数据。

目前，市场上还推出了面向 PCI Express 总线的网卡，可以支持千兆网络数据传输。

2) 按网络带宽(传输速度)分

随着网络技术的发展，网络带宽也在不断提高，但是不同带宽的网卡所应用的环境也有所不同，日常使用的网卡大都是以太网网卡。目前，主流的网卡按其传输速度来分主要有 10Mb/s 网卡、100Mb/s 网卡、10Mb/s/100Mb/s 自适应网卡、1000Mb/s 网卡 4 种，10000Mb/s 的网卡也已面世。

(1) 10Mb/s 网卡。10Mb/s 网卡是比较老式、低档的网卡。它的带宽限制在 10Mb/s，这在当时的 ISA 总线类型的网卡中较为常见。这种网卡价格低，适用于小型局域网或一般家庭、日常办公等需求使用。

(2) 100Mb/s 网卡。100Mb/s 网卡的传输 I/O 带宽可达到 100Mb/s，这种网卡一般用于骨干网络中。

(3) 10Mb/s/100Mb/s 自适应网卡。这是一种 10Mb/s 和 100Mb/s 两种带宽自适应的网卡，最大传输速率为 100Mb/s。10Mb/s/100Mb/s 自适应网卡可以根据线路及物理设备来自动检测网络速度。

(4) 1000Mb/s 网卡。这种网卡多用于服务器与交换机之间，以提高整体系统的响应速率。千兆网卡的网络接口也有两种主要类型，一种是普通的双绞线 RJ-45 接口，另一种是多模 SC 型标准光纤接口。

3) 按网络接口类型分

网卡最终是要与网络进行连接，所以必须有一个接口使网线通过它与其他计算机网络设备连接起来。不同的网络接口适用于不同的网络类型，目前常见的接口主要有以太网的 RJ-45 接口、细同轴电缆的 BNC 接口和粗同轴电缆的 AUI 接口、FDDI 接口、ATM 接口等。而且有的网卡为了适用于更广泛的应用环境，提供了两种或多种类型的接口，如有的网卡会同时提供 RJ-45、BNC 接口或 AUI 接口。

以上提及的分类方式都是针对传统的有线网卡的。近几年随着无线网络技术的逐渐流行，作为无线网络必备部件的无线网卡也得到迅速推广。目前无线网卡按照接口种类分，主要有 PCMCIA 网卡、PCI 网卡和 USB 网卡三种。PCI 接口的主要用于台式机，它使台式机的无线上网成为可能。采用 USB 接口的无线网卡不但具有即插即用，散热性能强、传输速度快等优点，还能方便地利用 USB 延长线将网卡远离计算机，避免干扰及随时调整网卡的位置和方向。PCMCIA 无线网卡的优势在于 PCMCIA 接口使用范围广、互换性好、产品体积可以做的很小。它最主要的缺点是散热性能差。

4. 网卡的有关参数

网卡作为计算机的外部设备接口，必然会占用计算机的相关资源，所以将网卡连入微机系统后，还需要对它所占用的资源进行相应的配置。主要相关参数有三个。

1) MAC 地址

MAC 地址又称为物理地址，每块网卡都有一个全球唯一的网络节点地址。MAC 地址由 48 位二进制数表示，其中前面 24 位表示网络厂商标识符，后 24 位表示序号。每个不同的网络厂商会有不同的厂商标识符，而每个厂商所生产出来的网卡都是依序号不断变化的，所以每块网卡的MAC地址是世界上独一无二的。它是网卡生产厂家在生产时烧入ROM的。网卡的 MAC 地址用于在网络中标识计算机的身份，实现网络中不同计算机之间的通信和信息交换。

2) IRQ 中断号

IRQ 为 Interrupt Request 的缩写，中文可译为中断请求。中断请求是每一个计算机外设和 CPU 通信的基本参数。早期的网卡 IRQ 的设定是通过网卡的 DIP 开关或硬件跳线完成的，而现在的网卡都支持即插即用(Plug and Play)。网卡连入微机系统后，系统会自动检测到网卡，并自动地为其分配 IRQ 中断号，所以不需要用户手工配置。

3) I/O 端口

在 PC 机系列中，I/O 端口共有 64KB，系统资源常用的是 0000H～03FFH，网卡一般分配范围是 0200H～03FFH。在 Windows 操作系统中，I/O 端口的分配也是由系统自动设置的。

12.5.2 一般广域网适配器——调制解调器

1. 调制解调器概述

调制解调器(Modem)是调制器(Modulator)和解调器(Demodulator)的总称，是将微机接入广域网，实现网上两台微机之间通过具有有限带宽的模拟信道进行远距离通信的适配设备。计算机内的信号是由“0”“1”字符串组成的数字信号，而电话线中只能传输模拟信号。要通过电话线实现微机间的数据传输就必须要进行信号的转换，因此在进行网络通信时，应在发送端通过调制将数字信号转换为模拟信号，而在接收端通过解调再将模拟信号转换为数字信号。

2. 调制解调器的基本结构

调制解调器主要由接口电路、数字信号处理(DSP)、A/D 和 D/A 转换器、数据处理阵列(DAA)以及控制电路组成，其基本结构框图如图 12-11 所示。

从图 12-11 上可知，调制解调器通过接口电路与计算机的接口相连。接口电路接收和提供计算机接口所需的各种控制信号和数据，将接收到的数据送到 DSP。经 DSP 处理后的信号通过 D/A 转换成模拟信号后向外传输，而接收到的信号经过 A/D 转换后交由 DSP 处理。从 D/A 和 A/D 输入/输出的信号经过音频变压器耦合到 DAA 电路，使电话线上的信号与 Modem 内部信号隔离，并起到阻抗匹配的作用。控制电路和 CPU 协调通信协议，完成流量控制、差错控制、数据压缩和协调各模块工作。

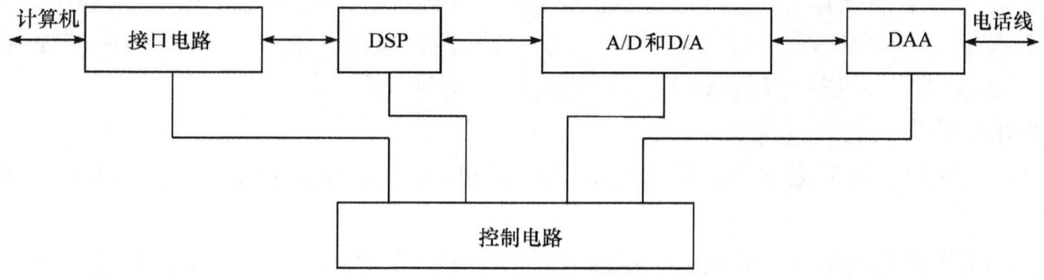

图 12-11　Modem 的基本结构框图

3. 调制解调器分类

调制解调器一般分为内置式、外置式、PCMCIA 卡式和机架式 4 种。

内置式调制解调器直接做在计算机主板上或以插卡的形式插在系统扩展槽中，其体积较小、安装在机箱内部，直接插在扩展槽上，不需要额外的电源和电缆，节省空间和成本。内置式 Modem 一般提供有四种接口：一是 Line 口，用于接电话线；二是 Phone 口，用于接电话机；三是 MIC 口，用于接话筒；四是 SPK 口，用作声音出口。

外置式调制解调器一般放置于机箱外，通过 RS-232C 串口或 USB 接口与主机连接。这种调制解调器即插即用，还设有状态指示灯，便于监视调制解调器的工作状态。

PCMCIA 卡式调制解调器主要用于笔记本电脑，体积小、省电，插于标准的 PCMCIA 插槽，与移动电话相互配合可以实现移动办公。

机架式调制解调器实际上是一组调制解调器。它们集中于一个箱体或外壳里，共用一个电源。它广泛应用于 Internet/Intranet、电信局、校园网、金融机构等的网络管理中心机房。

4. 几种常用的广域网接入调制解调器

从调制方式、数据传输速率和所适用的行业标准等方面看，可分为普通拨号调制解调器和宽带接入调制解调器两大类。其中宽带接入调制解调器目前又以 ADSL 调制解调器和 Cable 调制解调器应用最多。

1) 普通拨号调制解调器

普通拨号调制解调器是一种窄带接入设备接口，其调制方式可分为幅移键控(Amplitude-Shift Keying，ASK)、频移键控(Frequency-Shift Keying，FSK)、相移键控(Phase-Shift Keying，PSK) 三类。

普通拨号调制解调器的调制方式和数据传输率大多数由国际电信联盟(ITU)进行了标准化。Modem 的传输速率，实际上是由 Modem 所支持的调制协议所决定的，如 ITU V.32 标准支持 9.6kb/s 数据传输率；V.32bis 标准支持 14.4kb/s 数据传输率；V.34 标准支持 28.8kb/s 数据传输率；V.42 标准支持 33.6kb/s 数据传输率；V.92 标准支持 56kb/s 的数据传输率。市场上使用最多的普通拨号调制解调器是采用 V.90 和 V.92 标准的 56kb/s 调制解调器。

以上我们所讲的数据传输率，是在理想情况下得到的。在实际使用过程中，Modem 的速率往往不能达到理想值。实际的传输速率主要取决于电话线路的质量、是否有足够的带宽及对方的 Modem 速率。

2) ADSL 调制解调器

ADSL(Asymmetric Digital Subscriber Line，非对称数字用户线路)是一种非对称的传输

技术，以普通电话线作为传输介质，通过不同的调制方法实现高速数据传输，可在一对双绞线上提供上行 1Mb/s、下行 8Mb/s 的速度，传输距离达 3～5km。ADSL 为用户提供诸如高速 Internet 接入、视频点播(VOD)、可视电话等多种业务。

ASDL 技术具有以下优点。

(1) 上行和下行带宽不等，接入速度快。ADSL 提供上行 1Mb/s、下行 8Mb/s 的数据传输率。

(2) 线路使用效率高。ADSL 与普通电话共存于一条电话线上，数据传输和电话不在一个频段内，可同时传送语音信号和数字信号，互不干扰。

(3) 不同 ADSL 用户之间不会发生带宽的共享，可获得很好的通信效果。

(4) 安装便捷，成本低廉。

ADSL 的具体工作流程是：经 ADSL 调制解调器编码后的信号通过电话线传到电话局后再通过一个信号识别/分离器，如果是语音信号就传到电话交换机，如果是数字信号就接入因特网。ADSL 调制解调器主要由处理 D/A 变换的模拟前端、进行调制/解调处理的数字信号处理器以及减小数字信号发送功率和传输误差，实现差错校正的数字接口构成。

为了在电话线上分隔有效带宽，产生多路信道，ADSL 调制解调器一般采用频分多路复用(FDM)技术实现。FDM 将现有的电话线路的带宽分为三个频段：最低频段部分为 0～4kHz，用于普通电话业务，中间频段部分为 20～50kHz，用于上行数据信息的传递；最高频段部分为 150～550kHz 或 140kHz～1.81MHz，用于下行数据信息的传送。

ADSL 的调制技术是 ADSL 的关键所在。在 ADSL 调制技术中，一般均使用高速数字信号处理技术和性能更佳的传输码型，用以获得传输中的高速率和远距离。ADSL 调制解调器采用的调制技术主要有三种。

(1) QAM(Quadrature Amplitude Modulation)调制技术。在 QAM 调制中，发送数据在比特/符号编码器内被分成速率各为原来 1/2 的两路信号，分别与一对正交调制分量相乘，求和后输出。接收端完成相反过程，正交解调出两个相反码流，均衡器补偿由信道引起的失真，判决器识别复数信号并映射回二进制信号。与其他调制技术相比，QAM 调制技术具有充分利用带宽、抗噪声能力强等特点。

(2) CAP(Carrierless Amplitude/Phase Modulation)调制技术。CAP 是以 QAM 调制技术为基础发展而来的。数据信号在发送前被压缩，然后沿电话线发送，在接收端重组。相对于 QAM 而言，CAP 实现起来更容易、更方便、更灵活。CAP 的优点是时延小，芯片功耗低，但其技术难点是克服近端串音对信号的干扰。

(3) DMT(Discrete Multi-Tone)调制技术。DMT 采用多载波调制技术，可用频段划分为多个子信道(每个子信道的带宽为 4kHz)，对应不同频率的载波，并根据子信道发送数据的能力将数据分配给各子信道。与 CAP、QAM 相比，DMT 在信噪比、通信速率、带宽利用率、频率兼容性、实际性能等方面更具有优势。

ADSL 调制解调器的接口方式主要有三种，分别是以太网接口、USB 接口和 PCI 接口。USB 接口、PCI 接口适用于家庭用户，性价比较高，小巧、方便、实用。PCI 接口的属于内置式的 Modem，运行速度较慢，且容易掉线。USB 接口的属于外置式的 Modem，在速度和性能方面比 PCI 接口的要高许多。以太网接口的 Modem，更适用于企业和办公室的局域网。这种 Modem 的性能最好，功能也最齐全，有的还带有桥接和路由功能。

ADSL 调制解调器上网方式主要有：专线方式(静态 IP)、PPPOA(Point to Point Protocol over ATM)、PPPOE(Point-to-Point Protocol Over Ethernet，以太网点对点协议)三种。上网方式不同，所需支持的协议也不同。普通用户多数是选择 PPPOA、PPPOE 虚拟拨号上网方式，而企业用户更多的是选择静态 IP 地址的专线方式。

随着新型视频业务、大型网络游戏、GB 级文件下载等需求的增长，ADSL 对于新兴的 Internet 应用支持能力不够，不能满足更高的带宽需求。2002 年 7 月，ITU 公布了 ADSL 的两个新标准(G.992.3 和 G.992.4)，即 ADSL2。2003 年 3 月，在第一代 ADSL 标准的基础上，ITU 制定了 G.992.5，即 ADSL2plus，或叫 ADSL2+。ADSL2+标准在 ADSL2 的基础上进一步扩展，主要是将频谱范围从 1.1MHz 扩展至 2.2MHz，相应地最大子载波数目也由 256 增加至 512。它支持的净数据速率最小下行速率可达 16Mb/s。ADSL2+打破了 ADSL 接入方式带宽限制的瓶颈，使其应用范围更加广阔。ADSL2+解决方案传输距离可达 6km，突破了以前 ADSL 技术接入距离只有 3km 的缺陷，可覆盖更多的用户实现更高的接入速度。

ADSL2 及 ADSL2+会是今后宽带上网的发展方向之一。它作为 ADSL 的下一代标准，不但兼容 ADSL，而且在速率上大大超越 ADSL。

3) 线缆调制解调器

线缆调制解调器又称为 Cable Modem，是近几年随着网络应用的扩大而发展起来的，是通过同轴电缆互连的有线电视网来发送和接收数据的一种宽带接入设备。Cable Modem 速率已达 10Mb/s 以上，下行速率则更高。

Cable Modem 与其他 Modem 在传输机理上都是将数据进行调制后在线缆的一个频率范围内传输，接收时进行解调。不同之处在于 Cable Modem 是通过有线电视(CATV)的某个传输频带进行调制解调的。目前使用较多的是同轴电缆，可将整个电缆划分为三个宽带，分别用于 Cable Modem 数字信号上传、数字信号下传及电视节目模拟信号下传。这样数字信号和模拟信号就不会互相冲突，可以同时传送。Cable Modem 是与电视台以频分多路的方式共享有线电视信号传输网线，属于共享通信介质系统。而普通 Modem 的传输介质在用户与交换机之间是独立的，即用户独享通信介质。

Cable Modem 集调制解调器、调谐器、加/解密设备、桥接器、网络接口卡、SNMP 代理和以太网集线器的功能于一身。它一般有两个接口，一个用来连接有线电视端口，另一个与计算机相连。它无须拨号上网，不占用电话线，可永久连接。

在目前应用的所有接入方式中，Cable Modem 是连接速率最快的一种，它提供了非对称的专线连接，并且不受连接距离的限制，是一种极具影响力的宽带接入技术。

12.6 其他人机交互设备

随着科学技术的高速发展，微型计算机系统的各种新型输入输出设备不断涌现。目前，计算机系统常用的人机交互技术还有扫描仪、触摸屏、数码相机、语音交互系统等。本节分别简介它们的工作原理。

12.6.1 扫描仪

1. 扫描仪概述

扫描仪是一种光机电一体化的高科技产品，它是将各种形式的图像信息输入计算机的重要工具，是继键盘和鼠标之后的第三代计算机输入设备，也是功能极强的一种输入设备。从最直接的图片、照片、胶片到各类图纸图形以及各类文稿资料都可以用扫描仪输入到计算机中，进而实现对这些图像形式信息的处理、管理、使用、存储、输出等。配合文字识别软件还可以将扫描的文稿转换成计算机的文本形式。目前，扫描仪已广泛用于各类图形图像处理、出版、印刷、广告制作、办公自动化、多媒体、图文数据库、图文通信、工程图纸输入等许多领域，极大地促进了这些领域的技术进步，甚至使一些领域的工作方式发生了革命性的变革。

目前市场上扫描仪的种类很多，按不同的标准有不同的分类方法。

按扫描原理可将扫描仪分为以 CCD 为核心的平面式扫描仪、手持式扫描仪和以光电倍增管为核心的滚筒式扫描仪。

按图像幅面的大小可分为小幅面的手持式扫描仪、中等幅面的台式扫描仪和大幅面的工程图扫描仪。

按扫描图稿的介质可分为反射式(纸材料)扫描仪和透射式(胶片)扫描仪以及既可扫反射稿又可扫透射稿的多用途扫描仪。

按用途可将扫描仪分为可用于各种图稿输入的通用型扫描仪和专门用于特殊图像输入的专用型扫描仪，如条码读入器、卡片阅读机等。

扫描仪与主机的接口有 SCSI、EPP、USB 三种。SCSI 接口稳定性高、传输速度快，但价格高，而且必须加装一个 SCSI 接口卡。EPP 接口又称为增强并口或快速模式并口，EPP 接口扫描仪使用普通并行线即可与计算机相连接，一般这样的扫描仪上还含有一个转接口用于连接打印机。

2. 扫描仪工作原理

自然界每一种物体都会吸收特定的光波，而没有吸收的光波就会被反射出去。扫描仪就是利用这种特性来完成对稿件的读取。扫描仪在工作时会发出强光照射在稿件上，没有被吸收的光线将被反射到光学感应器上。光学感应器接收到这些信号后，再将这些资料传送到数模转换器，数模转换器再将其转换成计算机能够读取的信号，然后通过驱动程序转换成显示器上能看到的正确图像。欲扫描的稿件通常可以分为反射稿和透射稿。反射稿泛指一般的不透明文件，如报纸、杂志等；透射稿则包括幻灯片(正片)和底片(负片)。如果经常需要扫描透射稿，那就必须选择具备光罩(光板)功能的扫描仪。

不同类型的扫描仪，其结构也不同，但基本扫描原理大同小异。下面以应用最多的平台式 CCD 扫描仪为例，讲述扫描仪的组成及工作原理。其原理结构如图 12-12 所示。

平台式 CCD 扫描仪主要由以下几部分组成：光学成像部分、光电转换部分、机械传动部分、A/D 转换部分和控制电路部分。光学成像部分主要由光源、光路和镜头组成；机械传动部分主要有步进电机、扫描头及导轨等；扫描仪在控制电路的控制下有条不紊地工作。步进电机主要用来带动扫描头运动。

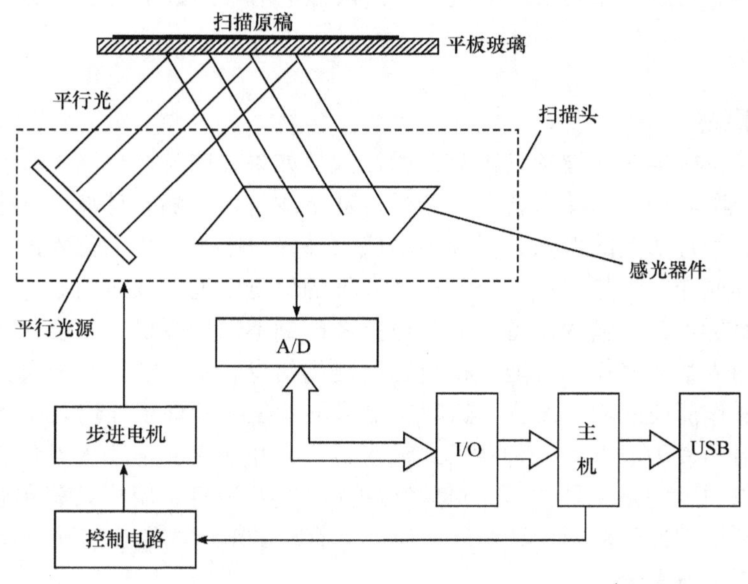

图 12-12　平台式 CCD 扫描仪的原理图

CCD(Charge Coupled Device，电荷耦合器件)是一种半导体芯片装置，由排列成固定阵列的光电管组成，能够把光学影像转化为数字信号。CCD 扫描仪采用 CCD 的微型半导体感光芯片作为扫描仪的核心。

CCD 扫描仪由几千个电荷耦合感光器件阵列构成感光器件，这些感光器件嵌在长方形的扫描头上。扫描仪扫描图像时，首先将欲扫描的原稿(文字稿件或者图纸照片)正面朝下铺在扫描仪的玻璃板上，启动扫描仪驱动程序后，安装在扫描仪内部的可移动头在步进电机的控制下开始扫描原稿。扫描头里面含有长条形的光源和长条形的 CCD 接收部件，长条形的光源在水平方向均匀照亮稿件的某一行，照射到原稿上的光线被反射回来，稿件上黑的区域反射的光较少，而亮的区域反射的光较多，产生表示图像特征的反射光。反射光照到 CCD 光敏三极管上，CCD 器件将光信号转变为模拟电子信号，这个模拟电子信号表示了图像像素的明暗程度。到这一步，扫描仪就完成了由光信号转变为电信号的过程。

由于计算机不能识别模拟信号，需要将 CCD 产生的模拟信号转换为计算机能识别的数字信号。A/D 转换处理电路就完成此功能，它将模拟电信号转变为计算机能够接受的二进制数字信号，最后通过接口将数据送至计算机，就得到了原稿某一行的图像信息。扫描仪扫描完此行的图像信息后，在控制电路和步进电机的控制下，机械传动机构带动扫描头移动到下一行继续扫描。依此类推，扫描头由前到后扫描过整个原稿，一幅完整的图像就输到计算机中去了。

在实际应用中，为了能得到扫描图稿一窄行的图像信息，图稿的反射光首先穿过一个很窄的缝隙，形成一条窄窄的光带。光带还需要经过一组反光镜和光学透镜，进一步聚焦，变为一条很细的光条。为了能得到彩色图像，经过聚焦得到的很细的光条再进入分光镜，由分光镜将光线分解为红、绿、蓝三基色(分光镜主要由棱镜和红、绿、蓝三色滤色镜组成，棱镜将光束分为相同的三束，三束光分别照射到对应的红、绿、蓝三色滤色镜上，由三色滤色镜过滤，即可得到红、绿、蓝三条基色光带)。三条基色光带分别照到各自的 CCD 光敏三极管上，然后完成由光到模拟电信号、由模拟电信号到数字电信号的转换。

12.6.2 触摸屏

1. 触摸屏概述

传统的计算机标准输入设备是键盘，操作人员如果要向计算机输入某种信息，必须按照一定的语法规则利用键盘输入若干个字母、数字或符号。随着计算机技术的发展，特别是计算机对图形处理功能的增强，鼠标渐渐成为计算机必不可少的输入设备，它特别适用于定位、选择等操作。但是在一些公共场所设置的信息咨询、旅游向导等计算机系统，不便安装键盘、鼠标等其他输入设备，同时也要考虑到不懂计算机、不会使用键盘和鼠标的顾客，要让任何人都能操作，都能获得自己所需的信息，就必须选择一种大众都能接受的方便、直观、操作简便的输入设备。这时，触摸屏就是一种理想的输入设备。

触摸屏是目前较为成熟的一种触摸式输入设备，相较于其他输入设备，触摸屏更为直观、方便，可以说，它是一种“面向对象”的人机交互设备，用户只需在显示屏上对一个个“对象”进行操作即可控制计算机的运行，计算机的输入与输出有机地结合在一起。

2. 触摸屏的技术特性

1) 透明性

触摸屏由多层复合薄膜构成，透明性的好坏直接影响到触摸屏的视觉效果。触摸屏透明性能的好坏不仅要从它的视觉效果来衡量，还应该从透明度、色彩失真度、反光性和清晰度等多方面进行考虑。

2) 绝对坐标系统

触摸屏是一种绝对坐标系统。绝对坐标系统每一次定位坐标与上一次定位坐标没有关系，每次触摸的数据通过校准转为屏幕上的坐标。触摸屏在同一点的输出数据是稳定的。由于技术原理的原因，触摸屏不能保证绝对坐标定位，可能出现漂移。但对于性能质量好的触摸屏来说，漂移的情况并不严重。

3) 检测与定位

各种触摸屏技术是依靠传感器来工作的。各自的定位原理和各自所用的传感器决定了触摸屏的反应速度、可靠性、稳定性和寿命。

3. 触摸屏的工作原理

不管什么样的触摸屏都需要收集以下信息：触摸物进入触摸屏的坐标、触摸物在触摸屏上移动的新坐标、触摸物离开触摸屏的坐标、是否有东西触摸等，只是不同的触摸屏完成上述任务的方法不一样。从触摸屏检测触摸点手段上看，有红外式、电阻式、电容式及声波式等几种触摸屏。

1) 红外线触摸屏

红外线触摸屏是以红外线检测技术为基础的。在屏幕的水平方向与垂直方向分别安装有若干组红外发射管和接收管，组成了红外检测光栅。当没有手指或其他遮挡物时，所有的红外接收管都能接收到相对的红外发射管发射的红外线，这是无触摸时的状态。如果有手指或其他物体进入检测区，就会遮挡住若干条红外光栅，对应的红外接收管就收不到红外信号或收到的红外信号衰减很大，该红外接收管输出的信号就会发生变化，根据这种变化即可检测出触摸点的坐标值和触摸屏的触摸状态。

红外式触摸屏由于是利用红外线来检测的，所以它对触摸的物体没有太严格的要求，只要是能够遮挡住红外线的物体，如手指、钢笔等，而且触摸物不一定非要接触到显示屏，只要进入红外检测区域即可。同时，触摸体与触摸屏的检测部件由于不直接接触，触摸屏不易损坏，寿命较长，成本也较低。但是红外线触摸屏由于依靠感应红外线运作，外界光线变化，如阳光或室内射灯等均会影响其准确度，且红外线触摸屏不防水也不防污秽，甚至非常细小的外来物也会导致误差，影响性能。

2) 电阻式触摸屏

电阻式触摸屏是压力感应式的，在屏幕表面(多为强化玻璃)敷上两层 OTI 透明金属氧化物导电层。外面一层 OTI 涂层作导电体，第二层 OTI 则经过精密网络附上横竖两个方向的 5V 至 0V 电压场，两层 OTI 间以细小的透明隔离点隔开。平时这些隔离点的电阻近似相同，当手指接触屏幕，两层 OTI 导电层出现一个接触点，该点电阻发生变化，控制器同时检测电压及电流，便可以计算出触摸的位置。

电阻式触摸屏的 OTI 涂层比较薄且容易脆断，涂得太厚又会降低透光且形成内反射降低清晰度。OTI 外虽多加一层薄塑料保护层，但依然容易被锐利物件所破坏，而且由于经常被触动，表层 OTI 使用一定时间后会出现细小裂纹，甚至变形，如其中一点的外层 OTI 受破坏而断裂，便失去作为导电体的作用，所以触摸屏的寿命并不长久。但电阻式触摸屏不受尘埃、水、污秽影响。

3) 电容式触摸屏

电容式触摸屏在外观上同电阻式触摸屏很相似。在玻璃屏幕上镀一层透明的薄膜层，再往导体层外加上一块保护玻璃，双玻璃设计能彻底保护导体层及感应器。此外，在附加的触摸屏四边均镀上狭长的电极，在导电体内形成一个低电压交流电路，平时这个电场是沿薄膜表面均匀分布的。当用户触摸屏幕时，由于人体电场，手指与导体层间会形成一个耦合电容，四边电极发出的电流会流向触点，而电流的强弱与手指及电极间的距离成正比，控制器便会计算电流的比例及强弱，准确算出触摸点的位置。

电容触摸屏的玻璃设计不但能保护导体层及感应器，还能更有效地防止外在环境因素对触摸屏造成的影响，就算屏幕沾有污秽、尘埃或油渍，电容式触摸屏依然能够算出触摸位置；电容式触摸屏感应度极高，能准确感应轻微且快速的触碰。此外，电容式触摸屏可完全粘合于显示器内，因此不易被损坏。

4) 声表面波式触摸屏

声表面波式触摸屏是通过检测声表面波来工作的。声表面波是一种集中在物体表面传播的弹性波。在显示屏的四角分别安装竖直或水平向超声波发射换能器及接收换能器，四边亦刻有反射条纹。工作时，发出如参照波形般的超声波信号由显示屏四周波沿着玻璃表面传播，另一端的接收器收到均匀的信号。当手指或其他物体触及屏幕时会吸收一部分能量，接触点的声波就会衰减，接收器收到的信号发生变化，控制器依据减弱的信号计算出触摸点的位置。

表面声波的感应速度很快，声波感应的 SNR(信噪比)较电容感应低，且屏上每一处都接受多次的触碰，非常耐用。但是表面声波屏的感应敏锐度并不理想，控制器只会对那些高声波能量(高至玻璃能吸收)及较长时间的触摸(不少于 10ms)才会做出反应，无法感应轻微而快速的触碰。声波感应系统的感应转换器在长时间运行下会因声能所产生的压力而受到损坏，不够耐用。一般羊毛或皮革手套都会吸收部分声波，对感应的准确度也受一定的影响。屏幕表面如被刮花，便会影响声波活动，导致不均匀声波，对感应的准确度有一定的影响，并且不提供防水功能。再者，屏幕表面或接触屏幕的手指如沾有水渍、油渍、污秽或尘埃，也会影响其性能，甚至令系统无法工作。

12.6.3 数码相机

数码相机(Digital Camera)是一种新型图像获取设备，它与传统相机在原理上有本质的区别。传统相机利用胶卷的光化学反应成像，数码相机则利用 CCD 光敏器件对光照产生的光电效应来成像。

1. 数码相机的原理

数码相机与传统相机的本质区别在于图像的感光和存储介质不同。数码相机使用电荷耦合器件(CCD)作为感光元件。它是一种半导体芯片装置，由排列成固定阵列的光电管组成，能够把光学影像转化为数字信号。一块 CCD 上包含的像素数越多，其提供的画面分辨率也就越高。CCD 阵列就放在镜头之后。光强度使光电管带电，单个 CCD 光电管上积累的电荷取决于入射光的强度，光电管的电荷产生了电压并随后被输入到模数(A/D)转换器中，模数(A/D)转换器把电荷电压转换成数字值。数字信号存储在相机内的存储装置中，这些电信号就代表了所拍摄的图像。数码相机最终产生的照片完全是一个二进制的数据文件，它可直接传送给计算机进行显示或图像加工。

2. 数码相机的输出

把数码相机拍摄的图像信息输出到计算机是其对图片进行处理的前提，具体的输出过程是通过导线把相机和计算机的并口或 USB 口连接，使用厂商提供的专用程序进行下载。非固化的存储卡也可以直接通过匹配器或相应 PCMCIA 插槽或磁盘驱动器内读出。

此外，数码相机还有两种输出方式，一种是通过视频线在电视上进行幻灯播放，当然只能是观看而已。另一种是不通过计算机直接打印，不过这有一个兼容问题，往往只有同一品牌的数码相机和打印机才能直接连接进行打印。

3. 数码相机的特点

(1) 分辨率较低。数码相机所拍摄照片的清晰度受制于相机所支持的最高分辨率，而决定最高分辨率的是数码相机的灵魂部件 CCD，即数码相机的“感光胶片”。目前数码相机在成像方面还远远比不上传统相机，造成这种差距的正是 CCD 与胶片的区别。

(2) 拍照有延迟。由于拍完一张照片后，CCD 需要清除掉原有的电荷，所以数码相机每拍完一张后，需等待一段时间才能拍下一张。

(3) 存储介质多样。数码相机中的存储介质形式较多，主要有内存、PCMCIA 卡、Compact Flash 存储卡、SWT 存储卡、存储棒、3.5 寸软盘等。内存是固化在数码相机里面的，能够永久地存储一定数量的照片图像，存入新的则必须先删除旧的。后面几种存储卡一般不固化在相机内，可自由插入相机或取出。

(4) 照片可直接送到计算机处理。由于数码相机拍摄的相片直接是数字形式，因此可直接传送到计算机中进行加工、处理和分发，省去了照片扫描，因而避免了扫描时造成的分辨率下降，同时节省了资金。

12.6.4 语音交互系统

据统计，在日常生活中人类的沟通大约有 75%是通过语音来完成的，所以我们也可以试图用语音来实现人与计算机等设备的信息交互，这就是语音识别技术。语音识别技术的研究始于 20 世纪 50 年代，经过近半个世纪来的发展，语音识别技术开始走出实验室，进入到社会生活的各个领域。目前的语音交互主要应用在电话通信中的语音拨号、汽车的语音控制、工业控制及医疗领域的语音交互、PDA 的语音交互、智能玩具、家电遥控等方面。

当前的语音识别系统只有在大量训练的基础上，才能识别用户的语音。不同的语音识别需要经过特定而长期的训练，如今只能达到有限思维、特定词汇量、特殊群体的特定语音识别。语音听写技术对计算资源和存储资源的要求较高。这个领域国内外已出现一些商业化的产品，如 IBM 公司的 Via Voice 和 DRAGON 公司的 Naturally Speaking 等。

未来的语音交互技术将在嵌入式系统、无线互联网、海量文档搜索等领域广泛应用，对信息产业将会产生深远影响。

习 题 12

1. 编码键盘和非编码键盘有什么区别?
2. 非编码键盘应达到哪些功能? 识别被按键有哪几种方法? 简述逐行扫描法的基本思想。
3. 说明非编码键盘的工作原理。
4. 试应用 8255A 设计一个 4×8 的非编码矩阵键盘硬件框图并编写出程序。
5. 说明 PC 机键盘的接口组成。
6. 鼠标器与主机常用的接口标准类型有哪些?
7. 说明液晶显示器的工作原理。
8. 液晶显示器的性能指标有哪些?
9. 液晶显示器的静态驱动和动态驱动方式各有什么特点?
10. 液晶显示器的接口主要有几种类型? 各有什么特点?
11. 针式打印机由哪些部分组成? 说明针式打印机的打印过程。
12. 喷墨打印机喷墨有哪些实现方式? 具体如何实现?
13. 并行打印机常用哪种接口标准? 该标准其定义了多少条信号线?
14. 试述激光打印机的打印过程。
15. 试说明并行打印机的数据传送过程。
16. 简述网卡的工作原理。
17. 具体说明网卡有哪几种分类方法?
18. 简述调制解调器的结构组成。
19. 调制解调器主要有哪几种? 各有什么特点?
20. 简述扫描仪、触摸屏、数码相机的功能和工作特点。
21. 常用的输入设备有哪些? 它们各有什么特点?

参 考 文 献

艾德才, 姚嘉康, 龚涛. 2002. 微机接口技术实用教程. 北京: 清华大学出版社
白殿生, 顾可民, 等. 2005. 微型计算机原理与接口技术学习指导. 北京: 机械工业出版社
常通义. 2006. 微型计算机原理及接口技术. 武汉: 华中科技大学出版社
陈启美, 吴守兵, 周洋, 等. 2002. 微机原理・外设・接口. 北京: 清华大学出版社
程德福, 林君. 2005. 智能仪器. 北京: 机械工业出版社
冯博琴. 2002. 微型计算机原理与接口技术. 北京: 清华大学出版社
高占国, 宋文强, 杨秀清. 2006. 微机原理与接口技术. 重庆: 重庆大学出版社
顾滨. 2001. 80x86 微型计算机组成、原理及接口. 北京: 机械工业出版社
顾晖, 梁惺彦, 等. 2011. 微机原理与接口技术——基于 8086 和 Proteus 仿真. 北京: 电子工业出版社
郭兰英, 赵祥模. 2015. 微机原理与接口技术:Win 汇编、接口及设备驱动. 2 版. 北京: 清华大学出版社
韩雁, 徐煜明. 2005. 微机原理与接口技术. 北京: 电子工业出版社
何小海, 严华. 2006. 微机原理与接口技术. 北京: 科学出版社
黄同愿, 甘利杰, 刘涛, 等. 2006. 微型计算机原理与常用接口技术. 北京: 中国水利水电出版社
吉海彦. 2007. 微机原理与接口技术. 北京: 机械工业出版社
贾金玲. 2006. 微型计算机原理及应用: 理论、实验、课程设计. 重庆: 重庆大学出版社
李伯成. 2000. 微型计算机原理及应用辅导. 西安: 西安电子科技大学出版社
李大友, 等. 2000. 微机接口技术. 北京: 机械工业出版社
李广军, 何羚, 古天祥, 等. 2001. 微型计算机原理. 成都: 电子科技大学出版社
李宏, 张家田, 等. 2004. 液晶显示器件应用技术. 北京: 机械工业出版社
李继灿. 2015. 新编 16/32 位微型计算机原理及应用. 5 版. 北京: 清华大学出版社
李雪琴, 李红刚. 2004. 电脑主板与 BIOS 实战 DIY. 北京: 清华大学出版社
李正华. 2005. 微型计算机原理与接口技术. 长沙: 中南大学出版社
李芷. 2000. 微机原理与接口技术. 北京: 电子工业出版社
厉荣卫, 陈鉴富, 高建荣. 2004. 微型计算机组装与系统维护. 北京: 清华大学出版社
刘宏志. 2003. 学习指导与题典・微型计算机及其接口技术. 北京: 科学出版社
刘乐善. 2000. 微型计算机接口技术及应用. 武汉: 华中科技大学出版社
刘永华, 王成端. 2006. 微机原理与汇编语言程序设计. 北京: 中国铁道出版社
刘永华, 张秀芝. 2006. 微机原理与汇编语言程序设计习题解答与上机指导. 北京: 中国铁道出版社
罗琳. 2005. 网络工程技术. 北京: 科学出版社
马春燕. 2007. 微机原理与接口技术: 基于 32 位机. 北京: 电子工业出版社
马力妮. 2004. 80x86 汇编语言程序设计. 北京: 机械工业出版社
马维华, 奚抗生, 易仲芳, 等. 2000. 从 8086 到 PentiumⅢ微型计算机及接口技术. 北京: 科学出版社
马义德. 2005. 微型计算机原理与接口技术. 北京: 机械工业出版社
马义德, 张在峰, 徐光柱, 等. 2004. 微型计算机原理及应用. 北京: 高等教育出版社
毛红旗, 刘敏. 2015. 微机原理与接口技术. 济南: 山东人民出版社
毛六平, 王小华, 卢小勇. 2002. 微型计算机原理与接口技术. 北京: 清华大学出版社，北方交通大学出版社
牟琦, 聂建萍. 2007. 微机原理与接口技术. 北京: 清华大学出版社
聂丽文, 柴实生, 相洁. 2002. 微型计算机接口技术. 北京: 电子工业出版社
潘新民, 等. 2002. 微型计算机原理・汇编・接口技术. 北京: 北京希望电子出版社

钱晓捷. 2007. 微型计算机原理及应用教学辅导与习题解答. 北京: 清华大学出版社
钱晓捷. 2014. 微机原理与接口技术: 基于 IA-32 处理器和 32 位汇编语言. 5 版. 北京: 机械工业出版社
尚凤军, 易芝, 薛峙. 2014. 微机原理与接口技术. 北京:人民邮电出版社
沈美明, 温冬婵. 2001. IBM PC 汇编语言程序设计. 北京: 清华大学出版社
沈鑫剡. 2006. 微机原理与应用学习辅导. 北京: 清华大学出版社
史新福, 秦晓红. 2007. 微型计算机原理及应用导教・导学・导考. 北京: 清华大学出版社
王玉良, 吴晓非, 张琳, 等. 2006. 微机原理与接口技术. 北京: 北京邮电大学出版社
王正洪, 朱正伟, 马正华. 2006. 微机接口与应用. 北京: 清华大学出版社
吴产乐. 2004. 微机系统与接口技术・学习指导・题解・实验. 武汉: 华中科技大学出版社
武自芳. 1999. 微型计算机原理常见题型解析及模拟题. 西安: 西北工业大学出版社
谢瑞和, 翁虹, 张士军, 等. 2004. 32 位微型计算机原理与接口技术. 北京: 高等教育出版社
谢小荣, 朱理森, 等. 2001. 网络及网络互连技术. 北京: 国防工业出版社
徐惠民. 2007. 微机原理与接口技术. 北京: 高等教育出版社
杨全胜. 2002. 现代微机原理与接口技术. 北京: 电子工业出版社
杨全胜, 等. 2012. 现代微机原理与接口技术. 3 版. 北京: 电子工业出版社
杨全胜, 胡友彬, 等. 2007. 现代微机原理与接口技术. 北京: 电子工业出版社
杨素行, 等. 2009. 微型计算机系统原理及应用. 3 版: 北京: 清华大学出版社
叶继华. 2005. 汇编语言与接口技术. 北京: 机械工业出版社
原菊梅. 2007. 微型计算机原理及其接口技术. 北京: 机械工业出版社
张钧良. 2005. 计算机外围设备. 北京: 清华大学出版社
张三年. 2007. 液晶显示器维修入门与提高. 北京: 电子工业出版社
郑初华. 2006. 汇编语言、微机原理及接口技术. 北京: 电子工业出版社
郑家声. 2004. 微型计算机原理与接口技术. 北京: 机械工业出版社
周明德. 2002. 微机原理与接口技术. 北京: 人民邮电出版社
周明德. 2007. 微机原理与接口技术. 2 版. 北京: 人民邮电出版社
周学毛. 2002. 汇编语言程序设计. 北京: 高等教育出版社
邹逢兴. 2001. 计算机硬件技术及应用基础. 长沙: 国防科技大学出版社
邹逢兴. 2007. 微型计算机原理与接口技术. 北京: 清华大学出版社

附录 1　8086 指令系统表

指令		助记符	格式	功能	备注
数据传送	通用数据传送	MOV	MOV Dest，Src	(Dest)← (Src)	Imm、CS、IP 不能为 Dest Opr 位数必须一致 Opr 不能同为 Mem Opr 不能同为 Sreg
		XCHG	XCHG Dest，Src	(Src) ←→ (Dest)	Opr 不能为 Imm，Sreg Opr 位数必须一致 Opr 不能同为 Mem Opr 不能为 CS(或 IP)
		PUSH	PUSH Src	(SP) ← (SP)–2 ((SP) +1，(SP)) ← (Src)	Opr 只能 16 位 Opr 不能为 Imm、CS PUSH CS 合法 一般配对使用
		POP	POP Dest	(Dest)←((SP) +1，(SP)) (SP) ← (SP) +2	
		XLAT	XLAT	(AL) ← ((BX) + (AL))	BX=首地址 AL=偏移量
	地址传送	LEA	LEA DES，Src	(Dest) ← EA(Src)	Dest 为 16 位 Reg Dest 不能为 Sreg Src 为 32 位 Mem
		LDS	LDS DES，Src	(Dest) ←EA (Src) (DS) ← EA(Src+2)	
		LES	LES DES，Src	(Dest) ←EA (Src) (ES) ← EA(Src+2)	
	标志传送	LAHF	LAHF	(AH) ←($FLAGS_L$)	相反操作 一般配对使用 SAHF 标志位=-----rrrrr
		SAHF	SAHF	($FLAGS_L$)← (AH)	
		PUSHF	PUSHF	(SP) ← (SP)–2 ((SP) +1，(SP)) ← (PSW)	相反操作 一般配对使用 POPF 标志位=rrrrrrrrr
		POPF	POPF	(Dest)←((SP) +1，(SP)) (SP) ← (SP) +2	
	输入输出	IN	IN Ac，Port IN Ac，DX	Ac← (Port) Ac←((DX))	最多 64K 个 8 位端口地址或 32K 个 16 位端口地址；端口地址≥256 时，应采用 DX 间接寻址
		OUT	OUT Port，Ac OUT DX，Ac	(Port) ←Ac ((DX))←Ac	
算术运算	加法	ADD	ADD EST，Src	(Dest)←(Src)+(Dest)	ODITSZAPC=x---xxxxx
		ADC	ADC EST，Src	(Dest)←(Src)+ Dest)+CF	ODITSZAPC= x---xxxxx
		INC	INC Dest	(Dest) ← (Dest) +1	ODITSZAPC= x---xxxx-
	减法	SUB	SUB EST，Src	(Dest)←(Dest) – (Src)	ODITSZAPC= x---xxxxx
		SBB	SBB EST，Src	(Dest)←(Dest) – (Src) – CF	ODITSZAPC= x---xxxxx

续表

指令		助记符	格式	功能	备注
算术运算	减法	DEC	DEC Dest	(Dest) ← (Dest) −1	ODITSZAPC= x---xxxx-
		NEG	NEG Dest	(Dest) ←0 − (Dest)	求相反数 ODITSZAPC= x---xxxxx
		CMP	CMP DES，Src	(Dest)—(Src)	结果不回送 后边一般跟 JXX ODITSZAPC= x---xxxxx
	乘法	MUL	MUL Src	(AX) ← (AL) *(Src) (DX， AX)← (AX) *(Src)	单操作数指令 Src 为乘数 Opr 不能为 Imm Ac 为隐含的被乘数 ODITSZAPC= x---uuuux
		IMUL	IMUL Src	(AX) ← (AL) *(Src) (DX， AX)← (AX) *(Src)	
	除法	DIV	DIV Src	(AL) ← (AX)/ (Src)的商 (AH) ← (AX)/ (Src)的余数 (AX) ← (DX， AX)/ (Src)的商 (DX) ← (DX，AX)/ (Src)的余数	单操作数指令 Src 为除数 Src 不能为 Imm AX(DX,AX)为隐含的被除数 ODITSZAPC= u---uuuuu
		IDIV	IDIV Src	(AL) ← (AX)/ (Src)的商 (AH) ← (AX)/ (Src)的余数 (AX) ← (DX， AX)/ (Src)的商 (DX) ← (DX，AX)/ (Src)的余数	
		CBW	CBW	AL → AX	正数前补 0 负数前补 1 无符号数不能扩展
		CWD	CWD	AX → (DX，AX)	
	BCD码调整	DAA	DAA	(AL) → $(AL)_{\text{组合BCD}}$	紧接在加减指令后 ODITSZAPC= u---xxxxx
		DAS	DAS	(AL) → $(AL)_{\text{组合BCD}}$	
		AAA	AAA	(AL) → $(AL)_{\text{非组合BCD}}$	紧接在加减指令后 ODITSZAPC= u---uuxux
		AAS	AAS	(AL) → $(AL)_{\text{非组合BCD}}$	
		AAM	AAM	(AL) → $(AL)_{\text{非组合BCD}}$	紧接在 MUL 后 ODITSZAPC= u---uuxux
		AAD	AAD	(AL) → $(AL)_{\text{非组合BCD}}$	DIV 指令之前用 AAD DIV 之后用 AAM ODITSZAPC= u---xxuxu
逻辑运算		AND	AND Dest，Src	(Dest)←(Dest) ∧ (Src)	使 Dest 的某些位强迫清 0 ODITSZAPC= 0---xxux0
		OR	OR Dest，Src	(Dest)←(Dest) ∨ (Src)	使 Dest 的某些位强迫置 1 ODITSZAPC= 0---xxux0
		NOT	NOT Dest	(Dest)←($\overline{\text{DEST}}$)	不允许使用 Imm
		XOR	XOR Dest，Src	(Dest)←(Dest) ⊕ (Src)	使某些位变反 判断两个 Opr 是否相等 ODITSZAPC= 0---xxux0
		TEST	TEST Dest，Src	(Dest) ∧ (Src)	测试某位是否为 0 ODITSZAPC= 0---xxux0
移位指令		SAL	SAL Dest，Cnt	空出位补 0，移出位进 CF SAR 时空出位不变 SAL，SAR 用于有符号数 SHL，SHR 用于无符号数 左移乘以 2 的 Cnt 次方 右移除以 2 的 Cnt 次方	Dest 不能为 Imm Cnt 是移位数 Cnt>1，其值要先送到 CL ODITSZAPC= x---xxuxx
		SAR	SAR Dest，Cnt		
		SHL	SHL Dest，Cnt		
		SHR	SHR Dest，Cnt		

指令	助记符	格式	功能	备注
移位指令	ROL	ROL Dest，Cnt	将 Dest 从一端移出的位返回到另一端形成循环	Dest 不能为 Imm Cnt 是移位数 Cnt>1，其值要先送到 CL ODITSZAPC= x-------x
	ROR	ROR Dest，Cnt		
	RCL	RCL Dest，Cnt	将 Dest 从一端移出的位，连同 CF 一起循环移位	
	RCR	RCR Dest，Cnt		
串操作指令	MOVS	MOVS Dest，Src MOVSB MOVSW	ES：(DI)← DS：(SI) (SI)←(SI) ± 1 或 2 (DI) ←(DI) ± 1 或 2	SI=DS 中源串首地址 DI=ES 中目的串首地址 CX=数据串的长度 CLD/TD 建立方向标志 DF=0，地址增量 DF=1，地址减量 CMPS 标志位= x---xxxxx SCAS 标志位= x---xxxxx
	LODS	LODS Src LODSB LODSW	(Ac)←DS：(SI) (SI) ←(SI) ± 1 或 2	
	STOS	STOS Dest STOSB STOSW	ES：(DI)←(Ac) (DI)←(DI) ± 1 或 2	
	CMPS	CMPS Dest，Src CMPSB CMPSW	DS：(SI) – ES：(DI) (SI) ←(SI) ± 1 或 2 (DI) ←(DI) ± 1 或 2	
	SCAS	SCAS Dest SCASB SCASW	Ac - ES：(DI) (DI) ←(DI) ± 1 或 2	
	REP	REP MOVS / STOS	每执行一次，CX←(CX)–1， 直到 CX=0，重复执行结束	串处理指令的重复前缀 LODS 之前不能添加前缀
	REPE /REPZ	REPE CMPS / SCAS REPZ CMPS / SCAS	每执行一次，CX←(CX)–1，并判断 ZF 标志位是否为 0； 只要 CX=0 或 ZF=0，则重复执行结束	
	REPNE /REPNZ	REPNE CMPS/ SCAS REPNZ CMPS/ SCAS	每执行一次，CX←(CX)–1，并判断 ZF 标志位是否为 1； 只要 CX=0 或 ZF=1，则重复执行结束	
控制转移指令	JMP	JMP SHORT Opr	IP←(IP)+8 位偏移	段内直接短转移
		JMP NEAR PTR Opr	IP←(IP)+16 位偏移量	段内直接近转移
		JMP WORD PTR Opr	IP←(EA)	段内间接转移
		JMP FAR PTR Opr	(IP)←Opr 指定的偏移地址 (CS)←Opr 指定的段地址	段间直接(远)转移
		JMP DWORD PTR Opr	IP)←(EA) (CS)←(EA+2)	段间间接转
	CALL	CALL 过程名	SP←(SP)–2 SS：[SP] ←IP IP←(IP)+16 位偏移量	段内直接调用
		CALL Opr	SP←(SP)–2 SS：[SP] ←IP IP←(EA)	段内间接调用

续表

指令	助记符	格式	功能	备注
控制转移指令	CALL	CALL FAR PTR 过程名	SP←(SP)–2 SS：[SP]←CS SP←(SP)–2 SS：[SP] ←IP (IP)←过程的偏移地址 (CS)←过程的段地址	段间直接调用
		CALL DWORD PTR Opr	SP←(SP)–2 SS：[SP]←CS SP←(SP)–2 SS：[SP] ←IP IP)←(EA) (CS)←(EA+2)	段间间接调用
	RET	RET	IP←SS：[SP] SP←(SP)+2	无参数段内返回
		RET n	IP←SS：[SP] SP←(SP)+2 SP←(SP)+n	有参数段内返回
		RET	IP←SS：[SP] SP←(SP)+2 CS←SS：[SP] SP←(SP)+2	无参数段间返回
		RET n	IP←SS：[SP] SP←(SP)+2 CS←SS：[SP] SP←(SP)+2 SP←(SP)+n	有参数段间返回
	JXX	JC Dest	CF=1，则转移	有进位/借位
		JNC Dest	CF=0，则转移	无进位/借位
		JE/JZ Dest	ZF=1，则转移	相等/等于零
		JNE/JNZ Dest	ZF=0，则转移	不相等/不等于零
		JS Dest	SF=1，则转移	是负数
		JNS Dest	SF=0，则转移	是正数
		JO Dest	OF=1，则转移	有溢出
		JNO Dest	OF=0，则转移	无溢出
		JP/JPE Dest	PF=1，则转移	有偶数个“1”
		JNP/JPO Dest	PF=0，则转移	有奇数个“1”
		JA/JNBE Dest	CF=0 AND Z F=0，则转移	无符号数 A>B
		JAE/JNB Dest	CF=0 OR ZF=1，则转移	无符号数 A⩾B
		JB/JNAE Dest	CF=1 AND ZF=0，则转移	无符号数 A<B
		JBE/JNA Dest	CF=1 OR ZF=1，则转移	无符号数 A⩽B
		JG/JNLE Dest	SF=OF AND ZF=0，则转移	有符号数 A>B
		JGE/JNL Dest	SF=OF OR ZF=1，则转移	有符号数 A⩾B
		JL/JNGE Dest	SF≠OF AND ZF=0，则转移	有符号数 A<B

续表

指令	助记符	格式	功能	备注
控制转移指令	JXX	JLE/JNG　Dest	SF≠OF OR ZF=1，则转移	有符号数 A≤B
		JCXZ Dest	(CX)=0，则转移	不影响 CX 的内容
	LOOP	LOOP Dest	CX−1≠0，则循环	段内直接短转移
	LOOPE /LOOPZ	LOOPE/LOOPZ　Dest	ZF=1 且 CX−1≠0，则循环	
	LOOPNE /LOOPNZ	LOOPNE/LOOPNZ　Dest	ZF=0 且 CX−1≠0，则循环	
	INT	INT n	PUSH(FLAGS) PUSH(CS) PUSH(IP) n×4 IP=(n×4+2) CS=(n×4+4)	ODITSZAPC=--00-----
	INTO	INTO	OF=1 则 PUSH(FLAGS) PUSH(CS) PUSH(IP) n×4 IP=(n×4+2) CS=(n×4+4)	ODITSZAPC=--00-----
	IRET	IRET	IP←SS：[SP] SP←(SP)+2 CS←SS：[SP] SP←(SP)+2 FLAGS←SS：[SP] SP←(SP)+2	ODITSZAPC=rrrrrrrrr
处理器控制指令	CLC	CLC	CF←0	ODITSZAPC=--------0
	STC	STC	CF←1	ODITSZAPC=--------1
	CMC	CMC	CF=$\overline{CF}$	ODITSZAPC=--------x
	CLD	CLD	DF←0	ODITSZAPC=-0-------
	STD	STD	DF←1	ODITSZAPC=-0-------
	CLI	CLI	IF←0	ODITSZAPC=--0------
	STI	STI	IF←1	ODITSZAPC=--1------
	HLT	HLT	暂停	CPU 最大模式时，用于处理主机和协处理器及多处理器之间的同步关系
	WAIT	WAIT	等待	
	ESC	ESC	交权	
	LOCK	LOCK	封锁	
	NOP	NOP	空操作	

注：(1) 影响标志位的指令已作特殊说明，没作特殊说明的均不影响标志位。

(2) 附录中各缩写或符号含义如下：

缩写	含义	缩写	含义	缩写	含义
Dest	目的操作数	Ac	AL 或 AX	x	根据结果设置标志位
Src	源操作数	Mem	存储器	-	不影响标志位
Opr	操作数	Imm	立即数	u	对标志位无定义
Reg	寄存器	Port	端口地址	r	恢复原先标志位的值
Sreg	段寄存器	EA	有效地址	Cnt	移位数

附录 2　DEBUG 主要指令

DEBUG 是为汇编语言设计的一种调试工具，它通过单步、设置断点等方式为汇编语言程序员提供了非常有效的调试手段。

1. DEBUG 程序的调用

在 DOS 的提示符下，可键入命令：

C>DEBUG[d:][path][filename[.exe]][parm1][parm2]

其中，文件名是被调试文件的名字。如用户键入文件名，则 DEBUG 将指定的文件装入存储器中，用户可对其进行调试。如果未键入文件名，则用户可以用当前存储器的内容工作，或者用 DEBUG 命令 N 和 L 把需要的文件装入存储器后再进行调试。命令中的 d 指定驱动器，path 为路径，parm1 和 parm2 则为运行被调试文件时所需要的命令参数。

在 DEBUG 程序调入后，将出现提示符“–”，此时就可用 DEBUG 命令来调试程序。

2. DEBUG 的主要指令

DEBUG 命令表

命令	格式	功能描述
A (Assemble)	A [address]	对助记符指令进行汇编
C (Compare)	C range address	比较两个内存单元的内容
D (Dump)	D [range] or D [address]	显示指定内存单元的内容
E (Enter)	E address [list]	修改指定地址里的内容
F (Fill)	F range list	用数据填充内存单元
G (Go)	G [=address] [breakpoints]	执行命令
H (Hexarthmetic)	H value1 value2	十六进制加减法运算
I (Input)	I port	从指定的端口显示输入数据字节
L (Load)	L [address]	读文件或磁盘扇区
M (Move)	M range address	传送指定内存单元的内容
N (Name)	N filespecs [filespecs]	定义文件名
O (Output)	O port address byte	输出数据到端口
Q (Quit)	Q	退出 DEBUG 状态
R (Register)	R [register-name]	显示或修改寄存器内容
S (Search)	S range list	检索字节或字符串
T (Trace)	T or T[=address] [value]	按 IP 指示的地址跟踪执行程序并显示寄存器内容
U (Unassemble)	U [range] or U[address]	对二进制指令代码进行反汇编
W (Write)	W [address]	写文件或磁盘扇区

附录 3　DOS 功能调用

AH	功能	输入参数	输出参数
00H	程序终止	CS=程序段地址	
01H	键盘输入并回显		AL=输入字符
02H	显示输出	DL=显示字符	
03H	串行设备输入		AL=输入数据
04H	串行设备输出	DL=输出字数据	
05H	打印机输出	DL=输出字符	
06H	直接控制台 I/O	DL=0FFH(输入) DL=字符(输出)	AL=输入字符
07H	键盘输入(无回显)		AL=输入字符
08H	键盘输入(无回显) 检测 Ctrl+Break		AL=输入字符
09H	显示字符串	DS：DX=串地址 '$' 结束字符串	
0AH	键盘输入到缓冲区	DS：DX=缓冲区首址 (DS：DX)=缓冲区最大字符数	(DS：DX+1)=实际输入字符数
0BH	检查键盘输入状态		AL=00 无按键 AL=0FFH 有按键
0CH	清除输入缓冲区并执行指定的输入功能	AL=输入功能号 (01H/06H/07H/08H/0AH)	AL=输入数据 (功能号 01H/06H/07H/08H)
0DH	初始化磁盘状态		
0EH	指定当前缺省的磁盘驱动器	DL=驱动器号(0=A，1=B，…)	AL=逻辑驱动器数
0FH	打开文件	DS：DX=FCB 首地址	AL=00H 成功 AL=0FFH，文件未找到
10H	关闭文件	DS：DX=FCB 首地址	AL=00H 成功 AL=0FFH，文件未找到
11H	查找第一匹配目录	DS：DX=FCB 首地址	AL=00H 成功 AL=0FFH，文件未找到
12H	查找下一匹配目录	DS：DX=FCB 首地址	AL=00H 成功 AL=0FFH，文件未找到
13H	删除文件	DS：DX=FCB 首地址	AL=00H 成功 AL=0FFH，文件未找到

续表

AH	功能	输入参数	输出参数
14H	顺序读	DS：DX=FCB 首地址	AL=00H 成功 AL=01H 文件结束，记录中无数据 AL=02HDAT 空间不够 AL=03H 文件结束，记录不完整
15H	顺序写	DS：DX=FCB 首地址	AL=00H 成功 AL=01H 盘满 AL=02HDAT 空间不够
16H	创建文件	DS：DX=FCB 首地址	AL=00H 成功 AL=0FFH 无磁盘空间
17H	文件换名	DS：DX=FCB 首地址 (DS：DX+1)=旧文件名 (DS：DX+17)=新文件名	AL=00 成功 AL=0FFH 失败
*18H	保留未用		
19H	取当前缺省驱动器号		AL=驱动器号(0=A，1=B，3=C，…)
1AH	设置磁盘缓冲区 DTA 地址	DS：DX=DTA 首地址	
*1BH	取缺省驱动器磁盘格式信息		AL=每簇的扇区数 CX=每扇区的字节数 DX=数据区总簇数 DS：BX=介质描述字节
*1CH	取指定驱动器磁盘格式信息	DL=驱动器号(0=缺省，1=A，…)	AL=每簇的扇区数 CX=每扇区的字节数 DX=数据区总簇数 DS：BX=介质描述字节
*1DH	保留未用		
*1EH	保留未用		
*1FH	取缺省驱动器的 DPB		DS：BX=DPB 首址
*20H	保留未用		
21H	随机读	DS：DX=FCB 首地址	AL=00H 成功 AL=01H 文件结束 AL=02H 缓冲区溢出 AL=03H 缓冲区不满
22H	随机写	DS：DX=FCB 首地址	AL=00H 成功 AL=01H 盘满 AL=02H 缓冲区溢出
23H	测定文件大小	DS：DX=FCB 首地址	AL=00H 成功，文件长度填入 FCB AL=0FFH 未找到
24H	设置随机记录号	DS：DX=FCB 首地址	
25H	设置中断向量	DS：DX=中断向量 AL=中断号	
*26H	建立程序段前缀	DX=新的程序段的段地址	

续表

AH	功能	输入参数	输出参数
27H	随机读若干记录	DS：DX=FCB 首地址 CX=记录数	AL=00H 成功 AL=01H 文件结束 AL=02H 缓冲区太小，传输结束 AL=03H 缓冲区不满 CX=读入的记录数
28H	随机写若干记录	DS：DX=FCB 首地址 CX=记录数	AL=00H 成功 AL=01H 盘满 AL=02H 缓冲区溢出
29H	分析文件名	AL=分析控制标记 DS：SI=要分析字符串 ES：DI=FCB 首地址	AL=00H 标准文件 AL=01H 多义文件 AL=0FFH 非法盘符
2AH	取系统日期		CX=年(1980～2099) DH：DL=月：日 AL=星期(0=星期日)
2BH	置系统日期	CX：DH：DL=年：月：日	AL=00H 成功 AL=0FFH 失败
2CH	取系统时间		CH=时(0～23) CL=分 DH=秒 DL=百分之几秒
2DH	置系统时间	CH=时(0～23) CL=分 DH=秒 DL=百分之几秒	AL=00H 成功 AL=0FFH 失败
2EH	置磁盘自动读写标志	AL=00H 关闭标志 AL=0IH 打开标志	
2FH	取磁盘缓冲区首地址		ES：BX=DTA 首地址
30H	取 DOS 版本号		AH=发行号 AL=版本号
31H	结束并驻留	AL=返回码 DX=驻留区大小	
*32H	取指定驱动器的 DPB	DS：BX=DPB 首地址	
33H	Ctrl-Break 检测	AL=00H 取状态 AL=01H 置状态(DL)	DL=00H 关闭检测 DL=01H 打开检测
*34H	取 DOS 中断标志		ES：BX=DOS 中断标志
35H	取中断向量	AL=中断号	ES：BX=中断向量
36H	取空闲磁盘空间	DL=驱动器号 (0=缺省，1=A，2=B，3=C，…)	AX=每簇扇区数，成功 AX=0FFFFH，失败 BX=有效簇数 CX=每扇区字节数 BX=文件区所占簇数

续表

AH	功能	输入参数	输出参数
*37H	取/置参数分隔符 取/置设备名许可标记	AL=0 取分隔符 AL=1 置分隔符 AL=2 取许可标记 AL=3 置许可标记	DL=分隔符(功能 0) DL=许可标记(功能 2)
38H	取/置国家信息	DS：DX=缓冲区首址	BX=国家码(国际电话前缀码) AL=错误码
39H	创建子目录	DS：DX=路径字符串地址	AX=错误码 CF=0 成功 CF=1 失败
3AH	删除子目录	DS：DX=路径字符串地址	AX=错误码 CF=0 成功 CF=1 失败
3BH	设置子目录	DS：DX=路径字符串地址	AX=错误码 CF=0 成功 CF=1 失败
3CH	建立文件	DS：DX=路径字符串地址 CX=文件属性	CF=0 成功，AX=文件代号 CF=1 失败，AX=错误码
3DH	打开文件	DS：DX=带路径的文件名 AL=0 读 AL=1 写 AL=2 读/写	CF=0 成功，AX=文件代号 CF=1 失败，AX=错误码
3EH	关闭文件	BX=文件代号	CF=0 成功 CF=1 失败，AX=错误码
3FH	读文件或设备	DS：DX=数据缓冲区地址 BX=文件代号 CX=字节数	CF=0 成功，AX=实际读入的字节数 AX=0 已到文件尾 CF=1 失败，AX=错误码
40H	写文件或设备	DS：DX=数据缓冲区首址 BX=文件代号 CX=字节数	CF=0 成功，AX=实际写入的字节数 CF=1 失败，AX=错误码
41H	删除文件	DS：DX=路径字符串地址	CF=0 成功，AX=0000H CF=1 失败，AX=错误码(2，5)
42H	移动文件指针	BX=文件代号 CX：DX=位移量 AL=移动方式(0，1，2)	CF=0 成功，DX：AX=新的文件指针 CF=1 失败，AX=错误码
43H	取/置文件属性	DS：DX=路径字符串地址 AL=0 取文件属性 AL=1 置文件属性 CX=文件属性	CF=0 成功，CX=文件属性 CF=1 失败，AX=错误码
44H	设备输入/输出控制	BX=文件代号 AL=0 取状态 AL=1 置状态 AL=2 读数据 AL=3 写数据 AL=6 取输入状态 AL=7 取输出状态	DX=设备信息

续表

AH	功能	输入参数	输出参数
45H	复制文件代号	BX=文件代号 1	CF=0 成功，AX=新文件代号 CF=1 失败，AX=错误码
46H	强行复制文件代号	BX=文件代号 1 CX=文件代号 2	CF=0 成功 CF=1 失败，AX=错误码
47H	取当前目录路径名	DL=驱动器号 DS：SI=路径字符串地址	(DS：SI)=路径字符串地址 AX=错误码
48H	分配内存空间	BX=申请内存容量	CF=0 成功，AX=分配内存首地址 CF=1 失败，AX=错误码，BX=最大可用空间
49H	释放内存空间	ES=释放块的段值	CF=1 失败，AX=错误码
4AH	修改分配内存	ES=修改块的段值 BX=再申请的容量	CF=1 失败，AX=错误码，BX=最大可用空间
4BH	装载程序 运行程序	AL=0 装载并运行 AL=1 获得执行信息 AL=3 装载但不运行 DS：DX=带路径的文件名 ES：BX=装载用的参数块	CF=1 失败，AX=错误码
4CH	带返回码的结束	AL=返回码	
4DH	取由 31H/4CH 带回的返		AL=返回码
4EH	查找第一个匹配文件	DS：DX=带路径的文件名 CX=属性	CF=1 失败，AX=错误码
4FH	查找下一个匹配项文件	DS：DX=带路径的文件名	CF=1 失败，AX=错误码
*50H	建立当前的 PSP 段地址	BX=PSP 段地址	
*51H	读当前的 PSP 段地址		BX=PSP 段地址
*52H	取 DOS 系统数据区首址		ES：BX=DOS 数据区首址
*53H	为块设备建立 DPB	DS：SI=BPB，ES：DI=DPB	
54H	取校验开关设定值		AL=标志值(0：关，1：开)
*55H	由当前 PSP 建立新 PSP	DX=PSP 段地址	
56H	文件换名	DS：DX=带路径的旧文件名 ES：DI=带路径的新文件名	CF=1 失败，AX=错误码
57H	取/置文件时间及日期	AL=0/1 取/置 BX=文件代号 CX=时间 DX=日期	CF=0 成功，CX=时间，DX=日期 CF=1 失败，AX=错误码
59H	取扩充错误码		AX=扩充错误码 BH=错误类型 BL=建议的操作 CH=错误场所
5AH	建立临时文件	CX=文件属性 DS：DX=路径字符串地址	CF=0 成功，AX=新文件代号 CF=1 失败，AX=错误码

续表

AH	功能	输入参数	输出参数
5BH	建立新文件	CX=文件属性 DS：DX=路径字符串地址	CF=0 成功，AX=新文件代号 CF=1 失败，AX=错误码
5AH	控制文件存取	AL=00H 封锁 AL=01H 开启 BX=文件代号 CX：DX=文件位移 SI：DI=文件长度	CF=1 失败，AX=错误码
62H	取程序段前缀地址		BX=PSP 地址

附录 4　BIOS 功能调用

INT	AH	功能	调用参数	返回参数
10	0	设置显示方式	AL=00 40×25 黑白方式 AL=01 40×25 彩色方式 AL=02　80×25 黑白方式 AL=03　80×25 彩色方式 AL =04　320×200 彩色图形方式 AL =05　320×200 黑白图形方式 AL=06　640×200 黑内图形方式 AL=07　80×25 单色文本方式 AL =08　160×200 16 色图形(PCjr) AL=09　320×200 16 色图形(PCjr) AL=0A　640×200 16 色图形(PCjr) AL=0B　保留(EGA 3 AL=0C　保留(EGA) AL =0D　320×200 彩色图形(EGA) AL =0E　640×200 彩色图形(EGA) AL =0F　640×350 黑白图形(EGA) AL = 10　640×350 彩色图形(EGA) AL=11　640×480 单色图形(EGA) AL=12　640×480 16 色图形(EGA) AL=13　320×200 256 色图形(EGA) AL=40　80×30 彩色文本(CGE400) AL=4l　80×50 彩色文本(CGE400) AL=42　640×400 彩色文本(CGE400)	
10	1	置光标类型	$(CH)_{0\sim3}$=光标起始行 $(Cl)_{0\sim3}$=光标结束行	
10	2	置光标位置	BH=页号 DH，DL=行，列	
10	3	读光标位置	BH=页号	CH=光标起始行 DH，DL=行，列
10	4	读光笔位置		AH=0 光笔未触发 AH=1 光笔触发 CH=像素行 BX=像素列 DH=字符行 DL=字符列
10	5	置显示页	AL=页号	
10	6	屏幕初始化或上卷	AL=上卷行数 AL=0，整个窗口空白 BH=卷入行属性 CH=左上角行号 CL=左上角列号 DH=右下角行号 DL=右下角列号	

续表

INT	AH	功能	调用参数	返回参数
10	7	屏幕初始化或下卷	AL=下卷行数 AL=0，整个窗口空白 BH=卷入行属性 CH=左上角行号 CL=左上角列号 DH=右下角行号 DL=右下角列号	
10	8	读光标位置的字符和属性	BH=显示页	AH=属性 AL=字符
10	9	在光标位置显示字符及其属性	BH=显示页 AL=字符 BL=属性 CX=字符重复次数	
10	A	在光标位置显示字符	BH=显示页 AL=字符 CX=字符重复次数	
10	B	置彩色调板 (320×200 图形)	BH=彩色调板 ID BL=和 ID 配套使用的颜色	
10	C	写像素	DX=行(0～199) CX=列(0～639) AL=像素值	
10	D	读像素	DX=行(0～199) CX=列(0～639)	AL=像素值
10	E	显示字符 (光标前移)	AL=字符 BL=前景色	
10	F	取当前显示方式		AH=字符列数 AL=显示方式
10	13	显示字符串 (适用 AT)	ES：BP=串地址 CX=串长度 DH，DL=起始行，列 BH=页号 AL=0，BL=属性 串：char，char，… AL=1，BL=属性 串：char，char，… AL=2 串：char，char，char，attr，… AL=3 串：char，char，char，attr，…	光标返回起始位置 光标跟随移动 光标返回起始位置 光标跟随移动
11		设备检验		AX=返回值 Bit0=1，配有磁盘 Bit1=l，80287 协处理 Bit4，5=01，40×25Bw(彩色板) Bit4，5==10，80×25Bw(彩色板) Bit4，5==11，80×25Bw(黑白板) Bit6，7=软盘驱动器号 Bit9，10，11=RS-232 板号 Bit12=游戏适配器 Bit13=串行引印机 Bit14，15=打印机号

续表

INT	AH	功能	调用参数	返回参数
12		测定存储器容量		AX=字节数(KB)
13	0	软盘系统复位		
13	1	读软盘状态		AL=状态字节
13	2	读磁盘	AL=扇区数 CH，CL=磁道号，扇区号 DH，DL=磁头号，驱动器号 ES：BX=数据缓冲区地址	读成功：AH=0，AL=读取的扇区数 读失败：AH=出错代码
13	3	写磁盘	同上	写成功：AH=0，AL=写入的扇区数 写失败：AH=出错代码
13	4	检验磁盘扇区	同上（ES：BX 不设置）	成功：AH=0，AL=检验的扇区数 失败：AH=出错代码
13	5	格式化磁盘	ES：BX=磁道地址	成功：AH=0 失败：AH=出错代码
14	0	初始化串行通信	AL=初始化参数 DX=通信口号(0，1)	AH=通信口状态 AL=调制解调器状态
14	1	向串行通信口写字符	AL=字符 DX=通信口号(0，1)	写成功：$(AH)_7$=0，AL=字符 写失败：$(AH)_7$=1，AL=字符 $(AH)_{0\sim6}$=通信口状态
14	2	从串行通信口读字符	DX=通信口号(0，1)	读成功：$(AH)_7$=0 读失败：$(AH)_7$=1 $(AH)_{0\sim6}$=通信口状态
14	3	取通信口状态	DX=通信口号(0，1)	AH=通信口状态 AL=调制解调器状态
15	0	启动盒式磁带马达		
15	1	停止盒式磁带马达		
15	2	磁带分块读	ES：BX=数据传输区地址 CX=字节数	AH=态字节 AH=00 功 AH=01 冗余检验错 AH=02 无数据传输 AH=04 无导引 AH=80 非法命令
15	3	磁带分块写	DS：BX=数据传输区地址 CX=字节数	同上
16	0	从键盘读字符		AL=字符码 AH=扫描码
16	1	读键盘缓冲区字符		ZF=0，AL=字符码，AH=扫描码 ZF=1，扫描区空
16	2	取键盘状态字节		AL=键盘状态字节
17	0	打印字符 回送状态字节	AL=字符 DX=打印机号	AH=打印机状态字节

续表

INT	AH	功能	调用参数	返回参数
17	1	初始化打印机 回送状态字节	DX=打印机号	AH=打印机状态字节
17	2	取状态字节	DX=打印机号	AH=打印机状态字节
1A	0	读时钟		CH：CL=时：分 DH：DL=秒：1 / 100 秒
1A	1	置时钟	CH：CL=时：分 DH：DL=秒：1 / 100 秒	
1A	2	读实时时钟 (适用 AT)		CH：CL=时：分(BCD) DH：DL=秒：1 / 100 秒(BCD)
1A	6	置报警时间 (适用 AT)	CH：CL=时：分(BCD) DH：DL=秒：1 / 100 秒(BCD)	
1A	7	清除报警 (适用 AT)